现代园林规划设计
及其美学解读

李江　李威　刘杏花　著

吉林科学技术出版社

图书在版编目（CIP）数据

现代园林规划设计及其美学解读 / 李江，李威，刘杏花著 . -- 长春 : 吉林科学技术出版社 , 2023.8
ISBN 978-7-5744-0893-7

Ⅰ. ①现… Ⅱ. ①李… ②李… ③刘… Ⅲ. ①园林—规划—研究②园林设计—研究③园林艺术—艺术美学—研究 Ⅳ. ① TU986

中国国家版本馆 CIP 数据核字 (2023) 第 182705 号

现代园林规划设计及其美学解读

著　　　　李　江　李　威　刘杏花
出 版 人　宛　霞
责任编辑　王凌宇
封面设计　乐　乐
制　　版　乐　乐
幅面尺寸　185mm×260mm
开　　本　16
字　　数　310 千字
印　　张　21.25
印　　数　1–1500 册
版　　次　2023 年 8 月第 1 版
印　　次　2024 年 2 月第 1 次印刷

出　　版　吉林科学技术出版社
发　　行　吉林科学技术出版社
地　　址　长春市福祉大路5788号
邮　　编　130118
发行部电话/传真　0431-81629529 81629530 81629531
　　　　　　　　　　81629532 81629533 81629534
储运部电话　0431-86059116
编辑部电话　0431-81629518
印　　刷　三河市嵩川印刷有限公司

书　　号　ISBN 978-7-5744-0893-7
定　　价　75.00元

前　言

随着我国社会经济发展的不断深入，综合国力的不断增强，园林日益显现出其在城乡建设中的重要性。园林是指在一定的地域内运用工程技术和艺术手段，通过改造地形（或进一步筑山、叠石、理水），种植树木花草，营造建筑和布置园路等途径创作而成的具有美感的自然环境和游憩境域。它不仅为城市居民提供了文化休憩及休闲活动的场所，也为人们了解社会、认识自然、享受现代科学技术带来了种种便利。同时，在美化城市面貌、平衡城市生态环境、调节气候及净化空气等诸多方面均起着积极的作用。

建设一个好的园林作品需要一个漫长的综合过程：规划设计→建造施工→养护管理。其中，园林规划设计是整个过程体系中的基础，也是最重要的一环。设计于前，决定成败。由此可见园林规划设计的重要性。

我国园林规划设计历史悠久，早在商朝就有建造园林的活动，到了魏晋南北朝时期，经济快速发展，社会繁荣，文化昌盛，士大夫们争相建造园林以显示身份，此举为后人留下了许多风景优美的园林景观。随着社会经济的发展，园林建造技术与艺术越来越成熟，我国优秀的园林作品越来越多，有著名的圆明园、避暑山庄、苏州园林等。

本书由李江、李威、刘杏花、任雯丽、董胜鲁、张红艳、赵梦梦、刘舒振所著，具体分工如下：李江（濮阳市规划建筑设计研究院有限公司）负责第一章、第二章、第五章内容撰写，计8万字；李威（濮阳市规划建筑设计研究院有限公司）负责第三章、第四章内容撰写，计5万字；刘杏花（濮阳市规划建筑设计研究院有限公司）负责第七章、第九章内容撰写，计5万字；任雯丽（濮阳市龙城市政工程设计研究有限公司）负责第六章内容撰写，计3万字；董胜鲁（濮阳市龙城市政工程设计研究有限公司）负责第八章内容撰写，计3万字；张红艳（濮阳市园林绿化处）负责第十章内容撰写，计3万字；赵梦梦（濮阳市规划建筑设计研究院有限公司）负责第十一章内容撰写，计2万字；刘舒振（河南省蓝思景观规划设计有限公司）负责第十二章内容撰写，计2万字。

本书是园林规划设计方向的书籍，主要研究现代园林规划设计及其美学解读。本书从园林规划设计概述入手，针对园林艺术形式与特征、园林布局、园林绿地规划设计的基本原则进行了分析研究；另外，对园林绿地组成要素的设计、道路交通绿地的设计、居住区及其绿地规划设计、单位附属绿地规划设计、公园规划设计做了一定的介绍；还对园林美学与园林美的创造、园林管理与园林美学继承发展提出了一些建议。本书旨在摸索出一条适合现代园林规划设计工作的科学道路，帮助其工作者在应用中少走弯路，运用科学方法，提高效率。

目 录

第一章　园林规划设计概述

第一节　园林相关概念

一、园林绿地的含义

(一) 园林的概念

在一定的范围内，由地形地貌，山、水、泉、石、植物、建筑、园路、广场、动物等要素组成，根据一定的自然、艺术和工程技术规律组合建造的，主要供休息、游览和文化生活、体育活动的环境优美的空间境域，统称为"园林"。园林包括各种公园、花园、动物园、风景名胜区、森林公园等。

(二) 绿地的概念

凡是种植树木花草形成的绿化地块，都可称作"绿地"。

绿地含义比较广泛，并非指全部用地皆绿，而是指绿化栽植占大部分面积的用地。其大小相差悬殊，大者如风景名胜区，小者如宅旁绿地。其设施质量相差也大，精美者如古典园林，粗放者如卫生防护林带。

因此，各种公园、花园、街道及滨河的种植带，防风、防尘绿化带，卫生防护林带，墓园及机关单位的环境绿地，郊区的苗圃、果园、菜园等均可称为"绿地"。

(三)"园林""绿地"两者的区别和联系

园林与绿地属于同一范畴，具有共同的基本内容，但从所指对象范围看，"绿地"比"园林"广泛。"园林"必可供游憩且必是绿地，而"绿地"不一定均称"园林"，也不一定都供游憩。所以，"园林"是"绿地"中设施质量与艺术标准较高，环境优美，可供游憩的部分。

二、园林主要构成要素

（一）园林建筑

园林建筑不同于一般民用建筑，它除具有一定的功能要求外，还应具有完美的艺术造型。

1. 园林交通建筑

（1）园门

园门是出入园林的必经之路，也是组织游人流量的重要设施。其主要入口应设在城市人流密集的方向上，并与城市的交通干道相联系。专用入口是供园林内部员工使用的出入口，其位置安排应以隐蔽和方便生产、生活管理为先决条件。

园门有柱式、牌坊式、门楼式、月洞式、花架门等几种形式。柱式、牌坊式和门楼式常用于公园的外部出入口，采用哪种形式常常取决于园林性质和地方特点等综合因素；月洞式门和花架门则常常用于园内分隔空间和园中园。

园门的大小主要由使用要求和人流量大小来决定。园门的数量取决于园林的性质、规模和周围环境。一般城市公园设3～4个出入口，并要主次分明，以便于游人活动。

（2）园路

园路是组成园林的脉络和组织群众游览的导游线。园林道路布局直接影响园林景色的组织和艺术效果的发挥。园路曲折使人感到意境深远，园路笔直使人感到意境开阔简洁。两种手法应根据具体地段合理使用。

公园的道路应有别于园外道路，具有自己的特点。要尽量减少黑色路面，增加混凝土路面、卵石镶嵌路面和虎皮石路面等园林路面。在草地上可布置步石、树木、蹬道等，使园路也成为园林艺术品。

（3）园桥

园桥横跨园林水面，不但能起到联系景区交通的作用，而且常常以其自身的优美形象构成水上风景，是组成园林景色的重要因素之一。

常见的园桥有点式、梁式、拱式等几种。

点式桥：浅水中的汀步，只供游人通行。

梁式桥：可做成单跨或多跨。平面可分为直线形和折线形。常说的"九曲桥"就是其中的一种。

拱式桥：可做成单孔和多孔的拱桥，园林中应用甚多。

三种形式的园桥，可根据规划地段的环境以及水陆交通的需要而定。

2. 园林休息建筑

这类建筑主要是供人休息、乘凉、眺望和避雨用。由于这类建筑所处环境要求优美，造型要求活泼，所以它又是园林的重要景观。

(1) 亭

亭是我国园林中最为常见的建筑，它不仅造型优美，形式多样，最易于和园林环境调和，适于点缀风景，而且它结构简单，易于建造，很受游人欢迎。

园林中的亭子多是单体的，也有组合的。它的平面形式很多，如正方形、六角形、圆形等；立体变化也很丰富，有攒尖顶、歇山顶，有单檐的也有重檐的，有单层的也有双层的。它的位置、形式、体型与色彩处理，应注意到功能作用和周围环境的要求。

(2) 廊

廊也是园林常见建筑之一。它是由依附于建筑前后左右的出廊演变而来的。它既可使建筑联系起来，也可使风景之间联系起来，除具有防日晒、遮雨淋的实用功能，还具有风景导游作用。由于廊的布置，可使园林空间变得自然活泼、曲折迂回，富有生气。如北京颐和园的长廊、沈阳南湖公园"绮芳园"的游廊等，都可称为廊的典范。

(3) 榭

一般指有平台突出水面，可供游人观赏风景的园林建筑。现有的榭，以水榭居多，体形扁平，近水有平台伸出，设休息椅凳，或鹅颈靠 (美人靠)，以便倚水观景。较大的水榭还可以结合布置茶座或兼作水上舞台等。

3. 宣教、文体建筑

(1) 展览馆

为了普及科学知识、提高文学艺术水平、活跃游人精神生活，公园和风景区常设花卉展览馆、工艺美术展览馆、书画展览馆等。园林中的展览馆常与亭、廊等休息建筑、花木布置等组成小区，使其活动更加活泼有趣。

(2) 文娱场所

文娱场所应有安静优美的环境和很好的绿化种植，使人既能欣赏文娱演出，又能享受到大自然给人的清新快慰。文娱场地要有方便的交通和宽敞的疏散地段。

(3) 体育建筑

体育建筑要活泼引人，一般设置游泳池、轮滑运动场和小型球类场地，以满足游人的多方面爱好。这些场地都要有良好的卫生条件和绿化环境。

为了儿童的健康成长，公园都设有儿童乐园，布置小巧活泼的儿童游具，使孩子们喜闻乐见，积极参与活动。

4.服务建筑

(1) 餐厅

园林餐厅供应的食品要具有特殊风味，最好供应一些园林特产，如鱼、藕之类的东西，以增加游人的乐趣。

园林餐厅的数量、规模常常取决于公园在市区所处的位置和公园的大小及活动内容的多少。距市中心远，活动内容多，游览时间长，可规模大或多设；距市中心近，活动内容少，游览时间短，可规模小或少设，甚至可不设。

园林餐厅的位置应当做好选择，使它既有良好的运输条件，又有隐蔽的管理地段；既有良好的环境，又不影响风景艺术效果。

(2) 茶室

茶室是游人很好的赏景、解渴、歇息之处。在北方，还常常附设冷饮小艺等。茶室在园林中分布较广，其所处位置的环境条件应比餐厅更好。

(3) 小卖亭

园林有小卖亭，供应书报、工艺品和小食品等，分布广，使用方便，可做服务建筑不足的补充。但所用材料和色彩应和周围环境相协调，所处位置应不影响园林的主要风景。

(4) 公厕

公厕是游览场所必不可少的建筑，设置公厕要注意游人使用方便，最好分散于各景区。位置既要隐蔽，又要易于寻找，地势条件要求高，以利于供水排污。

5.园林小型建筑设施

(1) 雕像

园林中的雕像是现代园林中常见的主要建筑设施之一。它既能装饰园林，又能起到一定的教育作用。雕像基本分为纪念性和装饰性两大类。纪念性雕像主要塑造对人类作出巨大贡献的科学家、文学家、政治活动家及英雄人物，用于教育人们。装饰性雕像题材广泛、形象活泼、装饰性强。体育场常设置反映运动员形象的雕像，而儿童游园常设置少先队员形象。雕像常设于广场的中心或轴线上，也有设在路旁或绿地边缘的，这样更为亲切活泼。

(2) 园灯

园灯是园林中不可缺少的设施。它不仅可以在夜晚照明，在白天还可装饰园林景观。因此，要求灯具造型美观，坚固适用。园灯设置不但要保证游园需要的光照度，而且要照顾到重要园景的装饰。

(3) 休息椅

为了方便游人的游览和休息，公园风景区等地要配置一定数量的园椅和休息凳，也可以根据环境条件设置平整的山石或拟木树墩供人休息。

（4）宣传栏、标牌和其他宣传设置

包括阅读栏、科普、美术和文化园地，使游人随时受到各方面的教育。宣传栏的设置，要注意不可破坏园林风景，应设在路旁、广场和凹入处以及围墙附近。

导游图、路标和广告牌等标牌的形状、颜色要与周围协调，一般设于出入口附近和交叉路口。公园还应设置果皮箱、洗手缸和饮水泉。

（二）园林山石水体

1. 筑山与叠石

山石是中国园林的重要组成部分，它既可使园林风景生动活泼、富于变化，又可使园林布局曲折幽深、引人入胜。筑山、叠石是建造自然式园林的重要手段之一。

园林中筑山叠石要因地制宜，利用自然、改造自然，使之成为园林中的佳品。若规划地段已有山或地形变化，应在原有的基础上加工利用，尽量减少土方工程和财力、物力消耗。若规划地段无地形变化，可根据规划的功能要求改造地形，人工筑假山，使之利于园林功能要求。

园林中的山，除风景区或个别地区外，大部分都是人工假山，虽有大小、高低之分，但都顺应自然、模拟自然。平面布置应有主有次，曲折变化，切忌平直呆板；立面布置有高有低、有峰有峦，起伏有致，接近自然，给人以大自然的真实感。

假山有土山、土石山、石土山和山石几种。我国古典园林中，尤其苏州园林，多以石土和山石为主，而北方园林中则常见土石山。现代园林由于其规模较大，园林中的土山也日趋增多。无论采取哪种形式，都要因地制宜，利用地方材料，以反映地方风格和减少园林开支。

园林筑山往往与叠石联系起来，进行综合处理。利用叠石可以固定山土下滑，保持山形，并可造成悬崖峭壁、峰势惊险的艺术效果，对于占地面积不大的小山和山石小品等，也可全部采用石材。用石要选择地方材料并注意材质一致。叠石要注意纹理统一、色彩一致、权衡总体、错落有致，避免出现杂乱无章、支离破碎的不良效果。

近年来，由于工业技术的发展，各地出现了钢筋混凝土仿石假山，这是现代材料在园林中的新应用，是值得重视的，但应注意假山假石处理的艺术性和真实性。这就需要美术工作者与园林工作者密切协作，共同完成。

假山多以石壁、石洞、石谷、蹬道、石峰及土坡叠石等组合而成。一般假山，上述组成因素不能全部包括在内，山大，组成因素可多；山小，组成因素可少。要区别对待，合理安排。

(1) 石壁

可拔地而起，可逐步退缩。挺拔者显得险峻，退缩者更觉层次多变。用黄石叠筑石壁，其横直石块要大小相间，凹凸有变，主要看总体效果。这在北方园林中更为合适。

(2) 石洞

有旱洞、水洞之分。无论哪种形式都要坚固、安全，洞内采光好。洞内空间造型，要求自然有变化，使其接近天然洞穴。

(3) 石谷

石壁之间夹一谷道，取其曲折幽深，石壁不能低于 2.5 米，太低只能算是山间小道。峡谷对变幻景区常起大作用。

(4) 蹬道

假山无论高低，蹬道起点的两侧常设墩配，一侧较高，一侧较低，以产生对比效果，墩配用石轮廓浑厚自然，切忌尖瘦单薄，蹬道的转折处也要设墩配，以求立面变化。

(5) 石峰

石峰多处于高点，以天空为背景。要特别注意石峰的轮廓线，石峰型要浑厚雄伟，最忌座大峰小，顶峰尖瘦。

(6) 土坡叠石

有两种形式。一种为散置，将石块单独或两三块散布于土坡之上，自然活泼；另一种为成组屏障，错列于土坡之上，这些石块不是杂乱的，而是精心组织起来的组石群体。

(7) 山石小品

有些园林局部可叠石为小景，或树独石为小景，作为观赏的对象，更别具一格。近年来，有用水泥制成的假山石，若处理得好，常能起到以假乱真的造园效果。

筑山叠石是一门比较复杂的造型艺术，要多观察、细推敲、勤实践，才能创造出较好的作品来。

2. 园林水景

中国园林是山水园林。园林中的水体是园林的灵魂。没有水体的园林，会显得枯燥乏味。因此，水体对园林是至关重要的。

园林水体包括湖池、流溪、瀑布和喷泉等多种形式。不同的水体形成不同的色彩、声响和面貌，大大地丰富了园林风景、活跃了园林气氛。

(1) 园林中的湖与池

园林中的湖与池，其区别在于水体面积的大小，一般面积大者称为"湖"，面积小者称为"池"。但也有的园林水体称为"海"，其实质是湖，只是为了提高声誉而已。如北京北海公园的北海、圆明园里的福海等。湖与池的形状差异变化不大，其布局也可同理相推。

湖是园林水系中的扩大部分，其上游为源头，水通过溪流进入湖，再通过下游溪流排出园外。湖水应该是活水，最好是利用天然水源，若依靠人工水源不能形成大的水面，也不经济。湖面应根据不同的功能需要和艺术构图要求，有主有次、有大有小、有深有浅地进行区划。整个湖区要用最大的水面作主体，附以若干大小不同、形状各异的副体。主体与副体之间用孤岛、群岛、半岛或堤桥联系起来，形成有机整体。各部分的湖底要有一定高差，这要根据排水要求和功能而定。岛屿的形状、大小、高低以及植物种植要符合总体艺术布局的要求，不能自成一体、各自为政。

湖的轮廓，一般要求曲折自然。湖岸也要因地制宜地进行艺术处理。湖岸有土岸、叠石岸、石矶、驳岸等几种形式。

①土岸：平缓自然，使人感到亲切，大型的公园或风景区水面常为土岸或天然断崖。为了增加园林的古朴、野趣，有的园林湖岸也常筑土岸，取其自然。但土岸易被雨水冲刷而造成坍塌，小型园林中很少用。

②叠石岸：可防止湖岸坍塌，供游人临岸观赏风景。叠石岸在北方常用黄石。砌筑石岸要掌握石材的特点和造型布局，使其变化有致、纹理统一、凹凸相间、高低起伏，其间植花木，增加生气。

③石矶：小型石矶常以水平石块挑于水面之上；大型石矶则叠石如临水平台，并常以石壁、蹬道作为背景，使崖壁、蹬道自然过渡到水面。

④驳岸：用方整石、乱石或虎皮石砌筑的规则湖岸。它造型整齐，气魄大，但单调、缺乏变化。多用于规则式园林的池岸或自然式园林中建筑基部的临水处。在现代大型园林中，常常以驳岸局部镶嵌自然式叠石的方法取得变化。

⑤其他湖岸：在现代庭园中，水面较小，水清而浅。为了配合周围建筑环境，又不致呆板生硬，常常采用平面自然多变、立面比较规则的混凝土驳岸，可做成一排排低矮的"水桩"，也可做成平整的自由曲线，更有黏结卵石呈浅滩状伸入水中的处理，都取得了清新活泼的艺术效果。

湖岸处理种类较多，各有特点。但只要从总体布局出发，加以合理选择，对水体的表现都会产生良好效果。

（2）园林中的溪流

溪流是连接水源与湖池的通道。它的布局应曲折多变，有宽有窄，有高有低，有深有浅，有分有合。还应该与叠石、植物种植密切配合，形成不同的水声、水色和水景，给人不同的感受，增加园林艺术情趣。

（3）园林中的瀑布和喷泉

园林中的瀑布、喷泉为园林局部增加了立体景观。瀑布是从陡坡或悬崖上倾泻下来的水流，而喷泉则是从地下涌出的水流。它们水源的位置不同，形成的艺术效果也不同。园林中的瀑布与喷泉，大部分为人工所造，这就要注意水源的隐蔽和布局的自然，以免影响艺术效果。

（4）园林规则式水景处理

前面提到的是比较常用的自然式水景处理方法。但如果在规则式园林中，仍用自然式水景处理就会显得与构图格格不入，风景情调难容。所以，要用规则式水景。

规则式水景，其平面采用几何图形作为配景的山石植物，也要相应地采用规则式，以取得彼此间的协调。

常见的规则式水景为静水池和喷泉。静水池即是水面平静的规则水池，可种植水生植物来弥补水面的单调呆板。带喷泉的水池，其平面也为几何形。喷泉可为水池的中心，也可按规律排列在水池四周。喷嘴可低于水面，也可稍高出水面或安置在支座上，形成不同的景色。

静水池和喷泉常设在建筑的前庭构成前景，也可设在园林局部的构图中心，成为局部的主景。

现代的中国园林常采用混合式布局。因此，两种自然式和规则式水景处理方式，可以根据所在局部环境，选择利用。

（三）园林植物

1.植物在园林中的作用

丰富多彩的园林植物是构成园林风景的重要因素之一。在一般园林中，植物种植面积占园林用地总面积的50%～80%，园林植物种植的好坏直接影响整个园林的成败。因此，在园林建设中要予以高度的重视。

园林植物的种植设计，应最大限度地满足"发展生产、改造自然、美化环境"，为社会主义生产和劳动人民生活服务的要求，同时也要满足植物本身的生物学特性要求，以充分发挥园林植物在园中的重大作用。

在园林中种植植物，除了具有卫生防护和提供园林产品的作用外，很重要的一项是美化环境。也就是说，利用植物材料的色、香、形来创造绚丽多彩的园林景色，以满足游憩功能的要求，达到绿化、彩化、香化和美化的目的。

2.园林植物配置

我国园林植物的种类丰富，而每种植物都具有特殊的体形轮廓和色彩香味，可以根据功能要求，合理搭配，创造不同的园林景色。园林中常用的植物包括乔木、灌木、草本和藤本四种。

（1）以草本为主的植物配置

草本为主的植物配置是指草类、花卉和水生植物在园林中的应用和植物布局。

①草地配置：园林草地从广义上讲，包括自然界单纯的草本群落和人工种植草地。从狭义上讲，是指人工创造的绿色，包括中生草本植物所形成的地毯一样的覆盖层，通常称作"草皮"或"草坪"。它在园林中除了具有卫生防护功能，更具有观赏的作用，常给人们平静安详的感觉。

园林草地常由禾本科或草科多年生草本植物组成，为了保持其整齐的外貌，要经常进行修剪，避免叶片下垂和倒伏，影响草地艺术效果。

A.自然式草坪：其地面为自然起伏形，不要求整理成水平状，草坪可修剪，也可不修剪，要因地制宜。不修剪的自然式草坪多用于风景区和郊区森林公园。草伏地面，随自然地形起伏，易与周围环境协调一致。修剪的自然式草坪则多布置于市区公园的安静休息区，地形要求变化不大，以不影响草地修剪、养护为标准。这种草地可造成舒朗空间，草地上可种植成丛花卉，成为花草地，更为活泼。自然式草地上可布置孤立树和树丛，形成多种景观供游人观赏。

B.规则式草坪：它的外形轮廓一般为规整的几何图形。用地要求地面平整，或台阶式或斜坡式，但没有自然起伏。公园中的草坪常见的有观赏草坪和游憩草坪两类。观赏草坪包括草坛，这种草坪不允许游人进入，只作观赏用。游憩草坪面积更大，游人可进入。规则式草坪，常用于规则式园林布局中作为观赏的主景或建筑的开阔前景，或建筑、道路、花坛、丛林和水体的装饰和填充，也用于自然式园林的局部。由于规则式草坪对地形养护管理要求较高，一般不宜过大。

园林中的草坪配置，要根据园林性质、当地条件和园林布局进行合理布置。但应注意，所选用地要便于排水。草种要用乡土草种，草地配置孤立树或树丛等既要注意色彩调和，又要富于变化，才能互为衬托，构成园林景观。

②花卉配置：园林花卉种类繁多，色彩丰富，培育期短，投资少见效快，是园林中不可缺少的组成材料。花卉在园林中应用很广，布置方式分三种：规则的花坛、花坛群组；半自然的花台、花境；自然的花丛花群。

A.花坛：是在具有一定几何形轮廓的植床内，布置各种观赏植物，以形成各种纹样或色彩的种植方式。花坛包括独立花坛、花坛群和花坛群组等。

独立花坛，能成为园林局部的构图中心，即局部风景的主体面独立存在。它的平面为方、圆和椭圆等几何形，其大小、形状应因环境而定。花坛的直径（方形花坛的边长）以 2～3 米为宜，最大不宜超过 12 米，太大容易产生不良效果。独立花坛根据布置的内容和形式不同，可分为五类，即花丛式花坛、模纹式花坛、标题式花坛、装饰物花坛和立体花坛。

独立花坛常布置在小广场中心、建筑前庭和花坛群的中心。

花坛群，由两个以上的单体花坛组成一个可分割的构图整体，花坛群的外形为单轴或多轴对称图形。中央可为独立花坛、喷泉和雕像等小型设施。

花坛群组，由花坛群组合而成，其规模更大、变化更多。它要有完整的艺术构图，以组成完整的游览空间。一般布置于大庭广场、园林入口、园林局部和建筑前庭。其中心可为水池、雕像等。

花坛在很多情况下是做配景，但也能做主景，起到美化、彩化地平面的作用。布置花坛时，要注意与环境的协调统一和富于变化。植物材料的选择要注意：花丛式花坛要以花枝繁茂、花期较长的草本植物为主。模纹花坛群要选用耐修剪、生长慢的草本或木本观叶植物。

B. 花台：是中国园林中的特殊花坛类型。它有高出地面50~100厘米的台座，上面可以种植一种或多种植物，表现植物的特色、姿态，也可以组成山石盆景，表现大自然的风光。供人们从平视角度来欣赏整个风景。

花台可用石材水泥做成规则的形状，也可以用山石砌成自然式的形状，犹如山地的自然露岩一样。所种植物，一般用灌木，牡丹、连翘、丁香、太平花和草花配合使用。可单株，也可配合成丛，以供观赏。不同种类的花台产生不同的艺术效果，根据具体环境条件加以选用。

C. 花境：是一种过渡的种植形式。它的平面是规则的带状，一般长宽比为3:1。它的立面为自然式，花卉品种有高有低，参差错落，是一种竖向和水平相结合的观赏效果设计。常以多年生花卉和花灌木为主要植物材料，用来表现观赏植物的自然美和群体美。由于它的管理比较粗放，可以广泛地用在道路、广场和建筑墙基附近，起到装饰和缓冲的作用。

D. 花丛与花群：它们的植床是自然形状的，床内花卉也是自然式的，是一种完全自然式的花卉装饰。花卉采用易于成活、管理粗放的多年生花卉品种。花丛是自然式栽植的最小单位，可3~5株，栽植布局可为单一品种，也可为多品种混交。丛内可参差疏密，以点状和块状混交为主，形成花丛组。

花群的规模比花丛大。常由几十株到几百株，或由花丛组构成。可组成单纯花群和混交花群，装饰林缘草地。花群的边缘与草地无明显界线，更不宜截然分开。

花丛和花群可作为园林的彩色点布置，要沿透视线的集中点至道路终点转弯处树群前边进行安排，也常与岩石、假山配合成为自然式景点，装点园林。

总之，花卉在园林中是美化的重点，虽只占2%~5%的园林用地，但其作用却很大。

③水生植物配置：水生植物种类繁多，适应性强，生长迅速，管理粗放，适于园林各种水体栽植，为园林增加各种产品。同时，夏季由于植物遮挡，可减少水面蒸发，增进水池清洁卫生。尤其在展叶、开花和结实期，更为水面增添光彩。因此，不能低估水生植物在园林中的重要作用。

水生植物包括水藻和水草两大类。园林常见的是沼生和水生的水草类植物，沼生水草只是根系生长在水里，而水生植物则是整个植株都浸在水中。由于各种水生植物的生态习性不同，布置水生植物时要满足其生物学特性的要求，才能保证它们健康成长。

种植水生植物，切忌种满水池，影响倒影产生的艺术效果。一般情况下，露出水面的水生植物占据水面的最大面积不能超过水面的2/3，大的水面比例应更小些。控制水生植物范围的办法：小面积种植可栽于缸中，按设计要求布置在水里，点缀水面；大面积种植可利用水底的深浅筑成种植台以控制它们的蔓延。

常用于观赏栽植的水生植物有荷花、睡莲、菖蒲、凤眼莲和浮萍等。

(2) 以木本为主的植物配置

木本植物主要是指乔木、灌木，它的配置包括点状、带状和片状三种。

①点状配置：有单株栽植、对植、丛植、群植。

单株栽植（也称孤立树或孤植树）是点状配置的最小单位。单株栽植要求四周空旷，植株可向各方伸展，以保证完整的树形和健壮成长。

单株栽植在园林中常起到观赏、庇荫和生产示范的作用。供观赏的孤立树在风景构图中常放在突出的位置上，以表现孤立树的个体美。因此，选择孤立树时，应注意树形优美、色彩与背景形成对比的乔木树种，以保证风景的质量。

对植和孤立树不同，孤立树多是做主景，而对植只能做配景。

对植最简单的形式是两株同一品种的树木分植于构图轴线的两侧。在规则式构图中，对植多采用严格的对称形式；而在自然式构图中，对植采用均衡对称形式。

A. 丛植（树丛）：所谓树丛，是指按一定的构图方式配置在一起，而独立于周围树林、树群之外的乔灌木组合。树丛常由2~9株树木组成，一般不超过15株。

树丛的组合，既应注意到群体美的效果，又要照顾到组成树丛的每一株树木在统一构图中的个体美。树丛组合时（除二株树丛外），栽植点布置不能成直线、等腰三角形、正三角形、正方形等具有轴线的形状，以免影响树丛效果。树种要选择那些生产收益高、庇荫效果好，在树姿、色彩、花朵和芳香等方面有特殊价值的。

树丛分为单纯树丛和混交树丛，混交树丛甚至可以布置一些花卉。树丛可作园林构图的主景。作配置时，常与树群联系在一起。

两株树丛，要选用同一树种，但两株的体形大小要有变化。

三株树丛，最好是同一树种，也可是两种体形相似的树种，或常绿与落叶树，或乔灌木混交，一般最大的与最小的组成一个单元，中等的组成一个单元。

四株树丛，可用一个或两个树种。若用三个树种时，必须选用同属不同种或同种不同品种的树木。四株树组合，按树丛外形可分为两种基本类型。

五株树丛，可分为两种组合方式：

第一种组合方式，五株树同为一个树种，但体形、姿态、动势、大小、栽植距离要有变化。五株树丛的分组方式为3∶2或4∶1，若用3∶2方式构图，则主体必须在三株一组的单元中。这两单元要各有动势，但又必须保持均衡。

第二种组合方式，五株树为两个树种：一个树种为三株；另一个树种为两株。相互配合起来，容易达到均衡效果。若用两个以上的树种时，树形的差异不能太悬殊。

六株以上树丛，六株树丛可分为2∶4两个单元。如果乔灌木混交时，可分为3∶3两个单元。如果同为乔木或灌木，不宜采用后一种组合方式。

七株树丛可分为5∶2或4∶3两个单元，树种不宜超过三种。

八株树丛可分为5∶3或6∶2两个单元，树种不宜超过三种。

九株树丛可分为5∶4或6∶3两个单元，树种不宜超过四种。

十株树丛可分为6∶4或7∶3两个单元，树种不宜超过四种。

十五株以下树丛，树种不宜超过五种树丛组，由多个树丛组织而成，一般包括3~8个树丛。

树丛组可用来分隔空间、组成空间（如小广场、草地），布置在林带、树群的边缘，使边缘产生变化。树丛组也是树群、树林的过渡形式。树丛组可以通过道路，但树丛本身不允许从道路通过。树丛组的组合原则和树丛的组合原则一致。

B. 群植（树群）：较大量的乔灌木组成群体，称为"树群"。组成树群的单木在20株以上，它不仅在规模上大于树丛，而且主要表现群体美。在配置树群时，要注意群体的整体效果，要有很好的林冠线和林缘线。它也是构成风景的骨干之一。树群在发挥绿化、保健、生产的作用方面比孤立树和树丛更为有利。树群可用来分隔空间、组织空间，在与孤立树、树丛组成风景时，可造成多层次的效果。

园林中的树群，可分为单纯树群（单一树种）和混交树群（由乔、灌木、草组成）。无论哪种树群，都应注意树群的林冠和林缘的轮廓线，切忌平淡乏味。混交树群，还应注意树木的生态习性，以保证成形。从艺术上讲，树群不宜过大，一般为50株左右。做主景的树群，要有很好的鉴赏距离。

几个互相靠拢而又有构图联系的树群，称为"树群组"。它可形成自然风景的骨架。与树丛组合在一起，能构成风景局部，也可用于专类园的群组配置。

②带状配置：园林中的带状配置是构成连续风景的骨架。栽植方式为行列栽植、林带、绿篱和基础栽植四种。

A. 行列栽植（行树）：所谓行列栽植，是指按直线或缓曲线方向成行栽植乔灌木。多用于街道、滨河路、林荫道、广场周围的绿化。可单行也可多行，其株行距是相等的。确定株行距应考虑树木的营养面积。栽植时应避免与地下管线相矛盾。一般株行距在 3～9m。为了达到绿化效果，应考虑先密植后间伐，保持良好的绿化效果。

从丰富观赏角度出发，它属于连续风景构图。它的横断面应与街道宽度、沿街建筑高度有适当的比例。纵断面应做到不单调、不呆板，有疏密高低变化。为了规整一致，可整形修剪。行列树往往是对称的，路两旁的树种应相互对应，广场四周也应如此。树种可用乔木、灌木，甚至草本花卉。

B. 多行行列栽植：所谓多行行列栽植，主要指林带栽植。可规则式，也可自然式，自然式林带即是带状树群，它可起到防护隔离、发展果品和木材生产、联系城郊或各类公园的作用，也可通过林带向城市输入新鲜空气。应采取密集型行列栽植。

C. 绿篱：包括矮篱（30～50 cm）、中篱（50～120 cm）、高篱（120～160 cm）三种。它可起到防范、防护，园林绿地边饰和屏障组织空间的作用。

树墙高度在 180cm 以上，常用作划分园林空间。树墙多用规则式，甚至修剪成建筑物状，并配置雕像装饰。

绿篱树墙若进行修剪，断面应是上小下大或上下相等的梯形或矩形。切忌上大下小的杯形修剪。绿篱、树墙的顶面一般呈水平状，也可做成栏杆形、波浪形、柱形等，应注意与环境协调一致。

D. 基础栽植：所谓基础栽植，是指建筑与其周围道路之间成段的绿化栽植。它可掩盖建筑缺点，表现建筑优点，对建筑起着装饰作用，使建筑景观更加完美同时，也有隔音、防尘、遮阴和创造小气候环境的作用。

基础栽植设计应注意：厂房附近要保证安全生产。大建筑要和前面的小广场联系起来考虑。园林建筑要注意充分发挥其观赏和功能的作用。居住街房栽植应和整个建筑联系起来，使街景统一变化，对称式建筑适宜于规则式布置，园林建筑不宜对称布置。布置重点在出入口和建筑转角部分。树种选择应避免单调呆板。

③片状栽植：片状栽植指成片的带有森林外貌的密林、疏林和风景林。它们可为单纯林或混交林。适用于大型公园和风景区。由于其面积大，要注意结合生产。

（3）以藤本为主的植物配置

藤本植物包括具有攀缘茎、葡萄茎和缠绕茎的植物。它们具有较长的枝条和蔓茎、稠密的叶片和美丽的花朵，可借助吸盘和卷须攀缘高处，或借蔓茎缠绕在支架上，给建筑披上绿纱，丰富园林景物构图的立面景观，是很好的垂直绿化材料。

用藤本植物进行垂直绿化，最大的优点在于它能充分利用土地空间，并在短期内达到绿化和生产效果，解决城市和某些园林局部建筑拥挤、绿化地段狭窄，无法用乔灌木绿化的困难。垂直绿化使藤本植物附于建筑，使清新的叶片和美丽的花朵更接近居民，活跃了生活气息。由于垂直绿化遮挡了建筑物的缺点，使建筑物的外貌更加美丽动人。此外，垂直绿化在遮阴、降温、防尘、隔音等方面的功能也很明显。因此，用藤本植物进行垂直绿化是很有前途的绿化方法之一。

在现代化的城市绿化和园林建设中，藤本植物可以广泛用来装饰街道、林荫道、小游园及市政设施和建筑局部，如围墙、台阶、灯柱、建筑阳台、窗口、墙壁和园林亭子，对枯死古树进行垂直绿化，也有"起死回生"的作用。

第二节　园林规划设计相关知识

一、园林规划设计概念、作用、对象与依据

(一) 园林规划设计概念

园林规划设计包含园林绿地规划和园林绿地设计两个含义。

园林绿地规划从宏观上讲，是指对未来园林绿地发展方向的设想安排。主要任务是按照国民经济发展需要，提出园林绿地发展的战略目标、发展规模、速度和投资等。这种规划是由各级园林行政部门制定的。由于这种规划是若干年以后园林绿地发展的设想，因此常制定出长期规划、中期规划和近期规划，用以指导园林绿地的建设。这种规划也叫"发展规划"。另一种是指对某一个园林绿地（包括已建和拟建的园林绿地）所占用的土地进行安排和对园林要素即山水、植物、建筑等进行合理的布局与组合。如一个城市的园林绿地规划，结合城市的总体规划，确定出园林绿地的比例、分布等。要建一座公园，也要进行规划，如需要划分哪些景区，各布置在什么地方，需要多大面积以及投资和完成的时间等。这种规划是从时间、空间方面对园林绿地进行安排，使之符合生态、社会和经济的要求，同时又能保证园林各要素之间取得有机联系，以满足园林艺术要求。这种规划是由园林规划设计部门完成的。

通过规划虽然在时空关系上对园林绿地建设进行了安排，但是这种安排还不能给人们提供一个优美的园林环境。为此要求进一步对园林绿地进行设计。所以园

林绿地设计就是为了满足一定目的和用途，在规划的原则下，围绕园林地形，利用植物、山水、建筑等园林要素创造出具有独立风格，有生机，有力度，有内涵的园林环境，或者说设计就是对园林空间进行组合，创造出一种新的园林环境。这个环境是一幅立体画面，是无声的诗，它可以使游人愉快、欢乐并能产生联想。园林绿地设计的内容包括地形设计、建筑设计、园路设计、种植设计及园林小品等方面的设计。

园林规划设计的最终成果是园林规划设计图和说明书，但是它不同于林业规划设计，因为园林规划设计不仅要考虑经济、技术和生态问题，还要在艺术上考虑美的问题，要把自然美融于生态美之中，同时还要借助建筑美、绘画美、文学美和人文美来增强自身的表现能力。园林绿地规划设计也不同于工程上单纯绘制平面图和立面图；更不同于绘画，因为园林绿地规划设计是以室外空间为主，是以园林地形、建筑、山水、植物为材料的一种空间艺术创作园林绿地的性质和功能规定了园林规划的特殊性，为此在园林绿地规划设计时要符合以下几方面要求：

1. 在规划之前先确定主题思想

园林绿地的主题思想，是园林规划设计的关键，根据不同的主题，就可以设计出不同特色的园林景观来。如某一公园以"松竹梅"为主题，设计为老年宫小院。在配置植物时，院外环绕草坪，草坪上种植常绿松树，并设"鹤舞"雕塑象征常乐、长寿，而另一公园以"春花烂漫"为主题，则在广场中央设置喷泉、花坛及"迎新春"的雕塑……，两个主题，两种景色。因此，在园林规划设计前，设计者必须巧运匠心，仔细推敲。确定园林绿地的主题思想，这就要求设计者有一个明确的创作意图和动机，也就是先立意、意是通过主题思想来表现的，意在笔先的道理就在于此。另外，园林绿地的主题思想必须同园林绿地的功能相统一。

2. 运用生态原则指导园林规划设计

随着工业的发展，城市人口的增加，城市生态环境受到破坏，直接影响了城市人民的生存条件。保持城市生态平衡已成为刻不容缓的事情，为此要运用生态学的观点和途径进行园林规划布局，使园林绿地在生态上合理，构图上符合要求。具体地来讲，园林绿地建设，应以植物造景为主，在生态原则和植物群落原则的指导下，注意选择色彩、形态、风韵、季相变化等方面有特色的树种进行绿化，景观与生态环境融于一体，或以园林景观反映生态主题，使城市园林既发挥了生态效益，又表现出城市园林的景观作用。

3. 园林绿地应有自己的风格

在园林规划设计中，如果流行什么就布置什么，想到什么就安排什么，或照抄、照搬别处景物，盲目拼凑，造成园林形式不古不今，不中不外，没有风格，缺乏吸引游人的魅力。

什么是园林风格呢？《园林谈丛》一书中说："古典折子戏，亦复喜看，每个演员演来不同，就是各有独到之处"。这个独到之处就是演员演出了自己的风格。园林也是一样，每一个园林绿地，都要有自己的独到之处，有鲜明的创作特色，有鲜明的个性，这就是园林风格。

不少论著认为，园林风格是多种多样的。即在统一的民族风格下，有地方风格、时代风格等。园林地方风格的形成，受自然条件和社会条件的影响，长期以来，中国北方古典园林多为官苑园林，南方多为私家园林，加上气候条件、植物条件、风土民俗以及文化传统的不同，园林风格北雄南秀，各不相同。园林的时代风格形成，也受到时代变迁的影响。当今世界，科学技术迅猛发展，世界各国的交流日益频繁，随着新技术的发展，一些新材料、新技术、新工艺、新手法必然在园林中得到广泛的应用，从而改变了园林的原有形式，增强了时代感，如有些广场，采用了电脑控制的色彩音乐喷泉，与时代节奏和拍，体现了时代的特征，园林风格的形成除受到民族、地方特征和时代的影响外，还受到园林设计者个性的影响。如清初画家李渔民所造的石山以瘦、漏、透为佳；而唐代白居易却善于组织大自然中的风景于园林之中，这些园林的风格，也分别反映出园林的个性。

所谓园林的个性就是个别化的特性，是对园林要素如地形、山水、建筑、花木、时空等具体园林中的特殊组合，从而呈现出不同园林绿地的特色，防止了千园一面的雷同现象。

中国园林的风格主要体现在园林意境的创作、园林材料的选择和园林艺术的造型上。园林的主题不同，时代不同，选用的材料不同，园林风格也不相同。

（二）园林规划设计的作用和对象

城市环境质量的高低，在很大程度上取决于园林绿化的质量，而园林绿化的质量又取决于对城市园林绿地进行科学的布局即规划设计。通过规划设计，可以使园林绿地在整个城市中占有一定的位置，在各类建筑中有一定的比例，从而保证城市园林绿地的发展和巩固。为城市居民创造一个良好的工作、学习和生活环境。同时规划设计也是上级主管部门批准园林绿地建设费用和园林绿地施工的依据，也是对园林绿地建设检查验收的依据，所以园林绿地没有进行规划设计，不能施工。

当前我国正处在改革开放的新时期，我们不仅要建设一批新城镇，而且还要改造大批的旧城镇。因此，园林规划设计的对象主要是这些新建和需要改造的城镇和各类企事业单位。总体是指城镇中各风景区、公园、植物园、动物园、街道绿地等各个公共绿地的规划设计；公路、铁路、河滨、城市道路以及工厂、机关、学校、部队等一切单位的绿地的规划设计。对于新建城镇、新建单位的绿化规划，要结合总体规划进行，对于改造的城镇和原来单位的绿化规划，要结合城镇改造统一进行。

(三) 园林规划设计的依据

园林规划设计的最终目的是要创造出景色如画、环境舒适、健康文明的游憩境域。一方面，园林是反映社会意识形态的空间艺术，园林要满足人们精神文明的需要；另一方面，园林又是社会的物质福利事业，是现实生活的实境，所以，还要满足人们良好休息、娱乐的物质文明的需要。

1. 科学依据

在任何园林艺术创作的过程中，要依据有关工程项目的科学原理和技术要求进行。如在园林中，要依据设计要求结合原地形进行园林的地形和水体规划。设计者必须对该地段的水文、地质、地貌、地下水位、北方的冰冻线深度、土壤状况等资料进行详细了解。如果没有翔实资料，务必补充勘察有关资料。可靠的科学依据，为地形改造、水体设计等提供物质基础，避免产生水体漏水、土方塌陷等工程事故。种植各种花草、树木，也要根据植物的生长要求，生物学特性，根据不同植物的喜阳、耐阴、耐旱、怕涝等不同的生态习性进行配植，一旦违反植物生长的科学规律，必将导致种植设计的失败。园林建筑、园林工程设施，更有严格的规范要求。园林设计关系到科学技术方面的问题很多，有水利、土方工程技术方面的，有建筑科学技术方面的，有园林植物，甚至还有动物方面的生物科学问题。所以，园林设计的首要问题是要有科学依据。

2. 社会需要

园林是属于上层建筑范畴，它要反映社会意识形态，为广大人民群众的精神与物质文明建设服务。《公园设计规范》指出，园林是完善城市四项基本职能中游憩职能的基地。所以，园林设计者要了解广大人民群众的心态。了解他们对公园开展活动的要求，创造出能满足不同年龄、不同兴趣爱好、不同文化层次的游人需要，面向大众，面向人民。

3. 功能要求

园林设计者要根据广大群众的审美要求、活动规律、功能要求等方面的内容，创造出景色优美、环境卫生、情趣健康、舒适方便的园林空间，满足游人的游览、休息和开展健身娱乐活动的功能要求。园林空间应当富于诗情画意，处处茂林修竹，绿草如茵，繁花似锦，山清水秀，鸟语花香，令游人流连忘返。不同的功能分区，选用不同的设计手法。如儿童活动区，要求交通便捷，一般要靠近主要出入口，并要结合儿童的心理特点，该区的园林建筑造型要新颖，色彩要鲜艳，空间要开朗，形成一派生机勃勃，充满活力、欢快的景观气氛。

4.经济条件

经济条件是园林设计的重要依据，经济是基础，同样一处园林绿地，可有不同的设计方案，采用不同的建筑材料、不同规格的苗木、不同的施工标准，将需要不同的建园投资。当然，设计者应当在有限的投资条件下，发挥最佳设计技能，节省开支，创造出最理想的作品。

综上所述，一项优秀的园林作品，必须做到科学性、社会性、功能性、经济性和艺术性紧密结合、相互协调、全面运筹，争取达到最佳的社会效益、环境效益和经济效益。

二、园林规划设计程序

在建造园林绿地之前，设计者要根据实际情况，把设计构思通过图纸、文字等表达出来，施工人员依据图纸资料进行施工，这个工作进程就叫"园林绿地规划设计程序"。但在具体工作中，其随园林绿地类型及规模的不同而繁简各异，如街头绿地、庭院绿化及机关厂矿等单位附属绿地的设计程序就比独立公园设计要简单。园林绿地规划设计一般分为两阶段设计——总体规划和施工设计，对于个别大型的、比较复杂的工程在两阶段之间还要进行技术设计，但对于一些小型的简单的绿地，也可以把总体规划和施工设计合二为一。

（一）接受任务、基地踏勘、收集资料

通常一个绿化项目的业主（俗称"甲方"）会邀请一家或几家设计单位进行方案设计，作为设计方（俗称"乙方"）在与业主初步接触时，要了解整个项目的概况，准确把握这个项目是一个什么性质的绿地，该绿地的服务对象是谁。这两点把握住了，规划总原则就可以正确制定。另外，业主一般会选派熟悉基地情况的人员，陪同总设计师至基地现场踏勘，收集规划设计前必须掌握的原始资料。这些资料包括如下几点：

①所处地区的气候条件：气温、光照、季风风向、水文、地质土壤（酸碱性、地下水位）。

②周围环境：主要道路、车流人流方向。

③基地内环境：湖泊、河流、水渠分布状况、各处地形标高、走向等。

基地踏勘、收集资料的意义在于设计师在作总体构思时，可以针对不利因素加以克服和避让，对有利因素充分合理的利用。此外，还要在总体和一些特殊的基地地块内进行摄影，将实地现状的情况带回去，以便加深对基地的感性认识。

基地现场收集资料后，就必须立即进行整理、归纳，以防遗忘那些较细小的却有较大影响因素的环节。

(二) 总体构思、初步修改

在总体规划构思之前，必须认真阅读业主提供的"设计任务书"(或"设计招标书")，充分理解业主对建设项目的各方面要求；总体定位性质、内容、投资规模及设计周期等。尤其是刚入门的设计人员，要特别重视对设计任务书的阅读和理解，一遍不够，多看几遍，充分理解，"吃透"设计任务书最基本的"精髓"。

在进行总体规划构思时，要将业主提出的项目总体定位作一个构想，并与抽象的文化内涵以及深层的警世寓意相结合，同时必须考虑将设计任务书中的规划内容融合到有形的规划构图中去。

构思草图只是一个初步的规划轮廓，接下去要将草图结合收集到的原始资料进行补充修改。逐步明确总图中的入口、广场、道路、湖面、绿地、建筑小品、管理用房等元素的具体位置。经过这次修改，会使整个规划在功能上趋于合理，在构图形式上符合园林景观设计的基本原则—美观、舒适(视觉上)。

(三) 锤炼方案，文本制作

经过初次修改后的规划构思，还不是一个完全成熟的方案。设计人员此时应该虚心好学、集思广益，多渠道、多层次、多次数地听取各方面的建议。不但要向老设计师们请教方案的修改意见，而且还要虚心向中青年设计师们讨教，往往多请教别人的设计经验，并与之交流、沟通，更能提高整个方案的新意与活力。由于大多数规划方案，甲方在时间要求上往往比较紧迫，因此设计人员特别要注意两个问题。

第一，只顾进度，一味求快，最后导致设计内容简单枯燥、无新意，甚至完全搬抄其他方案，图面质量粗糙，不符合设计任务书要求。

第二，过多地更改设计方案构思，花过多时间、精力去追求图面的精美包装，而忽视对规划方案本身质量的重视。这里所说的方案质量是指：规划原则是否正确，立意是否具有新意，构图是否合理、简洁、美观，是否具有可操作性等。

整个方案全都定下来后，图文的包装必不可少。现在，它正越来越受到业主与设计单位的重视。最后，将规划方案的说明、投资框(估)算、水电设计的一些主要节点汇编成文字部分；将规划平面图、功能分区图、绿化种植图、小品设计图、全景透视图、局部景点透视图汇编成图纸部分。文字部分与图纸部分的结合，就形成一套完整的规划方案文本。

（四）业主反馈信息

业主拿到文本方案后，一般会在较短时间内给予答复。答复中会提出一些调整意见，包括修改、添删项目内容，投资规模的增减，用地范围的变动等。针对这些反馈信息，设计人员要在短时间内对方案进行调整、修改和补充。

现在各设计单位电脑出图率已相当普及，因此局部的平面调整还是能较顺利地按时完成的。而对于一些较大的变动，或者总体规划方向的大调整，则要花费较长一段时间进行方案调整，甚至推倒重做。对于业主的信息反馈，设计人员如能认真听取反馈意见，积极主动地完成调整方案，则会赢得业主的信赖，对今后的设计工作能产生积极的推动作用；相反，设计人员如马马虎虎、敷衍了事，或拖拖拉拉，不按规定日期提交调整方案，则会失去业主的信任，甚至失去这个项目的设计任务。

一般调整方案的工作量没有前面的工作量大，大致需要一张调整后的规划总图和一些必要的方案调整说明、框（估）算调整说明等，但它的作用却很重要，以后的方案评审会，以及施工图设计等，都是以调整方案为基础进行的。

（五）方案设计评审

由有关部门组织的专家评审组，集中一天或几天时间，进行一个专家评审（论证）会。出席会议的人员除了各方面专家外，还有建设方领导，市、区有关部门的领导，以及项目设计负责人和主要设计人员。作为设计方，项目负责人一定要结合项目的总体设计情况，在有限的一段时间内，将项目概况、总体设计定位、设计原则、设计内容、技术经济指标、总投资估算等诸多方面内容，向领导和专家们全方位汇报。汇报人必须清楚，自己心里了解的项目情况，专家们不一定都了解，因而，在某些环节上，要尽量介绍得透彻一点、直观化一点，并且一定要具有针对性。在方案评审会上，宜先将设计指导思想和设计原则阐述清楚，然后再介绍设计布局和内容。设计内容的介绍，必须紧密结合先前阐述的设计原则，将设计指导思想及原则作为设计布局和内容的理论基础，而后者又是前者的体现。两者应相辅相成，缺一不可，切不可造成设计原则和设计内容南辕北辙。

方案评审会结束后几天，设计方会收到打印成文的专家组评审意见。设计负责人必须认真阅读，对每条意见，都应该有一个明确答复，对于特别有意义的专家意见，要积极听取，立即落实到方案修改稿中。

（六）扩初设计

设计者结合专家组方案评审意见，进行深入一步的扩大初步设计（简称"扩初设计"）。在扩初文本中，应该有更详细、更深入的总体规划平面，总体竖向设计平面，总体绿化设计平面，建筑小品的平、立、剖面（标注主要尺寸）。在地形特别复杂的地段，应该绘制详细的剖面图。在剖面图中，必须标明几个主要空间地面的标高（路面标高、地坪标高、室内地坪标高）、湖面标高（水面标高、池底标高）。在扩初文本中，还应该有详细的水、电气设计说明，如有较大用电、用水设施，要绘制给排水、电气设计平面图。

扩初设计评审会上，专家们的意见不会像方案评审会那样分散，而是比较集中，也更有针对性。设计负责人的发言要言简意赅，对症下药。根据方案评审会上专家们的意见，要介绍扩初文本中修改过的内容和措施。未能修改的意见，要充分说明理由，争取能得到专家评委们的理解。

在方案评审会和扩初评审会上，如条件允许，设计方应尽可能运用多媒体电脑技术进行讲解，这样，能使整个方案的规划理念和精细的局部设计效果完美结合，使设计方案更具有形象性和表现力。一般情况下，经过方案设计评审会和扩初设计评审会后，总体规划平面和具体设计内容都能顺利通过评审，这就为施工图设计打下了良好的基础。总的来说，扩初设计越详细，施工图设计越省力。

（七）基地二次踏勘、施工图设计

基地二次踏勘与承接任务后的基地踏勘主要有两点不同。

第一，参加人员范围的不同：前一次是设计项目负责人和主要设计人，这一次必须增加建筑、结构、水、电等各专业的设计人员。

第二，踏勘深度的不同：前一次是粗勘，这一次是精勘。另外由于前一次与这一次踏勘相隔较长一段时间，现场情况必定有了变化，因此必须找出对今后设计影响较大的变化因素，加以研究，然后调整随后进行的施工图设计。

随着社会的发展，大项目、大工程的产生，设计与施工各自周期的划分已变得模糊不清。特别是由于施工周期的紧迫性，通常只能先出一部分急需施工的图纸，从而使整个工程项目处于边设计边施工的状态。完成一部分急需施工图后，紧接着就要进行各个单体建筑小品的设计，这其中包括建筑、结构、水、电的各专业施工图设计。

业主拿到施工设计图纸后，会联系监理方、施工方对施工图进行看图和读图。看图属于总体上的把握，读图属于对具体设计节点、详图的理解。之后，由业主牵头，组织设计方、监理方、施工方进行施工图设计交底会。在交底会上，业主、监理、施工各方提出看图后所发现的各专业方面的问题，各专业设计人员将对口进行答疑，一般情况下，业主方的问题多涉及总体上的协调、衔接；监理方、施工方的问题常提及设计节点、大样的具体实施。双方侧重点不同。由于上述三方是有备而来，并且有些问题往往是施工中关键节点，因而设计方在交底会前要充分准备，会上要尽量结合设计图纸当场答复，现场不能回答的，回去考虑后尽快作出答复。

作为整个工程项目设计总负责人，往往同时承担着总体定位、竖向设计、道路广场、水体，以及绿化种植的施工图设计任务。不但要按时甚至提早完成各项设计任务，而且要把很多时间、精力花费在开会、协调、组织、平衡等工作上。尤其是甲方与设计方之间、设计方与施工方之间、设计各专业之间的协调工作更不可避免。往往工程规模越大，工程影响力越深远，组织协调工作就越繁重。从这方面看，作为项目设计负责人，不仅要掌握扎实的设计理论知识和丰富的实践经验，更要具有极强的工作责任心和优良的职业道德，这样才能更好地担当起这一重任。

（八）施工图预算编制

严格来讲，施工图预算编制并不算是设计步骤之一，但它与工程项目本身有着千丝万缕的联系，因而有必要简述一下。施工图预算是以扩初设计中的概算为基础的。该预算涵盖了施工图中所有设计项目的工程费用。其中包括：土方地形工程总造价，建筑小品工程总造价，道路、广场工程总造价，绿化工程总造价，水、电安装工程总造价等。

在具体工程中，施工图预算与最终工程决算往往有较大出入。其中的原因各种各样，影响较大的是：施工过程中工程项目的增减，工程建设周期的调整，工程范围内地质情况的变化，材料选用的变化等。施工图预算编制属于造价工程师的工作，但项目负责人脑中应时刻有一个工程预算控制度，必要时及时与造价工程师联系、协商，尽量使施工预算能较准确反映整个工程项目的投资状况。

（九）设计师的施工配合

设计的施工配合工作往往会被人们所忽略。其实，这一环节对设计师、对工程项目本身恰恰是相当重要的。业主对工程项目质量的精益求精，对施工周期的一再缩短，都要求设计师在工程项目施工过程中，经常踏勘建设中的工地，解决施工现场暴露出来的设计问题、设计与施工相配合的问题。如有些重大工程项目，整个建设周期就已经相当紧迫，业主普遍采用"边设计边施工"的方法。针对这种工程，设计师更要勤下工地，结合现场客观地形、地质、地表情况，作出最合理、最迅捷的设计。

如果建设中的工地位于设计师所在城市中，该设计项目负责人必须结合工程建设指挥的工作规律，对自己及各专业设计人员制定一项规定：每周必须下工地 1~2

次（可根据客观情况适当增减），每次至工地，参加指挥部召开的每周工程例会，会后至现场解决会上各施工单位提出的问题。能解决的，现场解决；无法解决的，回去协调各专业设计后作出设计变更图解决，时间控制在 2 ~ 3 天。如遇上非设计师下工地日，而工地上恰好发生影响工程进度的较重大设计施工问题，设计师应在工作条件允许下，尽快赶到工地，协调业主、监理、施工方解决问题。上面所指的设计师往往是项目负责人，但其他各专业设计人员应该配合总体设计师，做好本职专业的施工配合。

如果建设中的工地与设计师在不同城市，俗称"外地设计项目"，而工程项目又相当重要（影响深远，规模庞大）。设计院所就必须根据该工程的性质、特点，派遣一位总体设计协调人员赴外地施工现场进行施工配合。

其实，设计师的施工配合工作也随着社会的发展、与国际合作设计项目的增加而上升到新的高度。配合时间更具弹性，配合形式更多样化。俗话说，"三分设计，七分施工"。如何使"三分"的设计充分体现，融入"七分"的施工中去，产生出"十分"的景观效果？这就是设计师施工配合所要达到的工作目的。

三、园林景观中点、线、面的视觉应用

（一）园林景观设计中点的应用

1. 点的概述

（1）点的含义

在园林景观艺术中，点的因素通常是以"景点"的形式存在，景点是一个具有审美价值的物质形象。景点相对于整个园林景观的大范围而言，就是一个点的概念。

景观设计中的点是为了便于人们理解和分析景观格局，而从美学的角度出发抽象出来的元素。景观设计中的点严格地说没有大小，但可以在空间中标定位置。根据人们看这些物体的具体情况——人们与它们之间相对距离不同而不同。如在森林景观中，一个湖面相对周围的山脉它是一个点，而湖面中的一个小岛或者一条小船相对湖面来说，它又是一个点，而湖面则上升为一个面。就这个社会而言，个体相对团体来说是一个点，而团体相对整个社会也变成一个点。

实际上，一个点需要某种尺寸以吸引注意力。在景观中，小的或者远的物体可以看作是点。如园林景观中的一个景点或者兴趣点、小品雕塑、置石、建筑等；植物造景中一棵孤植的树、花坛等都是常见的例子。景观设计中，点是大量的，也是重要的。人们必须通过对元素点作外在和内在的两方面分析，即点的物理形式和精神价值，然后通过平面构成艺术法则进行对点在景观中的位置、重要性、空间氛围

等进行营造。如在过去，点经常被用于一个特定的目的，如标志领土、确定所有权以及在一片土地上的统治权、作为重大设计的焦点等，实例包括远古时代突出的巨石、孤独的教堂顶尖、一条大道尽头的方尖塔、一个战争纪念馆或者纪念碑等。所有这些都讲述着社会以及把它们放置在这里的人在社会中的地位。在现代景观设计中为了突出设计主题或者给景观提供一些兴趣点，人为创造的一些景点也可以作为点来理解，如入口节点、中心广场、景墙、雕塑、喷泉，等等。这些节点一般都是造型比较丰富，空间位置特殊，是视觉的焦点，是构图的重点，容易引起人的注意，是一种具有中心感的缩小的面，通常起到画龙点睛的作用，是整个景观风格和主题的体现，很容易引起人们的关注，达到设计的目的。

同时，点景艺术是中国传统园林历来所推崇的，它具有点缀、装饰的意思。园林点景的技术与艺术方法可概括为：重天然，不强为，因地制宜，因景制作，因势利导地完善表现诗情画意。比如在中国古典园林中点缀一个小亭，便有"万绿丛中一点红，动人春色不须多"的诗意；在临水竹丛边点缀几株桃花，便有"竹外桃花三两枝，春江水暖鸭先知"的诗意等等。

（2）点的感觉与位置

点的感觉与人的视觉相联系，依赖于与周围造型要素相比较，或者与所处的特定空间框架相比较，显得细小的时候被感知的。比如，放在桌面上的书，书相对桌面而言，成为点的形象：当图钉与书相比较时，书由点的形象转化为面的形象，图钉成为点的形象了，这就是相对性关系。

点有各种各样的形状，有规则性和非规则性的。越小的点，点的感觉愈强，但显得柔弱。点逐渐增大时，则趋向于面的感觉。这时，点的形状起着重要的作用，或以几何形出现，或以具象形出现。但无论如何，作为细小特征的点，应尽可能采用单纯简洁、强劲有力的形状。

点是非常灵活的要素。即使很小的点，也具有放射力。当画面中只有一个点时，常常容易成为视觉中心，吸引人的视线，点从背影中跃出，与画面周围空间发生作用。点居于画面中心位置，与画面的空间关系显得和谐；当点位居画面边缘时，就改变了画面的静态平衡关系，形成了紧张感而造成动势。如果画面中有另一个点产生时，便形成了两点之间的视觉张力，人的视线就会在两点之间来回流动，形成一种新的视觉关系，而使点与背景的关系退居为第二位。当两个点有大小区别时，视觉就会由大的点向小的点流动，潜藏着明显的运动趋势，具备了时间的因素。推退而言之，画面中有三个点时，视线就在这三个点之间流动，令人产生三角形面的联想。众多点的聚集或扩散，引起能量和张力的多样化，这种复杂性常常带给画面生动的情趣。

2. 点的应用

(1) 点的线化

点的线化就是点连续排列，在视觉上给人以线的冲击，就像一条虚线。点的线化应用比实线的直接应用来得有美感，有层次感，有韵律感，也更加动人。点的线化可起到线的作用，避免了视线在道路两侧一览无余、平铺直叙的景观直白感，同时也可形成立面上的绿化，尽量满足增加绿量的生态要求。点的线化可以具有功能上的作用，在道路两侧或广场四周方向摆放大型石头或排植乔木，使空间的围合更有线的神韵，使步行道与车行道具有明显的界线，即具有了景观的点景作用，还可以提醒过往车辆注意弯道，同时可以使单调的行车过程变得丰富，缓解司机的视觉疲劳，增加了行车的趣味性。

(2) 点的面化

点的面化就是多数点的集合，易产生面的感觉：在景观设计中，同一造景元素的疏密不同的排列，会产生明暗不同的变化，丰富景观层次；同一造景元素的均匀、重复运用，会形成一种严谨的结构，具有严格的秩序性，有助于渲染严肃庄重的气氛。

(3) 点在艺术领域中的应用

在所有的艺术中都能找到点，它们的重要性将越来越多地撞击艺术家的意识，它们的美学价值将不会被忽略。

在雕塑和建筑中，点得到比面更多的重合结果——它一方面是空间转角的角点，另一方面又是这些面的点，面直接引出的点并由点向外延伸。在哥特式建筑中，点尤其通过角的形式突出出来，并经常在雕塑上得到强调——所达到的正像中国建筑由曲线引向一点的效果一样。对于这种严谨的建筑来说，人们可以将它归之于点的有意识的运用，因为它在这里使人们按分布的秩序引向尖状结构，即尖=点。

在过去，点经常被用于一个特定的目的。如标志领土、确定所有权以及在一片土地上的统治权、充当标界、作为重大设计的焦点，或者仅仅为一个特色的景观提供一个兴趣点。如古代突出的巨石，或在地平线上的青铜时代的古墓，还有孤独的教堂顶尖、一个战争纪念馆或一座纪念人物或事件的纪念碑等。所有这些都讲述着社会以及把它们放置在这里的人在社会中的地位。

3. 点的布局原则

(1) 重点突出，疏密有致

点在园林构图中，是以景点的分布来控制全园的。在功能分区和游览内容的组织上，景点起着核心作用。景点分布要做到"疏可走马，密不透风"，避免均衡分布，景点在注重"聚"的同时，要考虑到游客的过分集中可能造成功能失调。因此，景点义应当有"散"，以疏散游客。聚散有致，动静结合，形成丰富多彩的景观效果。

（2）相互协调，互相映衬

一个点构成了核心，成为游人视线的焦点。两个景点在同一视域或空间范围内，游人的视觉将其联系起来，因此，景点之间应该相互协调，互为背景。当人们从园林的某一个景点外望，周围的景物都成了近景、背景。反过来以别的景点看过来，这里的景物又成了近景、背景。这样互相借景的布局手法，就能增加空间层次和增强景物美感。

（3）主次分明，重点突出

一个完整的园林景观应该有一突出的主景，成为全局的标志或者焦点。它往往是园林景观的构思立意中心，它既可以是自然景观，也可以是人文景观。

（二）园林景观设计中线的应用

线条具有象征意义，使人产生一定的联想，垂直线代表尊严、永恒、权力，给人以岿然不动、严肃、端庄的感觉；水平线表示大海的平静，常常给人以平衡的感觉；斜线意味着危险、运动、崩溃，无法控制的感情和运动；放射线使人联想到光芒，给人以扩张、舒展的感觉；圆形的和隆起的曲线象征着大海的波涛，象征着优雅、成长和丰产。

1.线的概述

（1）线的含义

严格地说，点没有尺寸，而线是点在一个方向上的延伸。线需要一定的厚度来标记，并且根据画出或生成时的情况可以有特殊的性质，例如干净的、模糊的、不规则的或者不连续的。平面的一条边缘或多条边缘都是在一定距离下的线。不同颜色和纹理之间的边界也是线。线还可以有独特的形状，含有方向、力量或能量的意思。

线的概念从物理学上来讲，点的运动就构成了线。从感知事物的角度来讲，仅从某一点和某一瞬间的观察不可能理解对象的全体，对实体的感知是通过运动形成印象流来完成的，因此，对于园林景观设计而言，线有极其重要的意义。园林景观中线的概念可以从两个角度来理解。一是通道，即园林景观内的道路。它除作为游览线路的交通功能外，更重要的作用是作为园林景观的结构导引脉络，为决定园林景观的结构而存在。另一种是边界，它又可以分为两种情况：一种是同质面域之间由于高差方向不同引起的边界加下沉式广场的两个台面之间的边界；另外一种是异质面域之间的边界加水面与陆域之间或草地与铺地之间的交界线。

各种线条在造型表现中变化万千，其视觉中心也随着线条的变化而转移，景观的结构就是由不同性质的线条组合而成的，形式的变化也是凭着线条的操纵而设计。运用各种不同的线性设计，可以产生各种风格不同的样式。例如，运用直线的设计，显得强劲有力、大方，如西欧古典园林凡尔赛宫；运用平行线的设计，能够产生安定、柔和的气氛；运用相互变化的斜线设计，能够使线条随着人体的运动产生变幻与活泼之感；运用自由曲线的设计，能产生丰富优雅的感觉，如苏州古典园林，讲究峰回路转，曲折迂回。

在景观中，线是大量的，而且非常重要。主要的形式为直线和曲线。陈从周说："园林中曲与直是相对的，要曲中寓直，灵活应用，曲直自如。"以明计成的话要做到："虽由人作，宛如天开。"所以，景观设计中，直线和曲线组成了一对基本的对立线。

（2）线与方向

线的另一个重要特征是它所共有的方向性。线运动的方向虽然千变万化，但仍然可以归纳为垂直、水平、倾斜三种基本形式。如同人们写毛笔字时所见的米字格一样，它概括了方向的基本形式，以便人们在笔画组合时，作为对方向把握的参照构架。水平方向的线使人联想到辽阔宽广的平原、一望无际的海洋，有开阔、安静、安稳和无限的感受。垂直方向的线使人联想到高耸的建筑、挺拔的乔木，令人产生向上、崇高的感受，或上升与下落的运动进展感。由水平与垂直方向为主所构成的生活环境，会造成一种坚实与安定的氛围。相反，类似那种飞翔、投射等运动倾斜方式的线有强烈的动势，具有现代的动态特征和朝气。但倾斜的过渡应用，又会带来心理失衡的不安定感。

应用众多的线通过中心点的交叉排列，或线以方向变换方式组合，就会形成发射、向心、旋转、波动等运动方向的图形。

线沿一定的方向运动，它一方面围筑图形的轮廓或画面的边框，另一方面又对画面起到分割或连接的作用，形成画面整体的结构和动势，因此是非常有力的表现手段。

（3）线的构成

在图形的构成中，形状和大小都相同的两个形，由于所处的明暗不同，其同等大小的形会有大小差异的变化。处在黑色背景上的白色的形，看起来会比处在白色背景上的黑色的形大些，这就是一种错觉。白色的形具有扩张感，而黑色的形会有收缩感。因此，将白色底子上的黑色线条画细，它会失去线条原有的力度而变灰；相反，同样粗细的白色线在黑色底子上会获得更加光亮的效果。所以，人们在构成时，需要审慎地加以调整，才能取得理想的视觉效果。

线通过集合排列，形成面的感觉。应用线的粗细变化、长短变化、疏密变化的排列，或者间隔距离大小渐变排列，可以形成有空间深度和运动感的组合，能形成有规律的逐渐变化的空间感。线的中断应用，可以产生点的感觉。应用线的不同交叉方式或方向变动，可以追求放射旋转具有强烈动势结构的图形。

2.线的应用

（1）直线

直线是最简单的几何形式之一。直线给人以坚硬、刚直、单纯、冷静、硬朗、顽强、明快的感觉，具有速度、力量、男性美的特征。直线方向感极强，且力度大于曲线，因此直线形态给人刚劲、有力的美感。直线最容易与建筑物的线相融合。而在景观设计中，直线往往被界定为"一种长度大于宽度的标记，因为与其背景的明度或色彩有别而可以被认出来"。如景观中满足各种功能需求的园路，水景设计中的水渠、人造溪流，建筑廊道、铺贴设计中的收边及不同材料的交界线等。

由于本身所具有的规则感和秩序感等特性，直线往往比复杂的设计构图形式更能凸显作品简洁、清晰、和谐的特点。因此，直线在凸显整个景观空间构图的完整性中具有重要的作用，如简洁地分割空间、形成块面的整体效果等。

（2）蜿蜒的曲线

蜿蜒的曲线是自由流动的线条，是点在空间中无规律、任意运动的轨迹。曲线，由于互相之间弯曲程度和长度都不相同而具有装饰性。设计师在创作过程中的心理感受、情绪波动都可以反映在他所绘制的曲线中，如充满激情而富有动感的线条、起伏平稳的水波曲线等。

曲线的流动性比直线大得多，比直线更灵活，通常给人以优雅、流畅、轻快、丰满、活泼、柔软的感觉，具有灵活、优柔、女性美的特征。曲线与自然景观能够取得最好的协调。在未经人们改造过的大自然，你看不到直线。人们的才智与直线有关系，但感情却与大自然的曲线形式相联系。"曲径通幽""屈曲有情"，这些对曲线的感性描述，可以帮助设计师抓住曲线特性。

蜿蜒的曲线是景观设计中应用最广泛的自然形式，它在自然王国里随处可见。从功能上说，蜿蜒的形状是设计一些景观元素的理想选择，如景观中的机动车道和人行道适合用这种平滑流动的形式。

在空间表达中，蜿蜒的曲线常带有某种神秘感。沿视线水平望去，水平布置的蜿蜒曲线似乎时隐时现，并伴有轻微的上下起伏之感，相当有规律的波动或许能表达出蜿蜒的形状；如果把水平的曲面从地平面抬高将会增强它的影响力；用垂直平面上的曲面形式，代替那种水平波动的形式，从而变成了上下波动的形式；平滑的曲线也有很多有趣的形式；当封闭的曲线被用于景观之中时，它能形成草坪的边界、水池的驳岸或者水中种植槽的外沿等。

（3）线在艺术领域中的应用

正像点一样，线，除了绘画之外，也用在其他的艺术中。它的本质或多或少能通过其他艺术手法准确地予以转化。

就线的作用和意义而言是雕塑、建筑和景观设计应该考虑的问题，因为任何空间结构同时也是线的结构。对艺术科学的探索来说，一个极为重要的任务就是对线在建筑中，最终在不同的时代、不同民族的典型作品中的命运所做的分析。对中国人来说，每一个曾经接触过中国书法的人，都体验过汉字结构那种在平面上创造立体的"空间"意趣，都听说过书画家强调"线与线之间的流动"，魅力和神韵才是书画艺术追求的空间所在。这种神秘的魅力在传统中国的木框架建筑并不陌生，从竖起一根木柱，到架设一条梁枋，无不是书画家所说的那样，一笔一画、一撇一捺地在"在天空中勾画"的，大家本来就活在优雅的笔画之中，体会优美的线性结构空间。在相近的领域——工程师的艺术与这种艺术密不可分的技术——线渐渐取得了重要的地位。如巴黎埃菲尔铁塔最有意思，埃菲尔早就想创造一座特别高的线建筑——线正取代着面。这些线结构体上的接点和铆钉是点，是线——点结构，不是在平面上，而是在空间中。

3. 线的功能

（1）线的审美功能

线条是最基本的视觉要素之一，园林景物的轮廓和边缘形成特定的园林风景线，在构图中十分重要。因为每一种线的变化都具有特殊的视觉效果。线条有粗细、曲直、浓淡、虚实之分。不同的线条，给人以完全不同的视觉印象。

（2）线的导向功能

线具有方向性，可以引导人流。园林景观中的道路主要以步行交通为主，通过路径交叉、宽窄、曲直、坡度的变化，可以使人流加速、停滞、分流、汇集、定向。

（3）线的分隔功能

面是通过线来界定的，线具有界定空间的功能。建筑是通过墙体来分割空间，而在园林规划设计中，划分空间线的要素非常丰富，它包括路径、构筑物、植物、地形等。例如用一排树、一个花坛、地形起伏等都可以界定分隔特定的空间。

4. 线的布局原则

（1）自然性原则

园林是自然景物的精华集粹，如假山的玲珑剔透，树木的红花绿叶，山水的清秀明洁等，都体现了园林美的第一种形态——自然美。因此线的形态首先要追求自然，要"虽由人作，宛自天开"，表现一种崇尚自然的美学原则。

（2）序列性原则

路径从空间功能上而言，是连接两个景点的通道，自然景色通过布局空间组合序列的巧妙安排，在有限的空间中通过分合、围放、虚实、转折、穿插、渗透等各种手段使视觉上产生多种企盼和悬念，从而取得扩张时空、变有限为无限的艺术审美效果。所以，人一入园子，园中景物即历历在目这种一览无遗的平庸做法，一向被视为中国传统造园的大忌。

（3）功能性原则

线除了形态上的要求外，往往还有功能上的要求，如路径设计要满足人们交通、观赏、休憩、交往等各种需求，植物的轮廓线也往往有遮挡、避风等功能。

5.线的组成要素

（1）路径

公园的游览路可供人们散步、休闲、观赏自然风景，因此以曲折为上，讲求柔柔有情，结合道路两旁的自然景观，人工景观，空间或抑或扬，步移景异，美不胜收。

（2）滨水带

陆域与水域的交界线，一般组织游览路，保留足够的空间进行堤岸绿化，布置坐凳等休息设施，使人们在静观大自然美景的同时，能享受湖面掠过的凉风。堤岸走势曲折自然，其色彩、质地应与环境相协调。

（3）景观轮廓线

公园中的轮廓线无处不在，大到山体、水面；中到植物、建筑；小到花卉、小品的轮廓。轮廓线要考虑到远观、中观、近观的不同要求：远观主要是轮廓线的优美；中观是面的起伏变化；近观是景物的颜色、质地、形态俱全。

（三）园林景观设计中面的应用

1.面的概述

（1）面的含义

城市地理学上对区域（面）的定义是：地球表面的任何部分，如果它在某种指标的地区分类中是均质的话，即为一个区域。园林景观设计中的面，按照活动要素分类，可分为游憩区、休闲区、服务区、管理区等。按照构成要素划分，可分为植被、水体、硬质铺地等。

景观设计中的面是为了便于人们理解和分析景观格局，而从美学的角度出发抽象出来的元素。把一条一维的线向二维伸展就形成了一个面。它没有深度和厚度，只有长度和宽度。实际上，一张纸或一堵墙或多或少都可以看作是纯粹的平面。平面可以是简单的、平的、弯曲的或扭曲的。它们不需要是连续的，也不需要是真实的——就像"图画平面"中所隐喻的那样。用平面围合成空间时，可以具有一种特殊功能，如水面、地面、墙面或屋顶平面。就景观设计而言，景观铺贴地坪可以看作是平面，是建筑的第五立面；水景营造中静止的水面或者跌水形成的立面；紧密成行的植物或者阻挡视线的绿篱可以形成垂直的平面，而高挑的树枝能形成一个屋顶平面；空间构架或棚架也能界定较透明的平面。它们围合空间，从而建造了开敞的体。

在苏格兰彼得郡的美克劳，紧密排列的树形成一种有趣的垂直平面。这些修剪整齐的树产生一种"百英尺高的树篱"的感觉。在景观设计中，平面可以理解为一种媒介，用于其他的处理，如纹理或颜色的应用，或作为围合空间的手段。在景观的铺贴设计中，根据不同的功能和视觉要求，对材质的纹理、颜色和规格要求就会反映在铺贴平面上。如：在商业街的公共性质铺贴设计中，材质就要考虑坚硬、耐磨、防滑，颜色和规格要根据主体建筑和空间尺度来协调，最终的使用性质和视觉效果通过铺贴平面来传达。在空间营造方面，景观设计中，经常通过乔木、灌木的片植或群植的垂直立面进行围合，以及和构筑物相结合的方式进行营造。

面的应用：

①几何形：几何形是用数学方法完成最规范的形。

②自由形：自由形是由不规则的曲线及直线组合而成的，审美属性差异较大，灵活感大于几何形，理性成分少，更具有人情味。自由形因具有洒脱性和随意性，深受人们的喜爱。正是自由形的存在，才使现代景观设计拥有了除规则形以外的更丰富的设计语言，有了创新的依据。

（2）面的构成

面的构成不如点和线的构成那么简单，且多数时候会涉及图形的创造。

面的构成主要从面分割和组合来完成。

面形的分割：从某种角度来看，一个新形的产生，必须依据一定的原形，并在此基础上进行一定的分割，然后将分割出来之形再进行组合，便可产生出很多新的面形来。

新形的组合：分离和连接所组合的结果，都是比较简洁而单纯的。重叠的组合，由于重叠后使原来分割的形消失或改变，甚至产生新的形，所以必须使组合的结果产生意想不到的变化效果，这对于创新意义的图形设计是很有价值的。

2.面的布局原则

（1）整体性原则

景点是景观设计的基本单元，通常又习惯把由多景点组成的景观环境称之为景区，再由更多的景区组成整个园林景观区。在布局时需要从保证总体上的有机完整性来推敲空间的分割与联系、空间序列中的主从关系和景区空间之间的景观个性特征，避免产生"主从不分""各自为政""杂乱无章""雷同单调"的缺点。

（2）顺应自然原则

园林景观选址通常取向自然景观资源十分丰富的地方。往往有山有水，地形高低起伏，最好是山林、湖泊、平原三者皆备为最佳。园林景观的功能分区划分最好与自然地形的分界线相一致，这样只需稍事疏理，略加点缀，便可风光如画。

（3）生态原则

现代园林景观设计以追求良好的生态环境为目标，土壤、水分、植物、动物、气候等条件相互作用，共同维护景观环境的生态平衡。同时，园林景观也是城市大的生态系统的一个组成部分，要为整个城市的生态平衡服务。

3.面的组成要素

（1）植被

园林中的植被包括各种乔木、灌木、藤木、花卉、草坪及其他地被植物。植被的景观作用表现在它的特征和形、色、香、声与生气，利用它可创造意境，产生比拟和联想。同时四季色彩的变化，会给园林带来不同的风貌。植被的分类有这样几种。一种以乔木为主，辅以其他观赏树种的密林型。另一种是以草坪为主，适当点缀其他绿化，一般北方采用较多。还有一种高大乔木和硬质铺地相结合，树冠形成场地的"屋顶"，树下形成良好的庇护场所。

（2）硬质铺地

底面不仅为人们提供活动的场所，而且对空间构成有很多作用。它可以有助于限定空间，标志空间，增强识别性，可以通过底面处理给人以尺度感，通过图案将地面上的人、树、设施与建筑联系起来，以构成整体的美感，也可以通过底面的处理来使室内空间与实体相互渗透。铺装设计的方法一种是规范图案的重复使用，另外一种是整个地面作为整体图案设计。

（3）水体

水体包括河、湖、溪、涧、池、瀑、泉等。水在公园中具有多种功能。首先水具有极高的审美价值，水面的粼粼波光和水声都会激起愉悦的感觉，其次为人们提供最常见的户外活动形式，如划船、钓鱼和游泳；再者水可以调节微观小气候，为动植物提供水源。作为园林景观主题的面状水体在园林设计中占有相当大比重，其他一切设施均围绕水体展开。设计时应考虑基地地形条件和拟塑造何种艺术意境空间，然后决定采用何种水形，进而按水形性格推敲水形的轮廓、比例和面积大小，同时避免产生死水一潭的感觉。

4. 点、线、面的整体运用

(1) 点、线、面相结合

景观设计中的点是整个环境设计中的精彩所在，这些点元素经过相互交织的道路、河道等线性元素贯穿起来，点线景观元素使得景观的空间变得有序。在景观的入口或中心等地区，线与线的交织与碰撞又形成面的概念，面是全局景观汇集的高潮。点、线、面结合是景观设计的基本原则。在现代景观设计中，传统空间布局手法已很难形成有创意的景观空间，必须将人与景观有机融合，从而构筑全新的空间网络。

①亲地空间，增加人类接触大自然的机会，创造适合各类人群活动的户外场所。

②亲水空间，景观要充分挖掘水的内涵，体现东方理水文化，营造出人们观水、听水、戏水的场所。

③亲绿空间，景观应更加注重植物造景，营造空间和丰富景观层次，同时提倡健康生态的人居环境。

(2) 点、线、面与景观设计形式

功能和形式是景观设计的两个关键因素，而景观的设计形式是影响艺术效果诸多因素中的最根本的可见因素。景观设计是一门艺术和科学相结合的学科，几何学和自然主义的结合成为景观设计形式表达的结构性的基础。从构成的角度出发，它与点、线、面美学之间有着千丝万缕的联系，点、线、面是形象的基本形式，是构成视觉空间的基本元素，是表现视觉形象的基本设计语言，如景观设计中可用的曲线条，几何形体以及一些人造物质如塑料、钢材、水泥等去反映高技术信息；用有机体形式、水体以及一些软材料如草坪、树木等去体现环保价值；用明亮鲜艳的动态元素布置娱乐场地；用淡雅静态的元素布置安静休息区。不同的点线面美学词汇塑造出不同的景观形式，不同的景观形式表达了不同的设计思想。从构成景观的地形地貌、水体、建筑、道路广场、种植设计五大方面来分析，规则式景观、自然式景观和混合式景观对点、线、面美学特征有不同的要求。

①规则式景观

从几何结构中探索景观与建筑之间的联系，以建筑式空间布局作为风景的主要题材，强调整齐、对称和均衡。有明显的主轴线，在主轴线两旁的景观布置是对称的。园林景观中以几何方式组合的林荫道、树丛、草地、水池、喷泉等规则要素产生了清晰完整的空间和无限深远的感觉。如在凡尔赛这样的经典景观中，人支配自然是重要的题材；在梵蒂冈的圣彼得大教堂或在有法老的埃及，要显示出宗教仪式和宗教权力。规则式景观给人以整齐、有序，形色鲜明之感。

A. 地形地貌在平坦的地面，一般由不同标高的地面及较缓倾斜的地面组成；在有高差的地面，通常需要修筑成有规律的阶梯状台地，由阶梯式的大小不同的水平台地、倾斜地面及台阶组成，其剖面均为直线构成。

B.水体外形轮廓均为几何形，采用整齐式驳岸。水景类型以整形水池、壁泉、阵列喷泉、整形瀑布及线形沟渠、跌水等为主，其中常用雕塑配合喷泉以形成水景与喷泉的主题，水景中间配置几何木平台、木亭子结构。

C.建筑不仅个体建筑采用中轴对称均衡的设计，而且建筑群和大规模建筑群的布局，也采取中轴对称的手法，布局严谨，以主要建筑群和次要建筑群形成的主轴和副轴控制全景。

D.道路广场空旷地和广场外形轮廓均为几何形。封闭性的几何形草坪、广场空间，以对称建筑群或规则式林带、树墙包围。在道路系统上，由直线、斜线、折线或有轨迹可循的曲线构成方格形或环状放射形。如景观园路布局上，一般采用直线或平行线，路径的交叉点一般成直角或者斜角，园路中间或侧边通常配合阵列的花池或者树池，景墙、几何木平台、木亭子和雕塑等。

E.种植设计植物的配置呈有规律有节奏的变化，组成一定的几何图案或色带色块，强调成行等距离排列或做有规律的简单重复。对植物材料也强调整形，修剪成各种几何图形，花坛布置以图案式为主，或组成大规模的花坛群，并运用大量的园路、景墙以区划和组织空间。树木整形修剪以模拟建筑体形和动物形态为主，如绿柱、绿塔、绿门、绿亭和用常绿树修剪而成的鸟兽等。

②自然式景观

自然式构图的特点是"师法自然"，依附城市的自然脉络——水系和山体，通过开放空间系统的设计将自然引入城市。它没有明显的主轴线，其曲线无轨迹可循，造型自由流畅。自然式景观变化丰富，意境深邃、委婉。

A.地形地貌平坦地面，地形起伏富于变化，地形为自然起伏的和缓地形与人工堆置的若干自然起伏的土丘相结合，其断面为缓和曲线。在有落差的地形，则利用自然地形地貌，除建筑和广场基地以外不搞人工阶梯形的地形改造，或割裂地形地貌加以人工整理，而是尽可能使其自然。

B.水体轮廓为自然曲线，岸如有驳，亦为自然山石驳岸。水景类型多以小溪、池塘、溪涧、河流、瀑布、水池、湖泊等为主，常以瀑布为水景主题。

C.个体建筑为对称或不对称均衡的布局，建筑群则多为不对称均衡式。建筑物的造型和布局不强调对称，而是因地制宜。

D.道路广场的外缘轮廓线和道路曲线自由灵活。空廊地和广场的轮廓为封闭性的，被不对称的建筑群、地形、植物所包围。道路平面和剖面由自然起伏曲折的平面线和竖曲线组成。

E. 植物种植设计植物的配置不成行列式，没有固定的株行距，充分发挥树木自由生长的姿态，不强求造型，着重反映植物自然群落之美。组织空间则以自然的树形、树群来进行。注意植物的色彩和季节的变化，花卉布置以花叶、花群、花坛为主。在充分掌握植物的生物学特性的基础上，不同品种的植物配置在一起，以自然界植物生态群落为蓝本，构成生动活泼的自然景观。

③混合式景观

严格来说，绝对规则式和绝对自然式景观在现实中是不存在的。

实际上，建筑群附近及要求较高的景观植物类型要采取规则式布局，在离开建筑群较远的地点，在大规模的景观中，只有采取自然式的布局，才易达到因地制宜和经济的要求。

混合式景观是综合规则式和自然式两种类型的特点，自然之中加入了规则式的要素；规则之中加入自然的元素进行软化，把它们有机地结合起来。这种形式应用于现代景观中，既可以发挥自然式景观布局设计的传统手法，又能吸取西洋整齐式布局的优点，创造出既有整齐明朗、色彩鲜艳的规则秩序，又有丰富色彩、变化无穷的自然风格。其手法是在较大的现代建筑周围或构图中心，采用规则式布局；在远离主要建筑物的部分，采用自然式布局。规则式布局易与建筑的几何轮廓线相协调，且宽广明朗，然后利用地形的变化和植物的配置逐渐向自然式过渡，这种类型在现代建筑中运用得比较广泛。

所以，在设计过程中，首先要确认点、线、面各自的独立表现价值和组合后的整体关系。就内在的概念而言，元素不是形本身，而是活跃在其中的内在张力。实际上，外在的形并不具有一件绘画作品内容的特征，而这种力度等于活跃在这些形中的张力而才成其为内容。在艺术设计实践活动中，点、线、面语言外在的物理特性充当了形式因素，语言内在的"运动""张力"等特质成了内容，语言的内在价值表现为精神价值。康定斯基认为点、线、面美学必须是"以有目的地激荡人类的灵魂这一原则为基础的，他把这一原则称作"内在的需要原则"，他的这些理论在包豪斯任教时期得到了全面的阐释和完善，也为后来平面构成学科的发展奠定了理论基础。至此，点、线、面语言通过平面构成在各个艺术设计领域发挥它的美学价值。

第二章　园林艺术形式与特征

第一节　园林美

"美是一种客观存在的社会现象，是人类通过创造性的劳动实践，把具有真和善的品质的本质力量在对象中实现出来，从而使对象成为一种能够引起爱慕和喜悦感情的观赏形象，就是美。"

园林美源于自然，又高于自然，是大自然造化的典型概括，是自然美的再现。它随着文学绘画艺术和宗教活动的发展而发展，是自然景观和人文景观的高度统一。

园林美具有多元性，表现在构成园林的多元要素和各要素的不同组合形式之中。园林美也具有多样性，主要表现在其历史、民族、地域、时代性的多样统一之中。风景园林具有绝对性与相对性差异，这是因为它包含自然美和社会美的缘故。

一、自然美

自然景物和动物的美称为自然美。自然美的特点偏重于形式，往往以其色彩、形状、质感、声音等感性特征直接引起人的美感，它所积淀的社会内涵往往是曲折、隐晦、间接的。人们对自然美的欣赏往往注重它形式的新奇、雄浑、雅致，而不注重它所包含的社会功利内容。

许多自然事物，因其具有与人类社会相似的一些特征而成为人类社会生活的一种寓意和象征，成为生活美的一种特殊形式的表现；另外一些自然事物因符合形式美的法则，以其所具有的条件及诸因素的组合，当人们直观感受时，给人以身心和谐、精神提升的独特美感，并能寄寓人的气质、情感和理想，表现出人的本质力量。园林的自然美有如下共性：

（一）变化性

随着时间、空间和人的文化心理结构的不同，自然美常常发生明显的或微妙的变化或处于不稳定的状态。如时间上的朝夕、四时，空间上的旷、奥，人的文化素质与情绪，都会直接影响自然美的发挥。

(二) 多面性

园林中的同一自然景物，可以因人的主观意识与处境的变化而向相互对立的方向转化，或园林中完全不同的景物，可以产生同样的效应。

(三) 综合性

园林作为一种综合性艺术，其自然美常常表现在动、静结合中，如山静水动、树静风动、物静人动、石静影移、水静鱼游。在动静结合中，往往又寓静于动或寓动于静。

二、生活美

园林作为一个现实的物质生活环境，是一个可游、可憩、可赏、可学、可居、可食的综合活动空间，必须保证其布局能使游人在游园时感到非常舒适。

首先应保证园林环境的清洁卫生，空气清新，无烟尘污染，水体清透。要有适于人生活的小气候，在气温、温度、风的综合作用下达到理想的要求。冬季要防风，夏季能纳凉，有一定的水面、空旷的草地及大面积的树林。

园林的生活美，应该有方便的交通、良好的治安保证和完美的服务设施。还应有广阔的户外活动场地，有安静的散步、垂钓、阅读休息的场所；在积极休息方面，有划船、游泳、溜冰等体育活动的设施；在文化生活方面，应有各种展览、舞台艺术、音乐演奏等场地。这些都将愉悦人们的性情，带来生活的美感。

三、艺术美

现实美是美客观存在的形态，而艺术美则是现实美的升华。艺术美是人类对现实生活的全部感受、体验、理解的加工提炼、熔铸后的结晶，是人类对现实审美关系的集中表现。艺术美通过精神产品传达到社会中去，推动现实生活中美的创造，成为满足人类审美需要的重要审美对象。

现实生活虽然丰富，却代替不了艺术美。从生活到艺术是一个创造性的过程。艺术家是按照美的规律和自己的审美理想去创造作品的。艺术有其独特的反映方式，是通过创造艺术形象来具体地反映社会生活，表现作者思想感情的一种社会意识形态。艺术美是意识形态的美。

艺术美的具体特征是：

(一) 形象性

这是艺术的基本特征，用具体的形象反映社会生活。

（二）典型性

作为一种艺术形象，它虽来源于生活，但又高于普通的实际生活，它比普通的实际生活更高、更强烈、更有集中性、更典型、更理想，因此就更带有普遍性。

（三）审美性

艺术形象要具有一定的审美价值，能引起人们的美感，使人得到美的享受，培养和提高人的审美情趣，提高人的审美素质，从而进一步提高人们对美的追求和对美的创造能力。

艺术美是艺术作品的美。园林作为艺术作品，园林艺术美也就是园林美。它是一种时空综合艺术美。在体现时间艺术美方面，它具有诗与音乐般的节奏与旋律，能通过想象与联想，使人将一系列的感受转化为艺术形象。在体现空间艺术美方面，它具有比一般图形艺术更为完备的三维空间，既能使人感受和触摸，又能使人深入其中，身临其境，观赏和体验它的序列、层次、高低、大小、宽窄、深浅、色彩。中国传统园林是以山水画的艺术构图为形式、以山水诗的艺术境界为内涵的典型的时空综合艺术，其艺术美是融诗画为一体的，内容与形式协调统一的美。

四、形式美

自然界常以其形式美取胜而影响人们的审美感受，各种景物都是由外形式和内形式组成的。外形式是由景物的材料、质地、体态、线条、光泽、色彩和声响等因素构成的，内形式是由上述因素按不同规律组织起来的结构形式或结构特征。如一般植物都是由根、茎、叶、花、果实、种子组成的，然而它们由于各自特点和组成方式的不同而产生了千变万化的植物个体和群体，构成了乔、灌、藤、花卉等不同的形态。

形式美是人类社会在长期的社会生产实践中发现和积累起来的，它具有一定的普遍性、规定性和共同性。但是，人类社会的生产实践和意识形态在不断改变，并且还存在着民族性、地域性及阶级、阶层的差别。因此，形式美又带有变异性、相对性和差异性。但是，形式美发展的总趋势是不断提炼和升华的，表现出人类健康、向上、创新和进步的愿望。

从形式美的外形式方面加以描述，其表现形态主要有线条美、图形美、体形美、光影色彩美、朦胧美等几个方面。

在长期的社会劳动实践中，人们按照美的规律塑造景物外形式并逐步发现了一些形式美的规律性。

（一）主与从

主体是空间构图的重心或重点，起着主导作用，其余的客体对主体起陪衬或烘托作用。这样主次分明，相得益彰，才能共存于统一的构图之中。若是主体孤立，缺乏必要的陪体衬托，就变成孤家寡人了。如过分强调客体，则又喧宾夺主或主次不分从而导致构图的失败。所以，整个园林构图乃至局部都要重视这个问题。

（二）对称与均衡

对称与均衡是形式美在量上呈现的美。对称是以一条线为中轴，形成左右或上下在量上的均等。它是人类在长期的社会实践活动中，通过对自身和周围环境的观察而获得的规律，体现着事物自身结构的一种符合规律的存在方式。而均衡是对称的一种延伸，是事物的两部分在形体布局上的不相等，但双方在量上却大致相当，是一种不等形但等量的特殊对称形式。也就是说，对称是均衡的，但均衡不一定对称。因此，就分出了对称均衡和不对称均衡。

对称均衡，又称静态均衡，就是景物以某轴线为中心，在相对静止的条件下，取得左右或上下对称的形式，在心理学上表现为稳定、庄重和理性。对称均衡在规则式园林的建筑中经常被采用。如纪念性园林，公共建筑前的绿化，古典园林前成对的石狮、槐树，路两边的行道树、花坛、雕塑等。

不对称均衡，又称动态均衡、动势均衡。不对称均衡创作法一般有以下几种类型：

构图中心法，即在群体景物之中有意识地强调一个视线构图中心，而使其他部分均与其取得对应关系，从而在总体上取得均衡感。

以中间的圆形水池为视线构图中心，其他四块水池及两侧绿地和景观则形成相应对称的关系，从而得到整体的均衡对称感称为杠杆均衡法，又称动态平衡法。根据杠杆力矩原理，将不同体量或重量感的景物置于相对应的位置从而取得平衡感。

惯性心理法，或称运动平衡法。人在劳动实践中形成了习惯性重心感，若重心发生偏移，则必然出现动势倾向，以求得新的均衡。人体活动一般在立三角形中取得平衡。根据这些规律，在园林造景中就可以广泛地运用三角形构图法进行园林静态空间与动态空间的重心处理等，它们均是取得景观均衡的有效方法。

不对称均衡的布置小至树丛、散置山石、自然水池，大至整个园林绿地、风景区的布局，常给人以轻松、自由、活泼、变化的感觉。所以，广泛应用于一般游憩性的自然式园林绿地中。

（三）对比与协调

对比是比较心理的产物。对风景或艺术品之间存在的差异和矛盾加以组合利用，取得相互比较、相辅相成的呼应关系。协调是指各景物之间形成了矛盾统一体，也就是说在事物的差异中强调了统一的一面，使人们在柔和宁静的氛围中获得审美享受。园林景观要在对比中求协调，在协调中有对比，使景观既丰富多彩，形式活泼，又风格协调，突出主题。

对比与协调只存在于统一性质的差异之间，要在共同的因素下进行比较，如体量大小，空间的开敞与封闭，线条的曲直，色调的冷暖、明暗，材料质感的粗糙与细腻等。不同性质的差异之间不存在协调对比，如体量大小与色调冷暖就不能比较。

（四）比例与尺度

比例要体现的是事物整体之间、整体与局部之间、局部与局部之间的一种关系。这种关系使人得到美感，就是合乎比例的。比例具有满足理智和艺术要求的特征。与比例相关联的是尺度，比例是相对的，而尺度涉及的是具体尺寸。园林中的构图尺度是景物、建筑物整体和局部构件与人们所见的某些特定标准尺度的感觉。

比例与尺度受多种因素和变化的影响，典型的例子如苏州古典园林，多是明清时期的私家宅园，各部分造景都是效法自然山水，把自然山水提炼后缩小到园林中。建筑道路曲折有致，大小适合，主从分明，相辅相成，无论在全局上，还是局部上，它们相互之间以及与环境之间的比例尺度都是很相称的。就当时少数人的起居来说，其尺度是合适的。但现在随着旅游事业的发展，国内外游客大量增加，使假山显得低而小，游廊显得矮而窄，其尺度就不符合现代游赏的需要了。所以，不同的功能要求不同的空间尺度，不同的功能也要求不同的比例。

（五）节奏与韵律

节奏产生于人本身的生理活动，如心跳、呼吸、步行等。在建筑和风景园林中就是景物简单地反复连续出现，通过时间的运动而产生美感，如灯杆、花坛、行道树等。而韵律则是节奏的深化，是有规律但又自由地起伏变化，从而产生富有感情色彩的律动感，使得风景、音乐、诗歌等产生更深的情趣和抒情意味。由于节奏与韵律有着内在的共同性，故可以用节奏韵律表示它们的综合意义。

（六）多样统一

这是形式美的基本法则，其主要意义是在艺术形式的多样变化中，要有其内在和谐与统一的关系，既显示形式美的独特性，又具有艺术的整体性。多样而富有变化，必然杂乱无章；统一而无变化，则呆板单调。多样统一还包括形式与内容的变化与统一。风景园林是由多种要素组成的空间艺术，要创造多样统一的艺术效果，可通过许多途径来实现。如形体的变化与统一、风格流派的变化与统一、图形线条的变化与统一、动势动态的变化与统一、形式内容的变化与统一、材料质地的变化与统一、线形纹理的变化与统一、尺度比例的变化与统一、局部与整体的变化与统一等。

第二节　园林色彩构成

一、色彩的概念

(一) 色相

色相是指一种颜色区别于另一种颜色的相貌特征，简单地讲就是颜色的名称。不同波长的光具有不同的颜色，波长（单位: nm）与色相的关系如下:

波长: 400—450—500—570—590—610—700。

色相: 紫蓝青绿黄橙红。

(二) 明度

明度是指色彩明暗和深浅的程度，也称为亮度、明暗度。同一色相的光，由于被植物体吸收或被其他颜色的光中和，就会呈现出该色相各种不饱和的色调。同一色相，一般可以分为明色调、暗色调、灰色调。

(三) 纯度 (色度、饱和度)

纯度是指颜色本身的明净程度，如果某一色相的光没有被其他色相的光中和或被物体吸收，便是纯色。

二、色彩的分类和感觉

(一) 色彩的分类

我们所能看到的物体的颜色，是由物体表面色素将照射到它上面的光线反射到我们眼睛而产生的视觉，太阳光线是由红、橙、黄、绿、青、蓝、紫7种颜色的光组成的。当物体被阳光照射时，由于物体本身的反射与吸收光线的特性不同而产生不同的颜色。在夜晚或光照很弱的条件下，花草树木的颜色无从辨认。因此，在一些夜晚使用的园林内，光照就显得特别重要。

红、黄、蓝3种颜色称为三原色。这3种颜色经过调和可以产生其他颜色，任何两种颜色等量（1：1）调和后，可以产生另外3种颜色，即红＋黄＝橙，红＋蓝＝青，黄＋蓝＝绿。这3种颜色称为三原减色，这6种颜色称为标准色。

如果把三原色中的任意两种颜色按照2：1的比例调和，又可以产生另外6种颜色，如2红＋1黄＝红橙，1红＋2黄＝黄橙。把这12种颜色用圆周排列起来就形成了12种色相。每种色相在圆环上占据30°（1/12）圆弧，这就是我们常说的十二色相环。在色相环上，两个距离互为180°的颜色称为补色，而距离相差120°以上的两种颜色称为对比色，其中互为补色的两种颜色对比性最强烈，如红与绿为补色，红与黄为对比色，而距离小于120°的两种颜色称为类似色，如红与橙为类似色。

（二）色彩的感觉

1. 色彩的温度感

在标准色中，红、橙、黄三种颜色能使人们联想到火光、阳光的颜色，因此具有温暖的感觉，称之为暖色系。而蓝色和青色是冷色系，特别是对夜色、阴影的联想更增加了其冷的感觉。而绿色是介于冷、暖之间的一种颜色，故其温度感适中，是中性色。人们用"绿杨烟外晓寒轻"的诗句来形容绿色是十分确切的。

在园林中运用色彩的温度感时，春、秋宜采用暖色花卉，尤其严寒地区应该多用，而夏季宜采用冷色花卉，可以引起人们对凉爽的联想。但由于花卉本身生长特性的限制，冷色花的种类相对较少，这时可用中性花来代替，如白色、绿色均属于中性色。因此，在夏季应以绿树浓荫为主。

2. 色彩的距离感

一般暖色系的色相在色彩距离上有向前接近的感觉，而冷色系的色相有后退及远离的感觉。6种标准色的距离感由远至近的顺序是紫、青、绿、红、橙、黄。

在实际园林应用中，为了加强其景深效果，应选用冷色系色相的植物作为背景的景观色彩。

3. 色彩的重量感

不同色相的重量感与色相间亮度差异有关，亮度强的色相重量感轻；反之则重。如青色较黄色重，而白色的重量感较灰色轻。同一色相中，明色重量感轻，暗色重量感重。

色彩的重量感在园林建筑中关系较大，一般要求建筑的基础部分采用重量感强的暗色，而上部采用较基础部分轻的色相，这样可以给人一种稳定感。另外，在植物栽植方面，要求建筑的基础部分种植色彩浓重的植物种类。

4.色彩的面积感

一般橙色系色相，主观上给人一种扩大的面积感，青色系的色相则给人一种收缩的面积感。另外，亮度高的色相面积感大，而亮度弱的色相面积感小。同一色相，饱和的较不饱和的面积感大。如果将两种互为补色的色相放在一起，双方的面积感均可加强色彩的面积感。

这在园林中应用较多，在相同面积的前提下，水面的面积感最大，草地的面积感次之，而裸地的面积感最小。因此，在较小面积的园林中，设置水面比设置草地更可以达到扩大面积的效果。在色彩构图中，多运用白色和亮色，同样可以产生扩大面积的错觉。

橙色系色相可以给人一种较强烈的运动感，而青色系色相可以使人产生宁静的感觉。同一色相中明色调运动感强，暗色调运动感弱，且同一色相中饱和的运动感强，不饱和的运动感弱，亮度强的色相运动感强，亮度弱的运动感弱。互为补色的两色相结合时，运动感最强烈。两个互为补色的色相共处一个色组中时，比任何一个单独的色相在运动感上要强烈得多。

在园林中，可以运用色彩的运动感创造安静与运动相结合的环境。如在园林中，休息场所和疗养地段可以多采用运动感弱的植物色彩，为人们创造一种宁静的气氛。而在运动性场所，如体育活动区、儿童活动区等，应多选用具有强烈运动感色相的植物和花卉，营造一种活泼、欢快的气氛。

（三）色彩的感情

色彩容易引起人们思想感情的变化，由于人们受传统的影响，对不同的色彩有不同的思想感情，色彩的感情是通过其美的形式表现出来的，色彩的美可以引起人们的思想变化。色彩的感情是一个复杂、微妙的问题，对不同的国家、不同的民族、不同的条件和时间，同一色相可以产生许多种不同的感情。下面就这方面的内容作一简单介绍：

①红色给人以兴奋、热情、喜庆、温暖、扩大、活动及危险、恐怖之感。

②橙色给人以明亮、高贵、华丽、焦躁之感。

③黄色给人以温和、光明、纯净、轻巧及憔悴、干燥之感。

④绿色给人以青春、朝气、和平、兴旺之感。

⑤紫色给人以华贵、典雅、忧郁、恐惑、专横、压抑之感。

⑥白色给人以纯洁、神圣、高雅、寒冷、轻盈及哀伤之感。

⑦黑色给人以肃穆、安静、坚实、神秘及恐怖、忧伤之感。

以上只是简单介绍了几种色彩的感情，这些感情不是固定不变的，同一色相用在不同的事物上会产生不同的感觉，不同民族对同一色相所引起的感情也是不一样的，这点要特别注意。

三、色彩在园林中的应用

(一) 天然山水和天空的色彩

在园林设计中，天然山水和天空的色彩不是人们能够左右的，因此一般只能作背景使用。在园林中常用天空作一些高大主景的背景来增加其景观效果，如青铜塑像、白色建筑等。

白塔以蓝色的天空作为背景，下有绿色的湖面做掩映，增加了塔的景观效果。园林中的水面颜色与水的深度、水的纯净程度、水边植物、建筑的色彩等关系密切，特别是受天空颜色的影响较大。通过水面映射周围建筑及植物的倒影，往往可以产生奇特的艺术效果，在以水面为背景或前景布置主景时，应着重处理主景与四周环境和天空的色彩关系。另外要注意水的清洁，否则会大大影响风景效果。

(二) 园林建筑、道路和广场的色彩

由于都是人为建造的，所以其色彩可以人为控制。建筑的色彩一般要求注意以下几点：

①结合气候条件设置色彩，南方地区以冷色为主，北方地区以暖色为主。

②考虑群众爱好与民族特点，如南方有些少数民族地区喜好白色，而北方地区群众喜欢暖色。

③与园林环境关系既有协调，又有对比，布置在园林植物附近的建筑，应以对比为主，在水边和其他建筑边的色彩以协调为主。

④与建筑的功能相统一，休息性的以具有宁静感觉的色彩为主，观赏性的以醒目色彩为主，道路及广场的色彩多为灰色及暗色。其色彩是由建筑材料本身的特性决定的，但近年来，由于工厂制造的地砖、广场砖等色彩多样，如红色、黄色、绿色等，将这些铺装材料用在园林道路及广场上，丰富了园林的色彩构图。一般来说，道路的色彩应结合环境进行设置，色彩不宜过于突出。在草坪中的道路可以选择亮一些的色彩，而在其他地方的道路应以温和、暗淡为主。

（三）园林植物的色彩

园林植物色彩构图的处理方法有：

①单色处理。以一种色相布置于园林中，但必须通过个体的大小，在姿态上形成对比。如绿草地中的孤立树，虽然均为绿色，但在形体上是对比，因而取得较好的效果。另外，在园林中的块状林地，虽然树木本身均为绿色，但有深绿、淡绿及浅绿等之分，同样可以营造出单纯、大方的气氛。

②多种色相的配合。其特点是植物群落给人一种生动欢快活泼的感觉，如在花坛设计中，常用多种颜色的花配在一起，营造出一种欢快的节日气氛。

③两种色彩配置在一起。如红与绿，这种配合给人一种特别醒目、刺眼的感觉。在大面积草坪中，配置少量红色的花卉更具有良好的景观效果。

④类似色的配合。这种配合常用在从一个空间向另一空间过渡的阶段，给人一种柔和安静的感觉。

（四）观赏植物配色

在实际的园林绿地中，经常以少量的花卉布置于绿树和草坪中，丰富园林的色彩。

①观赏植物补色对比。应用在绿色中，浅绿色受光落叶树前，宜栽植大红的花灌木或花卉，可以得到鲜明的对比，如红色的碧桃、红花的美人蕉、红花紫薇等。草本花卉中，常见的同时开花的品种搭配有玉簪花与萱草、桔梗与黄波斯菊、郁金香中黄色与紫色、三色堇的金黄色与紫色等。具体哪些花卉可以使用，必须熟悉各种花的开花习性及色彩，才能在实际应用中得心应手。

②邻补色对比。用邻补色对比，可以得到活跃的色彩效果，凡是金黄色与大红色、青色与大红、橙色与紫色、金黄色与大红色美人蕉的配合等均属此类型。

③暖色花在植物中较常见，而冷色花则相对较少，特别是在夏季，而一般要求夏季炎热地区多用冷色花卉，这给园林植物的配置带来了困难。常见的夏季开花的冷色花卉有矮牵牛、桔梗、蝴蝶豆等。在这种情况下，可以用一些中性的白色花来代替冷色花，效果也是十分明显的。

④类似色的植物应用。园林中常用片植方法栽植一种植物，如果是同一种花卉且颜色相同，势必不能产生对比和节奏的变化。因此，常用同一种花卉不同色彩的花种植在一起，这就是类似色，如金盏菊中的橙色与金黄色品种配植、月季的深红与浅红色配植等，这样可以使色彩显得活跃。在木本植物中，阔叶树叶色一般较针叶树要浅，而阔叶树在不同的季节，落叶树的叶色也有很大变化，特别是秋季。因

此，在园林植物的配植中，就要充分利用这种富于变化的叶色，从简单的组合到复杂的组合，创造出丰富的植物色彩景观。

⑤夜晚植物配植。一般在有月光和灯光照射下的植物，其色彩会发生变化。比如在月光下，红色花变为褐色，黄色花变为灰白色。在夜晚，植物色彩的观赏价值变低。在这种情况下，为了使月夜景色迷人，可采用具有强烈芳香气味的植物，使人真正感到"疏影横斜水清浅，暗香浮动月黄昏"的动人景色。可选用的植物有晚香玉、月见草、白玉兰、含笑、茉莉、瑞香、丁香、木樨、蜡梅等，这些植物一般布置于小广场、街心花园等夜晚游人活动较为集中的场所。几乎所有的园林都有相对固定的景观，如燕京八景、西湖十景、圆明园四十景、避暑山庄七十二景等。所谓"景"即风景、景致，是指在园林绿地中，自然的或经人为艺术创造加工，并以自然美为特征的，供人们游憩欣赏的空间环境。一般园林中的景均根据其特征而命名，如"卢沟晓月""断桥残雪"，这些景有人工的也有自然的。人工造景要根据园林绿地的性质、功能、规模，因地制宜地运用园林绿地构图的基本规律去规划设计。

第三节　园林的形式与特征

一、园林布局形式特征

园林布局的形式是园林设计的前提，有了具体的布局形式，园林内部的其他设计工作才能逐步进行。园林布局形式的产生和形成，是与世界各个国家、各个民族的文化传统、地理条件等综合因素的作用分不开的。英国造园家杰克在1954年召开的国际风景园林家联合会第四次大会上致辞说，世界造园史三大流派，中国、西亚和古希腊。上述三大流派归纳起来，可以把园林的形式分为三类，即规则式、自然式和混合式。

(一) 规则式园林

规则式园林，又称整形式、几何式、建筑式园林。整个平面布局、立体造型以及建筑、广场、道路、水面、花草树木等都要严格对称。在中世纪英国风景园林产生之前，西方园林主要以规则式为主，其中以文艺复兴时期意大利台地园和19世纪法国勒诺特平面几何图案式园林为代表。我国的北京天坛、南京中山陵也都采用规则式布局。规则式园林给人以庄严、雄伟、整齐之感，一般用于气氛较严肃的纪念性园林或有对称轴的建筑庭园中。

中山陵的建筑风格中西合璧，钟山的雄伟形势与各个牌坊、陵门、碑亭、祭堂和墓室，通过大片绿地和宽广的通天台阶，连成一个大的整体，既有深刻的含义，又显得十分庄严雄伟，更有宏伟的气势，设计非常成功，所以被誉为"中国近代建筑史上的第一陵"。

1. 中轴线

全园在平面规划上有明显的中轴线，并大抵以中轴线的左右、前后对称或变则对称布置，园地的划分大多呈几何形体。

采用左右完全对称的形式，以水池为中轴，在心理学上表现其庄重、稳定和理性的特点。

2. 地形

在较开阔、平坦的地段，由不同高程的水平面及平缓倾斜的平面组成；在山地及丘陵地带，由阶梯式的大小不同的水平台地倾斜的平面及石级组成，其剖面均由直线组成。

3. 水体

其外形轮廓均为几何形，主要是圆形和长方形。水体的驳岸多整形、垂直，有时加以雕塑；水景的类型有整形水池、整形瀑布、喷泉及水渠运河等。古代神话雕塑与喷泉构成了水景的主要内容。

4. 广场和道路

广场多为规则对称的几何形，主轴和副轴线上的广场形成主次分明的系统，道路无损呈直线形、折线形或几何曲线形。广场与道路构成方格形、环状放射形、中轴对称或不对称的几何布局。

5. 建筑

主体建筑群和单体建筑多采用中轴对称均衡设计，多以主体建筑群和次要建筑群形成与广场、道路相组合的主轴、副轴系统，形成控制全园的总格局。

6. 种植设计

配合中轴对称的总格局，全园树林配置以等距离行列式、对称式为主，树木修剪整形多模拟建筑形体、动物造型。绿篱、绿墙、绿柱为规则式园林较突出的特点。园内常运用绿篱、绿墙和丛林来划分和组织空间，花卉布置常为以图案为主要内容的花坛和花带，有时也会布置成大规模的花坛群。

7. 园林小品

园林雕塑、园灯、栏杆等装饰点缀了园景。西方园林的雕塑主要将人物雕像布置于室外，并且雕像多配置于轴线的起点、焦点或终点。雕塑常与喷泉、水池构成水体的主景。从另一角度探索规则式园林的设计手法，园林轴线多视为主体建筑室内中轴线向室外的延伸。一般情况下，主体建筑主轴线和室外轴线是一致的。

(二) 自然式园林

自然式园林，又称风景式、不规则式、山水式园林。中国园林从周朝开始，经历代的发展，不论是皇家宫苑还是私家宅园，都是以自然山水园林规划设计为基础，一直发展到清代。保留至今的皇家园林，如北京颐和园、承德避暑山庄；私家宅园，如苏州的拙政园、网师园等都是自然山水园林的代表作。自然式园林从 6 世纪传入日本，18 世纪后传入英国。自然式园林以模仿再现自然为主，不追求对称的平面布局，立体造型及园林要素布置均较自然和自由，相互关系较隐蔽含蓄。这种形式较适合于有山、有水、有地形起伏的环境，以含蓄、幽雅、意境深远而见长。

1. 地形

自然式园林的创作讲究"相地合宜，构园得体"。处理地形的主要手法是"高方欲就亭台，低凹可开池沼"的"得景随形"。自然式园林规划设计最主要的地形特征是"自成天然之趣"，所以在园林中，要求再现自然界的山峰、山巅、崖、岗、岭、峡、岬、谷、坞、坪、穴等地貌景观。在平原，要求自然起伏、和缓的微地形。地形的剖面线则为自然曲线。

2. 水体

这种园林的水体讲究"疏源之去由，察水之来历"，园林规划设计水景的主要类型有湖、池、潭、沼、汀、溪、涧、洲、渚、港、湾、瀑布、跌水等。总之，水体要再现自然界水景。水体的轮廓为自然曲折，水岸为自然曲线的倾斜坡度，驳岸主要用自然山石驳岸、石矶等形式。在建筑附近或根据造景需要，也会用部分条石砌成直线或折线驳岸。

3. 广场与道路

除建筑前广场为规则式外，园林中的空旷地和广场的外形轮廓均为自然式布置。道路的走向和布置多随地形变化。道路的平面和剖面多由自然起伏曲折的平面线和竖曲线组成。

4. 建筑

单体建筑多为对称或不对称的均衡布局，建筑群或大规模的建筑组群多采用不对称均衡的布局。全园不以轴线控制，但局部仍由轴线处理。中国自然式园林中的建筑类型有亭、廊、榭、舫、楼、阁、轩、馆、台、塔、厅、堂、桥等。

5. 种植设计

在自然式园林中，植物种植为反映自然界的植物群落之美而不成行成列地栽植。树木一般不修剪，配植以孤植、丛植、群植、林植为主要形式。花卉的布置以花丛、花群为主要形式。庭院内也有花台的应用。

6. 园林小品

园林小品有假山、石品、盆景、石刻、砖雕、石雕、木刻等形式。其中雕像的基座多为自然式，小品的位置多配置于透视线集中的焦点。

(三) 混合式园林

所谓混合式园林，主要指规则式、自然式交错组合，全园没有或不能形成控制全园的主轴线和副轴线，只有局部景区、建筑以中轴对称布局，或全园没有明显的自然山水骨架，不能形成自然格局。一般情况下，多结合地形，在原地形平坦处，根据总体规划需要安排规则式的布局；在原地形条件较复杂，具备起伏不平的地带，结合地形规划成自然式。类似上述两种不同形式规划的组合就是混合式园林。这一园形花园内容丰富，既整齐对称，也自然曲折，道路与园外相接十分方便。

(四) 园林形式的确定

1. 根据园林的性质

不同性质的园林，必然有与其相对应的不同的园林形式，力求园林的形式反映园林的特性。纪念性园林、植物园、动物园、儿童公园等，由于各自的性质不同，决定了各自与其性质相对应的园林形式。如以纪念历史上某一重大历史事件中英勇牺牲的革命英雄、革命烈士为主题的烈士陵园，较有名的有中国广州起义烈士陵园、南京雨花台烈士陵园、长沙烈士陵园、德国柏林的苏军烈士陵园、意大利的都灵战争牺牲者纪念碑园、美国华盛顿朝鲜战争纪念园等，都是纪念性园林。这类园林的性质，主要是缅怀先烈功绩，起到爱国主义、国际主义思想教育的作用。这类园林布局形式多采用中轴对称、规则严整和逐步升高的地形处理方式，从而营造出雄伟崇高、庄严肃穆的气氛。而动物园主要属于生物科学的展示范畴，要求公园给游人以知识和美的享受，所以，从规划形式上，要求自然、活泼，创造寓教于游的环境。儿童公园更要求形式新颖、活泼，色彩鲜艳、明朗，公园的景色、设施与儿童的天真、活泼性格相协调。园林的形式服从于园林的内容，体现园林的特性，表达园林的主题。

2. 根据不同文化传统

由于各民族、国家之间的文化、艺术传统的差异，决定了园林形式的不同。由于中国传统文化的沿袭，形成了自然山水园的自然式规划形式。而同样是多山国家的意大利，由于受其传统文化和本民族已有的艺术水准和造园风格的影响，即使有自然山地条件，但意大利的园林却采用了规则布置的形式。

3. 根据不同的意识形态

结合西方雕塑艺术，在园林中把许多神像规划在园林空间中，而且多数放置在轴线上或轴线的交叉中心处。传说中国传统的道教描写的神仙则往往住在名山大川中，在园林中所有的神像一般供奉在殿堂之内，而不会展示在园林空间中，几乎没有裸体神像。上述事实都说明了不同的意识形态决定不同的园林表现形式。

4. 根据不同的环境条件

由于地形、水体、土壤气候的变化和环境的差异，在公园规划实施中很难做到绝对规则式和绝对自然式。往往对建筑群附近及要求较高的园林种植类型采用规则式进行布置，而在远离建筑群的地区，自然式布置则较为经济和美观，如北京中山公园。在规划中，如果原有地形较为平坦，自然树少，面积小，周围环境规则，则以规则式为主；如果原有地形起伏不平或水面和自然树林较多，面积较大，则以自然式为主。林荫道、建筑广场、街心公园等多以规则式为主。大型居住区、工厂、体育馆、大型建筑物四周绿地则以混合式为宜。森林公园、自然保护区、植物园等多以自然式为主。

二、园林艺术

园林是一种综合大环境的概念，它是在自然景观的基础上，通过人为的艺术加工和工程措施而形成的。园林艺术是指导园林创作的理论，进行园林艺术理论研究，应当具备美学、艺术、绘画、文学等方面的基础理论知识，尤其是美学知识的运用。

艺：藝，〈动〉，会意，甲骨文字形。左上是"木"，表植物；右边是人用双手操作。又写成"埶"，从坴，土块；从丮，拿。后繁化为"蓺"。"艺"从"艹"，乙声。本义：种植；同本义 [plant; grow]；艺，种也。——《说文》

艺术：[art]，文艺，对社会生活进行形象的概括而创作的作品，包括文学、绘画、雕塑、建筑造型、音乐、舞蹈、戏剧、电影等。

艺术品：[art craft; arts and craft; work of art]，任何种类的艺术作品，尤指具有高度艺术质量的画或雕塑；给观众或听众以高度美感满足的动作或事物是在实际效果和实际用途以外的，某些有价值的和给人以喜悦的东西；[art form]。可看作艺术创作的成果；绘画、雕刻领域外的作品和包括在艺术创作内的那些作品，比较起来，这类作品的创作原理一般是辨别出来的。

艺术性：[artistry]，效果或工艺的美学特性。

美：[beauty]，形貌好看，漂亮 [beautiful; good-looking; handsome; pretty]；美孟姜也。

美学：[aesthetics]，哲学的一个分支，论述美和美的事物，尤指对审美鉴赏力的判断；美术的哲学或科学；特指主题是描述和解释美术、美术现象和美学经验并包括心理学、社会学、人类学、艺术史等重要的有关方面的科学。

园林美：所谓园林美，是指应用天然形态的物质材料，依照美的规律来改造、改善或创造环境，使之更自然、更美丽，更符合时代社会审美要求的一种艺术创造活动。园林美实质上是一种艺术美。艺术是生活的反映，生活是艺术的源泉。这决定了园林艺术有其明显的客观性。从某种意义上说，园林美是一种自然与人工、现实与艺术相结合的融哲学、心理学、伦理学、文学、美术音乐等为一体的综合性艺术美。园林美源于自然美，又高于自然美。正如歌德所说："既是自然的，又是超自然的。"

园林艺术是一种实用与审美相结合的艺术。其审美功能往往超过了它的实用功能，是以游赏为主的。

园林艺术是园林学（有时叫造园学）研究的主要内容，是研究关于园林规划、创作的艺术体系，是美学、艺术、绘画、文学等多学科理论的综合运用，尤其是美学的运用。园林形式与特征是园林设计的前提，有了具体的布置形式，园林内部的其他设计工作才能逐步进行。

三、园林造景及景观分析

（一）景

我国园林中，常有"景"的提法，如燕京八景、西湖八景、关中八景、圆明园四十景、避暑山庄七十二景等。所谓"景"即风景，景致，是指在园林中，自然的或经人为创造加工的，并以自然美为特征的一种供作游憩观赏的空间环境。所谓"供作游憩观赏的空间环境"，即是说，景绝不是引起人们美感的画面，而是具有艺术构思且能入画的空间环境，这种空间环境能供人游憩欣赏，符合园林艺术构图规律的空间形象和色彩，也包括声、香、味及时间等环境因素。如西湖的"柳浪闻莺"、关中的"雁塔晨钟"、避暑山庄的"万壑松风"是有声之景；西湖的"断桥残雪"、燕京的"琼岛春阴"、避暑山庄的"梨花伴月"都是有时之景。由此说明风景构成要素（山、水、植物、建筑，以及天气和人文特色等）的特点是景的主要来源。

（二）造景

造景，即人为地在园林绿地中创造一种既有一定使用功能又有一定意境的景区。人工造景要根据园林绿地的性质、功能、规模，因地制宜地运用园林绿地构图的基本规律去规划设计。

（三）园林景观分析

水作为一种晶莹剔透、洁净清心，既柔媚、又强韧的自然物质，以其特有的形态及所蕴含的哲理思维，不仅早已进入了我国文化艺术的各个领域，而且也成为园林艺术中一种不可缺少的、最富魅力的园林要素。

古人云，"水性至柔，是瀑必劲""水性至动，是潭必定"。仅从水的本身而言，其已是一种刚柔相济、动静结合的一种"奇物"了。

早在近三千年前的周朝，水已成为园林游乐的内容。在中国传统的园林中，几乎是"无水不园"，故有人将水喻为园林的灵魂。有了水，园林就更添活泼的生机，也更增加波光粼粼水影摇曳的形声之美。但是，红花虽好，也要绿叶扶持。水影要有景物才能形成；水声要有物体才能鸣；水舞要有动力才能跳跃；水涛要有驳岸才能起落……没有其他要素，难以发挥水本质的美。

历史上，像南京玄武湖这样命运多舛的湖泊并不多见，除了经常被迫更换名称之外，玄武湖忽大忽小、时有时无的经历也不是其他湖泊所能比拟的。

玄武湖古名桑泊，至今已有一千五百多年，是岩浆侵入断层破碎的软弱部位，经过风化剥蚀后发展而成的湖盆，接受钟山西北的地表径流，三国时代吴王孙权引水入湖后，玄武湖才初具湖泊的形态。历史上的湖面要比现存的广阔得多。玄武湖方圆近五里，分作五洲，洲洲堤桥相通，浑然一体，处处有山有水，山异，终年景色如画。而玄武湖历史上曾有过"五洲公园"之称。公园五洲之格局类似世界五洲之格局，似乎在寓意着五大洲人民团结的美好前景，同时象征着金陵人的博大胸怀和热情好客。

自玄武湖开始大量蓄水之后，人工改造的工程就从未停过，湖泊本身也因地理位置、环境或功能的不同而频频更名。玄武湖初期的名称叫作"后湖"或"北湖"，取名后湖的原因是玄武湖的位置正好位于钟山之阴，对南京城的居民来说，山背的这座湖泊当然称为后湖。至于北湖名称的由来，则是因为玄武湖位于六朝京城之北，取名北湖自然也有它的命名依据。另外，"玄武"这两个字的实际意义指的是"北方之神"，"玄武湖"和"北湖"这两个名词其实也没有多大的差别。"玄武"是中国神话故事中的四神之一，它的具体形象是龟与蛇的复合体，玄武和青龙、白虎、朱雀共同代表着东南西北四个方位，玄武湖实际上就是北湖的意思。

玄武湖位于南京城中，钟山脚下，属于国家级风景区，并且是江南三大名湖之一。巍峨的明城墙、秀美的九华山、古色古香的鸡鸣寺环抱其右，占地面积472公顷，其中水面积368公顷、陆地104公顷。

玄武湖中分布有五块绿洲，形成五处景区。一是环洲，假山瀑布尽显江南园林之美，其中由宋代花石纲的遗物太湖石组成的"童子拜观音"景点尤为壮观。二是菱洲，东濒临钟山，有"千云非一状"的钟山云霞，故有"菱洲山岚"的美名。三是梁洲，梁洲为五洲中开辟最早、风景最胜的一洲。四是樱洲，樱洲在环洲怀抱之中，是四面环水的洲中洲。洲上遍植樱花，早春花开，繁花似锦，人称"樱洲花海"。五是翠洲，翠洲风光幽静，别具一格。玄武湖五洲之间，桥堤相通，别具特色。

从玄武门开始，一条形如玉环的陆地，从南北两面深入湖中，即为环洲。步入环洲，碧波拍浪，细柳依依，微风拂来，宛如烟云舒卷，故有"环洲烟柳"之称。

菱洲东濒临钟山，位于玄武湖中心，山峦萦回，风轻水漾。过去盛产红菱，有"千云非一状"的钟山云霞，自古就有"菱洲山岚"的美名。

从环洲向北过芳桥便是梁洲。梁洲因梁朝时梁武帝的儿子昭明太子萧统在此建读书台而得名。当年太子在此聚书近三万卷，博览群书，还常召集贤士谈论古今，撰写文章，选编了我国最早的一部诗文选集《昭明文选》，这对以后的文学发展与研究产生了积极的影响。据说后来昭明太子在湖上荡舟游玩时，不慎掉入水中，得病不治而死。人们为了纪念这位好学的太子，将他的读书台所在地称为梁洲。但是，目前观赏的读书台建在翠洲。梁洲一年一度的菊展，传统壮观，故有"梁洲秋菊"的美称。洲上有白苑餐厅、观鱼池、盆景馆、览胜楼、阅兵台、友谊厅、牡丹园、闻鸡亭、湖神庙、铜钩井等景点以及疯狂鼠、碰碰车、赛车场等游乐设施。

梁州位于环洲怀抱之中，有"樱洲花海"之誉。洲上樱桃如火如霞，樱花飞舞轻扬，长廊九曲回环，广场碧草茵。游人信步于绿涛花海之中，心旷神怡，飘飘然如入仙境。然而，谁会想到历史上玄武湖曾有数次不同形式的"消失"呢？北宋王安石实行"废湖还田"，使玄武湖消失了两百多年。到了明初，玄武湖成了皇家禁地——存储全国户籍和各地赋税全书的黄册库，虽是世界档案史上的一大奇迹，但玄武湖却成了一带禁地，与世隔绝了二百六十多年。隋唐以后，玄武湖渐渐衰落，一度更名。"放春草凄凄，空余后湖月，离宫没古丘，波上叹洲瀛。"

从梁洲沿湖堤过翠桥就是翠洲。洲上建有露天音乐台、翠虹厅、原少年之家、水寨娱乐部。翠洲风光幽静，别具一格。长堤卧坡，绿带缭绕。苍松、翠柏、嫩柳、淡竹，形成"翠洲云树"的特色。

中国的传统园林体系是崇尚自然的。自然界的景致，一般是有山多有水、有水多有山。因此，逐步形成了中国传统园林的基本形式——山水园。山水相依，构成园林。无山也要叠石堆山，无水则要挖地取水。玄武湖的水体景观，也是按照这个传统的观念建成的。它沿用"一池三山"的理水模式，象征着人们对美好愿望和理想的一种追求。一平如镜的玄武湖，湖边杨柳依依，以水的诗情画意寓意人生哲理，引发人们对悠悠历史的深思。

山基本上是静态的，而水则有动静之分，即使它只是静态的湖，也以养鱼、栽花、结合光影、气象来动化它。虽然没有万丈瀑布的壮景，但潺潺溪涧也足以把山"活化"，使它们动静结合，构成一幅完美的园景。

山可以登高望远，低头观水，产生垂直与水平的均衡美。有山就有影，水中之影扩大了玄武湖空间的景域，因而产生了虚实之美。

玄武湖水体，尤其是大水面的功能是多方面的，它不仅仅是水景的观赏，如赏月、领略山光水色之美，也不仅仅是在水中取乐，如泛舟、垂钓……它还具有调节小气候、灌溉和养育树木花草（尤其水生植物）、养鱼以及在特殊情况下的消防、防震等功能，还兼有蓄水、操练水军及生产鱼藻、荷莲的功能。所以，设置园林水面，的确是美观与实用、艺术与技术相结合的一种重要的园林内容。

水景大体上分为动、静两大类。静态的水景，平静、幽深、凝重，其艺术构图常以影为主，而动态的水景则明快、活泼、多姿，多以声为主，形态也十分丰富多样，形声兼备，可以缓冲、软化城市中"凝固的建筑物"和硬质地面，以增加城市环境的生机，有益于身心健康并满足视觉艺术的需要。

玄武湖以静态水体为主，湖的形状决定了水面的大小、形状与景观。静态的水色湖光本身一平如镜，表现出的潋滟、柔媚之态使人陶醉。中间设堤、岛、桥、洲等，不论其大小、长短，目的是划分水面，增加水面的层次与景深，扩大空间感，增强水面景观，提高水上游览趣味和丰富水面的空间色彩，同时增添园林的情致与趣味。

它的水体景观设计还充分利用了水态的光影效果，构成极其丰富多彩的水景。例如：

（1）倒影成双

四周景物反映在水中形成倒影，使景物变一为二，上下交映，增加了景深，扩大了空间感。一座半圆洞的拱桥，变成了圆桥，起到了攻半景倍的作用。水中倒影由岸边景物生成，岸边精心布置的景物如画，影也如画，取得了双倍的光影效果，虚实结合，相得益彰。倒影还把远近错落的景物组合在一张画面上，如远处的山和近处的建筑、树木组合在一起，犹如一幅秀丽的山水画。

（2）借景虚幻

由于视角的不同，岸边景物与水面的距离和周围环境也不同，景物在地面上能看到的部分，在水中不一定能看到，水中能看到的部分，地面上也不一定能看到。如走到某个方位，由于树林的遮挡，山上的塔楼就几乎看不到了。但从水面却可以看到其影，这就是从水面借到了塔的虚幻之景。故倒影水景的"藏源"手法，增加了游人"只见影，不见景"的寻游乐趣。

（3）优化画面

在色彩上看来不十分协调的景物，如果倒影在绿色的水中，就有了共同的基调。如碧蓝的天空，有丝丝浮云，几只戏翔的小鸟与岸边配置得当的树木花草，反映于水中，就构成了一幅十分和谐的水景画。玄武湖水中的游鱼为其增添了一道景观。

（4）逆光剪影

岸边景物被强烈的逆光反射至水面，勾勒出景物清晰的外轮廓线，出现"剪影"，产生一种"版画"的效果。

（5）动静相随

风平浪静时，湖面清澈如镜，即使是阵阵微风也会送来细细的涟漪，给湖光水色的倒影增添动感，产生一种朦胧美。若遇大风，水面掀起激波，倒影则顿时消失。而雨点又会使倒影支离破碎，则又是另一种画面。水本静，因风因雨而动，小动则朦，大动则失。这种动与静的相随出现是受天气变化的影响，它更加丰富了玄武湖的水景。

（6）水里"广寒"

水中的月影，本是一种极普通而简单的水景，然而在中国传统文学及传说中，却被大大地加以美化，进而达到十分高雅、完美的境界，几乎形成了一种"水里广寒"。

置石：

时而池岸旁突出一块石头于水边，既护岸，又可观赏。以自然的叠石与人工驳岸相结合，岸边景观更为丰富活泼。时而在水中置石，以其旷、壮、昂增加其开阔、舒展的气氛。这些石块一般被置于池塘的一侧，既开拓了景深，又便于游人选择欣赏角度。

水边建筑及小品的设置：

建筑物如亭、廊等多环绕水池而建，形成如水榭、不系舟、临水平台、水廊等。这些临水建筑物可以产生优美的倒影，扩大了玄武湖的欣赏面积，丰富了它的造型艺术。

至于跨水而过的桥和亭，则更是影响到水景的重要建筑。玄武湖的桥一般都位于洲岛交接处，落落大方的水面成为主景，可以在桥上停歇、赏景、观游鱼等。而亭子的位置，一般都偏于湖边一角。

植物景观：

植物是造园的重要因素，有了它才可以显示和保持园林的生态美，而植物的生存必须依靠水。水是植物的生命之源，植物又是水景的重要依托，只有植物那变化多姿、色彩丰富的季相变化，才能使水的美得到充分的展示。池边的枫叶，一到深秋就会染红一池秋水；飘荡的垂柳，像绿色的丝带挂落于水面；鲜花怒放、落英缤纷……

明清之后，至少是到 20 世纪 60 年代初，如烟的春柳一直是玄武湖的一大盛景。老一辈著名摄影家孙振先生在他的《醉在玄武湖》一文中，曾这样描述 1962 年夏天的后湖烟柳："堤岸两边的垂柳，像青春年华的少女，一头茂密的长长的发丝，散披在轮廓清晰的双肩上，沐浴在金黄色的霞光里。清且平的湖水，像擦净了的镜子，照映着她们的苗条身影。湖面上升起了阵阵轻柔的水汽，缓慢地向堤边散延。含着柳叶清香的晨风，扑面而来，沁人肺腑。看那远处的长堤上，娉婷婀娜的垂柳，在晨雾中若隐若现。这一切，宛似神话中的仙境。"

第三章　园林布局

第一节　园林布局原则

园林布局的概念：园林是由一个个、一组组不同的景观组成的，这些景观不是以独立的形式出现的，是由设计者把各景物按照一定的要求有机地组织起来。在园林中，把这些景物按照一定的艺术规则有机地组织起来，创造出一个和谐完美的整体，这个过程被称为园林布局。

人们在游览园林时，在审美要求上是欣赏各种风景，并从中得到美的享受。这些景物有自然的，如山、水、动植物；也有人工的，如亭、廊、榭等各种园林建筑。如何把这些自然的景物与人工景观有机地结合，创造出一个既完整又开放的优秀园林景观，这是设计者在设计中必须注意的问题。好的布局必须遵循一定的原则。

一、综合性与统一性

(一) 园林的功能决定其布局的综合性

园林的形式是由园林的内容决定的，园林的功能是为人们创造一个优美的休息娱乐场所，同时也在改善生态环境上起重要的作用。但如果只从这一方面考虑其布局的方法，而不从经济与艺术方面考虑，这种功能也是不能实现的。园林设计必须以经济条件为基础，以园林艺术、园林美学原理为依据，以园林的使用功能为目的。只考虑功能，没有经济条件作保证，再好的设计也是无法实现的。只考虑经济条件，脱离其实用功能，这种园林也不会为人们接受。因此，经济、艺术和功能这三个方面的条件必须综合考虑，只有把园林的环境保护、文化娱乐等功能与园林的经济要求及艺术要求作为一个整体，才能实现创造者的最终目标。

(二) 园林构成要素的布局具有统一性

园林构成的素材主要包括地形、地貌、水体和动、植物等自然景观及其建筑、构筑物和广场等人文景观。在这些要素中，植物是园林中的主体，地形、地貌是植物生长的载体，这二者在园林中以自然形式存在。不经过人为干预的自然要素往往是最原始的产物，其艺术性往往达不到人们所期望的效果。建筑在园林中是人们根据其使用的功能要求而创造的人文景观，这些景物必须与天然的山水、植物有机地结合并融合于自然中才能实现其功能要求。

以上三个方面的要素在布局中必须统一考虑，不能分割开来，地形、地貌经过利用和改造可以丰富园林的景观，而建筑道路是实现园林功能的重要组成部分，植物将生命赋予自然，将绿色赋予大地，没有植物就不能成为园林，没有丰富的、富于变化的地形、地貌和水体就不能满足园林的艺术要求。好的园林布局是将这三者统一，既要分工又要结合。

（三）起开结合，多样统一

对于园林中多样变化的景物，必须有一定的格局，否则会杂乱无章，既要使景物多样化，有曲折变化，又要使这些曲折变化有条有理，使多样的景物各有风趣，能互相联系起来，形成统一和谐的整体。

在我国的传统园林布局中使用"起开结合"四个字来实现这种多样统一。什么是"起开结合"呢？清朝的沈宗骞在《芥舟学画编》一书中指出："布局全在于势，势者，往来顺逆之间，则开合之所寓也。生发处是开，一面生发，即思一面收拾，则处处有结构而无散漫之弊。收拾处是合，一面收拾一面又思生发，则时时留有余意而有不尽之神……如遇绵衍抱拽之处，不应一味平塌，宜思另起波澜。盖本处不好收拾，当从他处开来，庶棉平塌矣，或以山石，或以林木，或以烟云，或以屋宇，相其宜而用之。必于理于势两无妨而后可得，总之，行笔布局，一刻不得离开合。"这里就要求我们在布局时必须考虑曲折变化无穷，一开一合之中，一面展开景物，一面又考虑如何开合。

二、因地制宜，巧于因借

园林布局除了从内容出发外，还要结合当地的自然条件。我国明代著名的造园家计成在《园冶》中提出"园林巧于因借"的观点，他在《园冶》中指出："因者虽其基势高下，体形之端正……""因"就是因势，"借者，园虽别内外，得景则无拘远近"，"园地惟山林最胜，有高有凹，有曲有深，有峻有悬，有平而坦，自成天然之趣，不烦人事之工，入奥疏源，就低蓄水，高方欲就亭台，低凹可开池沼"。这种观点实际上就是充分利用当地自然条件，因地制宜的最好典范。

（一）地形、地貌和水体

在园林中，地形、地貌和水体占有很大比例。地形可以分为平地、丘陵地、山地、凹地等。在建园时，应该最大限度地利用自然条件。对于低凹地区，布局应以水景为主；而丘陵地区，布局应以山景为主，要结合其地形地貌的特点来决定，不能只从设计者的想象来决定。如北京陶然亭公园，在新中国成立前为城南有名的臭水坑，电影《城南旧事》中讲的就是这一地区的故事。中华人民共和国成立后，政府为了改善该地区的环境条件，采用蓄水的方法，在北部把挖出的土方堆积成山，在湖内布置水景，为人们提供一个水上活动场所，这样不仅改造了环境，同时也创造出一个景观秀丽、环境优美的园林景点。如果不是采用这种方法，而是从远处运土把坑填平，虽也可以达到整治环境的目的，但就不会有今天这样景观丰富的园林了。

在工程建筑设施方面应就地取材，同时考虑经济技术方面的条件。园林在布局的内容与规模上，不能脱离现有的经济条件。在选材上以就地取材为主，如假山置石，在园林中的确具有较高的景观效果，但不能一味追求其效果而不管经济条件是否允许，否则必然会造成很大的经济损失。宋徽宗在汴京所造万寿山就是一例。据史料记载，"公元1106年，宋徽宗为建万寿山，于太湖取石，高广数丈，载以大舟，挽以千夫，凿河断桥，毁堰折墙，数月乃至"，最终造成人力、物力和财力的巨大浪费，而北京颐和园中的"败家石"（青芝岫）的来历也是如此。

建园所用材料的不同，对园林构图会产生一定的影响，这是相对的，而非绝对的。太湖石可谓置石中的上品，但并非必不可少，如北京北海静心斋的假山所用石材为北京房山所产、广州园林的假山为当地所产的黄德石等均属就地取材的成功之例。

（二）植物及气候条件

中国园林的布局受气候条件影响很大。我国南方气候炎热，在树种选择上应以遮阳为主。而北方地区，夏季炎热，需要遮阴；冬季寒冷，需要阳光，在树种选择上就应考虑以落叶树种为主。

在植物选择上还必须结合当地气候条件，以乡土树种为主。如果只从景观上考虑，大量种植引进的树种，不管其是否能适应当地的气候条件，其结果必是以失败而告终。

另外，必须考虑植物对立地条件的适应性，特别是植物的阳性和阴性、抗干旱性与耐水湿性等。如果把喜水湿的树种种在山坡上，或把阳性树种种在庇荫环境内，树木就不会正常生长，不能正常生长也就达不到预期的目的。因此，园林布局的艺术效果必须建立在适地适树的基础之上。

园林布局还应注意对原有树木和植被的利用。一般在准备建造园林绿地的地界内，常有一些树木和植被，这些树木或植被在布局时，要根据其可利用程度和观赏价值，最大限度地组织到构图中去。正如《园冶》中所讲的那样："多年树木，碍筑檐垣，让一步可以立根、斫数桠不妨封顶，斯谓雕栋飞楹构易，荫槐挺玉难成。"其中心思想就是要对原有植被充分利用。这一点在我国现代园林建设中得到了肯定，如北京朝阳公园中有很多大树为原居住区内搬迁后保留下来的。此公园于1999年建成，这些大树在改善环境方面起到了很好的效果，它们多数以"孤赏树"的形式存在，如果全部伐去重新栽植新的树木，不但浪费人力、物力、财力，而且也不会很快达到理想的效果。

除此之外，在植物的布局中，还必须考虑植物的生长速度。一般新建的园林，由于种植的树木在短期内不可能达到理想的效果，所以在布局中应选择速生树种为主、慢生树种为辅。在短期内，速生树种可以很快形成园林风景效果，但在远期规划上又必须合理安排一些慢生树种。关于这一点在居住区绿地规划中已有前车之鉴，一般居住区在建成后，要求很快实现绿化效果，在植物配植上，大面积种植草坪，同时为构图需要，配以一些针叶树，结果绿化效果是达到了，但没有注意居民对绿地的使用要求，每到夏季烈日炎炎时，居民很难找到纳凉之处，这样的绿地是不会受欢迎的。因此，在园林植物的布局中，要了解植物的生物学特性，既考虑远期效果，又要兼顾当前的使用功能。

三、主景突出，主题鲜明

任何园林都有固定的主题，主题是通过内容表现出来的。植物园的主题是研究植物的生长发育规律，对植物进行鉴定、引种、驯化，同时向游人展示植物界的客观自然规律及人类利用植物和改造植物的知识。因此，在布局中必须始终围绕这个中心，使主题能够鲜明地反映出来。

在整个园林绿化工作中，绿化固然重要，但必须有重点，美化才能达到其艺术要求。园林是由许多景区组成的，这些景区在布局中要有主次之分，主要景区在园林中要以主景的形式出现。

在整个园林布局中要做到主景突出，其他景观（配景）必须服从于主景的安排，同时又要对主景起到"烘云托月"的作用。当配景的存在能够"相得益彰"时，才能对构图有积极意义。如北京颐和园有许多景区，如佛香阁景区、苏州河景区、龙王庙景区等。其中以佛香阁景区为主体，其他景区为次要景区，而在佛香阁景区中，又以佛香阁建筑为主景，其他建筑为配景。

配景对突出主景有两方面的作用：一方面是从对比方面来烘托主景，如平静的昆明湖水面以对比的方式来烘托丰富的万寿山立面；另一方面是用类似形式来陪衬主景，如西山的山形、玉泉山的宝塔等则是以类似的形式来陪衬万寿山的。

突出主景常用的方法有主景升高、中轴对称、对比与调和、动势集中、重心处理及抑景等。

四、园林布局在时间与空间上的规定性

(一) 园林空间的存在意义

园林空间是容积空间、立体空间以及二者相合的混合空间。容积空间是围合、静态、向心的空间；立体空间是填充层次丰富、有流动感的空间；混合空间兼有容积空间与立体空间的特征。园林中空间的存在具有不可替代的意义。

1. 园林空间的"容器"意义

园林中的空间实际上是由园林中山石、水体、植物、建筑四大要素所围合起来的"空"的部分，是人们活动的场所。通俗地说，虽然人们花费了大量人力、物力、财力营造建筑，堆砌假山，种植花木，修建水塘池沼，但所需要的却不过是园林中"空"的部分。所以，园林空间实际上就是一个"容器"，容纳各种园林要素，容纳各种园林景观，也容纳着园林中无数的参观者。

2. 园林空间可以产生各种丰富变化的景观效果

园林造景需要四大要素，但实际上我们感受景观却是通过园林空间。丰富的空间层次、不同的空间类型，时而开敞、时而闭锁，时而高旷、时而低临的景观，带领我们感受丰富变化的历程，产生了多彩的景观效果。

3. 园林空间蕴含无尽的意境

中国古典园林特有的经典布局是对园林空间灵活多变的处理。园林空间蕴含着丰富的文化内涵，承载着中国传统文化的大量信息，如中国古代哲理观念、文化意识和审美情趣。对中国园林的欣赏，其实就是对园林空间内无尽的意境的感受与回味。

(二) 园林空间布局手法的处理

依据我国传统的美学观念与空间意识，园林空间的塑造应美在意境，虚实相生，以人为本，时空结合。空间的大小应该视空间的功能要求和艺术要求而定。大尺度的空间气势磅礴，感染力强，常使人肃然起敬，有时也是权力和财富的一种表现及象征。小尺度空间较为亲切宜人，适合于人的交往、休息，常使人感到舒适、自在。

为了塑造不同风格的空间，设计师采用多样灵活的空间处理手法，主要包括以下几种类型：

1. 空间的对比

为了创造丰富变化的园景并且给人以某种视觉上的感受，在园林中不同的景区之间，两个相邻的内容又不尽相同的空间之间，一个建筑组群中的主、次空间之间，都常形成空间上的对比。空间的对比又包括空间大小的对比、空间形状的对比、园林空间的明暗虚实的对比。

2. 园林空间的渗透与层次

园林创作总是在"虚实相生，大中见小，小中见大"中追求与探索。只有突破有限空间的局限性，才可以形成无穷无尽的意境空间。常见渗透的方法有相邻空间的渗透与层次、室内外空间的渗透与层次。

3. 空间序列

空间序列可以说是时间和空间相结合的产物，就是将一系列不同形状与不同性质的空间按一定的观赏路线有次序地贯通、穿插、组合起来。空间序列的安排包括了空间的展开、空间的延伸、空间的高潮处理及空间序列的结束。其实就是考虑空间的对比、渗透和层次及空间功能的合理性和艺术意境的创造性，围绕设计立意，从整体着眼，按对称规则式或不对称自由式有条不紊地安排空间序列，使其内部存在有机和谐的联系。游人在游览过程中，通过对景观序列的欣赏获得美的感受和精神上的愉悦。

4. 园林空间布局的设计手法

组织布局好园林空间是园林设计的关键，而设计手法是空间组合与合理造园的重要手段。鉴于此，有必要对园林中的设计手法作出探讨和总结。

5. 空间的组合

在定义园林空间时，要有一个视线范围。空间的平面形状通常无约束，而在立面上则常须控制某一视点的位置，在一个或两个视点上打破空间范围，留出透视线，作为空间的联系。因此，根据平、立面的封闭程度不同，可将其分为封闭性和通透性空间。在空间的组合时须考虑到两种情况：一是园林空间的组合与其园林构图形式的关系。园林各局部要求容纳游人活动的数量不同，对园林空间的大小和范围要求也不同，在安排空间的划分与组合时，宜将其中最主要的空间作为布局的中心，再辅以若干中小空间，达到主次分明和相互对比的效果。具体安排各类空间位置时，宜疏密相间，确定园林空间组合的使用范围。一般大型园林中，常作集锦式的景点和景区的布局，多以大型湖面为构图中心，或作周边式、角隅式的布局，以形成精美的局部。二是在小型或一些中型园林中，纯粹使用园林空间的构成和组合，满足构图上的要求。上述两种情况较为多见，但也不排除其他构图形式的使用。

6. 空间的转折和分隔

空间的转折有急转、缓转之分。在规划式的园林空间中可用急转，如在主轴、副轴交汇处的空间，由此方向转向另一方向，由大空间急转成小空间。在自然式的园林空间中宜用缓转，通过过渡空间的设置，如空廊、花架等，使转折的调子趋于缓和。

空间的分隔有虚隔、空隔之分。两室间的干扰不大，有互通气息要求者可虚隔，如用空廊、漏窗、疏林、水面等进行分隔。两空间因功能不同、风格不同、动静要求不同则宜实隔，如用实墙、建筑、山阜、密林等处理。虚隔是缓转的处理，实隔是急转的处理。以某公园的空间分割联系为例，一进园门为树丛环围的入口广场，游人不能马上看到园内主要风景，只能通过道路、树丛的缝隙，隐约看到园内的景物，进而激起探究的心理，是为虚隔；而园门内的照壁、隔墙，则是维护私密性的屏障，不容他人窥视，是为实隔。

园林是满足人对自然环境的生态、景观、文化内涵、游览休息的综合要求，是园林设计为人民利益服务的综合体现。为使游人在有限的空间中有景物变化莫测的感受，达到步移景异的效果，就要充分利用园林空间。园林空间的质量直接影响着园林的景观效果。如何有效地利用山石、水体、植物及园林建筑等要素，通过空间的对比、空间的渗透、空间序列的布置，丰富美的感受，创造无尽的艺术境界，是园林设计者义不容辞的责任和义务。

（三）园林空间的营造

1. 无形空间环境的营造

无形空间环境的营造首先在立意。立意可通过匾额、楹联、诗文等形式来完成。由此点染出园林空间的丰富意境，体现出园林空间营造中对社会环境的要求。

中国古典风景园林在道家思想的影响下，比较重视"意"，即园林所表达的情感与意义。它强调运用多种园林要素如自然界的花木、水、生物等自然要素和建筑物等人造要素以及因二者呼应所产生的天、地、人和谐统一的美学境界。这一风景园林的设计方法对中国古典园林与现代城市设计产生的影响体现在设计的立意与布局上。无论是中国古代城市设计，还是现代城市设计，都以"经营位置"为主要原则，空间及各种设计要素的相互关系成为设计的最基本和具有决定性的因素。另外，园林设计中香味、声音等的巧妙安排，也可形成一种特殊的氛围。无论是"留得枯荷听雨声""暗香浮动月黄昏"，还是"鸟鸣山更幽"，都为景物增添了许多情趣。

2. 有形空间环境的营造

有形空间环境的营造就是针对场地中一系列客观的、相互矛盾的现状资源提出一个空间解决方案，一个合理、巧妙的园林设计。首先要抓住原场地中那些本质的、内在的，特别是文化性的东西，将它们在设计中表现出来。以一种倾向性和具有普遍性的运动规律，反映出有形的空间序列和无形的时间性，使它们体现各自的特性。

所谓空间感，是由地平面、垂直面以及顶平面单独或共同组合成的具有实在的或暗示性的范围围合。仅以植物为例，植物可以以其不同种类、形状、高度组成空间的任何一个平面。在园林设计中以建筑体现功能，以植物为主造园并辅助划分环境空间，以园林构造物点缀其间烘托气氛，利用大小、虚实、疏密、明暗、曲直、动静的对比手法，通过巧妙的借景、障景、围合、隔断等手段，设计出尺度、形态、围合程度不尽相同的空间，充分表现园林设计的丰富内容和意境。其中，林缘的晃动、树木的枝杈以及草地的起伏变化都是构成空间的元素。

空间形态由空间、形体、轮廓、虚实、凹凸等各要素构成，这些要素和实用功能是紧密联系的。功能是人们构建空间环境的首要目的，而空间形式形态是由功能的客观存在而存在的。环境空间形式形态完全由功能决定，但环境空间的形式形态又必须适合功能的要求。

(四) 中国园林布局的特点

中国园林荟萃于江南，尤以苏州为胜，多为明清时代的遗存。从造园的历史发展来看，明清园林较之唐宋空间范围已在缩小，在本已不大的空间里，再建筑许多庭院，空间上的矛盾也就更加尖锐，主要表现在两个方面：一是如何在这样局促的空间里再现自然山水的形象；二是如何使端方齐整的庭院与自然山水的景境创作有机结合，创造出和谐而完整的园林艺术形象。由于这种历史发展所形成的矛盾，园虽一而质已不同。基于这个认识，从"空间布局"这一角度出发，应该加深对中国园林造园手法的认识。

园林布局，用现代话说，就是在选定园址的基础上进行总体规划，根据园林的性质、规模、使用要求和地形地貌的特点进行总的构思。它不仅要考虑园林内部空间的现状，还要研究外部空间的现状和特点。这样的构思是通过一定的物质手段——山石、水面、植物、建筑等——进行的。按照美学的规律去创造出各种适合人们游赏的环境。因此，正确的布局来源于对园林所在地段环境的全面认识，分清利弊，扬长避短，这就要求对园林整体空间中的各种环境进行丰富的想象和高度的概括。

1.突破园林空间范围较小的局限，实现小中见大的空间效果

（1）利用空间大小的对比

江南的私家园林，一般把居住建筑沿边界布置，把中间的主要部分让出来布置园林山水，形成主要空间。在这个主要空间的外围布置若干次要空间及局部小空间，各个空间与大空间联系起来。这样既各具特色，又主次分明。在空间的对比中，小空间烘托、映衬了主要空间，大空间更显其大。如苏州网师园的中部园林，从题有"网师小筑"的园门进入网师园内的第一空间，就是由"小山丛桂轩"等三个建筑以及院墙所围绕的狭窄而封闭的庭院，庭院中点缀着山石树木，烘托出了幽深宁谧的气氛。但从这个庭院的西面，顺着曲廊北绕过濯缨水阁之后，突然闪现水光荡漾、水崖岩边、亭榭廊阁、参差间出的景象。也正是由于前一个狭窄空间的衬托，这个近乎"30米×30米"的山池区就显得较实际面积辽阔开朗了。

（2）注意选择适宜的建筑尺度

在江南园林中，建筑在庭院中占的比重较大。因此，江南园林很注意建筑尺度的处理。在较小的空间范围内，一般均取亲切近人的小尺度，体量较小。有时还利用人们观赏物体"近大远小"的视觉习惯，有意识地压缩位于山顶上的小建筑的尺度，而造成空间距离较实际略大的错觉。如苏州怡园假山顶上的螺髻亭，体量很小，柱高仅2.3米，柱距仅1米。又如网师园水池东南角上的小石拱桥，微露于水面之上，从池北南望，流水悠悠远去，似有水面深远不尽之意。

（3）增加景物的景深和层次

在江南园林中，造景深多利用水面的长方向，往往在水流的两面布置石林木或建筑，形成两侧夹持的形式。借助于水面闪烁无定、虚无缥缈、远近难测的特性，从流水两端对望，无形中增加了空间的深远感。同时，园林中景物的层次越少，越一览无余，即使是大的空间也会感觉变小；相反，层次越多，景越藏，越容易使空间感觉深远。因此，在较小的范围内造园，为了扩大空间的感受，在景物的组织上，一方面运用对比的手法创造最大的景深，另一方面运用掩映的手法增加景物的层次。

以拙政园中部园林为例，由梧竹幽居亭沿着水的长方向西望，不仅可以获得最大的景深，而且大约可以看到三个景物的空间层次：第一个空间层次结束于隔水相望的荷风四面亭，其南部为邻水的远香阁和南轩，北部为水中的两个小岛，分列着雪香云蔚亭与待霜亭；通过荷风四面亭两侧的堤、桥可以看到结束于"别有洞天"半亭的第二个空间层次；而拙政园西园的宜两亭及园林外部的北寺塔，高出很矮游廊的上部，形成最远的第三个空间层次。一层远似一层，空间感比实际的距离深远得多。

（4）扩大空间感

利用空间回环相扣，道路曲折变幻的手法，使空间与景色渐次展开，连续不断，周而复始，造成景色多且空间丰富的效果，类似观赏中国画的山水长卷，有一气呵成之妙，而无一览无余之弊。路径的迂回曲折可以增大路程的长度，延长游赏的时间，使人在心理上扩大了空间感。

（5）接外景

由于园外的景色被借到园内，人的视线就从园林的范围内延展开去，从而起到扩大空间的作用。如无锡寄畅园借惠山及锡山之景。

（6）通过意境的联想来扩大空间感

苏州环秀山庄的叠石是举世公认的好手笔。它把自然山川之美概括、提炼后浓缩到一亩多地的有限范围之内，创造了峰峦、峭壁、山涧、峡谷、危径、山洞、飞泉、幽溪等一系列精彩的艺术境界，通过"寓意于景"，使人产生"触景生情"的联想。这种联想的思路，必能飞越那高高围墙的边界，把人的情思带到浩瀚的大自然中去，这样的意境空间是无限的。这种传神的"写意"手法的运用，正是中国园林布局上的高明之处。

2. 突破园林边界规则、方整生硬的感觉，寻求自然的意趣

第一，以"之"字形游廊沿外墙布置，以打破高大围墙的闭塞感。曲廊随山势蜿蜒上下，或跨水曲折延伸，廊与墙交界处有时会留出一些不规则的小空间点缀山石树木。顺廊行进，角度不断变化，即使墙在身边也不感觉到它的平板、生硬。廊墙上有时还嵌有名家的"诗条石"，用以吸引人们的注意力。从远处看过来，平直的"实"墙为曲折的"虚"廊及山石、花木所掩映，以廊代墙，以虚代实，产生了空灵感。

第二，为打破围墙的闭塞感，不仅注意"边"的处理，还注意"角"的处理，一般不造成生硬的90°转角。常见的手法有在转角部位叠以山石，山上建亭，亭有爬山斜廊接引，使人们的视线由山石而廊、亭，再引向远处的高空，本来局促的角落变成某种艺术的境界。有的还采取布置扇面亭的办法，把人的注意力引向庭院中部的山池，敞亭与实的转角之间让出小空间作适当点缀。这些都是很生动的处理。

第三，以山石与绿化作为高墙的掩映。在白粉墙下布置山石、花木。在光影的作用下，人的注意力几乎全被吸引到这些物体的形象上去，而"实"的白粉墙就变为它们"虚"的背景，有如画面上的白纸，墙的视觉界限的感受几乎消失了。这种感觉在较近的距离内尤为突出。

第四，把空廊、花墙与园外的景色相联系，把外部的景色引入园内，在外部环境优美时经常采用。苏州沧浪亭的复廊就是优秀的实例，人们在复廊内外穿行，内

外都有景可观，并不会意识到园林的边界。

3. 突破自然条件上缺乏真山真水的先天不足，以人造的自然体现出真山真水的意境

江南的私家园林在城市平地的条件下造园，没有真山真水的自然条件，但仍顽强地通过人为的努力，去塑造具有真山真水意趣的园林艺术境界，在"咫尺山林"中再现大自然的美景。这种塑造是一种高度的艺术创作，因为它虽然是以自然风景为蓝本，但又不停留在单纯的抄袭和模仿上，而是比自然风景更集中、更典型、更概括，因此才能做到"以少胜多"。同时，这样的创作是在掌握了自然山水之美的组合规律的基础上进行的，只有这样才能"循自然之理""得自然之趣"。如"山有气脉，水有源流，路有出入""主峰最易高耸，客山须是奔趋""山要回抱，水要萦回""水随山转，山因水活""溪水因山呈曲折，山蹊随地作低平"。这些都是从真山真水的启示中，对自然山水美的规律进行很好的概括。

为了获得真山真水的意境，在园林的整体布局上还特别注意抓住总的结构与气势。中国山水画就讲究"得势为主"，认为"山得势，虽萦纡高下，气脉仍是贯穿。林木得势，虽参差向背不同，而各自条畅。山坡得势，虽交错而不繁乱"。这是"以其理然也""神理凑合"的结果。园林布局中要有气势，不平淡，就要有轻重、高低、虚实、静动的对比。山石是重的、实的、静的，水、云雾是轻的、虚的、动的，把山与水恰当地结合起来，使山有一种奔走的气势，使水有一种漫延流动的神态，则水之轻、虚更能衬托出山石的坚硬、凝重。水之动必更见山之静，从而达到气韵生动的景观效果。

中国园林的历史，源远流长，明清两代在造园艺术和技术方面都达到了十分成熟的境地，并形成了地方风格。又由于受到外来文化的影响，在总体布局、园林建筑设计、掇山理水、色彩处理等方面都强烈地表现出独特的民族风格。构造的咫尺山林，呈现出来一种重含蓄、贵神韵、小中见大的景观效果。园内建筑也有供主人日常游憩、会友、宴客、读书、听戏等要求的多种样式。园林的布局则多与住宅相关联，通过空间艺术的变化，营造出平中求趣、拙间取华的效果。

中国园林有各种类型，由于中国园林都是以自然风景作为创作依据的风景式园林，因此有一些共同特点。

第一，园林布局主要指导思想——师法自然，创造意境。如何使园子百看不厌，虽小不觉小，实现师法自然，创造意境的要求，是园林布局上的一大难题。要解决这个难题，必须在以下三个问题实现突破才行。一是突破园林空间范围较小的局限，实现小中见大的空间效果，主要采取下列手法：利用空间的大小对比；选择合宜的建筑尺寸；增加景物的景深和层次；利用空间回环相通，道路曲折变幻的手法，使

空间与景色渐次展开，连绵不断，周而复始，造成景色多而空间丰富，类似观赏中国画的山水长卷。路径迂回曲折，可延长游赏时间，使人心理上扩大空间感。借外景，通过意境的联想来扩大空间感。二是突破园林规则、方正的生硬感，寻求自然意趣。采用以"之"形游廊贴外墙布置，以打破高大围墙的闭塞感；为打破围墙的闭塞感，不仅要注意"边"的处理，还要注意"角"的处理；"实"的粉墙变成它们"虚"的背景，犹如画面上的白纸，墙的视觉界限的感受几乎消失了，这种感觉在较近的距离内尤为突出；空廊、花墙与园外的景色相联系。三是突破自然条件缺乏真山真水之先天不足，以人造自然条件体现真山真水的意境。从真山真水中得到启示，对自然山水美的规律进行很好的概括。

第二，造园的基本原则与方法在于巧于因借，精在体宜。一个良好的布局，应该从客观的实际出发，因地制宜，扬长避短，发挥优势，顺理成章，不凭主观臆想，人为捏合造作，而是对地段特点及周围环境进行深入考察，顺自然之势，经过对自然山水美景的高度提炼和艺术概括的"再创造"，达到"虽由人作，宛自天开"的效果。计成在《园冶》中强调"构园无格，有法而无式"，这个"法"就是"巧于因借，精在体宜"。

第三，传统园林显著的特点即是划分景区，园中有园，从而获得丰富变化的园景，扩大园林的空间效果。

庭院是中国园林的最小单位，空间构成比较简单，一般被房廊、墙等建筑所环绕，院内适当布置山石花木点缀。庭院较小时，外部空间从属于建筑的内部空间，只是作为建筑内部空间的自然延伸与必要补充；庭院较大时，建筑成了庭院自然景观的一个构成因素，建筑是附属在庭院整体空间的，它的布局和造型更多地受到自然环境的约束与影响。这样的庭院空间就可称为小园了。

当园林进一步扩大时，一个独立的小园已不能够满足园林造景上的需要，于是，园林布局与空间构成就产生了许多变化，创造了很多平面与空间构图方式。这种构图方式最基本的一点，就是把园林划分为几个大小不同，形状不同，性格各异，各有风景主题与特色的小园，并运用对比、衬托、层次、借景、对景等设计手法，把这些小园在园林总的空间范围内很好地搭配起来，形成主次分明又曲折有致的体形环境，使园林景观小中见大、以少胜多，让人们能在有限的空间内获得无限丰富的景色。

一些江南园林，由于面积小，一般以处于中部山池区域作为园林主要景区，在其周围布置若干次要的景区，形成主次分明，曲折与开朗相结合的空间布局。主要景区突出某一方面的特点，有的以山石取胜，如扬州个园四季假山，有的以水见长，如网师园。新中国成立后，新建的园林如广州花园苗圃则以植物作为造园主题，也很有特色。

北方离宫比私家园林规模大得多，一般都是以优美的自然山水改造、兴建的，具有多样的地形条件，有利于形成多种多样的园林景观。这样就发展成为一种新的规划方法："建筑群，小园区与景区相结合的风景点。各风景点就是散置的或成组的建筑物与叠山理水自然貌相结合而构成的一个具有开阔境界或一定视野的体形环境，它既是观景的地方，也具有'点'景的作用。所谓小园，就是一组建筑群与叠山理水自然地貌所形成的幽闭的或者较幽闭的局部空间相结合，构成一个相对独立的体形环境。"它可以成为一座独立的小型园林，即所谓"园中之园"。

景区是按照景观特点而划分的较大的单一空间或区域。它往往包括若干风景点，小园或建筑群，由许多建筑物、风景点、小园再结合若干景区而组成的大型园林，既有按景分区的开阔大空间，也有一系列不同形式、不同意趣、有开有合的局部小空间。如避暑山庄根据有群山、河流、泉水及平原的特点，而把全园分为湖泊、平原与山岳三个不同的景区。

中国园林很注意景区划分，同时也很注意各景区之间的联系与过渡。如避暑山庄在山区与湖区、平原区相毗邻的山峰上，分别建有几座亭子，并在进入山区的峪口地带重点布置了几组园林建筑。它们既点缀了风景，又起到了引导作用，把山区、湖区、平原区联系起来。在小型园林中，不同景区分划与过渡，一般用小尺度的山石、绿化或垣墙、洞门等细致的手法进行处理。

在中国的古典园林中，从山水造景到空间的意匠，以及一系列空间处理的技巧和手法，都偏重于感性形态，但在感性的经验中，却又充满着古典的理性主义精神，在艺术思想上提出了许多对立的范畴，闪耀着艺术辩证法的光辉。也正是由于我国古代园林工作者的不懈追求，才使得今天的园林艺术百花齐放。深入地探究我国古典园林的造园手法，将对当前造园艺术的创新与突破起到不可估量的作用。

园林布局在时间上有规定性，一方面是指园林功能的内容在不同时间内是有变化的，如园林植物在夏季以为游人提供庇荫场所为主，在冬季则需要有充足的阳光。园林布局还必须对一年四季植物的季相变化作出规定，在植物选择上应是春季以绿草鲜花为主，夏季以绿树浓荫为主，秋季以丰富的叶色和累累的硕果为主，冬季则应考虑人们对阳光的需求。另一方面是指植物随时间的推移而生长变化，直至衰老死亡，在形态上和色彩上也在发生变化，因此，必须了解植物的生长特性。植物有衰老死亡，而园林却应该日新月异。

第二节　园林静态与动态布局

一、园林静态布局

(一) 静态风景布局

静态风景是指游人在相对固定的空间内所感受到的景观,这种风景是在相对固定的范围内观赏到的。因此,其观赏位置和效果之间有着内在的联系。

在实际游览中往往是动静结合,动就是游,静就是息,游而无息使人筋疲力尽,息而不游又失去了游览的意义。一般园林规划应从动与静两方面的要求来考虑,园林规划平面总设计图主要是为了满足动态观赏的要求,应该安排一定的风景路线,每一条风景路线应达到像电影镜头剪辑一样,分镜头 (分景) 按一定的顺序布置风景点,以使人步行其间产生移步异景之感,一景又一景,形成一个循序渐进的连续观赏过程。

分景设计是为了满足静态风景观赏的要求,景物位置始终不变,如看一幅立体风景画,整个画面就是一幅静态构图,所能欣赏的景致可以是主景、配景、近景、中景、侧景、全景甚至远景,或是它们的有机结合。设计应使天然景色、人工建筑、绿化植物有机地结合起来,整个构图布置应该像舞台布景一样,好的静态风景观赏点正是摄影和画家写生的好地方。

静态风景观赏有时对一些情节要特别注意,要进行细部观赏。为了满足这种观赏要求,可以在分景中穿插配置一些能激发人们进行细致鉴赏具有特殊风格的近景、"特写景" 等,如某些特殊风格的植物、碑、亭、假山、窗景等。

1. 静态空间的视觉规律

(1) 景物的最佳视距

人们在赏景时,无论动静观赏,总要有一个立足点,游人所在位置称为观赏点或视点。观赏点与景物之间的距离称为观赏视距。观赏视距适当与否对观赏的艺术效果影响甚大。

人的视力各有不同,一般正常人的明视距离为 25 ~ 30 cm,对景物细部能够看清的距离为 40m 左右,能分清景物类型的视距在 250 ~ 300 m,当视距在 500 m 左右时只能辨认出景物的轮廓。因此,不同的景物应有不同的视距。

(2) 视域

正常的眼睛在观赏景物时,其垂直视角为 130°,水平视角为 160°。但能看清景物的水平视角在 45° 以内,垂直视角在 30° 以内,在这个范围内视距为景宽的

1.2 倍。在此位置观赏景物效果最佳，但这个位置毕竟是有限的范围，游人还要在不同的位置观景。因此，在一定范围内需预留一个较大空间，安排休息亭榭、花架等以供游人逗留及徘徊观赏。

园林中的景物在安排其高度与宽度方面必须考虑其观赏视距的问题。一般对于具有华丽外形的建筑，如楼、阁、亭、榭等，应该在建筑高度 1 倍至 4 倍的地方布置一定的场地，以供游人在此范围内以不同的视角来观赏建筑。而在花坛设计中，独立性花坛一般位于视线之下，当游人远离花坛时，所看到的花坛面积会变小。不同的视角范围，其观赏效果也是不同的：当花坛的直径在 9～10 m 时，其最佳观赏点的位置在距花坛 2～3m；如果花坛直径超过 10 m，平面形的花坛就应该改成斜面的，其倾斜角度可根据花坛的尺寸来调整，但一般在 30°～60° 时效果最佳。例如，北京天安门广场的花坛，其直径近百米，且为平面布置，所以这种花坛从空中俯视效果远比在广场上看到的效果要好得多。

在纪念性园林中，一般要求其垂直视角相对大些，特别是一些纪念碑、纪念雕像等，为增加其雄伟高大的效果，要求视距小一些，且把景物安排在较高的台地上，这样就更能增强其感染力。

2. 不同视角的风景效果

在园林中，景物是多种多样的，不同的景物要在不同的位置来观赏才能取得最佳效果。一般根据人们在观赏景物时，其垂直视角的差异划分为平视风景、仰视风景和俯视风景三类。

(1) 平视风景

平视风景是指视线平行向前，游人头部不必上仰或下俯，就可以舒服地平望出去观赏到的风景。这种风景的垂直视角在以视平线为中心的 30° 范围内，观赏这种风景没有紧张感，给人一种广阔、宁静、深远的感觉且不易疲劳，空间的感染力特别强。平视风景由于有与地面垂直的线条，在透视上均无消失感，故景物高度效果感染力小；而不与地面垂直的线条，均有消失感，表现出较大的差异，因而对景物的远近深度有较强的感染力。平视风景应布置在视线可以延伸到的较远的地方。如一般用在安静休息处、休息亭廊、休疗场所等。在园林中，常把要创造的宽阔水面、平缓的草坪、开辟的视野和远望的空间以平视的观赏方式来安排。例如，西湖风景的恬静感觉与其多为平视景观是分不开的。

(2) 仰视风景

景物高度很大，视点距离景物很近。一般认为当游人观赏景物，其仰角大于 45° 时，由于视线的消失，景物对游人的视觉产生强烈的高度感染力，在效果上可以给人一种特别雄伟、高大和威严的感觉。这种风景在我国皇家园林中经常出现。如北京颐和园佛香阁建筑群体，在德辉殿后面仰视佛香阁时，仰角为62°，使人感到佛香阁特别高大，给人一种高耸入云之感，同时也感受到自我的渺小。

仰景的造景方法一般在纪念性园林中经常使用。如纪念碑、纪念雕塑等建筑，在布置其位置时，经常采用把游人的视距安排在距主景高度1倍以内的方法，不让游人有后退的余地，这是一种运用错觉使对象显得雄伟的方法。

我国在造景中使用的假山也常采用这种方法，为使假山给人一种高耸雄伟的效果，并非从假山的高度上入手，而是从安排视点位置上着眼，也就是把视距安排得很短，使视点不能后退，因而突出了仰视风景的感染力。因此，假山一般不宜布置在空旷草地的中央。

(3) 俯视风景及效果

当游人居高临下，俯视周围景观时，其视角在人的视平线以下，景物也展现在视点下方。60°以外的景物不能映入视域内，鉴别不清时，必须低头俯视，此时视线与地平线相交，因而垂直地面的直线产生向下消失感，故景物越低就越显小，这种风景给人以"登泰山而小天下""一览众山小"之感。俯视易造成开阔和惊险的风景效果。这种风景一般布置在园林中的最高点，在此位置上一般安排亭廊等建筑，居高临下，创造俯视景观。如泰山山顶、华山几个顶峰、黄山清凉台都是这种风景。

另外，在创造这种风景时，要求视线必须通透，能够俯视周围的美好风景。如果通视条件不好，或者所看到的景物并不理想，这种俯视的效果也不会达到预期的目的。北京某公园原设计了一俯视风景，在园内的最高点安排一方亭，但由于周边树木过于高大，从亭内所看到的风景均为绿色树冠所遮挡，无法观赏到园内美好的景观。因此，其没有达到预期的目的。

平视、俯视、仰视的观赏，有时不能截然分开。如登高楼、峻岭，先自下而上，一步一步攀登，抬头观看是一组一组仰视景观，登上最高处，向四周平望而俯视，然后一步一步向下，眼前又是一组一组俯视景观。故各种视觉的风景安排应统一考虑在四面八方多重安排最佳观景点，让人停息体验。

(二) 开朗风景与闭锁风景的处理

1. 开朗风景

所谓开朗风景，是指在视域范围内的一切景物都在视平线高度以下，视线可以无限延伸，视线平行向前时不会产生疲劳的感觉。同时还可以使人感到目光宏远，心胸开阔，壮观豪放。李白的"登高壮观天地间，大江茫茫去不返""孤帆远影碧空尽，唯见长江天际流""林梢一抹青如画，应是淮流转处山"正是开敞空间、开朗风景的真实写照。

由于人们视线较低，在观赏远景时常模糊不清，有时会见到大片单调的天空，这样又会使风景的艺术效果变差，因此，在布局上应尽量避免这种单调性。

在很多园林风景中，开朗风景是利用提高视点位置，使视线与地面形成较大的视角的方法来提高远景的辨别率，远景也随之丰富起来。开朗风景多用湖面、江湖、海滨、草原以及能登高望远之地。如我国著名的风景点黄山、庐山、华山、泰山等，由于视点位置高，视界宽阔而成为人们喜爱的风景名胜，正如王之涣《登鹳雀楼》所留下的名句"欲穷千里目，更上一层楼。"

2. 闭锁风景

当游人的视线被四周的树木、建筑或山体等遮挡时，所看到的风景就为闭锁风景。

景物顶部与人的视平线之间的高差越大，闭锁性越强；反之则越弱。这也与游人和景物的距离有关，距离越小，闭锁性越强；距离越大，则闭锁性越弱。闭锁风景的近景感染力强，四面景物可谓是琳琅满目，但长时间的观赏又易使人产生疲劳感。闭锁风景多运用于小型庭院、林中空地、过渡空间、回旋的山谷、曲径或进入开朗风景的开敞空间之前，以形成开合的空间对比。北京颐和园中谐趣园内的风景均为闭锁风景。

一般在观赏闭锁风景时，仰角不宜过大，否则就会使人感到过于闭塞。另外，闭锁风景的效果受景物的高度与闭锁空间的长度、宽度的比值影响较大，也就是景物所形成的闭锁空间的大小，当空间的直径大于周围景物的高度10倍时，其效果较差，一般景物的高度是空间直径的 $1/6 \sim 1/3$ 时，游人不必抬头就可以观赏到周围的建筑。如果广场直径过小或建筑过高，都会产生一种较强的闭塞感。

在园林中的湖面、空旷的草地等周围种植树木所构成的景观一般多为闭锁风景，在设计时要注意空间尺度与树体高度的问题。

3. 开朗风景与闭锁风景的对立统一

开朗风景与闭锁风景在园林风景中是对立的两种类型，但不管是哪种风景，都有不足之处，所以在风景的营造中不可片面地追求或强调某一风景，二者应是对立与统一的。开朗风景缺乏近景的感染力，在观赏远景时，其形象和色彩不够鲜明；而长久观赏闭锁风景又使人感到疲劳，甚至产生闭塞感。所以，园林构图时要做到开朗中有局部的闭锁，闭锁中又有局部的开朗，两种风景应综合应用。开中有合、合中有开，在开朗的风景中适当增加近景，增强其感染力。在闭锁的风景中，可以通过漏景和透景的方式打开过度闭锁的空间。

中国的园林多半以水面为中心形成闭合空间。闭合程度因水面大小而异，如谐趣园、静心斋、寄畅园、留园、拙政园等都是以水面为中心的闭合空间布置。为了打破闭合空间的闭塞感，常用虚隔、漏景等手法进行处理，如颐和园中乐寿堂前的四合壁，通过在昆明湖一侧的墙上开一列什锦窗与外界空间联系起来；苏州狮子林中通过曲廊疏透水面的闭合空间与另一个院联系起来。在开朗的水滨，栽植一些孤植树或树丛，增加近景的层次感，防止单调、平淡。在闭合的林口或林中空地处，宜设疏林漏景，以防止过于闭塞。

在园林设计中，大面积的草坪中央可以用孤立木作为近景，在视野开阔的湖面上可以用园桥或岛屿来打破其单调性。著名的杭州西湖风景为开朗风景，但湖中的三潭印月、湖心亭及苏、白两堤等景物增加其闭锁性，形成了秀美的西湖风景，实现了开朗与闭锁的统一。

二、园林动态布局

(一) 园林空间的展示程序

当游人进入一座园林内，其所见到的景观是按照一定程序由设计者安排的，这种安排的方法主要有三种：

1. 一般程序

对于一些简单的园林，如纪念性公园，用两段式或三段式的程序。所谓两段式，就是从起景逐步过渡到高潮而结束，其终点就是景观的主景。例如，中国抗日战争纪念馆，从巨型雕塑"醒狮"开始，经过广场，到进入纪念馆达到高潮而结束。而三段式的程序也可以分为起景—高潮—结景三个段式。在此期间可以有多次转折。如在颐和园的佛香阁建筑群中，以排云殿主体建筑为"起景"，径石阶向上，以佛香阁为"高潮"，再以智慧海为"结景"，其中主景是在高潮的位置，是布局的中心。

2. 循环程序

对于一些现代园林，为了适应现代生活节奏，主要采用多项入口、循环道路系统、多景区划分、分散式游览线路的布局方法。各景区以循环的道路系统相连，主景区为构图中心，次景区起到辅佐的作用。如北京朝阳公园，其主景区为喷泉广场及与其相协调的欧式建筑，次景区为公园内的湖面和一些娱乐设施。北京人定湖公园的次景区为规则式喷泉，而主景区为园中大型现代雕塑广场。

3. 专类序列

以专类活动为主的专类园林，其布局有自身的特点。如植物园可以以植物进化史为组景序列，从低等到高等、从裸子植物到被子植物、从单子叶植物到双子叶植物；还可以按植物的地理分布组织列序，如热带到温带再到寒温带等。

（二）风景序列创造手法

1. 风景序列的断续起伏

利用地形起伏变化创造风景序列是风景序列创造中常用的手法。包括园林中连续的土山、连续的建筑、连续的林带等，常常用起伏变化来形成园林的节奏。通过山水的起伏，将多种景点分散布置，在游步道的引导下，形成景序的断续发展，在游人视野中的风景，是时隐时现、时远时近的，从而达到步移景异、引人入胜的境界。

2. 风景序列的开与合

任何风景都有头有尾，有收有放，有开有合。这是创造风景序列常用的方法，展现在人们面前的风景包含了开朗风景和闭锁风景。如北京颐和园的苏州河就运用了这种开与合，为游人创造了丰富的景观。

3. 风景序列的主调、基调、配调和转调

任何风景，如果只有起伏、断续与开合，是难以形成美丽风景的。景观一般都包含主景、配景和背景。背景是从烘托方面来烘托主景，配景则从调和方面来陪衬主景。主景是主调，配景是配调，背景则是基调。在园林布局中，主调必须突出，配调和基调在布局中起到烘云托月、相得益彰的作用。如北京颐和园苏州河两岸，春季的主调为粉红色的海棠花，油松为基调，而丁香花及一些的嫩红色及黄绿色的树木叶为配调。秋季则以槭树的红叶为主调，油松为基调，其他树木为配调。任何一个连续布局都不可能是无休止的。因此，处于空间转折区的过渡树种为转调。转调方式有两种：一种是缓转，主调发生变化，而配调和基调逐渐发生变化，同时主调在数量上也逐渐减少；另一种是急转，主调发生变化，变化为另一树种，而配调和基调逐渐减少，最后变为另一树种。一般规则式园林适合用急转，而自然式园林适合用缓转。

（三）园林植物的景观序列与季节变化

园林植物是风景园林景观的主体。植物的景观受当地条件与气候的综合作用，在一年中有不同的外形与色彩变化。因此，要求设计者必须对植物的物候期有全面的了解，以便在设计中作出多样统一的安排。从一般落叶树种的叶色来看，春季为黄绿色的，夏季为浓绿色的，而秋季多为黄色或红色的。而一些花灌木的开花时间也是不同的，以北京地区为例，3月下旬迎春、连翘开始开花，4月初开花的有桃花、杏花、玉兰等。直至6月中旬，开花植物逐渐减少，而紫薇、珍珠梅等正值开花之始。到9月下旬以后就少有开花的树木了，这时树木的果实、叶色也是最好的观赏期。因此，在种植构图中要注意这种变化，要求做到既有春季的满园春色，夏季的绿树成荫，又有秋季硕果累累，霜叶如火的景象。吴自牧在《梦粱录》中是这样描写西湖风景的："春则花柳争妍，夏则荷榴竞放，秋则桂子飘香，冬则梅花破玉。四时之景不同，而赏心乐事者与之无穷也。"这正是对西湖的季相景观作出的评价。

第三节　园林布景

一、主景与配景

主景是园林绿地的核心，一般一个园林由若干个景区组成，每个景区都有各自的主景，但各景区中有主景区与次景区之分，而位于主景区的主景是园林中的主题和重点。园林的主景，按其所处空间的范围不同，一般包含两个方面的含义，一个是指整个园子的主景，另一个是指园子中被园林要素分割后局部空间的主景。以颐和园为例，前者全园的主景是佛香阁排云殿这一组建筑，后者如谐趣园的主景是涵远堂。配景只起衬托作用，就像绿叶与红花的关系一样。主景必须突出，配景则必不可少，但配景不能喧宾夺主，能够对主景起到烘云托月的作用，所以主景与配景是"相得益彰"的。

常用的突出主景的方法有以下几种：

(一) 主景升高

为了使构图主题鲜明，常把主景在高程上加以突出。主景抬高后，观主景时需要仰视，可取蓝天远山为背景，主体造型、轮廓突出，不受其他因素干扰。

(二) 中轴对称

在规则式园林和园林建筑布局中，常把主景放在总体布局的中轴线终点，而在主体建筑两侧，配置一对或一对以上的配体。中轴对称可以强调主景宏伟、庄严和壮丽的艺术效果。

(三) 对比与调和

配景经常通过对比的形式来突出主景，这种对比可以是体量上的对比，也可以是色彩上的对比、形体上的对比等。例如，园林中常用蓝天作为青铜像的背景，是色彩上的对比；在堆山时，主峰与次峰是体量上的对比；规则式的建筑以自然山水、植物作陪衬，是形体上的对比等。

钢质菖蒲雕塑和后边的石质屏风在材质上形成对比的同时，还以绿色的树木作为主雕塑的背景。

(四) 运用轴线和风景视线的焦点

主景前方两侧常常进行配置，以强调陪衬主景，对称体形成的对称轴称为中轴线，主景总是布置在中轴线的终点处，否则也会感到这条轴线没有终结。此外，主景常布置在园林纵横轴线的相交点处，或放射轴线的焦点，或风景透视线的焦点上。

(五) 空间构图重心处理

主景布置在构图的中心处。规则式园林构图时，主景常居于几何中心处，而自然式园林构图时，主景常布置在自然重心上。如中国传统假山园，主峰切忌居中，就是主峰布设在偏离几何中心的地方，但必须布置在自然空间的重心上，四周景物也要与其配合。

园林主景或主体如果体形高大，很自然获得主景的效果。但体量小的主景只要位置布置得当，也可以达到主景突出的效果——以小衬大、以低衬高，可以突出主景。同样，以高衬低、以大衬小也可以成为主景。如园路两侧种植的高大乔木，面对园林小筑，虽小筑低矮，反成主景。亭内置碑，碑成主景。

(六) 动势集中

一般在四面环抱的空间，如水面、广场、庭院等周围，次要的景色要有动势，趋于向于一个视线的焦点上，主景宜布置在这个焦点上。西湖周围的建筑布置都是趋向湖心的，因此，这些风景的动势集中中心便是西湖中央的主景孤山，便成了"众望所归"的构图中心。

(七) 抑景

中国传统园林的特色是反对一览无余的景色，主张"山重水复疑无路，柳暗花明又一村"这样先藏后露的造园方法，与欧洲园林的"一览无余"的形式形成鲜明的对比。

(八) 面阳朝向

指屋宇建筑的朝向，以南为好，因我国地处北纬，南向的屋宇条件优越，对其他园林景物来说也是很重要的，山石、花木向南，有良好的光照和生长条件，各色景物显得更加光亮,富有生气,生动活泼。

综上各条,主景是强调的对象,为达到此目的一般都被突出在体量、形状、色彩、质地及位置上。为了对比,一般用以小衬大、以低衬高的手法来突出主景。但有时主景也不一定体量都很大、很高,在特殊条件下低在高处、小在大处也能取胜,成为主景,如长白山天池就是低在高处的主景。

二、借景、对景与分景

(一) 借景

根据园林周围环境特点和造景需要,把园外的风景组织到园内,成为园内风景的一部分,称为借景,"借"也是"造"。《园冶》中提到的借景是这样描写的:"园虽别内外,得景则无拘远近,晴峦耸秀,钳宇凌空,极目所至,俗则屏之,嘉则收之""园林巧于因借,精在体宜"。所以,在借景时要达到"精"和"巧"的要求,使借来的景色同本园空间的气氛环境巧妙结合起来,让园内园外相互呼应汇成一片。

借景能扩大空间、丰富园景、增加变化,按景的距离、时间、角度等,可分以下几种方式:

1. 远借

把园外远处的景物组织进来,所借景物可以是山、水、树木、建筑等。成功的例子有很多,如:北京颐和园远借西山及玉泉山之塔;避暑山庄借僧帽山罄锤峰;苏州寒山寺登枫江楼可借狮子山、天平山及灵岩峰;拙政园将北四塔借入园中等。

2. 邻借(近借)

就是把园子中邻近的景色组织进来。周围环境水、花木、塔、庙。如避暑山庄邻借周围的"八庙";苏州沧浪亭是邻借的依据,周围景物,只要是能够利用成景的都可以利用,不论是亭、阁、山、园内缺水,而邻园有河,则沿河做假山、驳岸和复廊,不设封闭围墙,从园内透过漏窗可领略园外河中景色,园外隔河与漏窗也可望见园内,园内、园外融为一体,就是一个很好的例子。

3. 仰借

利用仰视所借之景物,借居高之景物,借到的景物一般要求较高大,如山峰、瀑布、高阁、高塔等。

4. 俯借

指利用俯视所借之景物,许多远借也是俯借,登高才能望远,欲穷千里目,更上一层楼。登高四望,四周景物尽收眼底,这就是俯借。借之景物甚多,如江湖原野、湖光倒景等。

5. 应时而借

利用一年四季、一日之时、大自然的变化和景物配合而成。如以一日来说，日出朝霞，晓星夜月；若以一年四季来说，春光明媚，夏日原野，秋天丽日，冬日冰雪。就是织物也随季节转换，如春天的百花争艳，夏天的浓荫覆盖，秋天的层林尽染，冬天的树木姿态。这些都是应时而借的意境素材，许多名景都是因应时而借成名的，如"琼岛春荫""曲院风荷""平湖秋月""南山积雪""卢沟晓月"等。

（二）对景

位于园林轴线及风景线端点的景物叫对景。对景可以使两个景观相互观望，丰富园林景色。为了观赏对景，要选择最精彩的位置，设置供游人休息逗留的场所作为观赏点。如安排亭、榭、草地等与景相对。景可以正对，也可以互对。正对是为了达到雄伟、庄严、气魄宏大的效果，在轴线的端点处设置景点。互对是在园林绿丝轴线上或风景视线两个端点处设置景点，互成对景。互为对景也不一定有非常严格的轴线，可以正对，也可以有所偏离。如颐和园的佛香阁建筑与昆明湖中龙王庙岛山的涵虚堂即是如此。对景也可以分为：

第一，严格对景。严格对景要求两景点的主轴方向一致，位于同一条直线上。

第二，错落对景。错落对景比较自由，只要两景点能正面相向，主轴虽方向一致，但不在一条直线上即可。

（三）分景

我国园林含蓄有致，意味深长，要能引人入胜，切忌"一览无余"，正所谓"景愈藏，意境愈大。景愈露，意境愈小"。分景常用于把园林划分为若干空间，使之园中有园，景中有景，湖中有岛，岛中有湖。园景虚虚实实，景色丰富多彩，空间变化多样。

分景按其划分空间的作用和艺术效果，可分为障景和隔景。

1. 障景（抑景）

在园林绿地中，能抑制视线，引导空间屏障景物的手法称为障景。障景可以运用各种不同题材来完成，可以用土山做障。用植物题材的树丛叫作树障，用建筑题材做成转折的廊院叫作曲障等，也可以综合运用。障景一般在较短距离之间易被发现，因而视线受到抑制，有"山穷水尽疑无路"的感觉，于是改变空间引导方向逐渐展开园景，达到"柳暗花明又一村"的境界。即所谓的"欲扬先抑，欲露先藏，先藏后露，才能豁然开朗"。

障景的手法是我国造园的特色之一。以著名宅园为例，进了园门穿过曲廊小院或宛转于丛林之间或穿过曲折的山河来到大体瞭望园景的地点，此地往往是一面或几面敞开的厅轩亭之类的建筑，便于停息，但只能略窥全园或园中主景，园中美景的一部分只让你隐约可见，但又可望而不可即，使游人产生欲穷其妙的向往和悬念，达到引人入胜的效果。

障景还能屏蔽不美观或不可取的部分，可障远也可障近，而障本身自成一景。

2. 隔景

凡将园林绿地分隔为不同空间，不同景区的手法称为隔景。为使景区、景点有特色，避免各景区的相互干扰，增加园景构图变化，隔断部分视线及游览路线，使空间"小中见大"。隔景的手法常用绵延的土岗把两个不同意境的景区划分开来，或同时结合运用一水之隔。划分景区的景物不用过高，二三米能遮挡住视线即可。隔景方法，题材也很多，如树丛、植篱、粉墙、漏墙、复廊等。运用题材不一，目的都是隔景分区，但效果和作用依主体而定，或虚或实，或半虚半实，或虚中有实、实中有虚。简单地说，一水之隔是虚，虽不可越，但可望及；一墙之隔是实，不可越也不可见；疏林是半虚半实，而漏阻是虚中有实，似见而不能越过。其墙体在阻隔空间中特别是此处水域空间，用了一个半拱墙来阻隔，使水面进深感增强。

运用隔景手法划分景区时，不但要把不同意境的景物分隔开来，同时也使景物有了一个范围。而且也使从这个景区到另一个不同主题的景区之间不相干扰，各自别有洞天，自成一个单元，而不至于像没有分隔的那样，有骤然转变和不协调的感觉。

三、框景、夹景、漏景、添景

（一）框景

空间景物不尽可观，或者平淡兼有可取之景，可利用门框、窗框、山洞等。有选择地摄取空间中的优美景色，而把不要的景物隔绝遮住，使主体集中，鲜明单纯，恰似一幅嵌于镜框中的立体的美丽画面。这种利用框架摄取景物的手法叫框景。

框景的作用在于把园林绿地的自然美、绘画美与建筑美高度统一于景框之中，因为有简洁的景框为前景，约束了人们游览时分散的注意力。使视线高度集中于画面的主景上，是一种有意安排强制性观赏的有效办法，处理成不经意中的佳景，给人以强烈的艺术感染力。

框景务必设计好入框之对景，观赏点与景框应保持适当距离，视线最好落在景框中心。

（二）夹景

当远景的水平方向视界很宽时，其中的景物并非都很动人。为了突出理想的景色，常将左右两侧以树丛、树干、土山或建筑等加以屏障，于是就形成左右遮挡的狭长空间，这种手法叫夹景。夹景是运用轴线、透视线突出对景的手法之一，可增加园景的深远感。夹景是一种引起游人注意的有效方法，沿街道的对景，利用密集的行道树来突出，就是运用了这种方法。

（三）漏景

漏景是由框景发展而来的，框景景色全观，而漏景若隐若现。有"犹抱琵琶半遮面"的意境，含蓄雅致。漏景不限于漏窗看景，还有漏花墙、漏屏风等。除建筑装饰构件外，疏林树干也是好材料，选取的植物宜高大，树叶不过分郁闭，树干宜在背阴处，排列宜与远景并行。

（四）添景

当风景点与远方的对景之间没有其他中景、近景加以过渡时，为求主景或对景有丰富的层次感，加强远景"景深"的感染力，常做添景处理。添景可用建筑的一角或建筑小品、树木花卉等。用树木作添景时，树木体型宜高大，姿态宜优美。如在湖边看远景时，若有几丝柳枝条作为近景装饰就会很生动。

四、点景

我国园林善于抓住每一个景观特点，根据它的性质、用途，结合空间环境的景象和历史，进行高度概括。常作出形象化、诗意浓、意境深的园林题咏。其形式多样，有匾额、对联、石碑、石刻等。题咏的对象更是丰富多彩，无论景象、亭台楼阁、一门一桥、一山一水，甚至名木古树都可予以题名、题咏。如颐和园万寿山、爱晚亭、花港观鱼、正大光明、纵览云飞、碑林等。它不但丰富了景的欣赏内容，增加了诗情画意，点出了景的主题，给人以艺术联想，还有宣传、装饰和导游的作用，各种园林题咏的内容和形式是造景不可分割的组成部分。我们把创作设计园林题咏称为点景手法。它是诗词、书法、雕刻、建筑艺术等的高度综合。如"迎客松""南天一柱""兰亭""知春亭"等。

建筑风格独特，构思巧妙别致的梧竹幽居是一座亭，为中部池东的观赏主景。此亭外围为廊，红柱白墙，飞檐翘角，背靠长廊，面对广池，旁有梧桐遮阴、翠竹生情。亭的绝妙之处还在于四周白墙开了四个圆形洞门，洞环洞、洞套洞，在不同的角度可看到重叠交错的分圈、套圈、连圈的奇特景观。四个圆洞门既通透、采光、雅致，又形成了四幅花窗掩映、小桥流水、湖光山色、梧竹清韵的美丽框景画面，意味隽永。"梧竹幽居"匾额为文徵明体。对联"爽借清风明借月，动观流水静观山"为清末名书家赵之谦撰书，上联连用两个借字，点出了人类与风月、自然和谐相处的亲密之情；下联则用一动一静、一虚一实相互衬托、对比，相映成趣。

五、近景、中景、全景与远景

景色就空间距离层次而言，有近景、中景、全景和远景。

近景是近视范围较小的单独风景；中景是目视所及范围的景致；全景是相应于一定区域范围的总景色；远景是辽阔空间伸向远处的景致，相应于一个较大范围的景色。远景可以作为园林开旷处瞭望的景色，也可以作为登高处鸟瞰全景的背景。山地远景的轮廓称轮为廓景，晨昏和阴雨天天际线的起伏称为蒙景。合理地安排前景、中景与背景，可以加深景的画面而更加富有层次感，使人产生深远的感觉。

前景、中景、远景不一定都要具备，要视造景要求而定，如要开朗广阔、气势宏伟，前景就可不要，只要简洁背景烘托主题即可。

第四章　园林绿地规划设计的基本原则

第一节　园林绿地的形式与构图原理

一、园林绿地的几种形式

园林绿地的形式，大致可以归纳为三大类，即规则式、自然式和混合式。

(一) 规则式园林

这一类园林又称为整形式、建筑式、图案式或几何式园林。西方园林，从埃及、希腊、罗马起到18世纪英国风景式园林产生以前，基本上以规则式园林为主，其中以文艺复兴时期意大利台地建筑式园林和17世纪法国勒诺特平面图案式园林为代表。这一类园林，以建筑和建筑式空间布局作为园林风景表现的主要题材。

我国的北京市天安门广场、大连市斯大林广场、南京市中山陵及北京市天坛公园都属于规则式园林。其基本特征如下：

1. 地形地貌

在平原地区，由不同标高的水平面及缓倾斜的平面组成；在山地及丘陵地区，由阶梯式的大小不同的水平台地、倾斜平面及石级组成。其剖面均由直线组成。

2. 水体

外形轮廓均为几何形。采用整齐式驳岸，园林水景的类型以整形水池、壁泉、喷泉、整形瀑布及运河等为主，其中常以喷泉作为水景的主题。

3. 建筑

园林不仅个体建筑采用中轴对称均衡的设计，而且建筑群和大规模建筑组群的布局，也采取中轴对称均衡的手法，以主要建筑群和次要建筑群形式的主轴和副轴控制全园。

4. 道路广场

园林中的空旷地和广场外形轮廓均为几何形。封闭性的草坪、广场空间，以对称建筑群或规则式林带、树墙包围。道路均由直线、折线或几何曲线组成，构成方格形或环状放射形，中轴对称或不对称的几何布局。

5. 种植设计

园内花卉布置用以图案为主题的模纹花坛和花境为主，有时布置成大规模的花坛群，树木配置以行列式和对称式为主，并运用大量的绿篱、绿墙以区划和组织空间。树木整形修剪以模拟建筑体形和动物形态为主，如绿柱、绿塔、绿门、绿亭和用常绿树修剪而成的鸟兽等。

6. 园林其他景物

除以建筑、花坛群、规则式水景和大量喷泉为主景以外，其余常采用盆树、盆花、瓶饰、雕像为主要景物。雕像的基座为规则式，雕像位置多配置于轴线的起点、终点或交点上。

(二) 自然式园林

这一类园林又称为"风景式""不规则式""山水派园林"等。

我国园林，从有历史记载的周秦时代开始，无论大型的帝皇苑囿还是小型的私家园林，多以自然式山水园林为主，古典园林中以北京颐和园、"三海"园林、承德避暑山庄、苏州拙政园与留园为代表。我国自然式山水园林，从唐代开始影响了日本的园林，在 18 世纪后半期传入英国，从而引起了欧洲园林对古典形式主义的革新运动。

新中国成立以来的新建园林，如北京的陶然亭公园、紫竹院公园、上海虹口鲁迅公园、杭州花港观鱼公园、广州越秀山公园等也都进一步发扬了这种传统布局手法。这一类园林以自然山水作为园林风景表现的主要题材，其基本特征如下：

1. 地形地貌

平原地带，为自然起伏的和缓地形与人工堆置的若干自然起伏的土丘相结合，其断面为和缓的曲线。在山地和丘陵地带，则利用自然地形地貌，除建筑和广场基地以外，其他不作人工阶梯形的地形改造，原有破碎割切的地形地貌也加以人工整理，使其自然。

2. 水体

其轮廓为自然的曲线，岸为各种自然曲线的倾斜坡度，如有驳岸，亦为自然山石驳岸。园林水景的类型以溪涧、河流、自然式瀑布、池沼、湖泊等为主。常以瀑布为水景主题。

3. 建筑

园林内个体建筑为对称或不对称均衡的布局，其建筑群和大规模建筑组群，多采取不对称均衡的布局。全园不以轴线控制，而以主要导游线构成的连续构图控制全园。

4. 道路广场

园林中的空旷地和广场的轮廓为自然形的封闭性的空旷草地和广场，以不对称的建筑群、土山、自然式的树丛和林带包围。道路平面和剖面由自然起伏曲折的平面线和竖曲线组成。

5. 种植设计

园林内种植不成行列式，以反映自然界植物群落自然之美。花卉布置以花丛、花群为主，不用模纹花坛。树木配植以孤立树、树丛、树林为主，不用规则修剪的绿篱，以自然的树丛、树群、树带区划和组织园林空间。树木整形不作建筑鸟兽等体形模拟，而是以模拟自然界苍老的大树为主。

6. 园林其他景物

除以建筑、自然山水、植物群落为主景外，其余则采用山石、假石、桩景、盆景、雕刻作为主要景物，其中雕像的基座为自然式，雕像位置多配置于透视线集中的焦点。

(三) 混合式园林

严格来说，绝对的规则式和绝对的自然式园林，在现实中是很难做到的。

像意大利园林除中轴以外，台地与台地之间，仍然为自然式的树林，只能说是以规则式为主的园林。

北京的颐和园，在行宫的部分，以及构图中心的佛香阁，也采用了中轴对称的规则布局，只能说是以自然式为主的园林。

实际上，在建筑群附近及要求较高的园林种植类型必然采取规则式布局，而在离开建筑群较远的地点，在大规模的园林中，只有采取自然式的布局，才易达到因地制宜和经济的要求。

园林中，规则式与自然式并存且比例差不多的园林，可称为"混合式园林"。如广州烈士起义陵园、北京中山公园、广东新会城镇文化公园等。

在公园规划工作中，原有地形平坦的可规划成规则式，原有地形起伏不平，丘陵、水面多的可规划成自然式，原有自然树木较多的可规划成自然式，树木少的可规划成规则式。大面积园林，以自然式为宜；小面积园林，以规则式较经济。四周环境为规则式宜规划成规则式，四周环境为自然式则宜规划成自然式。

林荫道、建筑广场的街心花园等以规则式为宜。居民区、机关、工厂、体育馆、大型建筑物前的绿地以混合式为宜。

二、园林绿地的构图原理

(一)园林绿地构图的含义、特点和基本要求

1. 园林绿地构图的含义

所谓构图即组合、联系和布局的意思。园林绿地构图是在工程、技术、经济可能的条件下，组合园林物质要素（包括材料、空间、时间），联系周围环境，并使其协调，取得绿地形式美与内容高度统一的创作技法，也就是规划布局。这里，园林绿地的内容，即性质、功能用途是园林绿地构图形式美的依据，园林绿地建设的材料、空间、时间是构图的物质基础。

2. 园林绿地构图的特点

①园林是一种立体空间艺术。园林绿地构图是以自然美为特征的空间环境规划设计，绝不是单纯的平面构图或立面构图。因此，园林绿地构图要善于利用地形、地貌、自然山水、绿化植物，并以室外空间为主，又与室内空间互相渗透的环境创造景观。

②园林绿地构图是综合的造型艺术。园林美是自然美、生活美、建筑美、绘画美、文学美的综合。它是以自然美为特征，有了自然美，园林绿地才有生命力。因此，园林绿地常借助各种造型艺术加强其艺术表现力。

③园林绿地构图受时间变化影响。园林绿地构图的要素如园林植物、山、水等的景观都随时间、季节而变化，春、夏、秋、冬植物景色各异，山水变化无穷。

④园林绿地构图受地区自然条件的制约性很强。不同地区的自然条件，如日照、气温、湿度、土壤等各不相同，其自然景观也不相同。园林绿地只能因地制宜，随势造景。

3. 园林绿地构图的基本要求

①园林绿地构图应先确定主题思想，即意在笔先，还必须与园林绿地的实用功能相统一，要根据园林绿地的性质、功能用途确定其设施与形式。

②要根据工程技术、生物学要求和经济上的可能性进行构图。

③按照功能进行分区，各区要各得其所，景色分区要各有特色，化整为零，园中有园，互相提携又要多样统一，既分隔又联系，避免杂乱无章。

④各园都要有特点、有主题、有主景，要主次分明，主题突出，避免喧宾夺主。

⑤要根据地形地貌特点，结合周围景色环境，巧于因借，做到"虽由人作，宛自天开"，避免矫揉造作。

⑥要具有诗情画意，它是我国园林艺术的特点之一。诗和画，把现实风景中的

自然美提炼为艺术美，上升为诗情和画境。园林造景，要把这种艺术中的美，把诗情和画境搬回到现实中来。实质上就是把我们规划的现实风景，提高到诗和画的境界。这种现实的园林风景，可以产生新的诗和画，使之能见景生情，也就达到并具有了诗情画意。

（二）园林绿地构图的基本规律

1. 统一与变化

任何完美的艺术作品，都有若干不同的组成部分。各个组成部分之间既有区别，又有内在联系，通过一定的规律组成一个完整的整体。其各部分的区别和多样，是艺术表现的变化，其各部分的内在联系和整体，是艺术表现的统一。既有多样变化，又有整体统一，是所有艺术作品表现形式的基本原则。

园林构图的统一变化，常具体表现在对比与调和、韵律、主从与重点、联系与分隔等方面。

（1）对比与调和

对比、调和是艺术构图中的重要手法，它是运用布局中的某一因素（如体量、色彩等）中两种程度不同的差异，取得不同艺术效果的表现形式，或者说是利用人的错觉来互相衬托的表现手法。差异程度显著的表现称为对比，能彼此对照，互相衬托，更加鲜明地突出各自的特点；差异程度较小的表现称为调和，使彼此和谐，互相联系，产生完整的效果。

园林景色要在对比中求调和、在调和中求对比，使景观既丰富多彩、生动活泼，又突出主题、风格协调。

对比与调和只存在于同一性质的差异之间，如体量的大小，空间的开敞与封闭，线条的曲直，颜色的冷暖、明暗，材料质感的粗糙与光滑等，而不同性质的差异之间不存在调和与对比，如体量大小与颜色冷暖就不能比较。

对比的手法很多，在空间程序安排上有欲扬先抑，欲高先低，欲大先小，以暗求明，以素求艳等。现就静态构图中的对比与调和分述如下：

①形象的对比：园林布局中构成园林景物的线、面、体和空间常具有各种不同的形状，在布局中只采用一种或类似的形状时易取得协调统一的效果。如在圆形的广场中央布置圆形的花坛，因形状一致显得协调。而采用差异显著的形状时易取得对比、可突出变化的效果，或在方形广场中央布置圆形花坛或在建筑庭院布置自然式花坛。在园林景物中应用形状的对比与调和常常是多方面的，如建筑广场与植物之间的布置，建筑与广场在平面上多采取调和的手法，而与植物、树木之间多运用对比的手法，以树木的自然曲线与建筑广场的直线对比，来丰富立面景观。

②体量的对比：在园林布局中常常用若干较小体量的物体来衬托一个较大体量的物体，以突出主体，强调重点。如颐和园的佛香阁与周围的廊，廊的规格小，显得佛香阁更高大、更突出。还有一个例子就是颐和园后山。后湖北面的山比较平，在这个山上建有一个小庙，小庙的体量比一般的庙小得多，在不太远的万寿山上一望，庙小似乎山远，山远本来矮就不感觉低了。

③方向的对比：在园林的体形、空间和立面的处理中，常常运用垂直和水平方向的对比，以丰富园林景物的形象。如园林中常把山水互相配合在一起，使垂直方向上高耸的山体与横向平阔的水面互相衬托，避免了只有山或只有水的单调；广场的水平横向与乔木的竖向对比。园林布局中还常利用忽而横向，忽而纵向，忽而深远，忽而开阔的手法，造成方向上的对比，增加空间方向变化上的效果。

④开闭的对比：在空间处理上，开敞的空间与闭锁空间也可形成对比。在园林绿地中利用空间的收放开合，形成敞景与聚景的对比，开敞空间景物在视平线以下可旷望，闭锁空间景物指高于视平线之上的，可近寻。开敞风景与闭锁风景两者共存于同一园林中，相互对比，彼此烘托，视线忽远忽近，忽放忽收。自闭锁空间窥视开敞空间，可增强空间的对比感、层次感，达到引人入胜。

⑤明暗的对比：由于光线的强弱，造成景物、环境的明暗，环境的明暗对人有不同的感觉。明，给人以开朗、活泼的感觉；暗，给人以幽静、柔和的感觉。在园林绿地中，布置明朗的广场空地供游人活动，布置幽暗的疏林、密林，供游人散步、休息。一般来说，明暗对比强的景物令人有轻快振奋的感觉，明暗对比弱的景物令人有柔和沉郁的感觉。在密林中留块空地，叫作林间隙地，是典型的明暗对比，如同较暗的屋中开个天窗，"柳暗花明又一村"。

⑥虚实的对比：园林绿地中的虚实常常是指园林中的实墙与空间，密林与疏林、草地，山与水的对比等。在园林布局中做到虚中有实、实中有虚是很重要的。

虚给人轻松，实给人厚重。水面中有个小岛，水体是虚，小岛是实，因而形成了虚实的对比，能产生统一中有变化的艺术效果。园林中的围墙，常做成透花墙或铁栅栏，从而打破了实墙的沉重闭塞感，产生虚实对比效果，隔而不断，求变化于统一，与园林气氛协调。

⑦色彩的对比：色彩的对比与调和包括色相和色度的对比与调和。色相的对比是指相对的两个补色产生对比效果，如红与绿、黄与紫；色相的调和是指相邻的色，如红与橙、橙与黄等。颜色的深浅叫作色度，黑是深，白是浅，深浅变化即由黑到白之间的变化。一种色相中色度的变化是调和的效果。园林中色彩的对比与调和是指在色相与色度上，只要差异明显就可产生对比的效果，差异近似就产生调和效果。利用色彩对比关系可引人注目，如"万绿丛中一点红"。

⑧质感的对比：在园林布局中，常常可以运用不同材料的质地或纹理，来丰富园林景物的形象。材料质地是材料本身所具有的特性。不同材料质地给人不同的感觉，如粗面的石材、混凝土、粗木、建筑等给人感觉稳重，而细致光滑的石材、细木、植物等给人感觉轻松。

（2）韵律节奏

韵律节奏就是指艺术表现中某一因素作有规律的重复、有组织的变化。重复是获得韵律的必要条件，只有简单的重复而缺乏有规律的变化，就会令人感到单调、枯燥，所以韵律节奏是园林艺术构图多样统一的重要手法之一。园林绿地构图的韵律节奏方法很多，常见的有以下几个方面：

①简单韵律：由同种因素等距反复出现的连续构图。如等距的行道树，等高等距的长廊，等高等宽的登山道、爬山墙等。

②交替的韵律：由两种以上因素交替等距反复出现的连续构图。如行道树用一株桃树一株柳树反复交替地栽植，两种不同花坛的等距交替排列，登山道一段踏步与一段平面交替等。

③渐变的韵律：指园林布局连续重复的组成部分，在某一方面作规则的逐渐增加或减少所产生的韵律，如体积的大小、色彩的浓淡、质感的粗细等。渐变韵律也常在各组成部分之间有不同程度或繁简上的变化。园林中在山体的处理上，建筑的体型上，经常应用从下而上越变越小，如塔体型下大上小，间距也下大上小等。

④起伏曲折韵律：由一种或几种因素在形象上出现较有规律的起伏曲折变化产生的韵律。如连续布置的山丘、建筑、树木、道路、花径等，可有起伏、曲折变化，并遵循一定的节奏规律，围墙、绿篱也有起伏式的。

⑤拟态韵律：既有相同因素又有不同因素反复出现的连续构图。如花坛的外形相同，但花坛内种的花草种类、布置又各不相同；漏景的窗框一样，但漏窗的花饰又各不相同等。

⑥交错韵律：某一因素作有规律的纵横穿插或交错，其变化是按纵横或多个方向进行的。如空间一开一合、一明一暗，景色有时鲜艳、有时素雅，有时热闹、有时幽静，如组织得好都可产生节奏感。常见的例子是园路的铺装，用卵石、片石、水泥板、砖瓦等组成纵横交错的各种花纹图案，连续交替出现，设计得宜，能引人入胜。

在园林布局中，有时一个景物往往有多种韵律节奏方式可以运用，在满足功能要求的前提下，采用合理的组合形式能创作出理想的园林艺术形象。所以说，韵律是园林布局中统一与变化的一个重要方面。

(3) 主从与重点

①主与从：在艺术创造中，一般应该考虑到一些既有区别又有联系的各个部分之间的主从关系，并且常常把这种关系加以强调，以取得显著的宾主分明、井然有序的艺术效果。

园林布局中的主要部分为主体与从属体，一般是由功能使用要求决定的，从平面布局上看，主要部分常成为全园的主要布局中心，次要部分成为次要的布局中心，次要布局中心既要有相对独立性，又要从属于主要布局中心，要能互相联系、互相呼应。

一般缺乏联系的园林各个局部是不存在主从关系的。所以，取得主要与从属两个部分之间的内在联系，是处理主从关系的前提，但相互之间的内在联系只是主从关系的一个方面，而二者之间的差异则是更为重要的一方面。适当处理二者的差异则可以使主次分明，主体突出。在园林布局中，以呼应取得联系和以衬托显出差异，就成为处理主从关系不可分割的两条。

关于主从关系的处理方法，大致有下列两个方面：

第一，组织轴线，安排位置，分清主次。在园林布局中，尤其是规则式园林，常常运用轴线来安排各个组成部分的相对位置，形成它们之间一定的主从关系。一般是把主要部分放在主轴线上，从属部分放在轴线两侧和副轴线上，形成主次分明的局势。在自然式园林中，主要部分常放在全园重心位置，或无形的轴线上，而不一定形成明显的轴线。

第二，运用对比手法，互相衬托，突出主体。在园林布局中，常用的突出主体的对比手法是体量大小、高低。某些园林建筑各部分的体量，由于功能要求关系，往往有高有低、有大有小。在布局上利用这种差异，并加以强调，可以获得主次分明、主体突出的效果。

还有一种常见的突出主体的对比手法是形象上的对比。在一定条件下，一个高出的体量、一些曲线、一个比较复杂的轮廓突出的色彩和艺术修饰等都可以引起人们的注意。

②重点与一般：重点处理常用于园林景物的主体和主要部分，以使其更加突出。此外，它也可用于一些非主要部分，以加强其表现力，取得丰富变化的效果。因此，重点处理也常是园林布局中有意识地从统一中求变化的手段。

一般选择重点处理的部分和方法，有以下几个方面：

第一，以重点处理来突出表现园林功能和艺术内容的重要部分，使形式更有力地表达内容。例如，园林的主要出入口、重要的道路和广场、主要的园林建筑等常做重点处理，使游人直观地明了园林各部分的主次关系，起到引导人流和视线方向的作用。

第二，以重点处理来突出园林布局中的关键部分，如对园林景物体量突出部分，主要道路的交叉转折处和结束部分，视线易于停留的焦点等处（包括道路与水面的转弯曲折处、尽头、岛堤山体的突出部分，游人活动集中的广场与建筑附近）加以重点处理，可使园林艺术表现更加鲜明。

第三，以重点处理打破单调，加强变化或取得一定的装饰效果，如可在大片草地、水面和密林部分的边缘或地形曲折起伏处做点处理，或设建筑或配植树丛，在形式上要有对比和较多的艺术修饰，以打破单调枯燥感。

重点是对一般而言。选择重点处理的部分不能过多，以免流于烦琐，反而得不到突出重点的效果。

重点处理是园林布局中运用最多的手段之一，如果运用恰当可以突出主题，丰富变化，如果不善于运用重点处理，就常常会使布局单调乏味，而不恰当地过多地运用，则不仅不能取得重点表现的效果，反而会分散注意力，造成混乱。

（4）联系与分隔

园林绿地都是由若干功能使用要求不同的空间或局部组成的，它们之间都存在必要的联系与分隔，一个园林建筑的室内与庭院之间也存在联系与分隔的问题。

园林布局中的联系与分隔是组织不同材料、局部、体形、空间，使它们成为一个完美的整体的手段，也是园林布局中取得统一与变化的手段之一。

园林布局的联系与分隔表现在以下几个方面：

①园林景物的体形和空间组合的联系与分隔：园林景物的体形和空间组合的联系与分隔，主要决定于功能使用的要求，以及建立在这个基础上的园林艺术布局的要求。为了取得联系的效果，常在有关的园林景物与空间之间安排一定的轴线和对应的关系，使之形成互为对景或呼应，利用园林中的树木种植、土丘、道路、台阶、挡土墙、水面、栏杆、桥、廊、建筑门、窗等作为联系与分隔的构件。

园林建筑室内外之间的联系与分隔，要看不同功能要求而定。大部分要求既有分隔又有联系，常运用门、窗、空廊、花架、水、山石等建筑处理把建筑引入庭院，有时也把室外绿地有意识地引入室内，丰富室内景观。

②立面景观上的联系与分隔：立面景观的联系与分隔，也是为了达到立面景观完整的目的。有些园林景物由于使用功能要求不同，形成性格完全不同的部分，容易造成不完整的效果。如在自然的山形下面建造建筑，若不考虑两者之间立面景观上的联系与分隔，往往就会显得很生硬。有时为了取得一定的艺术效果，可以强调分隔或强调联系。

分隔就是因功能或艺术要求将整体划分成若干局部，联系却是因功能或艺术要求将若干局部组成一个整体。联系与分隔是求得完美统一的园林布局整体的重要手段之一。

上述对比与调和、韵律、主从与重点、联系与分隔都是园林布局中统一与变化的手段，也是统一与变化在园林布局中各方面的表现。在这些手段中，调和、主从、联系常作为变化中求统一的手段，而对比、重点、分隔则更多地作为统一中求变化的手段。

所有这些统一与变化的各种手段，在园林布局中，常同时存在，相互作用，所以必须综合地，而不是孤立地运用上述手段，才能取得统一而又变化的效果。

园林布局的统一还应具备这样一些条件，即要有园林布局各部分处理手法的一致性。一个园子要差不多一致，如建筑材料的处理上，有些山附近产石，把石砌成虎皮石，用在驳岸、挡土墙、踏步等方面，但样子可以千变万化；园林各部分表现性格的一致性，如用植物材料表现性格的一致性，在国外墓园常用下垂的、攀缘的植物（如垂柳、垂枝桦、垂枝雪松等）体现哀悼、肃穆的性格，我国的寺庙、纪念性园林常用松柏体现园子的性格，如长沙烈士陵园、雨花台烈士陵园的龙柏，天坛的桧柏，人民英雄纪念碑的油松；园林风格的一致性，如我国园林的民族风格，在布置时就应注意，中国古典园林中不适宜建小洋楼，使用植物材料也不适宜种一些国外产的树木或整形式的东西。如果缺乏这些方面的一致性，仍可能达不到统一的效果。

2. 均衡与稳定

由于园林景物是由一定的体量和不同材料组成的实体，因而常常表现出不同的重量感。探讨均衡与稳定的原则，是为了获得园林布局的完整和安定感，这里所说的稳定，是针对园林布局的整体上下轻重的关系而言。而均衡是指园林布局中的部分与部分的相对关系，如左与右、前与后的轻重关系等。

（1）均衡

自然界静止的物体要遵循力学原则，以平稳的状态存在，不平衡的物体或造景会使人产生不稳定和运动的感觉。在园林布局中要求园林景物的体量关系符合人们在日常生活中形成的平稳安定的概念，所以除少数动势造景外（如悬崖、峭壁、将倾古树等），一般艺术构图都力求均衡。

均衡可分为对称均衡与非对称均衡。

①对称均衡：人喜欢对称，对称的布局往往是均衡的。对称布局是有明确的轴线，在轴线左右完全对称。对称均衡布置常给人庄重严整的感觉，规则式的园林绿地中采用较多，如纪念性园林、公共建筑的前庭绿化等，有时在某些园林局部也运用到对称均衡布局。

对称均衡小至行道树的两侧、花坛、雕塑、水池的对称布置，大至整个园林绿地建筑、道路的对称布局，常有所见，但对称均衡布置时，景物常常过于呆板而不亲切，对于没有对称功能和工程条件的，如硬凑对称，往往会妨碍功能要求及增加投资，故应避免单纯追求所谓"宏伟气魄"的平立面图案的对称处理。

②非对称均衡：在园林绿地的布局中，由于受功能、组成部分、地形等复杂条件制约，往往很难也没有必要做到绝对对称形式，在这种情况下常采用非对称均衡的手法。

非对称均衡的布置要综合衡量园林绿地构成要素的虚实、色彩、质感、疏密、线条、体形、数量等给人的体量感觉，切忌单纯考虑平面的构图。

非对称均衡的布置小至树丛、散置山石、自然水池，大至整个园林绿地、风景区的布局。

它常给人以轻松、自由、活泼变化的感觉。所以，广泛应用于一般游憩性的自然式园林绿地中。

（2）稳定

自然界的物体，由于受地心引力的作用，为了维持自身的稳定，靠近地面的部分往往大而重，而在上面的部分则小而轻，如山、土坡等。从这些物理现象中，人们就产生了重心靠下、底面积大可以获得稳定感的概念。

园林布局中稳定的概念，是指园林建筑、山石和园林植物等上下、大小所呈现的轻重感的关系。

在园林布局上，往往在体量上采用下面大，向上逐渐缩小的方法来取得稳定的坚固感。我国古典园林中的高层建筑物如颐和园的佛香阁、西安的大雁塔等，都是通过建筑体量上由底部较大而向上逐渐递减缩小，使重心尽可能低，以取得结实稳定的感觉。另外，在园林建筑和山石处理上，也常利用材料、质地所给人的不同的重量感来获得稳定感。如园林建筑的基部墙面多用粗石和深色的表面处理，而上层部分采用较光滑或色彩较浅的材料，在土山带石的土丘上，也往往把山石设置在山麓部分而给人以稳定感。

3. 比例与尺度

园林绿地由园林植物、园林建筑、园林道路场地、园林水体、山、石等组成，它们之间都有一定的比例与尺度关系。

园林绿地构图的比例包含两方面的意义：一方面是指园林景物、建筑物整体或者它们的某个局部构件本身的长、宽、高之间的大小关系；另一方面是园林景物、建筑物整体与局部，或局部与局部之间空间形体、体量大小的关系。园林绿地构图的尺度是景物、建筑物整体和局部构件与人或人所习见的某些特定标准的大小关系。

园林绿地构图的比例与尺度都要以使用功能和自然景观为依据。

凡是造型艺术都有比例问题，决定比例的因素很多，对于园林布局来说，比例是受工程技术、材料、功能要求、艺术的传统和社会的思想意识以及某些具有一定比例的几何形状影响的。

园林建筑物的比例问题主要受建筑的工程技术和材料的制约，如由木材、石材、混凝土梁柱式结构的桥梁所形成的柱、栏杆比例就不同。建筑功能要求不同，表现在建筑外形的比例形式也不可能相同。例如，向群众开放的展览室和容人数量少的亭子要求室内空间大小、门窗大小是不同的。

某些抽象的几何形体本身，有时会形成良好的比例，具有肯定外形易于吸引人的注意力，如果处理得当，就可能产生良好的比例。所谓肯定的外形，就是形状的周边的"比率"和位置不能做任何改变，只能按比例放大或缩小，不然就会丧失此种形状的特性。例如，正方形、圆形、等边三角形等都具有肯定的外形。而长方形就不这样，它的周长可以有种种不同的比例，而仍不失为长方形，所以长方形是一种不肯定的形状。但经过人们长期的实践和观察，探索出若干种被认为完美的长方形，"黄金率长方形"就是其中一种。

尺度是按人的高低和使用活动要求来考虑的，道路、广场、草地等则根据功能及规划布局的景观确定其尺度。园林中的一切都是与人发生关系的，都是为人服务的，所以要以人为标准，要处处考虑到人的使用尺度、习惯尺度及与环境的关系。如台阶的宽度不小于30cm（人脚长），高度为12～19cm为宜，栏杆、窗台高1m左右。又如，人的肩宽决定路宽，一般园路能容2人并行，宽要在1.2～1.5m较合适。与环境关系方面如展览馆很高大，大门也应很高大。不符合这些尺寸比例的，使用起来就会感到不便，看上去也不习惯，显得尺度不对。如果人工造景尺度超越人们习惯的尺度，可使人们感到雄伟壮观。如果尺度符合一般习惯要求或者较小，则会使人们感到小巧紧凑，自然亲切。

比例与尺度受多种因素和变化影响。典型的例子如苏州古典园林，是明清时期江南私家山水园，园林各部分造景都是效法自然山水，把自然山水经提炼后缩小在园林之中，建筑道路曲折有致，大小合适，主从分明，相辅相成，无论在全局上还是局部上，它们相互之间以及与环境之间的比例尺度都是很相称的。就当时少数人起居游赏来说，其尺度也是合适的。但现在随着旅游事业的发展，国内外旅客大量增加，游廊显得矮而窄，假山显得低而小，庭院不敷回旋，其尺度就不符合现代功能的需要。所以，不同的功能要求不同的空间尺度，不同的功能也要求不同的比例。如颐和园是皇家宫苑园林，为显示皇家宫苑的雄伟气魄，殿堂山水比例均比苏州私家古典园林要大。

4. 比拟联想

艺术创作中常常运用比拟联想的手法，以表达一定的内容。园林艺术不能直接描写或者刻画生活中的人物与事件的具体形象，比拟联想手法的运用就显得更为重要。人们对于园林形象的感受与体会，常常与一定事物的美好形象的联想有关，比拟联想到的东西比园林本身深远、广阔、丰富得多，给园林增添了无数的情趣。

园林构图中运用的比拟联想的方法，简述如下：

第一，概括祖国名山大川的气质，模拟自然山水风景，创造"咫尺山林"的意境，使人有"真山真水"的感受，联想到名山大川，天然胜地，若处理得当，使人面对着园林的小山小水产生"一峰则太华千寻，一勺则江湖万里"的联想，这是以人力巧夺天工的"弄假成真"。

我国园林在模拟自然山水手法上有独到之处，善于综合运用空间组织、比例尺度、色彩质感、视觉感受等，使一石有一峰的感觉，使散置的山石有平岗山峦的感觉，使池水有不尽之意，犹如国画"意到笔未到"，使人联想无穷。

第二，运用植物的姿态、特性，给人以不同的感染，产生与联想。例如：

松——象征坚强不屈，万古长青的英雄气概。

竹——象征"虚心有节"，节高清雅的风尚。

梅——象征不屈不挠，英勇坚贞的品格。

兰——象征居静而芳，高雅不俗的情操。

菊——象征贞烈多姿，不怕风霜的性格。

柳——象征强健灵活，适应环境的优点。

枫——象征不怕艰难困苦，晚秋更红。

荷花——象征廉洁朴素，出淤泥而不染。

迎春——象征欣欣向荣，大地回春。

这些园林植物，如"松、竹、梅"有"岁寒三友"之称，"梅兰竹菊"有"四君子"之称，常是诗人画家吟诗作画的好题材，在园林绿地中适当运用，会增色不少。

第三，运用园林建筑、雕塑造型产生的比拟联想。园林建筑雕塑造型常与历史事件、人物故事、神话小说、动植物形象相联系，能使人产生艺术联想。如蘑菇亭、月洞门、水帘洞、天女散花等使人犹入神话世界，雕塑造型在我国现代园林中应该加以提倡，它在联想中的作用特别显著。

第四，遗址访古产生的联想。我国历史悠久，文物古迹很多，存在许多民间传说、典故、神话及革命故事。遗址访古在旅行游览中具有很大的吸引力，内容特别丰富，如北京圆明园将遗址公园。上海豫园的点春堂、杭州的岳坟、灵隐寺、苏州的虎丘、西安附近临潼的华清池等。

第五，风景题名、题咏对联匾额、摩崖石刻所产生的比拟联想。好的题名不仅对"景"起到画龙点睛的作用，而且含意深、韵味浓、意境高，能使游人产生诗情画意的联想。如西湖的"平湖秋月"，每当无风的月夜，水平似镜，秋月倒映湖中，就会令人联想起"万顷湖平长似镜，四时月好最宜秋"的诗句。

题咏也有运用比拟联想的，如陈毅同志《游桂林》诗摘句"水作青罗带，山如碧玉簪。洞穴幽且深，处处呈奇观。桂林此三绝，足供一生看。春花娇且媚，夏洪波更宽。冬雪山如画，秋桂馨而丹"。短短几句把桂林"三绝"和"四季"景色特点描写得栩栩如生，把实境升华为意境，令人浮想联翩。

综上所述，题名、题咏、题诗的确能丰富人们的联想，提高风景游览的艺术效果。

5. 空间组织

空间组织与园林绿地构图关系密切，空间有室内、室外之分，建筑设计多注重室内空间的组织，建筑群与园林绿地规划设计，则多注重室外空间的组织及室内外空间的渗透过渡。

园林绿地空间组织的目的是在满足使用功能的基础上，运用各种艺术构图的规律创造既突出主题，又富于变化的园林风景；另外是根据人的视觉特性创造良好的景物观赏条件，使一定的景物在一定的空间里获得良好的观赏效果，适当处理观赏点与景物的关系。

（1）视景空间的基本类型

①开敞空间与开朗风景：人的视平线高于四周景物的空间是开敞空间，开敞空间中所见到的风景是开朗风景。开敞空间中，视线可延伸到无穷远处，视线平行向前，视觉不易疲劳。开朗风景，目光宏远，心胸开阔，壮观豪放。古人云："登高壮观天地间，大江茫茫去不还。"正是开敞空间、开朗风景的写照。但开朗风景中如游人视点很低，与地面透视成角很小，则远景模糊不清，有时见到的只是大片单调天空。如提高视点位置，透视成角加大，远景鉴别率将大大提高，视点越高，视界越宽阔，而有"欲穷千里目，更上一层楼"的感觉。

②闭锁空间与闭锁风景：人的视线被四周屏障遮挡的空间是闭锁空间，闭锁空间中所见到的风景是闭锁风景。屏障物之顶部与游人视线所成角度越大，则闭锁性越强；反之成角越小，则闭锁性也越小。这也与游人和景物的距离有关，距离越小，闭锁性越强，距离越远，闭锁性越小。闭锁风景，近景感染力强，四面景物，可琳琅满目，但久赏易感闭塞，易觉疲劳。

③纵深空间与聚景：在狭长的空间中，如道路、河流、山谷两旁有建筑、密林、山丘等景物阻挡视线，这狭长的空间叫作"纵深空间"，视线的注意力很自然地被引

导到轴线的端点，这种风景叫作"聚景"。

开朗风景，缺乏近景的感染，而近景又因与视线的成角小、距离远，色彩和形象不鲜明，所以园林中，如果只有开朗景观，虽然给人以辽阔宏远的情感，但久看觉得单调。因此，希望有些闭锁风景近览，但闭锁的四合空间，如果四面环抱的土山、树丛或建筑，与视线所成的仰角超过15°景物距离又很近时，则有井底之蛙的闭塞感，这时，又想有些开朗景观。所以，园林中的空间构图，不要片面强调开朗，也不要片面强调闭锁。同一园林中，既要有开朗的局部，也要有闭锁的局部，开朗与闭锁综合应用，开中有合、合中有开，两者共存、相得益彰。

(2) 空间展示程序与导游线

风景视线是紧密联系的，要求有戏剧性的安排，音乐般的节奏，既有起景、高潮、结景空间，又有过渡空间，使空间主次分明，开、闭、聚适当，大小尺度相宜。

(3) 空间的转折

空间的转折有急转与缓转之分。在规则式园林空间中常用急转，如在主轴线与副轴线的交点处。在自然式园林空间中常用缓转，缓转有过渡空间，如在室内外空间之间设有空廊、花架之类的过渡空间。

两空间之分隔有虚分与实分。两空间干扰不大，需互通气息者可虚分，如用疏林、空廊、漏窗、水面等。两空间功能不同、动静不同、风格不同宜实分，可用密林、山阜、建筑、实墙来分隔。虚分是缓转，实分是急转。

第二节　景与造景

一、景与景的感受

(一) 什么是景

我国园林中，常有"景"的提法，如燕京八景、西湖十景、关中八景、圆明园四十景、避暑山庄七十二景等。所谓"景"即风景、景致，是指在园林绿地中，自然的或经人为创造加工的，并以自然美为特征的，是一种供作游憩欣赏的空间环境。这些环境，不论是天然存在的或人工创造的，多是由于人们按照此景的特征命名、题名、传播而使景色本身具有更深刻的表现力和强烈的感染力，从而闻名于天下。如泰山日出、黄山云海、桂林山水、庐山仙人洞等都是自然的景。江南古典园林，使一峰山有太华千寻，一勺水有江湖万里之意，以及北方的皇家园林都是人工创造的景。至于闻名世界的万里长城，蜿蜒行走在崇山峻岭之上，关山结合，气魄雄伟，兼有自然和人工景色。三者虽有区别，然而均以因借自然、效法自然、高于自然的自然美为特征，这是景的共同点。所谓"供作游憩欣赏的空间环境"，即是说"景"绝不是引起人们美感的画面，而是具有艺术构思而能入画的空间环境，这种空间环境能供人游憩欣赏，具有符合园林艺术构图规律的空间形象和色彩，也包括声、香、味及时间等环境因素。如西湖的"柳浪闻莺"、关中的"雁塔晨钟"、避暑山庄的"万壑松风"是有声之景；西湖的"断桥残雪"、燕京的"琼岛春荫"、避暑山庄的"梨花伴月"是有时之景。由此说明风景构成要素（山、水、植物、建筑以及天气和人文特色等）的特点是景的主要来源。

(二)景的感受

景是通过人的眼、耳、鼻、舌、身这五个感官而接受的。没有身临其境就不能体会景的美。从感官上来说，大多数的景主要是看，即观赏，如花港观鱼、卢沟晓月；但也有许多景，必须通过耳听、鼻闻、品味等才能感受到。如避暑山庄的"风泉清听""远近泉声"是听的。广州的兰圃，每当兰花盛开的季节，馨香满园，董老赞曰"国香"。名闻中外的虎跑泉水龙井茶只有通过品茶才能真正地感受。景的感受往往不是单一的，而是随着景色不同，以一种或几种感官进行感受，如鸟语花香、月色江声、太液秋风等均属此类景色意境。

不同的景引起不同的感受，即所谓触景生情，这在富有诗情画意的我国传统园林里更为突出。

同一景色也可能有不同的感受，这是因为景的感受是随着人的阶级、职业、年龄、性别、文化程度、社会经历、兴趣爱好和当时的情绪不同而有差异的，但只要我们把握其中的"共性"，就可驾驭见景生情的关键。

二、景的观赏

景可供游览观赏，但不同的游览观赏方法会产生不同的景观效果，给人以不同的景的感受。

(一)静态观赏与动态观赏

景的观赏可分为动与静，即动态观赏与静态观赏。在实际游览中，往往是动静结合，动就是游、静就是息，游而无息使人筋疲力尽，息而不游又失去游览的意义。一般园林绿地规划应从动与静两方面要求来考虑，园林绿地平面总图设计主要是为了满足动态观赏的要求，应该安排一定的风景路线，每一条风景路线应达到像电影片镜头剪辑一样，分镜头（分景）按一定的顺序布置风景点，以使人行其间产生步移景异之感，一景又一景，形成一个循序渐进的连续观赏过程。

分景设计是为了满足静态观赏的要求，视点与景物位置不变，如看一幅立体风景画，整个画面是一幅静态构图，所能欣赏的景致可以是主景、配景、近景、中景、侧景、全景，甚至远景，或它们的有机结合。设计应使天然景色、人工建筑、绿化植物有机地结合起来，整个构图布置应该像舞台布景一样，好的静态观赏点正是摄影和画家写生的地方。

静态观赏是指有时对一些情节特别感兴趣，要进行细部观赏，为了满足这种观赏要求，可以在分景中穿插配置一些能激发人们进行细致鉴赏，具有特殊风格的近景、特写景等，如某些特殊风格的植物，某些碑、亭、假山、窗景等。

（二）观赏点与景物的视距

人们赏景，无论动态观赏还是静态观赏，总要有个立足点——游人所在的位置称为"观赏点"或"视点"。观赏点与景物之间的距离，称为"观赏视距"。观赏视距适当与否对观赏的艺术效果关系甚大。

人的视力各有不同，正常人的视力，明视距离为25cm，4km以外的景物不易看到，在大于500米时，对景物存在模糊的形象，距离缩短到250~270m时，能看清景物的轮廓，如果要看清树木、建筑细部线条则要缩短到几十米之内。在正视情况下，不转动头部，视域的垂直明视角为26°~30°，水平明视角为45°，超过此范围就要转动头部，转动头部的观赏，对景物整体构图印象，就不够完整，而且容易感到疲劳。

粗略估计，对于大型景物的合适视距约为景物高度的3.3倍，小型景物约为3倍。合适视距约为景物宽度的1.2倍。

如果景物高度大于宽度，则依垂直视距来考虑，如景物宽度大于高度，依据宽度、高度进行综合考虑。一般平视静观的情况下，以水平视角不超过45°，垂直视角不超过30°为原则。

（三）俯视、仰视、平视的观赏

观景因视点高低不同，可分为平视、仰视、俯视。居高临下，景色全收，这是俯视。有些景区险峻难攀，只能在低处瞻望，有时观景后退无地只能抬头，这是仰视。在平坦草地或河湖之滨，进行观景，景物深远，多为平视。俯视、仰视、平视的观赏给游人的感受各不相同。

1. 平视观赏

平视是视线平行向前，游人头部不用上仰下俯，可以舒服地平望出去，使人有平静、安宁、深远的感觉，不易疲劳。平视风景由于与地面垂直的线条，在透视上均无消失感，故景物高度效果感染力小，而不与地面垂直的线条均有消失感，表现出较大的差异，因而对景物的远近深度有较强的感染力。平视风景应布置在视线可以延伸到的较远的地方，如园林绿地中的安静地区，休息亭榭，休、疗养区的一侧等。西湖风景的恬静感觉与多为平视景观分不开。

2. 俯视观赏

游人视点较高，景物展现在视点下方，如果视线向前，下部＜50°以外的景物不能映入视域内，鉴别不清时，必须低头俯视，此时视线与地平线相交，因而垂直地面的直线，产生向下消失感，故景物越低就显得越小，"一览众山小"，过去登泰山而小天下的说法，就是这种境界。俯视易造成开阔和惊险的风景效果。如泰山山顶、华山几个峰顶、黄山清凉台都是这种风景。

3. 仰视观赏

景物高度很大，视点距离景物很近，当仰角超过13°时，就要把头微微扬起，这时与地面垂直的线条有向上消失感，故景物的高度感染力强，易形成雄伟、庄严、紧张的气氛。在园林中，有时为了强调主景的崇高伟大，常把视距安排在主景高度的一倍以内，不让其有后退余地，运用错觉，感到景象高大。旧园林叠假山，让人不从假山真高考虑，而将关注点安排在近距离内，好像山峰高入蓝天白云之中。颐和园的佛香阁，在从中轴攀登时出德辉殿后，抬头仰视，视角为62°，觉得佛香阁高入云端，就是这种手法。

平视、俯视、仰视的观赏，有时不能截然分开，如登高楼、峻岭，先自下而上，一步一步攀登，抬头观看是一组一组仰视景物，登上最高处，向四周平望而俯视，然后一步一步向下，眼前又是一组一组俯视景观，故各种视觉的风景安排，应统一考虑，使四面八方、高低上下都有很好的风景观赏，又要着重安排最佳观景点，让人停息体验。

三、造景

造景，是指人为地在园林绿地中创造一种既符合一定使用功能又有一定意境的景区。人工造景要根据园林绿地的性质、功能、规模，因地制宜地运用园林绿地构图的基本规律去规划设计。

中国自南北朝以来，发展了自然山水园。园林造景，常以模山范水为基础，"得景随形""借景有因""有自然之理，得自然之趣""虽由人作，宛自天开"。造景方法主要有：第一，挖湖堆山，塑造地形，布置江河湖沼，辟径筑路，造山水景；第二，构筑楼、台、亭、阁、堂、馆、轩、榭、廊、桥、舫、照壁、墙垣、梯级、林道、景门等建筑设施，造建筑景；第三，用石块砌叠假山、奇峰、洞壑、危崖，造假山景；第四，布置山谷、溪涧、乱石、湍流，造溪涧景；第五，堆砌巨石断崖，引水倾泻而下，造瀑布景；第六，按地形设浅水小池，筑石山喷泉，放养观赏鱼类，栽植荷莲、芦荻、花草，造水石景；第七，用不同的组合方式，布置群落以体现林际线和季相变化或突出孤立树的姿态，或修剪树木，使之具有各种形态，造花木景；第八，在园林中布置各种雕塑或与地形水域结合，或单独竖立成为构图中心，以雕塑为主体，造塑景。

第三节　地形地貌的利用和改造

一、园林地形地貌及其作用

（一）园林地形地貌的概念

在测量学中，对地表面呈现着的各种起伏状态叫作"地貌"，如山地、丘陵、高原、平原、盆地等；在地面上分布的所有固定物体叫作"地物"，如江河、森林、道路、居民点等，地貌和地物统称为"地形"。而在园林绿地设计中习惯称为"地形"者，实系指测量学中地形的一部分——地貌，我们按照习惯称为地形地貌，既包括山地、丘陵、平原，也包括河流、湖泊。并且把山石和一些水景也归并一起在此节中讲述。

（二）园林地形地貌的作用

进行园林绿地建设的范围内，原来的地形往往多种多样，有的平坦，有的起伏，有的是山岗或沼泽，所以造屋、铺路、挖池、堆山、排水、开河、栽植树木花卉等都需要利用或改造地形。因此，地形地貌的处理是园林绿地建筑的基本工作之一，它们在园林中有如下作用：

1.满足园林功能要求

园林中各种活动内容很多，景色也要求丰富多彩。地形应当满足各方面的要求，如游人集中的地方，体育活动的场所要平坦，登高远眺要有山岗高地，划船、游泳、养鱼、栽藕需要河湖。为了不同性质的空间彼此不受干扰，可利用地形来分隔。地形起伏，景色就有层次，轮廓线有高低，变化就丰富。此外，还可以利用地形遮蔽不美观的景物，并阻挡狂风、大雪、飞沙等不良气候的危害等。

2. 改善种植和建筑物条件

利用地形起伏改善小气候有利于植物生长。地面标高过低或土质不良都不适宜植物生长。地面标高过低，平时地下水位高，暴雨后就容易积水，会影响植物正常生长，但如果需种植湿生植物是可以留出部分低地的。建筑物和道路、桥梁、驳岸、护坡等不论是在工程上和艺术构图上也都对地形有一定要求，所以要利用和改造地形，创造有利于植物生长和建筑的条件。

3. 解决排水问题

园林中可利用地形排除雨水和各种人为的污水、淤积水等。使其中的广场、道路及游览地区，在雨后短时间恢复正常交通及使用。利用地面排水能节约地下排水设施，地面排水坡度大小，应根据地表情况及不同土壤结构性能来决定。

二、园林地形设计的原则和步骤

(一) 园林地形利用和改造

应全面贯彻"适用、经济、在可能条件下美观"这一城市建设的总原则。根据园林地形的特殊性，还应贯彻如下原则：

1. 利用为主，改造为辅

在进行园林地形设计时，常遇到原有地形并不理想的情况，这就应从原地形现状出发，结合园林绿地功能、工程投资和景观要求等条件综合考虑设计方案。这就是在原有基础上坚持利用为主，改造为辅的原则。

城市园林绿地与郊区园林绿地对于原有地形的利用，随园林性质、功能要求以及面积大小等不同而有很大差异。如天然风景区、森林公园、植物园、体疗养区等，要求在很大程度上利用原地形；而公园、花园、小游园、动物园等除了利用原地形外，还必须改造原地形；体育公园对原来的自然地形利用比较困难，而中国传统的自然山水园就可以较多地利用自然地形。

2. 因地制宜，顺其自然

我国造园传统，以因地制宜利用地形著称。造园应因地制宜，各有特点，"自成天然之趣，不烦人事之工"。古代深山寺院庵观建筑群，很巧妙地利用了山坡、峰顶、山麓富有变化的地形。近代南方园林，利用沟壑山坡、依山傍水高低错落地布置园林建筑，使人工建筑与自然地形紧密连成整体。这些都是因地制宜利用地形成功的优秀实例。

因地制宜利用地形，要就低挖池、就高堆山。当面积较小时，挖池堆山不要占用较多的地面，否则会使游人活动陆地太少。此外，地形改造还要与周围环境相协调，如在闹市高层建筑区则不宜堆较高土山。

3. 节约

改造地形在我国现有技术条件下是造园经费开支较大的项目，尤其是大规模的挖湖堆山所用人力物力特大。俗语说，"土方工程不可轻动"，必须根据需要和可能，全面分析，多做方案，进行比较，使土方工程量达到最低限度。充分利用原有地形包含了节约的原则。要尽量保持原有地面的种植表土，为植物生长创造良好条件。要尽可能地就地取材，充分利用原地的山石、土方。堆山、挖湖要结合进行，要使土方平衡，缩短运距，节省经费。

4. 符合自然规律与艺术要求

符合自然规律，如土壤的物理特性，山的高度与土坡倾斜面的关系，水岸坡度是否合理稳定等，不能只求艺术效果而不顾客观实际可能，要使工程既合理又稳定，以免发生崩坍现象等。同时，要使园林的地形地貌合乎自然山水规律，但又不能追求形式，卖弄技巧，要使园中的峰壑峡谷、平岗小阜、飞瀑涌泉和湖池溪流等山水诸景达到"虽由人作，宛自天开"的境界。

(二) 园林地形设计的步骤

1. 准备工作

①园林用地及附近的地形图，地形设计的质量在很大程度上取决于地形图的正确性。一般城市的市区与郊区都有测量图，但时间一长，图纸与现状出入较大，需要补测，要使图纸和原地形完全一致，并要核实现有地物。注意那些要加以保留和利用的地形、水体、建筑、文物、古迹、植物等，供进行地形设计时参考。

②收集城市市政建设各部门的道路、排水、地上地下管线及与附近主要建筑的关系等资料，以便合理解决地形设计与市政建设其他设施可能发生的矛盾。

③收集园林用地及其附近的水土、地质、土壤、气象等现状和历史有关资料。

④了解当地施工力量，包括人力、物力和机械化程度等。

⑤现场踏勘。根据设计任务书提出的对地形的要求，在掌握上述资料的基础上，设计人员要亲赴现场踏勘，对资料中遗漏之处加以补充。

2. 设计阶段

地形改造是园林总体规划的组成部分，要与总体规划同时进行，就要完成以下几项工作：

①施工地区等高线设计图(或用标高点进行设计)。图纸平面比例采用1：200～1：500，设计等高线高差为0.25～1m，图纸上要求表明各项工程平面位置

的详细标高，如建筑物、绿地的角点，园路、广场转折点等的标高，并要表示出该地区的排水方向。

②土方工程施工图。要注明进行土方施工各点的原地形标高与设计标高，作出填方、挖方与土方调配表。

③园路、广场、堆山、挖湖等土方施工项目的施工断面图。

④土方量估算表。可用求体积公式估算，或用方格网法估算。

⑤工程预算表。

⑥说明书。

三、园林地形地貌的设计

园林地形地貌的设计概括为四大方面。

(一) 平地

平地是指公园内坡度比较平缓的用地，这种地形在新型园林中应用较多。为了组织群众进行文体活动及游览风景，便于接纳和疏散群众，公园必须设置一定比例的平地，平地过少就难以满足广大群众的活动要求。

园林中的平地大致有草地、集散广场、交通广场、建筑用地等。

在有山有水的公园中，平地可视为山体和水面之间的过渡地带。一般的做法是在平地以渐变的坡度和山体山麓连接，而在临水的一面则以较缓的坡度使平地徐徐伸入水中，以造成一种"冲积平原"的景观。这样背山临水的平地，不仅提供了集体活动和演出的场所，往往也是观景的好地方。在山多平地较少的公园，可在坡度不太陡的地段修筑挡土墙，削高填低，改造成平地。

为了排除地面水，平地要具有一定坡度。为了防止水土冲刷，应注意避免做成同一坡度的坡面延续过长，而要有起有伏；对裸露地面要铺种草皮或地被植物。

(二) 堆山 (又叫作掇山、迭山)

我国的园林是以风景为骨干的山水园而著称。"山水园"当然不只是山和水，还有以树木花草、亭榭楼阁等题材构成的环境，但山和水是骨干或者说是这个环境的基础。有了山就有了高低起伏的地势，能调节游人的视点，组织空间，造成仰视、平视、俯视的景观，能丰富园林建筑的建筑条件和园林植物的栽植条件，并增加游人的活动面积，丰富园林艺术内容。

堆山应以原来地形为基础，因势而堆叠，就低开池得土可构岗阜，但应按照园林功能要求与艺术布局适当运用，不能随便乱堆。

堆山可以是独山，也可以是群山，一山有一山之形，群山有群山之势。连接重复的就称作群山。堆山忌成排比或笔架。苏轼描写庐山风景"横看成岭侧成峰，远近高低各不同。不识庐山真面目，只缘身在此山中"，就是形象地描绘了自然界山峰的主体变化。

在设计独山或群山时都应注意，凡是东西延长的山，要将较大的一面向阳，以利于栽植树木和安排主景，尤其是临水的一面应该是山的阳面。堆土山最忌成坟包状，它不仅造型呆板，而且没有分水线和汇水线的自然特征，以致造成地面降水汇流而下，大量土方被冲刷。

1. 山

在园林中较高又广的山，一般不堆，只有在大面积园林中因特殊功能要求，并有土石来源的才堆，它常成为整个园林构图的中心和主要景物。如上海长风公园的铁臂山，作为登高远眺之用，这种山用土或土山带石（约30%石方），即土石相间，以土为主。又高又大的山，若全用石则工程浩大，且全是石草木不生，未免荒凉枯寂；若全用土，又过于平淡单调。所以，堆大山总是土石相间，在适当的地方堆些岩石，以增添山势的气魄和野趣。山麓、山腰、山顶要符合自然山景的规律作不同处理，如在山麓不适合做成矗立的山峰，宜布置一些像自然山石崩落沿坡滚下不经土掩埋和冲刷的样子，在堆的手法上必须"深埋浅露"才能显出厚重有根，难辨真假。

2. 丘陵或小山

丘陵指高度只有2~3m，外形变化较多的成组土丘。丘陵的坡度一般为1:5、1:8，地面小的可以陡一些，起坡时均应平坦些。在公园中土丘的土方量不太大，但对改变公园面貌作用显著。因此，公园中广泛运用。

丘陵可作土山的余脉、主峰的配景，也可作平地的外缘，是景色的转折点。土丘可起到障景、隔景的作用，也可组织交通防止游人穿行绿地。

土丘的设计要求蜿蜒起伏、有断有续，立面高低错落，平面曲折多变，避免单调和千篇一律。在设计丘陵地的园路时，切忌将园路标高固定在同一高程上，应该随地形的起伏而起伏，使园路融汇在整个变化的地形之中，但道路标高也不要完全与地形同上同下，可略有升高或反而降低，以保持山形的完整。

堆叠小山不宜全用土，因土易崩塌，不可能迭成峻峭之势，而尽为馒头山了。若完全用石，不易堆叠，弄不好效果更差。

小山的堆叠方法有两种：一种是外石内土的堆叠方法，既有陡峭之势，又能防止冲刷，保持稳定，这样的山形虽小，还是可取势以布山形，创造峭壁悬崖、洞穴涧壑，富有山林诗意；另一种是用土山带石的方法来点缀小山，是把小山作为大山的余脉，没有奇峰峭壁和宛转洞壑，不以玲珑取胜，只就土山之势，点缀一些体形浑厚的石头，疏密相间，安顿有致。这种方式较为经济大方，现在园林中应用较多。

(三) 理水

我国古典园林当中，山水密不可分，选山必须顾及理水，有了山还只是静止的景物，山得水而活，有了水能使景物生动起来，能打破空间的闭锁，还能产生倒影。园林中水的作用，还不止这些，在功能上能产生湿润的空气，调节气温，吸收灰尘，有利于游人的健康，也可用于灌溉和消防。另外，水面还可以进行各种水上运动及养鱼、种藕结合生产。

园林中人工所造的水景，多是就天然水面略加人工或依地势"就地凿水"而成。

水景按照静动状态可分为以下内容：

动水：河流、溪涧、瀑布、喷泉、壁泉等。

静水：水池、湖沼等。

水景按照自然和规则程度可分为以下内容：

自然式水景：河流、湖泊、池沼、泉源、溪涧、涌泉、瀑布等。

规则式水景：规则式水池、喷泉、壁泉等。

现将园林中水景简介如下：

1. 河流

在园林中组织河流时，应结合地形，不宜过分弯曲，河岸上应有缓有陡，河床有宽有窄，空间上应有开朗和闭锁。

造景设计时要注意河流两岸风景，尤其是当游人泛舟于河流之上时，要有意识地为其安排对景、夹景和借景，留出一定的透视线。

2. 溪涧

自然界中，泉水通过山体断口夹在两山间的流水为涧。山间浅流为溪。一般习惯上"溪""涧"通用，常以水流平缓者为溪，湍急者为涧。

溪涧之水景，以动水为佳，且宜湍急，上通水源，下达水体。在园林中，应选陡石之地布置溪涧，平面上要求蜿蜒曲折，竖向上要求有缓有陡，形成急流、潜流。如无锡寄畅园中的八音涧，以忽断忽续、忽隐忽现、忽急忽缓、忽聚忽散的手法处理流水，水形多变，水声悦耳，有其独到之处。

3. 湖池

湖池有天然、人工两种，园林中湖池多就天然水域，略加修饰或依地势就低凿水而成，沿岸因境设景，自成天然图画。

湖池常作为园林 (或一个局部) 的构图中心，在我国古典园林中较小的水池四周围常有此类建筑，如颐和园中的谐趣园，苏州的拙政园、留园，上海的豫园等。这种布置手法，最宜组织园内互为对景，产生面面入画，有"小中见大"之妙。

湖池水位有最低、最高与常水位之分，植物一般均种于最高水位以上，耐湿树种则可种在常水位以上，池周围种植物应留出透视线，使湖岸有开有合、有透有漏。

4. 瀑布

从河床横断面陡坡或悬崖处倾泻而下的水为瀑，其瀑遥望之如布垂而下，故谓之"瀑布"。

大的风景区中，常有天然瀑布可以利用，但在一般园林当中就很少有了。所以，只在经济条件许可又非常必要时，才结合叠山创造人工小瀑布。人工瀑布只有在具有高水位置的情况下，或条件允许人工给水时，才能运用。瀑布由五部分构成，即上流（水源）、落水口、瀑身、瀑潭、下流。

瀑布下落的方式有直落、阶段落、线落、溅落和左右落等之分。

瀑布附近的绿化，不可阻挡瀑身，瀑身3～4倍距离内，应做空旷处理，以便游人有适当距离来欣赏瀑景。好的瀑布，还可以在适当地点专设观瀑亭，瀑布两侧不宜配置树形高耸和垂直的树木。

5. 喷泉

地下水向地面上涌谓泉，泉水集中出，流速大者可成涌泉、喷泉。

园林中，喷泉往往与水池相联系，布置在建筑物前、广场的中心或闭锁空间内部，作为一个局部的构图中心，尤其在缺水之园林风景焦点上运用喷泉，则能得到较高的艺术效果。喷泉有以下水柱为中心的，也有以雕像为中心的，前者适用于广场以及游人较多之处，后者则多用于宁静地区，喷泉的水池形状大小可变化多样，但要与周围环境相协调。

喷泉的水源有天然的，也有人工的，天然水源即在高处设贮水池，利用天然水压使水流喷出；人工水源则是利用自来水或水泵推水。处理好喷泉的喷头是形成不同情趣喷泉水景的关键之一。喷泉出水的方式可分为长流式或间歇式。近年来，随着光、电、声波和自控装置的发展，在国外有随着音乐节奏起舞的喷泉柱群和间歇喷泉。我国于1982年在北京石景山区古城公园也成功地装置了自行设计的自控花型喷泉群。

喷泉水池之植物种植，应符合功能及观赏要求，可选择慈姑、水生鸢尾、睡莲、水葱、千屈菜、荷花等。水池深度，随种植类型而异，一般不宜超过60厘米，亦可用盆栽水生植物直接沉入水底。

6. 壁泉

其构造分壁面、落水口、受水池三部分。壁面附近墙面凹进一些，用石料做成装饰，有浮雕及雕塑。落水口可用兽形及人物雕像或山石来装饰，如我国旧园及寺庙中，就有将壁泉落水口做成龙头样式的。其落水形式需依水量之多少来决定，水多时，可设置水幕，使成片落水，水少时成柱状落，水更少则成淋落、点滴落下。目前壁泉已被运用到建筑的室内空间中，增加了室内动景，颇富生气，如广州白云山庄的"三叠泉"。

7. 岛

四面环水的水中陆地称为"岛"。岛可以划分水面空间，打破水面的单调，对视线起抑障作用，避免湖岸秀丽风光一览无余；从岸上望湖，岛可作为环湖视点集中的焦点，登岛可以环顾四周湖中的开旷景色和湖岸上的全景。此外，岛可以增加水上活动内容，岛可以吸引游人向往，活跃了湖面气氛，丰富了水面的动景。

岛可分为山岛、平岛和池岛。山岛突出水面，有垂直的线条，配以适当建筑，常成为全园的主景或眺望点，如北京北海之琼岛。平岛给人舒适方便、平易近人的感觉，形状很多，边缘大部平缓。池岛的代表作如三潭印月，被誉为"湖中有岛，岛中有湖"的胜景。

此种手法在面积上壮大了声势，在景色上丰富了变化，具有独特的效果。

岛在湖中的位置切忌居中，忌排比，忌形状端正，无论水景面积大小和岛的类型如何，大多居于水面偏侧。岛的数量以少而精为佳，只要比例恰当，一两个足矣，但要与岸上景物相呼应，岛的形体宁小勿大，小巧之岛便于安置。

8. 水景附近的道路

水景交通要求是既能使游人到达，不致可望而不可即，又不能令人过于疲劳。

(1) 沿水道路

沿水体周边一般设有道路，使游人在水边可接近水面。但为使景色有所变化，道路的设置不能完全与水面平行，而应若即若离，有隐有现，有远有近，以达到"步移景异"的效果。如道路遇到码头、眺望点及沿岸建筑时，要作适当处理。

(2) 越水通道

常用的是桥与堤。桥将在下节建筑中讲述。筑堤工程量大，要慎重，常见的堤大多是直堤，很少建曲堤。堤不宜太长，以免使人枯燥乏味。如果觉得水面太大，为使水面与主景有一定比例，可筑堤分隔，使之变小。堤上造桥，可以使堤有所变化。堤的位置不能居中，以使堤分隔后水面有主次之分，堤上种植乔木，还能提升堤划分空间的显著效果。

(四) 叠石

1. 选石

石有其天然轮廓造型，质地粗实而纯净，是园林建筑与自然环境空间联系的一种美好的中间介质。因此，叠石早已成为我国异常可贵的园林传统艺术之一，有

"无园不石"之说。

叠石不同于建筑、种植等其他工程，在自然式园林中所用山石没有统一的规格与造型，设计图上只能绘出平面位置和空间轮廓，设计必须密切联系施工或到现场配合施工，才能达到设计意图。设计或施工应先观察掌握山石的特性，根据不同的地点不同的石类来叠石，我国选石有六要素：

（1）质

山石质地因种类而不同，有的坚硬、有的疏松。如将不同质地的山石混合叠置，不但外形杂乱，且因质地结构不同而承重要求也不同，质坚硬的承重大，质脆的易松碎。

（2）色

石有许多颜色，常见的有青、白、黄、灰、红、黑等，叠石必须使色调统一，并与附近环境协调。

（3）纹

叠石时要注意石与石的纹理是否通顺、脉络相连，石表的纹理是评价山石美的主要依据。

（4）面

石有阴阳面，应充分利用其美的一面。

（5）体

山石形态、体积很重要，应考虑山石的体型大小，虚实轻重合理配置。

（6）姿

常以"苍劲""古朴""秀丽""丑怪""玲珑""浑厚"等描述各种石姿，可根据不同环境和艺术要求选用。

2. 理石的方式与手法

我国园林中，常利用岩石构成园林景物，这种方式名理石，归纳起来可分三类。

（1）点石成景有单点、聚点和散点

①单点：由于石块本身姿态突出，或玲珑或奇特（所谓"透""漏""瘦""皱""丑"），立之可观，就特意摆在一定的地点作为局部小景或局部的构图中心来处理，这种方式叫作单点。单点主要摆在正对大门的广场上和院落中，如豫园的玉玲珑；亦有布置在园门入口或路旁，山石伫立，点头引路，起点景和导游作用。

②聚点：有时在一定情况下，几块石成组摆列一起，作为一个群体来表现，称之为聚点。聚点忌排列成行或对称，主要手法是看气势，关键在一个"活"字。要求石块大小不等，疏密相间、错落前后、左右呼应、高低不一、错综结合。聚点的运用范围很广，如在建筑物的角隅部分常用聚点石块来配饰叫作抱角，在山的蹬道

旁用不同的石块成组相对而立叫作蹲配等。

③散点：散点并非零乱散点，而是若断若续，连贯而成一个整体的表现，也就是说散点的石要相互联系和呼应成为一个群体。散点的运用也很广，在山脚、山坡、山头、池畔、溪涧河流，在林下，在路旁径侧都可散点而得到意趣。散点无定式，随势随形。

（2）整体构景

用多块岸石堆叠成一座立体结构的形体。此种形体常用于局部构图中心或屋旁、道边、池畔、墙下、坡上、山顶、树下等适当的地方来构景，主要是完成一定的形象，在技法上要恰到好处，不露斧凿之痕，不显人工之作。

堆叠整体山石时，应做到二宜、四不可、六忌。

二宜是：造型宜有朴素自然之趣，不矫揉造作，卖弄技巧；手法宜简洁，不要过于烦琐。

四不可是：石不可杂；纹不可乱；块不可匀；缝不可多。

六忌是：忌似香炉蜡烛；忌似笔架花瓶；忌似刀山剑树；忌似铜墙铁壁；忌似城郭堡垒；忌似鼠穴蚁蛭。

堆石形体在施工艺术造型上习用的十大手法是：挑、飘、透、跨、连、悬、垂、斗、卡、剑。

（3）配合工程设施，达到一定的艺术效果

如用作亭、台、楼、阁、廊、墙等的基础与台阶，山间小桥、石池曲桥的桥基及配置于桥身前后，使它们与周围环境相协调。

3. 山石在园林中的配合应用

（1）山石与植物的结合自成山石小景

无论何种类型的山石，都必须与植物相结合。如果假山全用山石建造，石间无土，山上寸草不生，则观赏效果不高。山石与竹结合，山上种植枫树都能创造出生动活泼、自然真实的美景。

选择山石植物，首先要以植物的习性为依据，并结合假山的立地条件，使植物能生长良好，而不与山石互相妨碍，同时也要根据祖国园林的传统习惯和构图要求来选择植物。

（2）山石与水景结合

掇山与理水结合是中国园林的特点之一，如潭、瀑、泉、溪、涧都离不开山石的点缀。

第五章　园林绿地组成要素的设计

第一节　园林地形的设计

地形是指地面上各种高低起伏的形状。地貌是指地球表面的外貌特征。地物是指地上和地下的各种设施和事物。地形是构成园林实体非常重要的要素，也是其他诸要素的依托基础和底界面，是构成整个园林景观的骨架。不同的地形、地貌反映出不同的景观特征，它影响着园林的布局和园林的风格。有了良好的地形地貌，才有可能产生良好的景观效果。因此，地形地貌是园林造景的基础。

从园林范围来说，地形包含土丘、台地、斜坡、平地，或因台阶和坡道所引起的水平面变化的地形，这类地形统称为小地形。起伏最小的地形称为微地形，它包括沙丘上的微弱起伏或波纹，或是道路上石头和石块的不同变化。总之，地形是外部环境的地表因素。

一、园林地形的形式

（一）按地形的坡度不同分类

它可分为平地、台地和坡地。平地是指坡度介于1%～7%的地形。台地是由多个不同高差的平地联合组成的地形。坡地可分为陡坡和缓坡。

（二）按地形的形态特征分类

1. 平坦地形

平坦地形是园林中坡度比较平缓的用地，坡度介于1%～7%。平坦地形在视觉上空旷、宽阔，视线遥远，景物不被遮挡，具有强烈的视觉连续性；平坦地面能与水平造型互相协调，使其很自然地同外部环境相吻合，并与地面垂直造型形成强烈的对比，使景物突出；平坦地形可作为集散广场、交通广场、草地、建筑等用地，以接纳和疏散人群，组织各种活动或供游人游览和休息。

2. 凸地形

凸地形具有一定的凸起感和高耸感，凸地形的形式有土丘、丘陵、山峦及小山峰。

凸地形具有构成风景、组织空间、丰富园林景观的功能，尤其在丰富景点视线方面起着重要的作用，因凸地形比周围环境的地势高，视线开阔，具有延伸性，空间呈发散状。它一方面可组织成为观景之地，另一方面因地形高处的景物最突出，能产生对某物或某人更强的尊崇感，又可成为造景之地。因此，教堂、寺庙、宫殿、政府大厦以及其他重要的建筑物(如纪念碑、纪念性雕塑等)通常建立在凸地形上。

3. 凹地形

凹地形也被称为碗状洼地。凹地形是景观中的基础空间，适宜多种活动的进行，当其与凸地形相连接时，它可完善地形布局。凹地形是一个具有内向性和不受外界干扰的空间，给人一种分割感、封闭感和私密感。凹地形还有一个潜在的功能，就是充当一个永久性的湖泊、水池，或者蓄水池。凹地形在调节气候方面也有重要作用，它可躲避掠过空间上部的狂风；当阳光直接照射到其斜坡上时，其可使地形内的温度升高。因此，凹地形与同一地区内的其他地形相比更暖和，风沙更少，更具宜人的小气候。

4. 山脊

山脊总体上呈线状，与凸地形相比较，其形状更紧凑、更集中。山脊可以说是更"深化"的凸地形。

山脊可限定空间边缘，调节其坡上和周围环境中的小气候。在景观中，山脊可被用来转换视线在一系列空间中的位置，或将视线引向某一特殊焦点。山脊还可充当分隔物，作为一个空间的边缘，山脊犹如一道墙体将各个空间或谷地分隔开来，使人感到有"此处"和"彼处"之分。从排水角度而言，山脊的作用就像一个"分水岭"，降落在山脊两侧的雨水，将各自流到不同的排水区域。

5. 谷地

谷地综合了凹地形和山脊地形的特点；与凹地形相似，谷地在景观中也是一处低地，是景观中的基础空间，适合安排多种项目和内容。它与山脊相似，也呈线状，具有方向性。

二、园林地形的功能与作用

(一)地形的基础和骨架作用

地形是构成园林景观的骨架，是园林中所有景观元素与设施的载体，它为园林中其他景观要素提供了赖以存在的基面，是其他园林要素的设计基础和骨架，也是其他要素的基底和衬托。地形可被当作布局和视觉要素来使用，并且有许多潜在的视觉特性。在园林设计中，要根据不同的地形特征，合理安排其他景物，使地形起到较好的基础作用。

(二) 地形的空间作用

地形因素直接制约着园林空间的形成。地形可构成不同形状、不同特点的园林空间。地形可以分隔、创造和限制外部空间。例如，利用凸地形形成局部视线焦点，利用平地形形成开阔的空间，而在山谷地形中的空间则必定是闭合空间。

(三) 改善小气候的作用

地形可影响园林某一区域的光照、温度、风速和湿度等。园林地形的起伏变化能改善植物的种植条件，能提供阴、阳、缓、陡等多样性的环境。利用地形的自然排水功能，提供干湿不同的环境，使园林中出现宜人的气候以及良好的观赏环境。

(四) 园林地形的景观作用

作为造园要素中的底界面，地形具有背景角色。例如，平坦地形上的园林建筑、小品、道路、树木、草坪等一个个景物，地形则是每个景物的底面背景。同时，园林凹、凸地形可作为景物的背景，形成景物和作为背景的地形之间有很好的构图关系。另外，地形还能控制视线，能在景观中将视线导向某一特定点，影响某一固定点的可视景物和可见范围，形成连续观赏或景观序列，通过对地形的改造和组合，可产生不同的视觉效果。

(五) 影响旅游线路和速度

地形可被用在外部环境中，影响行人和车辆运行的方向、速度和节奏。在园林设计中，可用地形的高低变化、坡度的陡缓以及道路的宽窄、曲直变化等来影响和控制游人的游览线路及速度。

三、园林地形处理的原则及造景方法

(一) 园林地形处理的原则

1.因地制宜原则

园林地形的设计，首先要考虑对原有地形的利用，以充分利用为主、改造为辅，要因地制宜，尽量减少土方量。建园时，最好达到园内的土方量填挖平衡，节省劳力和建设投资。但是，对有碍园林功能和园林景观的地形要大胆改造。

2. 满足园林性质和功能的要求

园林绿地的类型不同，其性质和功能就不一样，对园林地形的要求也就不尽相同。城市中的公园、小游园、滨湖景观、绿化带、居住区绿地等对园林地形要求相对要高一些，可进行适当处理，以满足使用和造景方面的要求。郊区的自然风景区、森林公园、工厂绿地等对地形的要求相对低一些，可因势就形稍作整理，偏重于对地形的利用。

游人在园林内进行各种游憩活动，对园林空间环境有一定的要求。在进行地形设计时，要尽可能为游人创造出各种游憩活动所需的不同的地貌环境。例如，游憩活动、团体集会等需要平坦地形；进行水上活动时需要较大的水面；登山运动需要山地地形；各类活动综合在一起，需要不同的地形分割空间。利用地形分割空间时，常需要有山岭坡地。

园林绿地内地形的状况与容纳的游人量有密切的关系，平地容纳的人多，山地及水面则受到限制。

3. 满足园林景观要求

不同的园林形式或景观对地形的要求是不一样的，自然式园林要求地形起伏多变，规则式园林则需要开阔平坦的地形。要构成开敞的园林空间，就需要有大片的平地或水面。幽深景观需要有峰回路转层次多的山林。大型广场需要平地，自然式草坪需要微起伏的地形。

4. 符合园林工程的要求

园林地形的设计在满足使用和景观功能的同时，必须符合园林工程的要求。当地形比较复杂时，地形处理应根据科学的原则，山体的高度，土坡的倾斜面，水岸坡度的合理稳定性，平坦地形的排水问题，开挖水体的深度与河床的坡度关系，园林建筑设置的基础，以及桥址的基础等都要以科学为依据，以免发生如陆地内涝、水面泛滥与枯竭、岸坡崩坍等工程事故。

5. 符合园林植物的种植要求

地形处理还应与植物的生态习性、生长要求相一致，使植物的种植环境符合生态地形的要求。对保存的古树名木要尽量保持它们原有地形的标高，且不要破坏它们的生态环境。总之，在园林地形的设计中，要充分考虑园林植物的生长环境，尽量创造出适宜园林植物生长的环境。

（二）园林地形的造景设计

1. 平坦地形的设计

平坦地形是坡度小于3%（i < 3%）的地形。平坦地形按地面材料可分为土地面、沙石地面、铺装地面和种植地面。土地面如林中空地，适合夏日活动和游憩；沙石地面，如天然的岩石、卵石或沙砾；铺装地面可以是规则的或不规则的；种植地面则是植以花草树木。

平坦地形可用于开展各种活动，最适宜作建筑用地，也可作道路广场、苗圃、草坪等用地，可组织各种文体活动，供游人游览休息，接纳和疏散人群，形成开朗景观，还可作疏林草地或高尔夫球场（1% ~ 3%）。

平坦地形造景设计时要注意以下三点：

第一，地形设计时，应同时考虑园林景观和地表水的排放，要求平坦地形有3% ~ 5%的坡度。

第二，在有山水的园林中，山水交界处应有一定面积的平坦地形，作为过渡地带。临山的一边应以渐变的坡度和山体相接，近水的一旁以缓慢的坡度，徐徐伸入水中，形成冲积平原的景观。

第三，在平坦地形上造景可结合挖地堆山，或用植物分隔、作障景等手法处理，以打破平地的单调乏味，防止景观一览无余。

2. 坡地地形的设计

（1）缓坡地（3% ~ 10%）

布置道路建筑一般不受约束，可不设置台阶，可开辟园林水景，水体与等高线平行，不宜布置溪流。

（2）中坡地（10% ~ 25%）

在该地形设计中，可灵活多变地利用地形的变化来进行景观设计，使地形既相分割又相联系，成为一体。在起伏较大的地形的上部可布置假山，塑造成上部突出的悬崖式陡崖。布置道路时需设梯步，布置建筑最好分层设置，不宜布置建筑群，也不适宜布置湖、池，而宜设置溪流。

（3）陡坡地（25% ~ 50%）

视野开阔，但在设计时需布置较陡的梯步，适宜点缀占地面积不大的亭、轩、廊等。

在坡地处理中，忌将地形处理成馒头形。要充分利用自然、师法自然，利用原有植被和表土，在满足排水、适宜植物生长等使用功能的情况下进行地形改造。

3. 山地地形的设计

山地是坡度大于 50% 的地形，在园林地形的处理中，一般不作地形改造，不宜布置建筑，可布置登道、攀梯。

(三) 假山设计与布局

假山又称为掇山、迭山、叠山，包括假山和置石两个部分。假山是人工创作的山体，是以造景游览为主要目的，充分结合其他多方面的功能作用，以灰、土、石等为材料，以自然山水为蓝本并加以艺术的提炼，是人工再造的山水景物的通称。置石是以山石为材料作独立性或附属性的造景布置，主要表现山石的个体美或局部的组合，而不具备完整的山形。

我国的园林是以风景为骨干的山水园著称，有山就有高低起伏的地势。假山可作为景观的主题以点缀空间，也可起分隔空间和遮挡视线的作用，能调节游人的视点，形成仰视、平视、俯视的景观，丰富园林艺术内容。山石可以堆叠成各种形式的蹬道，这是古典园林中富有情趣的一种创造方式。山石也可用作水体的驳岸。

1. 假山的分类

假山按构成材料可分为土山、石山和土石山三类。

(1) 土山

全部以土为材料创作的山体。要有 30° 的安息角，不能堆得太高、太陡。

(2) 石山

全部以石为材料创作的山体。这类山体多变，形态有的峥嵘、妩媚、玲珑或顽拙。

(3) 土石山

土包石，以土为主，石占 30% 左右。石包土，以石为主，土占 30% 左右。假山按堆叠的形式分类，可分为仿云式、仿抽雕、仿山式、仿生式、仿器式等。

2. 假山的布局与造型设计

假山可以是群山，也可以是独山。在山石的设计中，要将较大的一面向阳，以利于栽植树木或安排主景，尤其是临水的一面应该是山的阳面。山石可与植物、水体、建筑、道路等要素相结合，自成山石小景。假山大体上可分为两大类别：一是写意假山；二是象形假山。

(1) 写意假山

写意假山是以某种真山的意境创作而成的山体，是取真山的山姿山容、气势风韵，经过艺术概括、提炼，再现在园林里，以小山之形传大山之神，给人一种亲切感，富有丰富的想象。例如，扬州个园的假山，用笋石（白果峰）配以翠竹以刻画春季景观；用湖石配以玉兰、梧桐以刻画夏季景观；用黄石配以松柏、枫树衬托秋季景观；用宣石配以蜡梅、天竺衬托冬季景观。四季假山各具特色，表达出"春山淡冶而如笑，夏山苍翠而欲滴，秋山明净而如妆，冬山惨淡而如睡"和"春山宜游，夏山宜看，秋山宜登，冬山宜居"的诗情画意。

（2）象形假山

象形假山是模仿自然界物体的形体、形态而堆叠起来的景观。

自然界的山形形色色，自然界的石头种类也繁多，用于造园常见的有湖石、黄石、宣石，以及灵璧石、虎皮石等种类。每种石头都有它自己的石质、石色、石纹、石理，各有不同的形体轮廓。不同形态和质地的石头也有不同的性格。就造园来说，湖石的形体玲珑剔透，用它堆叠假山，情思绵绵。黄石则棱角分明，质地浑厚刚毅，用它堆叠假山，嵯峨棱角，峰峦起伏，给人的感觉是朴实苍润。因此，要分峰用石，避免混杂。

假山的设计与布局应注意以下四个方面的问题：

①满足功能要求。

②明确山体朝向和位置。

③假山不宜太高，高度通常 10 ~ 30m 即可。

④假山的设计依照山水画法，做到师法自然。

（四）置石

1. 特置

特置也称为孤植、单植，即一块假山石独立成景，是山石的特写处理。

特置要求山石体量大、轮廓线突出、体姿奇特、山石色彩突出。特置常作为入口的对景、障景、庭园和小院的主景，道路、河流、曲廊拐弯处的对景。特置山石布置时，要相石立意，注意山石体量与环境相协调。

2. 散置

散置又称为"散点"，即多块山石散漫放之，以石之组合衬托环境取胜。这种布置方式可增加某地段的自然属性，常用于园林两侧、廊间、粉墙前、山坡上、桥头、路边等，或点缀建筑，或装点角隅。散置要有聚散、断续、主次、高低、曲折等变化之分。也就是要有聚有散，有断有续，主次分明，高低参差，前后错落，左右呼应，层次丰富，有立有卧，有大有小，仿若山岩余脉，或山间巨石散落或风化后残余的岩石。

3. 群置

群置即"大散点"，是将多块山石成群布置，作为一个群体来表现。布置时，要疏密有致，高低不一。置石的堆放地相对较多。群置在布局中要遵循石之大小不等、石之高低不等、石之间距远近不等的原则。

4.对置

对置是沿中轴线两侧作对称位置的山石布置。布置时，要左右呼应、一大一小。

在园林设计中，置石不宜过多，多则会失去生机；也不宜过少，太少又会失去野趣。设计时，注意石不可杂、纹不可乱、块不可均、缝不可多。

叠山、置石和山石的各种造景，必须统一考虑安全、护坡、登高、隔离等功能要求。叠山、置石以及山石梯道的基础设计应符合《建筑地基基础设计规范》的规定。游人进出的假山，其结构必须稳固，应有采光、通风、排水的措施，并应保证通行安全。叠石必须保持本身的整体性和稳定性。山石衔接以及悬挑、假山的山石之间、叠石与其他建筑设施相接部分的结构必须牢固，确保安全。

第二节　园林水体的设计

水是园林设计中重要的组成部分，是所有景观元素中最具吸引力的一类要素。我国古代的园林设计，通常用山水树石、亭榭桥廊等巧妙地组成优美的园林空间，将我国的名山大川、湖泊溪流、海港龙潭等自然奇景浓缩于园林设计之中，形成山清水秀、泉甘鱼跃、林茂花好、四季有景的"山水园"格调，使之成为一幅美丽的山水画。

大自然中的水，有静水和动水之分。静态的水，面平如镜，清风掠过水面，碧波粼粼，给人以宁静之感。皓月当空时，月印潭心，为人们提供优美的夜景。还有波澜不惊、锦鳞游泳的各类湖泊，与树林、石桥、建筑、山石彼此辉映，相得益彰；又有幽静、深邃的峡谷深潭，使人联想起多少美丽动人的传说。动态的水，往往给人以活泼、奋发、奔放、洒脱、豪放的感觉。例如，山涧小溪，清泉沿滩泛漫而下，赤足戏水，逆流而上，有轻松、愉快、柔和之感。又如，水从两山或峡谷之间穿过形成的涧流，由于水受两山约束，水流湍急，左避右撞，形成波涛汹涌、浪花翻滚的景观，给人以紧迫、负重之感。再如，水流从高山悬崖处急速直下，犹如布帛悬挂空中，形成瀑布，有的高大好似天上落下的银河，有的宽广宛如一面洁白如练的水墙，瀑底急流飞溅，涛声震天，使人惊心动魄，叹为观止。

一、水体的特征

水之所以成为造园者及观赏者都喜爱的景观要素，除了水是大自然中普遍存在的景象外，还与水本身具有的特征分不开。

（一）水具有独特的质感

水本身是无色透明的液体，具有其他园林要素无法比拟的质感。主要表现在水的"柔"性。古代有以水比德、以水述情的描写，即所谓的"柔情似水"。水独特的质感还表现在水的洁净，水清澈见底而无丝毫的躲藏。在世间万物中，只有水具有本质的澄净，并能洗涤万物。水之清澈，水之洁净，给人以无尽的联想。

（二）水有丰富的形式

水在常温下是一种液体。本身并无固定的形状，其观赏的效果决定于盛水物体的形状、水质和周围的环境。

水的各种形状、水姿都与盛水的容器相关。盛水的容器设计好了，所要达到的水姿就出来了。当然，这也与水本身的质地有关，各种水体用途不同，对水质要求也不尽相同。

（三）水具有多变的状态

水因重力和受外界的影响，常呈现出四种不同的动静状态：一是平静的湖水，安详、朴实；二是水因重力影响呈现流动；三是水因压力向上喷涌，水花四溅；四是水因重力下跌。水也会因气候的变化呈现多变的状态，水体可塑的状态，与水体的动静两宜都给人以深远的遐想。

（四）水具有自然的音响

运动着的水，无论是流动、跌落、喷涌还是撞击，都会发出各自的音响。水还可与其他要素结合，发出自然的音响。

（五）水具有虚涵的意境

水具有透明而虚涵的特性。表面清澈，呈现倒影，能带给人亦真亦幻的迷人境界，体现出"天光云影共徘徊"的意境。

总之，水具有其他园林要素无可比拟的审美特性。在园林设计中，通过对景物的恰当安排，充分体现水体的特征，充分发挥水体的魅力，给园林更深的感染力。

二、园林水体的布局形式

(一) 规则式水体

规则式水体包括规则不对称式水体和规则对称式水体。此类水体的外形轮廓是有规律的直线或曲线闭合而形成的几何形，大多采用圆形、方形、矩形、椭圆形、梅花形、半圆形或其他组合类型，线条轮廓简单，有整齐式的驳岸，常以喷泉作为水景主题，并多以水池的形式出现。

规则式水体多采用静水形式，水位较为稳定，变化不大，其面积可大可小，池岸离水面较近，配合其他景物，可形成较好的水中倒影。

(二) 自然式水体

自然式水体的外形轮廓由无规律的曲线组成。园林中，自然式水体主要是对原水体进行的改造，或者是进行人工再造而形成，是通过对自然界中存在的各种水体形式进行高度概括、提炼、缩拟，用艺术形式而表现出来的。

自然式水体大致归纳为两种类型：拟自然式水体和流线型水体。拟自然式水体有溪、涧、河流、人工湖、池塘、潭、瀑布、泉等；流线型水体是指构成水体的外形轮廓自然流畅，具有一定的运动感。自然式水体多采用动水的形式形成流动、跌落、喷涌等水体形态，水位可固定也可变化，结合各种水岸处理能形成各种不同的水体景观。自然式水体的驳岸为各种自然曲线的倾斜坡度，且多为自然山石驳岸。

(三) 混合式水体

混合式水体是规则式水体与自然式水体有机结合的一种水体类型。其富于变化，具有比规则式水体更灵活自由，又比自然式水体易于与建筑空间环境相协调的优点。

三、水体对园林环境的作用

(一) 水体的基底作用

大面积的水体视域开阔、坦荡，有托浮岸畔和水中景观的基底作用。当进行大面积的水体景观营造时，要利用大水面的视线开阔之处，利用水面的基底作用，在水面的陆地上充分营造其他非水体景观，并使之倒映在水中。而且要将水中的倒影与景物本身作为一个整体进行设计，综合造景，充分利用水面的基底作用。

(二) 水体的系带作用

在园林中，利用线型的水体将不同的园林空间、景点连接起来，形成一定的风景序列，或者利用线型水体将散落的景点统一起来，充分发挥水体的系带作用来创建不同的水体景观。此类水体多见溪、涧、河流等，可以充分地将各个景点有机联系起来。

(三) 水体的焦点作用

部分水体所创造的景观能形成一定的视线焦点。动态水景如喷泉、跌水、水帘、水墙、壁泉等，其水的流动形态和声响均能吸引游人的注意力。设计时，要充分发挥此类水景的焦点作用，形成园林中的局部小景或主景。

用作焦点的水景，在设计中除处理好水景的比例和尺度外，还要考虑水景的布置地点。

四、水体造景的手法与要求

水景的设计是景观设计的难点。首先，它需要根据园林的不同性质、功能和要求，结合水体周围的其他园林要素，如水体周围的温度、光线等自然因素会直接影响水体景观的观赏效果。其次，综合考虑工程技术、景观的需要等确定园林中水体采用何种布局手法，确定水体的大小等，创造不同的水体景观。因此，水景的设计往往是一个园林设计成败的关键之一。水景的设计主要是水质和水形的设计。

(一) 水质

水域风景区的水质要根据《地表水环境质量标准》安排不同的活动。水体设计中对水质有较高的要求，如游泳池、戏水池，必须以沉淀、过滤、净化措施或过滤循环方式保持水质，或定期更换水体。绝大部分的喷泉和水上世界的水景设计，必须构筑防水层，与外界隔断。要对水体采取相应的保护措施，保证水量充足，达到景观设计要求。同时，要注意水的回收再利用，非接触性娱乐用水与接触性娱乐用水对水质的要求都有所不同。

(二) 水形

水形是水在园林中的应用和设计。根据水的类型及在园林中的应用，水形可分为点式水体、线式水体和面式水体三种形式。

1. 点式水体设计

点式水体主要有喷泉和壁泉。

(1) 喷泉

喷泉又名喷水，是利用泉水向外喷射而供观赏的重要水景，常与水池、雕塑同时设计，起装饰和点缀园景的作用。喷泉的类型有地泉、涌泉、山泉、间歇泉、音乐喷泉、光控喷泉、声控喷泉等。喷泉的形式也很多，主要有喷水式、溢水式、溅水式等。

喷泉无维度感，要在空间中标志一定的位置，必须向上突起呈竖向线性的特点。一是因地制宜，根据现场地形结构，仿照天然水景制作而成，如壁泉、涌泉、雾泉、管流、溪流、瀑布、水帘、跌水、水涛、漩涡等。二是完全依靠喷泉设备人工造景。这类水景近年来在建筑领域广泛应用，发展速度很快，种类繁多，有音乐喷泉、声控喷泉、摆动喷泉、跑动喷泉、光亮喷泉、游乐喷泉、超高喷泉、激光水幕电影等。

喷泉设置的地点，宜在人流集中处。一般把它安置在主轴线或透视线上，如建筑物前方，或公共建筑物前庭中心、广场中央、主干道交叉口、出入口、正副轴线的交点上、花坛组群等园林艺术的构图中心，常与花坛、雕塑组合成景。

(2) 壁泉

壁泉严格来说也是喷泉的一种，壁泉一般设置于建筑物或墙垣的壁面，有时设置于水池驳岸或挡土墙上。壁泉由墙壁、喷水口、承水盘和贮水池等几部分组成。墙壁一般为平面墙，也可内凹做成壁龛形状。喷水口多用大理石或金属材料雕成龙头、狮子等动物形象，泉水由动物口中吐出喷到承水盘中，然后由水盘溢入贮水池内。墙垣上装置壁泉，可破除墙面平淡单调的气氛，因此它具备装饰墙面的功能。

在造园构图上常把壁泉设置在透视线、轴线或园路的端点，故又具备刹住轴线冲力和引导游人前进的功能。

2. 线式水体

线式水体有表示方向和引导的作用，有联系统一和隔离划分空间的功能。沿着线性水体安排的活动可以形成序列性的水景空间。

(1) 溪、涧和河流

溪、涧和河流都属于流水。在自然界中，水源自源头集水而下，到平地时，流淌向前，形成溪、涧及河流水景。溪，浅而阔；涧，狭而深。溪涧的水面狭窄而细长，水因势而流，不受拘束。水口的处理应使水声悦耳动听，使人犹如置身于真山真水之间。溪涧设计时，源头应作隐蔽处理。

溪、涧、河流、飞瀑、水帘、深潭的独立运用或相互组合，巧妙地运用山体建造岗、峦、洞、壑，以大自然中的自然山水景观为蓝本，采取置石、筑山、叠景等手法，将从山上流下的清泉建成蜿蜒流淌的小溪，或建成浪花飞溅的涧流等，如苏州的虎跑泉等。在平面设计上，应蜿蜒曲折、有分有合、有收有放，构成大小不同的水面或宽窄各异的河流。在立面设计上，随地形变化形成不同高差的跌水。同时，应注意河流在纵深方面的藏与露。

（2）瀑布

瀑布是由水的落差形成的，属于动水。瀑布在园林中虽用得不多，但它的特点鲜明，既充分利用了高差变化，又使水产生了动态之势。例如，把石山叠高，下挖成潭，水自高处往下倾泻，击石四溅，飞珠若帘，俨如千尺飞流，震撼人心，令人流连忘返。

瀑布由五个部分构成，即上游水流、落水口、瀑身、受水潭、下游泄水。瀑布按形态不同，可分为直落式、叠落式、散落式、水帘式、喷射式；按瀑布的大小，可分为宽瀑、细瀑、高瀑、短瀑、涧瀑等。人工创造的瀑布，景观是模拟自然界中的瀑布。应按照园林中的地形情况和造景需要，创造不同的瀑布景观。

（3）跌水

跌水有规则式跌水和自然式跌水之分。所谓规则式，就是跌水边缘为直线或曲线且相互平行，高度错落有致使跌水规则有序。而自然式跌水则不必一定要平行整齐，如泉水从山体自上而下三叠而落，连成一体。

3. 面式水体

面式水体主要体现静态水的形态特征，如湖、池、沼、井等。面式水体常采用自然式布局，沿岸因境设景，可在适当位置种植水生植物。

（1）湖、池

湖属于静水，在园林中可利用湖获取倒影，扩展空间。在湖体的设计中，主要是湖体的轮廓设计以及用岛、桥、矶、礁等来分隔而形成的水体景观。

园林中常以天然湖泊作为面式水体，尤其是在皇家园林中，此水景有一望千顷、海阔天空之气派，构成了大型园林的宏旷水景。而私家园林或小型园林中的水体面积较小，其形状可方、可圆、可直、可曲，常以近观为主，不可过分分隔，故给人的感觉是古朴野趣。园林中的水池面积可大可小、形状可方可圆，水池除本身外形轮廓的设计外，与环境的有机结合也是水池设计的重点。

（2）潭、滩

潭景一般与峭壁相连。水面不大，深浅不一。大自然之潭周围峭壁嶙峋，俯瞰气势险峻，有若万丈深渊。庭园中潭之创作，岸边宜叠石，不宜披土；光线处理宜荫蔽浓郁，不宜阳光灿烂；水位标高宜低下，不宜涨满。水面集中而空间狭隘是渊潭的创作要点。

滩的特点是水浅而与岸高差很小。滩景可结合洲、矶、岸等，潇洒自如，极富自然。

（3）岛

岛一般是指突出水面的小土丘，属块状岸型。常用的设计手法是岛外水面萦回，折桥相引；岛心立亭，四面配以花木景石，形成庭园水局之中心，游人临岛眺望，可遍览周围景色。该岸型与洲渚相仿，但体积较小，造型也很灵巧。

（4）堤

以堤分隔水面，属带形岸型。在大型园林中如杭州西湖苏堤，既是园林水局中之堤景，又是诱导眺望远景的游览路线，在庭园里用小堤作景的，多作庭内空间的分割，以增添庭景之情趣。

（5）矶

矶是指突出水面的湖石。属点状岸型，一般临岸矶多与水栽景相配，或有远景可借。位于池中的矶，常暗藏喷水龙头，自湖中央溅喷成景，也有用矶作水上亭榭之衬景的，成为水景三小品。

随着现代园林艺术的发展，水景的表现手法越来越多，它活跃了园林空间，丰富了园林内涵，美化了园林景致。正是理水手法的多元化，才表达出园林中水体景观的无穷魅力。

五、水体设计的驳岸处理

水体设计必须建造驳岸，并根据园林总体设计中规定的平面线形、竖向控制点、水位和流速进行设计。水体驳岸多以常水位为依据，岸顶距离常水位差不宜过大，应兼顾景观、安全与游人近水心理。设计时，应从功能需要出发，确定地形的竖向起伏。例如，划船码头宜平直，游览观赏宜曲折、蜿蜒、临水。还应防止水流冲刷驳岸工程设施。水深应根据原地形和功能要求而定，无栏杆的人工水池、河湖近岸的水深应为 0.5 ~ 1m，汀步附近的水深应为 0.3 ~ 0.6m。

（一）素土驳岸

岸顶至水底坡度小于 100% 的，应采用植被覆盖；坡度大于 100% 的，应有固土和防冲刷的技术措施。地表径流的排放及驳岸水下部分处理应符合相关标准和要求。

（二）人工砌筑或混凝土浇筑的驳岸

应符合相关规定和要求，如寒冷地区的驳岸基础应设置在冰冻线以下，并考虑水体及驳岸外侧土体结冻后产生的冻胀对驳岸的影响，需要采取的管理措施在设计文件中注明。驳岸地基基础设计应符合《建筑地基基础设计规范》(GBJ7—89)的规定。采取工程措施加固驳岸，其外形和所用材料的质地、色彩均应与环境协调。

第三节 园林植物种植设计

园林植物是指具有形体美或色彩美，适应当地气候和土壤条件，在园林景观中起到观赏、组景、庇荫、分隔空间、改善和保护环境及工程防护等作用的植物。植物是园林中有生命的要素，使园林充满生机和活力，植物也是园林组成要素中最重要的。园林植物的种植设计既要考虑植物本身生长发育的特点，又要考虑植物对环境的营造，也就是既要讲究科学性，又要讲究艺术性。

一、园林植物的功能作用

(一) 园林植物的观赏作用

园林植物作为园林中一个必不可少的设计要素，本身也是一个独特的观赏对象。园林植物的树形、叶、花、干、根等都具有重要的观赏作用，园林植物的形、色、姿、味也有独特而丰富的景观作用。园林植物群体也是一个独具魅力的观赏对象。大片茂密的树林、平坦而开阔的草坪、成片鲜艳的花卉等都带给人们强烈的视觉感受。

园林植物种类丰富，按植物的生物学特性分类，有乔木、灌木、花卉、草坪植物等；按植物的观赏特征分类，有观形、观花、观叶、观果、观干、观根等。

(二) 园林植物的造景作用

园林植物具有很强的造景作用，植物的四季景观，本身的形态、色彩、芳香、习性等都是园林造景的题材。

①园林植物可单独作为主景进行造景，充分发挥园林植物的观赏作用。

②园林植物可作为园林其他要素的背景，与其他园林要素形成鲜明的对比，突出主景。园林植物与地形、水体、建筑、山石、雕塑等有机配植，将形成优美、雅静的环境，具有很强的艺术效果。

③利用园林植物引导视线，形成框景、漏景、夹景；利用园林植物分隔空间，增强空间感，达到组织空间的作用。

④利用园林植物阻挡视线，形成障景。

⑤利用园林植物加强建筑的装饰，柔化建筑生硬的线条。

⑥利用园林植物创造一定的园林意境。中国的传统文化，就已赋予了植物一定的人格化。例如，"松、竹、梅"有"岁寒三友"之称，"梅、兰、竹、菊"有"四君子"之称。

二、园林植物种植设计的基本原则

(一) 功能性原则

不同的园林绿地具有不同的性能和功能，园林植物的种植设计必须满足园林绿地的性质和功能的要求，并与主题相符，与周围的环境相协调，形成统一的园林景观。例如，街道绿化主要解决街道的遮阴和组织交通问题，具有防止眩光以及美化市容的作用。因此，选择植物以及植物的种植形式要适应这一功能要求。在综合性公园的植物种植设计中，为游人提供各种不同的游憩活动空间，需要设置一定的大草坪等开阔空间，还要有遮阴的乔木，成片的灌木，以及密林、疏林等。

园林中除了考虑植物要素外，自然界往往是动物、植物共生共荣构成的生物生态景观。在条件允许的情况下，动物景观的规划，如观鱼游、听鸟鸣、莺歌燕舞、鸟语花香等将为园林景观增色很多。

(二) 科学性原则

首先是因地制宜，满足园林植物的生态要求，做到适地适树，使植物本身的生态习性与栽植点的生态条件统一。其次是考虑植物配置效果的发展性和变动性，有合理的种植密度和搭配。合理设置植物的种植密度，应从长远考虑，根据成年树的树冠大小来确定植物的种植距离。要兼顾速生树与慢生树、常绿树与落叶树之间的比例，充分利用不同生态位植物对环境资源需求的差异，正确处理植物群落的组成和结构，重视生物多样性，以保证在一定的时间内植物群落之间的稳定性，增强群落的自我调节能力，维持植物群落的平衡与稳定。

(三) 艺术性原则

全面考虑植物在形、色、味、声上的效果，突出季相景观。园林植物配置要符合园林布局形式的要求，同时要合理设计园林植物的季相景观。除了考虑园林植物的现时景观，更要重视园林植物的季相变化及生长的景观效果。园林植物的季相景观变化，能体现园林的时令变化，表现出园林植物特有的艺术效果。例如，春季山花烂漫；夏季荷花映日、石榴花开；秋季硕果满园，层林尽染；冬季梅花傲雪等。

首先是处理好不同季相植物之间的搭配，做到四季有景可赏。其次是充分发挥园林植物的观赏特性，注意不同园林植物形态、色彩、香味、姿态及植物群体景观的合理搭配，形成多姿多彩、层次丰富的植物景观。最后是处理好植物与山、水、建筑等其他园林要素之间的关系，从而达到步移景异、时移景异的优美景观。

(四) 经济性原则

园林的经济性原则主要是以最少的投入获得最大的生态效益和社会效益。例如，可以保留园林绿地原有的树种，慎重使用大树造景，合理使用珍贵树种，大量使用乡土树种。另外，也要考虑植物种植后的管理和养护费用等。

三、园林植物种植设计的方式与要求

园林植物的种植设计是按照园林绿地总体设计意图，因地制宜、适地适树地选择植物种类，根据景观的需要，采用适当的植物配置形式，完成植物的种植设计，体现植物造景的科学性和艺术性。园林植物的种植按平面构图可分为自然式、规划式和混合式三种。自然式植物种植以反映自然植物群落之美为目的。花卉布置以花丛、花群为主；树木配置以孤植树、树丛、树林为主，一般不作规则式修剪。规则式的植物种植设计，花卉通常布置成图案花坛、花带、花坛群等，树木配置以行列式和对称式为主，且都要进行整形修剪，如多数西方式园林中植物的种植设计。混合式的植物种植设计既有自然式的植物种植设计，也有规划式的植物种植设计。

园林植物的配置形式很多，主要有以下五种基本的形式：

(一) 乔灌木的配置形式

1. 孤植

孤植是指单株乔木孤立种植的配置方式，主要表现树木的个体美。在配置孤植树时，必须充分考虑孤植树与周围环境的关系，要求体形与其环境相协调，色彩与其环境有一定差异。一般来说，在大草坪、大水面、高地、山冈上布置孤植树，必须选择体量巨大、树冠轮廓丰富的树种，才能与周围大环境取得均衡。同时，这些孤植树的色彩与背景的天空、水面、草地、山林等有差异，形成对比，才能突出孤植树在姿态、体形、色彩上的个体美。在小型的林中草地、较小水面的水滨以及小的院落之中布置孤植树，应选择体量小巧、树形轮廓优美的色叶树种和芳香树种等，使其与周围景观环境相协调。

孤植树可布置在开阔大草坪或林中草地的自然重心处，以形成局部构图中心，并注意与草坪周围的景物取得均衡与呼应；可配置在开阔的江、河、湖畔，以清澈

的水色作为背景，使其成为一个景点；可配置在自然式园林中的园路或水系的转弯处、假山蹬道口以及园林的局部入口处，作焦点树或诱导树；可布置在公园铺装广场的边缘或园林建筑附近铺装场地上，用作庭荫树。

孤植树对树种的选择要求较高，一般选择树木形体高大、姿态优美、树冠开张、体形雄浑、枝叶茂盛、生长健壮，寿命较长，不含毒素，没有污染，具有一定的观赏价值的树种。常见适宜作孤植树的树种有香樟、榕树、悬铃木、朴树、雪松、银杏、七叶树、广玉兰、金钱松、油松、桧柏、白皮松、枫香、白桦、枫杨等。

2. 对植

对植是指两株植物按照一定的轴线关系对称或均衡种植的配置方式。它主要用于强调公园、建筑、道路、广场的入口，用作入口栽植和诱导栽植。

对植配置形式有对称式和非对称式配置。

（1）对称式对植

对称式对植即采用同一树种、同一规格的树木依据主体景物的中轴线作对称布置，两树的连线与轴线垂直并被轴线等分。一般选择冠形规整的树种。此形式多运用于规则式种植环境之中。

（2）非对称式对植

非对称式对植即采用种类相同，但大小、姿态不同的树木，以主体景物中轴线为支点取得均衡关系，沿中轴线两侧作非对称布置。其中，稍大的树木离轴线垂直距离较稍小的树木近些，且彼此之间要有呼应，要顾盼生情，以取得动势集中和左右均衡。可采用株数不同，但树种相同的树木，如左侧是1株大树，右侧为同种的2株小树，也可以两侧是相似而不相同的两个树种，还可以两侧是外形相似的两个树丛。此形式多运用于自然式种植环境之中。

3. 列植

列植是指树木按一定的株行距成行成列地栽植的配置方式。列植形成的景观比较整齐、单纯。列植与道路配合，可构成夹景。列植多运用于规则式种植环境中，如道路、建筑、矩形广场、水池等附近。

列植的树种宜选择树冠体形比较整齐的树种，树冠为圆形、卵圆形、椭圆形、圆锥形等。栽植间距取决于树木成年冠幅大小、苗木规格和园林主要用途，如景观、活动等。一般乔木采用3~8m，灌木为1~5m。

列植的栽植形式主要有等行等距和等行不等距两种基本形式。可采用单纯列植和混合列植。单纯列植是同一规格的同一树种简单地重复排列，具有强烈的统一感和方向性，但相对单调、呆板。混合列植是用两种或两种以上的树木进行相间排列，形成有节奏的韵律变化。混合列植因树种的不同，会产生不同的色彩、形态、季相等变化，从而丰富植物景观。但是，树种不宜超过三种，否则会显得杂乱无章。

4. 丛植

丛植通常是指由 2 株到十几株同种或异种树木组合种植的配置方式。将树木成丛地种植在一起，即称之为丛植。丛植所形成的种植类型就是树丛。树丛的组合，主要表现的是树木的群体美，彼此之间既有统一的联系，又有各自的变化。但也必须考虑其统一构图中表现出单株的个体美。因此，选择作为组成树丛的单株树木的条件与选孤植树相类同，必须选择在庇荫、姿态、色彩、芳香等方面有特殊观赏价值的树木。树丛可作主景、配景、障景、隔景或背景等。

树丛在组成上有单纯树丛和混交树丛两种类型。丛植主要有以下五种基本的形式：

（1）两株配置

两株植物的配置，必须既要有调和又要有对比，两者成为对立统一体，故两树首先需有通相，即采用同一树种（或外形十分相似的不同树种）才能使两者统一起来。但又需有殊相，即在姿态和体型大小上，两树应有差异，才能有对比而生动活泼。因此，两株植物配置必须一俯一仰、一倚一直，但两株树的距离应小于两树树冠直径长度。

（2）三株配置

三株植物的配置，树种最好是同为乔木或同为灌木。如果是单纯树丛，树木的大小、姿态要有对比和差异；如果是混交树丛，则单株应避免选择最大的或最小的树形，栽植时三株忌在一直线上，也不宜布置成等边三角形。其中，最大的 1 株和最小的 1 株要靠近些，在动势上要有呼应，三株植物呈不等边三角形。在选择树种时，要避免因体量差异太悬殊、姿态对比太强烈而造成构图的不统一。因此，三株配置的树丛最好选择同一树种而体形、姿态不同的进行配置。如采用两种树种，最好是类似的树种。

（3）四株配置

四株植物的配置可以是单一树种，也可以是两种不同树种。如果是相同的树种，各株树要求在体形、姿态上有所不同。如果是两种不同树种，其树种的外形最好相似，否则就难以协调。四株植物配置的平面形式有两种类型：一种是不等边四边形；另一种是不等边三角形，形成 3 : 1 或 2 : 1 : 1 的组合。4 株中最大的 1 株可在三角形那组内。四株植物配置中，不能有任何 3 株成一直线排列。

（4）五株配置

五株植物的配置可以分为两种形式，这两组的数量可以是 3 : 2 或者是 4 : 1。在 3 : 2 配置中，要注意最大的一株必须与最小的一株在一组中。在 4 : 1 配置中，要注意单独的一组不能是最大的也不能是最小的。两组的距离不能太远，树种的选择可以是同一树种，也可以是2种或3种的不同树种。如果是两种树种，则一种树为3株，另一种树为2株，而且在体形、大小上要有差异，不能一种树为1株，另一种树为4株，这样易失去均衡。在3：2或4：1的配置中，同一树种不能全放在一组中，这样容易产生2个树丛的感觉。在栽植方法上有不等边的三角形、四边形、五边形等。在具体布置上，可以是常绿树组成的稳定树丛，或常绿树和落叶树组成的半稳定树丛，也可以是落叶树组成的不稳定树丛。

(5) 六株以上配置

六株以上植物的配置，一般是由2株、3株、4株、5株等基本形式，交相搭配而成的。例如，2株与4株，则成6株的组合。5株与2株相搭，则为7株的组合，都构成6株以上树丛。它们均是几个基本形式的复合体。综上所述可以看出，株数虽增多，但仍有规律可循。只要基本形式掌握好，7株、8株、9株乃至更多株树木的配合，均可类推。孤植树和2株树丛是基本方式；3株树丛是由1株、2株树丛组成的；4株树丛则是由1株和3株树丛组成的；5株树丛可看成由1株丛和4株树丛或2株和3株树丛组成的；6株以上树丛则可以此类推。其关键在于调和中有对比，差异中有稳定。株数太多时，树种可增加，但必须注意外形不能差异太大。一般来说，树丛总株数在7株以下时树种不宜超过3种，15株以下不宜超过5种。

5. 群植

用数量较多的乔灌木（或加上地被植物）配植在一起形成一个整体，称为群植。群植所形成的种植类型称为树群。树群的株数一般在20株以上。树群与树丛不仅在规格、颜色、姿态、数量上有差别，而且在表现的内容方面也有差异。树群表现的是整个植物体的群体美，主要观赏它的层次、外缘和林冠等，并且树群树种选择对单株的要求没有树丛严格。树群可以组织园林空间层次，划分区域；也可以组成主景或配景，起隔离、屏障等作用。

树群的配置因树种的不同，可组成单纯树群或混交树群。树群内的植物栽植距离要有疏密变化，要构成不等边三角形，不能成排、成行、成带地等距离栽植，应注意树群内部植物之间的生态关系和植物的季相变化，使整个树群四季都有变化。树群通常布置在有足够观赏视距的开阔场地上，如靠近林缘的大草坪、宽阔的林中空地、水中的小岛屿上，宽广水面的水滨以及山坡、土丘上等。作为主景的树群，其主要立面的前方，至少要有树群高度的4倍、树群宽度的1.5倍的距离，要留出空地，以便游人观赏。

6. 林植

当树群面积、株数都足够大时，它既构成森林景观，又发挥特别的防护功能。

这样的大树群，称为林植。林植所形成的种植类型，称为树林，又称为风景林。它是成片成块大量栽植乔、灌木的一种园林绿地。

树林按种植密度，可分为密林和疏林；按林种组成，可分为纯林和混合林。密林的郁闭度可达70%～95%。由于密林郁闭度较高，日光透入很少，林下土壤潮湿，地被植物含水量大，质地柔软，经不起践踏，并且容易污染人们的衣裤，故游人一般不便入内游览和活动。而其间修建的道路广场相对要多一些，以便容纳一定的游人。林地道路广场密度为5%～10%。疏林的郁闭度则为40%～60%。纯林树种单一，生长速度一致，形成的林缘线单调平淡，而混交林树种变化多样，形成的林缘线季相变化复杂，绿化效果也较生动。

树林在园林绿地面积较大的风景区中应用较多，多用于大面积公园的安静休息区、风景游览区或休、疗养区及卫生防护林带等。

7. 篱植

篱植是耐修剪的灌木或小乔木，以相等的株行距单行或双行排列而组成的规则绿带，属于密植行列栽植的类型之一。它在园林绿地中的应用很广泛，形式也较多。

篱植按修剪方式，可分为规则式和自然式。从观赏和实用价值来讲，可分为常绿篱、落叶篱、彩叶篱、花篱、果篱、编篱、蔓绿篱等；按高度，可分为绿篱、高绿篱、中绿篱及矮绿篱。绿篱，高度在人视线高160cm以上；高绿篱，高度为120～160cm，人的视线可通过，但不能跳越；中绿篱，高度为50～120cm；矮绿篱，高度在50cm以下，人们能够跨越。

篱植在园林中的作用有：围护防范，作为园林的界墙；模纹装饰，作为花镜的"镶边"，起构图装饰作用；组织空间，用于功能分区，起组织和分隔空间的作用，还可组织游览路线，起导游作用；充当背景，作为花镜、喷泉、雕塑的背景，丰富景观层次，突出主景；障丑显美，作为绿化屏障，掩蔽不雅观之处；或作建筑物的基础栽植、修饰墙角等。

(二) 草本花卉的种植设计

草本花卉可分为一二年生草本花卉和多年生草本花卉。株高一般为10～60cm。草本花卉表现的是植物的群体美，是最柔美、最艳丽的植物类型。草本花卉适用于布置花坛、花池、花境或作地被植物使用。主要作用是烘托气氛、丰富园林景观。

1. 花坛

花坛是指在具有一定几何轮廓的种植床内，种植各种不同色彩的观花、观叶与观景的园林植物，从而构成富有鲜艳色彩或华丽纹样的装饰图案以供观赏。花坛在园林构图中常作为主景或配景，它具有较高的装饰性和观赏价值。

花坛按形式不同，可分为独立花坛、组合花坛、花群花坛；依空间位置不同，可分为平面花坛、斜面花坛、立体花坛；按种植材料不同，可分为盛花花坛（花丛式花坛）、草皮花坛、木本植物花坛、混合花坛；依花坛功能不同，可分为观赏花坛、标记花坛、主题花坛、基础花坛、节日花坛等。

花坛设计包括花坛的外形轮廓、花坛高度、边缘处理、花坛内部的纹样、色彩设计以及植物的选择。

花坛突出的是图案构图和植物的色彩。花坛要求经常保持整齐的轮廓，因此，多选用植株低矮、生长整齐、花期集中、株型紧凑且花色艳丽（或观叶）的种类。一般还要求便于经常更换及移栽布置，故常选用一二年生花卉。花坛色彩不宜太多，一般以 2~3 种为宜，色彩太多会给人以杂乱无章的感觉。植株的高度与形状对花坛纹样与图案的表现效果有密切关系。花坛的外形轮廓图样要简洁、轮廓要鲜明、形体要有对比才能获得良好的效果。

花坛的体量大小、布置位置都应与周围的环境相协调。花坛过大，观赏和管理都不方便。一般独立花坛的直径都在 8m 以下，过大时内部要用道路或草地分割构成花坛群。带状花坛的长度不少于 2m，也不宜超过 4m，并在一定的长度内分段。

为了避免游人踩踏装饰花坛，在花坛的边缘应设置边缘石及矮栏杆，也可在花坛边缘种植一圈装饰性植物。边缘石的高度一般为 10~15cm，最高不超过 30cm，宽度为 10~15cm。若花坛的边缘兼作园凳则可增高至 50cm，具体视花坛大小而言。花坛边缘矮栏杆的设计宜简单，高度不宜超过 40cm，边缘石与矮栏杆都必须与周围道路和广场的铺装材料相协调。若为木本植物花坛时，矮栏杆可用绿篱代替。

2. 花境

花境也称为境界花坛，是指位于地块边缘、种植花卉灌木的一种狭长的自然式园林景观布置形式。它是为模拟林缘地带各种野生花卉交错生长状态而创造的植物景观。

花境的平面形状较自由灵活，可以直线布置，如带状花坛，也可以作自由曲线布置，内部植物布置是自然式混交的，花境表现的主题是花卉群体形成的自然景观。

花境可分为单面观赏和双面观赏两大类型。单面观赏的花境，高的植物种植在后面，低矮的植物种植在前面，宽度一般为 2~4m，一般布置在道路两侧、草坪的边缘、建筑物四周等，其花卉配置方法可采用单色块镶嵌或各种草花混杂配置。双面观赏的花境，高的植物种植在中间，低矮的植物种植在两边，中间的花卉高度不能超过游人的视线，可供游人两面观赏，不需设背景，一般布置在道路、广场、草地的中央。

理想的花境应四季有景可观，同时创造错落有致，花色层次分明、丰富美观的立面景观。

3. 花池和花台

花池和花台是花坛的特殊种植形式。凡种植花卉的种植槽，高者为台，低者为池。花台距地面较高，面积较小，适合近距离观赏，主要表现观赏植物的形姿、花色、闻其花香，并领略花台本身的造型之美。花池可以种植花木或配置假山小品，是中国传统园林最常用的种植形式。

4. 花带

将花卉植物呈线性布置，形成带状的彩色花卉线。一般布置于道路两侧或草坪中，沿着道路向绿地内侧排列，形成层次丰富的多条色彩效果。

(三) 水生植物的种植设计

水生花卉是指生长在水中、沼泽地或潮湿土壤中的观赏性植物。它包括草本植物和木本植物。从狭义的角度讲，水生植物是指泽生、水生并具有一定观赏价值的植物。

水生植物不仅是营造水体景观不可或缺的要素，而且在人工湿地废水净化过程中起着重要的作用。

设计水生植物时，要根据植物的生态习性，创造一定的水面植物景观。同时，依据水体大小、周围环境考虑植物的种类和配置方式。若水体小，用同种植物；若水体大，可用几种植物。但应主次分明，布局时应疏密有致，不宜过分集中、分散。水生植物在水中不宜满池布置或环水体一圈设计，应留出一定的水面空间，保证1/3的绿化面积即可。水生植物的种植深度一般在1m左右，可在水中设种植床、池、缸等，满足植物的种植深度。

(四) 攀缘植物的种植设计

攀缘植物指茎干柔弱纤细，自己不能直立向上生长，需以某种特殊方式攀附于其他植物或物体之上才能正常生长的一类植物。攀缘植物有一二年生的草质藤本、多年生的木质藤本，既有落叶类型，也有常绿类型。

攀缘植物种植设计又称为垂直绿化，可形成丰富的立体景观。在城市绿化和园林建设中，广泛地应用攀缘植物来装饰街道、林荫道，以及挡土墙、围墙、台阶、出入口、灯柱、建筑物墙面、阳台、窗台灯等，或用攀缘植物装饰亭子、花架、游廊等。

（五）地被植物的设计

地被植物是指生长的低矮紧密、繁殖力强、覆盖迅速的一类植物。它包括蕨类、球根、宿根花卉、矮生灌木及攀缘植物。

地被植物的主要作用是覆盖地表，起到黄土不见天的作用。园林中，地被植物的应用应注重其色彩、质感、紧密程度以及同其他植物的协调性。

草坪是地被植物中应用最广泛的一类。其主要的功能是为园林绿地提供一个有生命力的底色。因草坪低矮、空旷、统一，能同植物及其他园林要素较好地结合，草坪的应用更为广泛。

草坪的设计类型及应用多种多样。草坪按功能不同，可分为观赏草坪、游憩草坪、体育草坪、护坡草坪、飞机场草坪及放牧草坪；按组成的不同，可分为单一草坪、混合草坪和缀花草坪；按规划设计的形式不同，可分为规则式草坪和自然式草坪。

第四节　园林建筑与小品设计

园林建筑是指在园林绿地中具有造景功能，同时能供观赏、游览、休息的各类建筑物和构筑物的通称。园林建筑小品是指经过设计者艺术加工处理，体量小巧、类型多样、内容丰富多彩的，具有独特的观赏和使用功能的小型建筑设施和园林环境艺术景观。

在园林设计中，园林建筑与小品比起山、水、植物较少受到条件的制约，人工的成分最多，是造园的四个主要要素中运用最为灵活的要素，在园林设计中占有重要的地位。随着工程技术和材料科学的发展和人类审美观念的提升，又赋予园林建筑与小品新的意义，其形式也越来越复杂多样。园林建筑与小品的多样性、时代性、区域性、艺术性，也给园林建筑与小品的设计赋予新的使命。

一、园林建筑与小品的类型和特点

（一）园林建筑与小品的类型

按园林建筑与小品的使用功能来进行分类，园林建筑与小品大致可分为以下五种类型：

1. 服务性建筑与小品

其使用功能主要是为游人提供一定的服务，兼有一定的观赏作用，如摄影、服务部、冷饮室、小卖部、茶馆、餐厅、公用电话亭、栏杆、厕所等。

2. 休息性建筑与小品

休息性建筑与小品也称游憩性建筑与小品，具有较强的公共游憩功能和观赏作用，如亭、台、楼、榭、舫、馆、塔、花架、园椅等。

3. 专用建筑与小品

它主要是指使用功能较为单一，为满足某些功能而专门设计的建筑和小品，如展览馆、陈列室、博物馆、仓库等。

4. 装饰性建筑与小品

它主要是指具有一定使用功能和装饰作用的小型建筑设施，其类型较多，如各种花钵、饰瓶，装饰性的日晷、香炉，各种景墙、景窗等，以及结合各类照明的小品，在园林中都起到装饰点缀的作用。

5. 展示性建筑与小品

展示性建筑与小品如各种广告板、导游图板、指路标牌以及动物园、植物园和文物古建筑的说明牌、阅报栏、图片画廊等，都对游人有宣传、教育的作用。

(二) 园林建筑与小品的特点

1. 园林建筑的特点

园林建筑只是建筑中的一个分支，同其他建筑一样都是为了满足某些物质和精神的功能需要而构造的，但园林建筑在物质和精神功能方面与其他的建筑不一样而表现出以下三个特点：

(1) 特殊的功能性

园林建筑主要是为了满足人们的休憩和文化娱乐生活，除了具有一定的使用功能，更需具备一定的观赏性功能。因此，园林建筑的艺术性要求较高，应具有较高的观赏价值并富有诗情画意。

(2) 设计灵活性大

园林建筑因受到休憩娱乐生活的多样性和观赏性的影响，在设计时，受约束的强度小。园林建筑的数量、体量、布局地点、材料、颜色等都应具有较强的自由度，使设计的灵活性增强。

(3) 园林建筑的风格要与园林的环境相协调

园林建筑是建筑与园林有机结合的产物。在园林中，园林建筑不是孤立存在的，而是需要与山、水、植物等有机结合，相互协调，共同构成一个具有观赏性的景观。

2.园林建筑小品的特点

(1)具有较强的艺术性和较高的观赏价值

园林建筑小品具有艺术化、景致化的作用，在园林景观中具有较强的装饰性，增添了园林气氛。

(2)表现形式与内容灵活多样，丰富多彩

园林建筑小品经过精心加工，艺术处理，其结构和表现形式多种多样，外形变化大，景观艺术丰富多彩。在园林中，能起到画龙点睛和吸引游人视线的作用。

(3)造型简洁、典雅、新颖

园林建筑小品形体小巧玲珑，形式活泼多样，姿态千差万别，且由于现代科学技术水平的提高，使得建筑小品的造型及特点越来越多。园林建筑小品造型上要充分考虑与周围环境的特异性，要富有情趣。

二、园林建筑与小品的功能和作用

(一)园林建筑与小品的使用功能

园林建筑与小品是供人们使用的设施，首先是具有使用功能，如休憩、遮风避雨、饮食、体育、文化活动等。

(二)园林建筑与小品的造景功能(景观功能)

园林建筑与小品在园林绿地中作为景观，起着重要的作用。其可作为园林的构图中心，是主景，起到点景的作用，如亭、水榭等；可作为点缀，烘托园林主景，起到配景或辅助的作用，如栏杆、灯等；园林建筑还可分隔、围合或组织空间，将园林划分为若干空间层次；其也可起到导与引的作用，有序组织游人对景物的观赏。

三、园林建筑与小品的设计原则

园林建筑与小品的艺术布局内容广泛，在设计时应与其他要素相结合，根据绿地的要求设计出不同特色的景点，注意造型、色彩、形式等的变化。在具体设计时，应注意遵循以下原则：

(一)满足使用功能的需要

园林建筑与小品的功能是多种多样的，它们对游人的作用非常大，可以满足游人浏览活动时进行的一些活动，缺少了它们将会给游人带来很多不方便，如小卖部、园桌椅、厕所等。

（二）注重造型与色彩，满足造景需要

园林建筑与小品设计时灵活多变，不拘泥于特定的框架，首先可根据需要来自由发挥、灵活布局。其布局位置、色彩、造型、体量、比例、质感等均应符合景观的需要，注重园林建筑与小品的造型和色彩，增强建筑与小品本身的美观和艺术性。其次，也能利用建筑与小品来组织空间、组织画面，丰富层次，达到良好的效果。

（三）注重园林建筑与小品的立意与布局，与绿地艺术形式相协调

园林绿地艺术布局的形式各不相同，园林建筑与小品应与其相协调，做到情景交融。要与各个国家、各个地区的历史、文化、宗教等相结合，表达一定的意境和情趣。例如，主题雕塑要具有一定的思想内涵，注重情景交融，表现较强的艺术感染力。

（四）注重空间的处理，讲究空间渗透与层次

园林建筑与小品虽然体量小，结构简单，但园林建筑与小品中的墙、花架、园桥等在划分空间、空间渗透以及水面空间的处理上具有一定的作用。因此，也要注重园林建筑与小品所起的空间作用，讲究空间的序列变化。

四、园林建筑与小品设计

（一）亭

亭是园林中应用较为广泛的园林建筑，已成为我国园林的象征。亭可满足园林游憩的要求，可点缀园林景色，构成景观；可作为游人休息凭眺之所，可防日晒、避雨淋、消暑纳凉、畅览园林景致，深受游人的喜爱。

1.亭的形式

亭的形式很多，按平面形式，可分为圆形亭、长方形亭、三角形亭、四角形亭、六角形亭、八角形亭、蘑菇亭、伞亭、扇形亭；按屋顶形式，可分为单檐、重檐、三重檐、攒尖顶、歇山顶、平顶；按布置位置，可分为山亭、桥亭、半亭、路亭；按其组合不同，可分为单体式、组合式和与廊墙相结合的形式。现代园林多用水泥、钢木等材料，制成仿竹、仿松木的亭。有些山地或名胜地，用当地随手可得的树干、树皮、条石构亭，亲切自然，与环境融为一体，更具地方特色，造型丰富，性格多样，具有很好的效果。

2.亭的设计

亭在园林中常作为对景、借景点缀风景用，也是人们游览、休息、赏景的最佳处。它主要是为了解决人们在游赏活动的过程中驻足休息、纳凉避雨、纵目眺望的需要，在使用功能上没有严格的要求。

亭在园林布局中，其位置的选择极其灵活，不受格局所限，可独立设置，也可依附于其他建筑物而组成群体，更可结合山石、水体、大树等，得其天然之趣，充分利用各种奇特的地形基址创造出优美的园林意境。

(1)山上建亭

山上建亭丰富了山体轮廓，使山色更有生气。常选择的位置有山巅、山腰台地、悬崖峭峰、山坡侧旁、山洞洞口、山谷溪涧等处。亭与山的结合可以共筑成景，成为一种山景的标志。亭立于山顶可升高视点俯瞰山下景色，如北京香山公园的香炉峰上的重阳阁方亭；亭建于山坡可作背景，如颐和园万寿山前坡佛香阁两侧有各种亭对称布置，甚为壮观。山中置亭有幽静深邃的意境，如北京植物园内拙山亭。山上建亭有的是为了与山下的建筑取得呼应，共同形成更美的空间。只要选址得当、型体合宜，山与亭相结合能形成特有的景观。颐和园和承德避暑山庄全园大约有1/3数量的亭子建在山上，取得了很好的效果。

(2)临水建亭

水边设亭，一方面是观赏水面的景色，另一方面也可丰富水景效果。临水的岸边、水边石矶、水中小岛、桥梁之上等都可设亭。

水面设亭一般应尽量贴近水面，宜低不宜高，可三面或四面临水。凸出水中或完全驾临于水面之上的亭，也常立基于岛、半岛或水中石台之上，以堤、桥与岸相连。为了造成亭子有漂浮于水面的感觉，设计时还应尽可能把亭子下部的柱墩缩到挑出的底板边缘的后面去，或选用天然的石料包住混凝土柱墩，并在亭边的沿岸和水中散置叠石，以增添自然情趣。

水面设亭体量上的大小，主要看它所面对的水面的大小而定。位于开阔湖面的亭子尺度一般较大，有时为了强调一定的气势和满足园林规划的需要，还把几个亭子组织起来，成为一组亭子组群，形成层次丰富、体型变化的建筑形象，给人以强烈的印象。

(3)平地建亭

平地建亭，位置随意，一般建于道路的交叉口上、路侧林荫之间。有的被一片花木山石所环绕，形成一个小的私密性空间环境；有的在自然风景区的路旁或路中筑亭作为进入主要景区的标志。充分体现休息、纳凉和游览的作用。

3. 亭与植物结合

亭与植物结合往往能产生较好的效果。亭旁种植植物应有疏有密，精心配置，不可壅塞，要有一定的欣赏、活动空间。山顶植树更需留出从亭往外看的视线。

4. 亭与建筑的结合

亭可与建筑相连，亭也可与建筑分离，作为一个独立的单体存在。把亭置于建筑群的一角，使建筑组合更加活泼生动。亭还经常设立于密林深处、庭院一角、花间林中、草坪中、园路中间以及园路侧旁等平坦处。

(二) 廊

廊是有顶盖的游览通道。廊具有联系功能，将园林中各景区、景点联成有序的整体；廊可分隔并围合空间，调节游园路线；廊还有防雨淋、避日晒的作用，形成休憩、赏景的佳境。

1. 廊的形式

廊根据立面造型，可分为空廊 (双面空廊)、半廊 (单面空廊)、复廊、双层廊 (又称复道阁廊) 等；根据平面形式，可分为直廊、曲廊 (波折廊) 和回廊；根据位置不同，可分为平地廊、爬山廊和水廊。

2. 廊的设计

在园林的平地、水边、山坡等不同的地段上都可建廊。由于不同的地形与环境，其作用及要求也各不相同。

(1) 平地建廊

常建于草坪一角、休息广场中、大门出入口附近，也可沿园路或用来覆盖园路，或与建筑相连等。

(2) 水边或水上建廊

水边或水上建廊一般称为水廊，供欣赏水景及联系水上建筑之用，形成以水景为主的空间。

(3) 山地建廊

供游山观景和联系山坡上下不同标高的建筑物之用，也可借以丰富山地建筑的空间构图。爬山廊有的位于山之斜坡，有的依山势蜿蜒转折而上。

(三) 榭

榭是园林中游憩建筑之一，建于水边，故也称"水榭"。榭一般借助周围景色而构成，面山对水，望云赏月，借景而生，有观景和休息的作用。

1. 榭的形式

榭的结构依照自然环境的不同有各种形式。它的基本形式是在水边架起一个平台，平台一半伸入水中（将基部石梁柱伸入水中，上部建筑形体轻巧、似凌于水上），另一半架立于岸边，平面四周以低平的栏杆相围绕，然后在平台上建起一个单体建筑物，其临水一侧特别开敞，成为人们在水边的一个重要休息场所。例如，苏州拙政园的"芙蓉榭"，网师园的"濯缨水阁"等。

榭与水体的结合方式有多种，有一面临水、两面临水、三面临水及四面临水（有桥与湖岸相接）等形式。

2. 榭的设计

水榭位置宜选择在水面有景可借之处，同时要考虑对景、借景的安排，建筑及平台尽量低临水面。如果建筑或地面离水面较高时，可将地面或平台作下沉处理，以取得低临水面的效果。榭的建筑要开朗、明快，要求视线开阔。

（四）舫

舫是建于水边的船形建筑。主要供人们在内游玩饮宴，观赏水景。舫一般由三部分组成：前舱较高，设坐槛、椅靠；中舱略低、筑矮墙，安连续长窗；尾舱最高，多为两层，以作远眺，内有梯直上。舫的前半部多三面临水，船首一侧常设有平桥与岸相连，仿跳板之意。通常下部船体用石建，上部船舱则多木结构。由于像船但不能动，故也名"不系舟"，也称旱船。例如，苏州拙政园的"香洲"、怡园的"画舫斋"、北京颐和园的石舫等都是较好的实例。

舫的选址宜在水面开阔处，既可取得良好的视野，又可使舫的造型较完整地体现出来，并应注意水面的清洁，避免设在容易积污垢的水区。

（五）花架

花架是攀缘植物攀爬的棚架，又是人们消夏、避阴的场所。花架的形式主要有单片花架、独立花架、直廊式花架、组合式花架。

花架在造园设计中往往具有亭、廊的作用。作长线布置时，就像游廊一样能发挥建筑空间的脉络作用，形成导游路线。同时，可用来划分空间，增加风景的深度。作点状布置时，就像亭子一样，形成观赏点。

在花架设计的过程中，应注意环境与土壤条件，使其适应植物的生长要求。要考虑到没有植物的情况下，花架也具有良好的景观效果。

（六）园门、园窗、园墙

1. 园门

园门有指示导游和点缀装饰的作用。园门形状各异，有圆形、六角形、八角形、横长形、直长形、桃形、瓶形等。如在分隔景区的院墙上，常用简洁而直径较大的圆洞门或八角形洞门，便于人流通行；在廊及小庭院等小空间处所设置的园门，多采用较小的秋叶瓶、直长等轻巧玲珑的形式，同时门后常置以峰石、芭蕉、翠竹等构成优美的园林框景或对景。

2. 园窗

园窗一般有空窗和漏窗两种形式。空窗是指不装窗扇的窗洞，它除能采光外，常作为框景，与园门景观设计相似，其后常设置石峰、竹丛、芭蕉之类，通过空窗，形成一幅幅绝妙的图画，使游人在游赏中不断获得新的画面感受。空窗还有使空间相互渗透，增加景深的作用。它的形式有很多，如长方形、六角形、瓶形、圆形、扇形等。

漏窗可用以分隔景区空间，使空间似隔非隔，景物若隐若现，起到虚中有实、实中有虚、隔而不断的艺术效果，而漏窗自身有景，逗人喜爱。漏窗窗框形式繁多，有长方形、圆形、六角形、八角形、扇形等。

3. 园墙

园墙在园林建筑中一般是指围墙和屏壁（照壁），也称景墙。它们主要用于分隔空间、丰富景致层次及控制、引导游览路线等，是空间构图的一项重要手段。园墙的形式有很多，如云墙、梯形墙、白粉墙、水花墙、漏明墙、虎皮石墙等。景墙也可作背景。首先景墙的色彩、质感既要有对比，又要协调；既要醒目，又要调和。其次，要选好景墙的墙面及墙头的装饰材料。

（七）雕塑

雕塑是指具有观赏性的小品雕塑，主要以观赏和装饰为主。它不同于一般的大型纪念性雕塑。园林绿地中的雕塑有助于表现园林主题、点缀装饰风景、丰富游览内容的作用。

1. 雕塑类型

雕塑按性质不同，可分为纪念性雕塑，多布置在纪念性园林绿地中；主题性雕塑，有明确的创作主题，多布置在一般园林绿地中；装饰性雕塑，以动植物或山石为素材，多布置在一般园林绿地中。按照形象不同，可分为人物雕塑、动物雕塑、抽象雕塑、场景雕塑等。

2. 雕塑的设计

雕塑一般设立在园林主轴线上或风景透视线的范围内，也可将雕塑建立于广场、草坪、桥畔、山麓、堤坝旁等。雕塑既可孤立设置，也可与水池、喷泉等搭配设置。有时，雕塑后方可密植常绿树丛，作为衬托，则更使所塑形象特别鲜明突出。

园林雕塑的设计和取材应与园林建筑环境相协调，要有统一的构思，使雕塑成为园林环境中一个有机的组成部分。雕塑的平面位置、体量大小、色彩、质感等方面都要进行全面的考虑。

（八）园桥

园桥是园林风景景观的一个重要组成部分。它具有三重作用：一是悬空的道路，起组织游览线路和交通的功能，并可交换游人景观的视觉角度；二是凌空的建筑，点缀水景，本身就是园林一景，可供游人赏景、游憩；三是分隔水面，增加水景层次。

1. 园桥的种类

园桥因构筑材料不同，可分为石桥、木桥、钢筋混凝土桥等；根据结构不同，又有梁式与拱式、单跨与多跨之分，其中拱桥又有单曲拱桥和双曲拱桥两种；按形式不同，可分为贴临水面的平桥、起伏带孔的拱桥、曲折变化的曲桥、有桥上架屋的亭桥、廊桥等。

2. 园桥的设计

园桥的设计要注意以下几点：

①桥的造型、体量应与园林环境、水体大小相协调。

②桥与岸相接处要处理得当，以免生硬呆板。

③桥应与园林道路系统配合，以起到联系游览线路和观景的作用。

（九）园椅、园桌、园凳

园椅、园凳可供人休息、赏景之用，同时，这些桌椅本身的艺术造型也能装点园林景色。园椅一般布置在人流较多、景色优美的地方，如树荫下、水池、路旁、广场、花坛等游人需停留休息的地方。有时还可设置园桌，供游人休息娱乐用。

设计园椅、园凳时，应尽量做到构造简单、坚固舒适、造型美观，易清洁，耐日晒雨淋，其图案、色彩、风格要与环境相协调。常见形式有直线长方形、方形，曲线环形、圆形，直线加曲线，以及仿生与模拟形等。此外，还有多边形或组合形，也可与花台、园灯、假山等结合布置。

园椅、园凳的设计，应注意以下五个方面的问题：

①应结合游人体力，行程距离或经一定高程的升高，在适当的位置设休息椅。

②根据园林景致布局的需要，设园凳以点缀环境。如在风景优美的一隅、林间花畔、水边、崖旁、各种活动场所周围、小广场周围、出入口等处，可设园椅。

③园路两旁设园椅宜交错布置，不宜正面相对，可将视线错开。

④路旁设园椅，不宜紧贴路边，需退出一定的距离，也可构成袋形地段，以种植物作适当隔离，形成安静环境。路旁拐弯处设园椅时，要辟出小空间，可缓冲人流。

⑤规则式广场园椅设置宜在周边布置，有利于形成中心景物及人流通畅。不规则式广场园椅可依广场形状、人流路线设置。

（十）园灯

园灯既有照明功能，又有点缀园林环境的功能。园灯一般宜设在出入口、广场、交通要道、园路两侧、台阶、桥梁、建筑物周围、水景、喷泉、水池、雕塑、花坛、草坪边缘等。园灯的造型不宜复杂，切忌施加烦琐的装饰，通常以简单的对称式为主。

（十一）栏杆

栏杆是由外形美观的短柱和图案花纹，按一定间隔（距离）排成栅栏状的构筑物。栏杆在园林中主要起防护、分隔作用，同时利用其节奏感发挥装饰园景的作用。有的台地栏杆可做成坐凳形式，既可防护，又供休息。

第五节　园路的设计

园路是贯穿整个园林的交通网络，是联系各个景区和景点的纽带和风景线，是组成园林风景的造景要素。在园林设计中，园路的设计需精心布局，因景设路、因路得景，做到步移景异。

一、园路的功能作用

园路是园林的骨架和脉络，是联系各景区、景点的纽带。其功能具体体现在以下四个方面：

(一)组织空间、引导游览

园路既是园林分区的界线,又可把不同的景区联系起来。通过园路的引导,将全园的景色逐一展现在游人眼前,使游人能从较好的位置去观赏风景。在园林中,通常利用地形、建筑、植物或道路把全园分隔成各种不同功能的景区,同时又通过道路,把各个景区联系成一个整体。园路正是起到了组织园林的观赏程序,向游客展示园林风景画面的作用。通过园路的布局和路面铺砌的图案,引导游客按照设计者的意图、路线和角度来游赏景物。因此,园路是游客的导游。

(二)组织交通

园路对游客的集散、疏导有重要作用,此外,还满足园林绿化、建筑维修、养护、管理等工作的运输需要,具备人、机动车辆通行的作用。

(三)构成景观

园路优美的曲线,丰富多彩的路面铺装,可与周围的山体、建筑、花草、树木、石景等物紧密结合,共同构成园林艺术的统一体。园路的曲线、质感、色彩、尺度等都给人以美的享受。

(四)其他功能

园路为园林排水、电力电信等管网的布置提供一定的场所或条件,还有利于园林的通风和光照等。

二、园路的类型

(一)按园路的功能分类

1. 主要园路(主干道)

主干道是指从入口通向全园各景区中心、主要景点、主要建筑的道路。其规格根据园林的性质和规模不同而异,中小型绿地的园路宽度一般为3~5m,大型绿地为6~8 m,以能通双行机动车辆为宜。主干道要接通主要出入口处,并要贯通全园景区形成全园的骨架。

2. 次要园路(次干道)

次干道一般由主干道分出,是直接联系各区及风景点的道路,主要用来把园林分隔成不同景区。它是各景区的骨架,同各景区相连。路面宽度常为2~3m,要求能通行小型服务用车辆。

3. 游憩小路（游步道）

游步道主要供散步休息、引导游人深入景点，探幽寻胜之路，如山岙、小岛、水涯、峡谷、疏林、草地等处的道路。一般宽1~2.5m，小径也可为0.8~1m。

（二）按园路路面铺装材料分类

1. 整体路面

整体路面是指用水泥混凝土或沥青混凝土进行统铺的地面。它平整、耐压、耐磨，主要用于通行车辆或人流集中的公园主路。

2. 块料路面

块料路面包括各种天然块料或预制混凝土块料铺地。它坚固、平稳、便于行走，图案的纹样和色彩丰富多样，用于公园步行路，或通行少量轻型车的地段。

3. 碎料路面

碎料路面是用各种碎石、瓦片、卵石等材料拼砌形成的美丽路面。它经济、美观、富有装饰性，主要用于庭院和各种游憩、散步的小路。

4. 简易路面

简易路面一般用于临时性或过渡性的园路设计中。

三、园路的设计

园路的设计要从园林的使用功能出发，根据地形、地貌、风景点的分布和园务活动的需要综合考虑、统一规划。园路设计包括线形设计和路面设计。路面设计又可分为结构设计和铺装设计。

（一）园路的线型设计（园路的平面造型）

园路的布局形式取决于园林的规划形式。一般常见的园路系统布局形式有棋盘式、套环式、条带式及树枝式四种。

1. 棋盘式园路系统

棋盘式园路也称网格式园路。一般主路为整个布局的轴线，次路和其他道路沿轴线对称布局，组成闭合的"棋盘"。这种道路系统适合规则式园林，道路规整、规律性强，由道路所划分的绿地都形成规则的地块。但这种道路较为单调，有时会受到地形的限制，故较适合平地使用。

2. 套环式园路系统

套环式园路的特点是主路构成一个闭合的大型环路或一个"8"字形的双环路，

再由很多的次路和游步道从主路上分出，并且相互穿插、连接与闭合，构成另外一些较小的环路。主路、次路和小路构成的环路之间是环环相套、互通互连的，其中很少有尽端式道路出现。它主要有分区式、多环式、放射式和环形式等。因此，这样的道路系统可满足游人在浏览中不走回头路。套环式园路最适合公共园林环境，并且在园林中也是最为广泛应用的一种园路系统。

3. 条带式园路系统

在地形狭长的园林中，采用条带式园路系统较为合适。这种园路布局形式的特点是主路呈条带状，始端和尽端各在一方，并不闭合成环。在主路的一侧或两侧，可穿插一些次路和游步道，次路和小路相互之间可局部闭合成环路。

4. 树枝式园路系统

在以山谷、河谷地形为主的园林或风景区，主路一般只能布置在谷地，沿着河沟从下往上延伸。两侧山坡上的多数景点都是从主路分出一些支路相连，甚至再分出一些小路继续加以连接。支路和小路可以是尽端式，也可以成环路。游人到达景点后，从原路返回到主路再向上行。这种道路系统的平面形状就像许多分支的树枝一样，故称"树枝式"。从游赏的角度看，它是游览性较差的一种布局形式，是在受到地形限制时，不得已而采用的一种道路布局形式。

(二) 园路的线形设计要点

1. 园路设计需因地制宜、主次分明、有明确的方向性

园林绿地中的道路系统要有明确的分级，园路布局应主次分明、密度得体，可从道路的宽度、铺装、景物的丰富等区分园路的主次。园路布局应构成闭合的回路，路线的安排应尽量避免游人走回头路，主路形成大循环，次路及游步道形成小循环。在城市公园设计时，道路的比重可控制在公园总面积的10%～12%。

2. 园路的线型要自然流畅

规则式园林的园路线型常采用直形线，但转角形成的弧线也要流畅和圆滑。自然式园林中园路采用迂回曲折的弧形线，蜿蜒曲折，但这种曲折变化不是随意布置的，可依地形、地物的要求，进行有目的的曲折。当园路遇到建筑、山、水、树、陡坡等障碍，如岩石当前、怪石崎岖、石径盘旋、蜿蜒而上时，园路可进行曲折，弯曲弧度要外侧高、内侧低。

为了组织风景，延长游览路线，扩大空间，应使园路在平面上有适当的曲折。园路曲折时，不宜形成蛇行路。凡道路交叉所形成的大小角宜采用弧线，转角宜圆滑。曲线曲折不能过多，曲度半径不宜相等。

弯道有组织景观的作用，园路在拐弯处或交叉处，可设石组、假山、林丛或大

树等作障景或形成对景。

3. 分支位置宜凸出

在设置道路的分支时，分支的位置宜在主干道凸出的位置。

4. 园路的设计应与园林的总体风格保持一致和协调

园路的风格首先决定于园林绿地的规划形式，园路路面铺装也影响到园路的风格。我国古典园林中的园路，常采用青砖、黑瓦以及卵石等材料嵌镶成各种精美图案和纹样，具有朴实典雅的风采，素有花街之美称，具有民族特色与较高的艺术性。随着新材料和新工艺的不断涌现，园路在继承民族传统的基础上，出现了具有时代精神的铺装路面，为园林增添了光彩。

5. 处理好园路与建筑关系

园路设计时，应使园路稍远离建筑。园路通往大建筑时，为了避免路上游人干扰建筑内部活动，可在建筑面前设集散广场，使园路由广场过渡后再和建筑联系。园路通往一般建筑时，可在建筑面前适当加宽路面，或形成分支，以利于游人分流。园路一般不穿过建筑物，而是从四周绕过。自然式园路在通向建筑正面时，应与建筑物渐趋垂直；在顺向建筑时，应与建筑趋于平行。

6. 设置适宜的道路坡度和台阶

为了满足排水的需要，园路一般应有0.3%～8%的纵坡和1.5%～3%的横坡。当地面坡度超过12°时，就应设置台阶；坡度超过20°时，必须设置台阶。一般每12～20级台阶需设休息平台。坡度超过35°时，要在台阶的一侧或两侧设置扶手栏杆；当坡度超过60°时，则应该设蹬道、攀梯等。

设台阶时，一般台阶高为10～16.5cm，宽为30～38cm。在专门的儿童游戏场，考虑到儿童这一特殊服务对象，踏步的高度应适当降低，一般为9～12cm。

7. 处理好园路的交叉与分支

两条园路交叉或从一干道分出两条小路时，必然会产生交叉口。园路交叉有正交和斜交两种形式。

第一，两条主干道相交时，道路尽可能正交，应避免多条道路交叉于一点。若确实避免不了，交叉口应作扩大处理，可在中间扩大设置成小广场。

第二，两条道路斜交时，要让两条道路的中心线交于一点上，对顶角最好相等，以求美观。所形成的锐角不宜过小，不宜小于60°。若角度过小，可在道路中间设三角绿地。

第三，两园路成丁字形相交时，交点处可设道路对景，并在端头处适当地扩大做成小广场；在道路转弯处也可扩大形成小广场，这样有利于交通，可避免游人过于拥挤。

第四，道路交叉不宜过多，特别是在一眼就能看到的范围内。两个交叉口不宜太近，要主次分明。

（三）园路的路面设计

1. 园路的结构设计

园路结构形式有多种，典型的园路结构主要有以下四层：

（1）面层

它是指路面最上面的一层，直接承受人流、车辆的荷载和风、雨、寒、暑等气候变化的影响。因此，要求坚固、平稳、耐磨，有一定的粗糙度，少尘土，便于清扫。

（2）结合层

它是指采用块料铺筑面层时在面层和基层之间的一层，用于结合、找平、排水。

（3）基层

它是在路基之上，一方面承受由面层传下来的荷载，另一方面把荷载传给路基。因此，要有一定的强度，一般用碎（砾）石、灰土或各种矿物废渣等筑成。

（4）路基

它是指园路的基础。

此外，要根据需要进行道牙、雨水井、明沟、台阶、礓嚓、种植地等附属工程的设计。

2. 园路的断面设计

园路断面设计应注意以下五个方面：

①园路断面的设计，要根据造景的需要，随地形的起伏变化而变化。

②在满足造园艺术要求的情况下，尽量利用原地形，保证路基的稳定，并减少土方量。

③园路与相连的城市道路在高程上应有合理的衔接。

④园路应配合组织园内地面水的排除，并与各种地下管线密切配合，共同达到经济合理的要求。

⑤园路的纵横坡度，一般路面应有8%以下的纵坡和1%~4%的横坡，以保证路面的排水。因不同材料路面的排水能力不同，各类型路面对纵横坡度的要求也不同。

3. 园路的铺装设计

路面铺装常采用水泥、油渣、预制水泥板、卵石、砖等材料，对园路进行铺装，加强园路的装饰性和观赏性。

园路铺装要富有寓意性。中国园林强调"寓情于景"，在面层设计时，有意识地根据不同主题的环境，采用不同的纹样、材料来加强意境。

园路铺装要突出装饰性。园路既是园景的一部分，应根据景观的需要作出设计，路面或朴素、粗犷；或舒展、自然、古拙、端庄；或明快、活泼、生动。园路要以不同的纹样、质感、尺度、色彩，以不同的风格和时代要求来装饰园路，体现园林景观。

四、步石与汀步设计

(一) 步石的设计

步石是布置在自然式草地或建筑附近的小块绿地上的石块，也可用一到数块天然石块或预制成圆形、椭圆形、树桩形、木纹形等混凝土板，自由组合于草地之中。一般步石的数量不宜过多，块体不宜太小。

步石设计时，所用的步石石块的质地应是坚硬、耐磨损的材料；质地松软的砂岩等则不宜使用。石块的大小可根据景观需要选择，但不宜小于30cm，以便踏脚。其形状应以表面平整、中间略微凸起的龟甲形的为好，这样可防止石面上积水。步石可由一块至数块组成，但不宜过长，不能走回头路。同一组步石应选同种材料、同一色调来表现统一的画面，这样能获得优美的步石景观。置石时，石块要深埋浅露，一般步石高出地面6~7cm，或略微低一些为好。置石时，还要考虑石与石之间要有适当的跨距。由于人的两脚步行时的跨距大约为60cm，石与石的中心间距应以此尺寸为度。置石的方向应与人前进的方向相垂直，这样能给人以稳定的感觉。

(二) 汀步的设计

汀步是园路在浅水中的继续。园路遇到小溪、山涧或浅滩无须架桥，可设汀步，既简单自然，又饶有风趣。步距以60~70cm为宜。通常汀步可自由地横跨在浅涧、小溪之上，或点缀在浸水滩地上。汀步的基础一定要稳固，绝不能有松动，一般需用水泥固定，务求安全。当汀步较长时，还应考虑当两人相对而行时，在水面中间有一个相互错开的地方。在宽深的水面上，不宜设置汀步。

1. 园路的坡度设计

园林中园路随地势高低起伏会形成大小不同的坡度以增加美观。但是，坡度的大小受路面铺装材料的限制，如水泥路最大的纵坡为70%，沥青路面最大的纵坡为60%，砖路为80%。人的步行能力也有一定的限度，在一般情况下，人行走在20%的坡度上时，便感到吃力；坡度在30%以上时，必须筑台阶。驾轮椅的人，15%的坡度已无法上下。因此，在设计道路坡度时要根据上述因素进行综合考虑，不能随心所欲。通常对老幼皆宜的坡度以在10%左右最为理想。

2. 园路常见"病害"

（1）裂缝与凹陷

造成这种破坏的主要原因是路基的基土过于湿软或基层厚度不够，强度不足。

（2）啃边

雨水的侵蚀和车辆行驶对路面边缘的啃蚀作用使之损坏，并从边缘起向中心发展，这种破坏就造成啃边。

第六章　道路交通绿地的设计

第一节　道路绿化的基本知识

一、城市道路绿地的定义

城市道路交通绿地主要指城市街道绿地、游憩林荫路、街道小游园、交通广场、步行街以及穿过市区的公路、铁路、快速干道的防护绿地等。它以"线"的形式广泛地分布于全城，联系着城市中分散的"点"和"面"的绿地，组成完整的城市园林绿地系统。其目的是给城市居民创造安全、愉快、优美和卫生的生活环境，而且在改善城市气候、保护环境卫生、丰富城市艺术面貌、组织城市交通等方面都有着积极的意义。城市道路绿地是道路及广场用地范围内可进行绿化的用地，是城市绿地系统的重要组成部分，在城市绿化覆盖率中占较大的比例。

二、城市道路绿地的作用

随着城市规模的扩大、城市人口的密集、人工设施的充斥、机动车辆的增长、自然环境的污染等对环境的人为改变，使原有区域的碳氧平衡、水平衡、热平衡等因素也随之改变。平衡被破坏对人类生存和发展产生的负面影响，正越来越凸显出来。随着科学的进步，人们逐步认识到，要在接受大自然赠予的同时，保护好我们赖以生存的自然环境。在城市中，特别是车辆出现频率高的街道，环境污染较严重。大量种树、栽花、种草能起到人为强化自然体系的作用，利用绿色植物特有的吸收二氧化碳、放出氧气的功能，吸收有害物质、减轻空气污染的功能，除尘、杀菌、降温、增湿、减弱噪声、防风固沙等功能，是改善城市生态环境的根本出路。

其主要作用有以下几个方面：

（一）卫生防护作用

第一，机动车是城市废气、尘土等的主要流动污染源。随着工业化程度的提高，机动车辆增多，城市的污染现象日趋严重。而道路绿地线长、面广，对道路上机动车辆排放的有毒气体有吸收作用，可净化空气、减少灰尘。据测定，在绿化良好的道路上，距地面 1.5m 处的空气含尘量比没有绿化的地段低 56.7%。

第二，城市环境噪声的 70%~80% 来自城市交通，有的街道噪声达到 100dB，而噪声达到 70dB 对人体就十分有害了，具有一定宽度的绿化带可以明显减弱噪声 5~8dB。

第三，道路绿化还可以调节道路附近的温度、湿度，改善小气候；可以减低风速，降低日光辐射热；还可以降低路面温度，延长道路使用寿命。

(二) 组织交通，保证安全

在道路中间设置绿化分隔带可以减少对向车流之间的互相干扰；在机动车和非机动车之间设置绿化分隔带，则有利于解决快车、慢车混合行驶的矛盾；植物的绿色在视野上给人以柔和而安静的感觉。在交叉口布置交通岛，常用树木作为吸引视线的标志，还可以有效地解决交通拥挤与堵塞问题；在车行道和人行道之间建立绿化带，可避免行人横穿马路，保证行人安全，且给行人提供优美的散步环境，也有利于提高车速和通行能力，利于交通。

(三) 美化市容市貌

道路绿化可以美化街景、烘托城市建筑艺术、软化建筑的硬线条，同时还可以利用植物遮蔽影响市容的地段和建筑，使城市面貌显得更加整洁生动、活泼可爱。一个城市如果没有道路绿化，即使它的沿街建筑艺术水平再高、布局再合理，也会显得索然无味；相反，在一条普通的街道上如果绿化很有特色，则这条街道就会被人铭记。在不同街道采用不同的树种，由于各种植物的体形、姿态、色彩等差别，可以形成不同的景观。

很多世界著名的城市，其优美的街道绿化都给人留下了深刻的印象。如法国巴黎的七叶树，使街道更加庄严美丽；德国柏林的椴树林荫大道，因欧洲椴树而得名；澳大利亚首都堪培拉处处是草地、花卉和绿树，被人们誉为"花园城"。

我国有很多城市的道路也很有特色，如郑州、南京用悬铃木作行道树，显得市内浓荫凉爽；江西南昌用樟树作行道树，四季常青，郁郁葱葱；湛江、新会的蒲葵行道树给人们留下了南国风光的印象；长春的小青杨行道树在早春把城市点缀得一片嫩绿。

(四) 市民休闲场所

城市道路绿化除行道树和各种绿化带以外，还有面积大小不同的街道绿地、城市广场绿地、公共建筑前的绿地。这些绿地内经常设有园路、广场、坐凳、宣传廊、小型休息建筑等设施，有些绿地内还设有儿童游戏场，成为市民休闲的好场所。市民可以在此锻炼身体、散步、休息、看书、陪儿童玩耍、聊天等。这些绿地与大公园不同，距居住区较近，所以利用率很高。

在公园分布较少的地区或在没有庭院绿地的楼房附近以及人口居住密度很大的地区，都应发展街头绿地、广场绿地、公共建筑前的绿地或者发展林荫路、滨河路，以缓解城市公园不足或分布不均衡的问题。

（五）生产作用

道路绿化在满足各种功能要求的同时，还可以结合生产创造一些物质财富，可提供油料、果品、药材等经济价值很高的副产品，如七叶树、银杏、连翘等剪下来的树枝，可供薪材之用。

（六）防灾、战备作用

道路绿化为防灾、战备提供了条件，它可以伪装、掩蔽，在地震时搭棚，洪灾时用作救命草，战时可砍树搭桥等。

三、城市道路绿地的分类断面布置形式

（一）城市道路绿地分类

城市道路绿地可以分为道路绿带、交通岛绿地、广场绿地和停车场绿地。其中，道路绿带又可以分为分车绿带、行道树绿带和路侧绿带；分车绿带包括中间分车绿带和两侧分车绿带。交通岛绿地可以分为中心岛绿地、导向岛绿地及立体交叉绿岛。

（二）城市道路绿地断面布置形式

道路绿地断面布置形式与道路横断面的组成密切相关。我国现有道路多采用一块板、两块板、三块板式，相应道路绿地断面也出现了一板两带、两板三带和三板四带及四板五带式。

1. 一板两带式绿地

它是最常见的道路绿地形式，中间是行车道，在车行道两侧的人行道上种植一行或多行行道树。其优点是简单整齐，用地经济，管理方便。但当车行道过宽时，行道树的遮阳效果较差，相对单调，也不利于机动车辆与非机动车辆混合行驶时的交通管理。因此，其多用于城市支路或次要道路。

2. 两板三带式绿地

即分成单向行驶的两条车行总道和两条行道树，中间以一条分车绿带分隔，构成两板三带式绿带。这种形式适于宽阔道路，绿带数量较大，生态效益较显著。这种形式多用于高速公路和入城道路。由于各种不同车辆同向混合行驶，还不能完全解决互相干扰的矛盾。

分车绿带中可种植乔木，也可以只种植草坪、宿根花卉、花灌木，分车带宽度不宜低于2.5m，以5m以上景观效果为佳。

3. 三板四带式绿地

利用两条分车绿带把车行道分成三块，中间为机动车道，两侧为非机动车道，连同车行道两侧的行道树共为四条绿带，故称三板四带式。此种形式占地面积大，却是城市道路绿化较理想的形式。其绿化量大，夏季蔽荫效果较好，组织交通方便，安全可靠，解决了各种车辆混合行驶互相干扰的矛盾，尤其在非机动车辆多的情况下更为适宜。

分车绿带宽度在1.5~2.5m时以种植花灌木或绿篱型植物为主，分车带宽度在2.5m以上时可种植乔木。

4. 四板五带式绿地

利用三条分隔带将车行道分成四块，使机动车和非机动车都分成上、下行而各行其道互不干扰，车速安全都有保障。这种道路形式适用于车速较高的城市主干道，节约用地。

5. 其他形式

按道路所处地理位置，据环境条件特点，因地制宜地设置绿带，如山坡道、水道的绿化设计。

道路绿化断面形式虽多，但究竟以哪种形式为好，必须从实际出发，因地制宜，不能片面追求形式，讲求气派。尤其在街道狭窄、交通量大、只允许在街道的一侧种植行道树时，就应当从行人的蔽荫和树木生长对日照条件的要求来考虑，不能片面追求整齐对称，以减少车行道数目。

四、城市道路绿地设计的基本原则

道路绿地规划设计应统筹考虑道路功能性质、人行车行要求与市政公用及其他设施的关系，并要遵循以下原则：

①道路绿地性质与景观特色相协调。

②充分发挥城市道路绿地的生态功能。

③道路绿地与交通、市政公用设施相互统筹安排。

④适地适树与功能、美化相结合。

⑤道路绿地与其他的街景元素协调，形成完美的景观。

五、城市道路绿地设计的内容和步骤

城市道路是城市结构的重要组成部分，也是城市公共生活的主要空间。在城市道路的规划设计中，除了考虑道路网、基干道路、次干道、支路的整体规划、线型布置、横纵断面设计、交叉口处理这些基本因素外，道路的空间、景观效果也是关系设计成败的关键性因素。它直接形成城市的面貌、道路空间的风格、市民的生存交往环境，成为为居民提供审美观和生活体验的长期日常性视觉形态审美客体，乃至成为城市文化的组成部分。从这一角度来讲，城市交通道路的景观设计已成为一个涉及景观设计、城市规划、建筑及空间规划设计、道路美学、环境心理学的跨学科综合性问题。

在具体的城市道路景观规划设计中，通常需要考虑道路景观视觉、沿路园林绿化、沿路建筑景观、城市道路设施。

（一）城市道路绿地设计的内容

1. 人行道绿化带的形式及设计

从车行道边缘至建筑红线之间的绿地统称为人行道绿化带，它是道路绿化中的重要组成部分，在道路绿地中往往占较大的比例。它包括行道树、防护绿带及基础绿带等。

（1）行道树的设计

行道树是道路绿地最基本的组成部分。在温带及暖温带北部，为了夏季遮阳、冬天街道能有良好的日照，常常选择落叶树作为行道树。在暖温带南部和亚热带则常常种植常绿树，以起到较好的遮阳作用。如我国北方的哈尔滨常用的行道树有柳、榆、杨、樟子松等，北京常用槐、杨、柳、椿、白蜡、油松等，而在广州、海南等地则常用大叶榕、白兰花、棕榈、榕树等。

许多城市都以本市的市树作为行道树栽植的骨干树种，如北京的国槐、重庆的悬铃木等，既发挥了乡土树种的作用，又突出了城市特色。同时，每个城市根据本市的主要功能、周围环境、行人行车要求的不同，采用不同的行道树将道路区分开来，形成各街道的植物特色，给行人留下较深的印象。

①行道树树种选择的标准：

A. 冠大荫浓。

B. 耐修剪、耐移植。

C. 耐粗放管理，即适应性强。

D. 无毒、无刺、无飞毛、无臭味、无污染。

E. 生长迅速，寿命较长。

F. 发芽早、落叶迟且集中。

②定干高度。在交通干道上栽植的行道树要考虑到车辆通行时的净空高度要求，为公共交通创造靠边停驶、接送乘客的方便。定干高度不宜低于 3.5m，通行双层大巴的交通街道的行道树的高度还应相应提高，否则就会影响车辆通行，降低道路有效宽度的使用。

非机动车和人行道之间的行道树考虑到行人来往通行的需要，定干高度不宜低于 2.5m。

③定植株距。行道树定植株距，应根据行道树树种壮年期冠幅确定，最小种植株距为 4.0m；快生树种不得小于 5~6m，慢生树种不得小于 6~8m。

④种植形式。行道树的种植方式要根据道路和行人情况来确定，一般分为树池式和种植带式。

A. 树池式：在人行道狭窄或行人过多的街道上多采用树池种植行道树。树池形式一般分为：方形树池，其边长或直径不应小于 1.5m；长方形树池，其短边不应小于 1.2m。方形和长方形树池因较易和道路及建筑物取得协调故应用较多，圆形树池则常用于道路圆弧转弯处。

为防止行人踩踏池土，保证行道树的正常生长，一般把树池周边做得高于人行道路面；或者与人行道高度持平，上盖池盖以减少行人对池土的踩踏；或植以地被草坪，或散置石子于池中，以增加透气效果。池盖属于人行道路面铺装材料的一部分，可以增加人行道的有效宽度，减少裸露土壤，美化街景。

树池的营养面积有限，会影响树木生长，同时因增加了铺装面积提高了造价，利用效率不高，而且要经常翻松土壤，增加了管理费用，故在可能的条件下应尽量采取绿化种植带式。

B. 种植带式：是在人行道和车行道之间留出一条不加铺装的种植带，种植带在人行横道处或人流比较集中的公共建筑前留出通告道路。

种植带宽度最低不小于 1.5m，除种植一行乔木用来遮阳外，在行道树之间还可以种植花灌木和地被植物，以及在乔木与铺装带之间种植绿篱来增强防护效果。宽度为 2.5m 的种植带可种植一行乔木，并在靠近车行道一侧种植一行绿篱；5m 宽的种植带则可交错种植两行乔木，靠近车行道一侧以防护为主，靠近人行道一侧则以观赏为主，中间空地可栽植花灌木、花卉及其他地被植物。

⑤其他。在设计行道树时还应注意路口及公交车站处的处理，应保证安全所需

要的最小距离等。

(2) 防护绿带、基础绿带的设计

当街道具有一定的宽度时，人行道绿化带也就相应地变宽了，这时人行道绿化带上除布置行道树外，还有一定宽度的地方可供绿化，这就是防护绿带了。若绿化带与建筑相连，则称为基础绿带。一般防护绿带宽度小于 5m 时，均称为基础绿带，宽度在 10m 以上的，可以布置成花园林荫路。

为了保证车辆在车行道上行驶时车中人的视线不被绿带遮挡，能够看到人行道上的行人和建筑，在人行道绿化带上种植树木必须保持一定的株距，以保持树木生长需要的营养面积。一般来说，为了防止人行道上绿化带对视线的影响，其株距不应小于树冠直径的 2 倍。

防护绿带宽度在 2.5m 以上时，可考虑种一行乔木和一行灌木；宽度大于 6m 时，可考虑种植两行乔木，或将大、小乔木、灌木以复层方式种植；宽度在 10m 以上时，种植方式更应多样化。

基础绿带的主要作用是保护建筑内部的环境及人的活动不受外界干扰。基础绿带内可种灌木、绿篱及攀缘植物以美化建筑物。种植时一定要保证植物与建筑物的最小距离，保证室内的通风和采光。

人行道绿化带的设计除了要考虑绿带宽度、减弱噪声、减尘及街景等因素，还应综合考虑园林艺术和建筑艺术的统一，可分为规则式、自然式以及规则与自然相结合的形式。人行道绿化带是一条狭长的绿地，下面往往敷设若干条与道路平行的管线，在管线之间留出种树的位置。由于这些条件的限制，成行成排地种植乔木及灌木，就成为人行道绿化带的主要形式。它的变化体现在乔灌木的搭配、前后层次的处理和单株与丛植交替种植的韵律上。为了使街道绿化整齐统一，同时又能够使人感到自由活泼，人行道绿化带的设计以采用规则与自然相结合的形式最为理想。近年来，国内外人行道绿化带设计多采用自然式布置手法，种植乔木、灌木、花卉和草坪，显得自然活泼而新颖。

2. 分车绿带设计

现在，城市中多采用三块板的布置方式，中间设分车带的宽度依行车道的性质和街道总宽度而定，高速公路上的分隔带宽度可达 5～20m，一般也要 4～5m。市区交通干道宽一般不低于 1.5m；城市街道分车绿带每隔 300～600m 分段，交通干道与快速路可以根据需要延长。

分车绿带主要起到分隔组织交通和保障安全的作用。机动车道的中央在距相邻机动车道路面宽度 0.6～1.5m 的范围内，配置植物的树冠应常年树叶茂密，其株距不得大于冠幅的 5 倍；机动车两侧分隔带应有防尘、防噪声种植。

分车带以种植花灌木、常绿绿篱和宿根花卉为主，尤其是高速干道上的分车带更不应该种植乔木，以司机不受树影、落叶等的影响，从而保持高速干道行驶车辆的安全。在一般干道分车带上，可以种植70cm以下的绿篱、灌木、花卉、草皮等。我国许多城市常在分车带上种植乔木，主要是因为考虑到我国大部分地区夏季比较炎热，乔木有遮阳的作用。另外，我国的车辆目前行驶速度不是很快，树木对司机的视力影响不大，故分车带上大多种植了乔木。但严格来讲，这种形式是不合适的。

随着交通事业的不断发展，将有待逐步实现正规化。

另外，为了便于行人过街，分车带应进行适当分段，一般以75～100m为宜，尽可能与人行横道、停车站、大型商店和人流集散比较集中的公共建筑出入口相结合。

3. 交叉路口、交通岛的设计

交叉路口是两条或两条以上道路相交之处。这是交通的咽喉、隘口，种植设计需要先调查其地形、环境特点，并了解"安全视距"及有关符号。所谓安全视距，是指行车司机发觉对方来车立即刹车而恰好能停车的距离。为了保证行车安全，道路交叉口转弯处必须空出一定距离，使司机在这段距离内能看到对面特别是侧方来往的车辆，并有充分的刹车和停车时间，而不致发生撞车事故。根据两条相交道路的两个最短视距，可在交叉口平面图上绘出一个三角形，称为"视距三角形"。在此三角形内，不能有建筑物、构筑物、广告牌以及树木等遮挡司机视线的地面物。在视距三角形内布置植物时，其高度不得超过0.65～0.7m，宜选低矮灌木、丛生花草种植。

交通岛，俗称转盘，设在道路交叉口处，主要为组织环形交通，使驶入交叉口的车辆一律绕岛作逆时针单向行驶。一般设计为圆形，其直径的大小必须保证车辆能按一定速度以交织方式行驶。由于受到环道上交织能力的限制，交通岛多设在车流量大的主干道路或具有大量非机动车交通、行人众多的交叉口。目前，我国大、中城市所采用的圆形中心岛直径一般为40～60m，一般城镇的中心岛直径也不能小于20m。中心岛不能布置成供行人休息用的小游园或吸引游人的美丽花坛，而常以嵌花草皮的花坛或以低矮的常绿灌木组成简单的图案花坛为主，切忌用常绿小乔木或灌木，以免影响视线，且必须封闭。

4. 街道小游园的种植设计

街道小游园是在城市干道旁供居民短时间休息用的小块绿地，又称街道休息绿地、街道花园。街道小游园以植物为主，可用树丛、树群、花坛、草坪等布置。乔灌木、常绿或落叶树相互搭配，层次要有变化，内部可设小路和小场地，供人们进入休息。有条件的设一些建筑小品，如亭廊、花架、园灯、小池、喷泉、假山、座椅、宣传廊等，丰富景观内容，满足群众需要。

街道小游园绿地大多地势平坦，或略有高低起伏，可设计为规则对称式、规则不对称式、自然式、混合式等形式。

街道小游园规划设计的要点包括：特点鲜明突出，布局简洁明快；因地制宜，力求变化；小中见大，充分发挥绿地的作用；组织交通，吸引游人；硬质景观与软质景观兼顾，动静分区等。

5.花园林荫道的绿化设计

花园林荫道是指那些与道路平行而且具有一定宽度的带状绿地，也可称为带状街头休息绿地。林荫道利用植物与车行道隔开，在其内部不同地段辟出各种不同的休息场地，并有简单的园林设施，供行人和附近居民作短时间休息之用，在目前城镇绿地不足的情况下，可起到小游园的作用。它扩大了群众活动场地，同时增加了城市绿地面积，对改善城市小气候、组织交通、丰富城市街景均起到较大的作用。例如，北京正义路林荫道、上海肇家浜林荫道、西安大庆路林荫道等在我国逐渐发展起来。

（1）花园林荫道的形式

①设在街道中间的花园林荫道。即两边为上下行的车行道，中间有一定宽度的绿化带，这种类型较为常见。例如，北京正义路林荫道、上海肇家浜林荫道等，主要供行人和附近居民作暂时休息用。此类型多在交通量不大的情况下采用，不宜有过多出入口。

②设在街道一侧的花园林荫道。由于林荫道设立在道路的一侧，减少了行人与车行路的交叉，在交通流量大的街道上多采用此种类型，有时也因地形情况而定。例如，傍山、一侧滨河或有起伏的地形时，可利用借景将山、林、河湖组织在内，创造出更加安静的休息环境，如上海外滩绿地、杭州西湖的六和塔公园绿地等。

③设在街道两侧的花园林荫道。设在街道两侧的林荫道与人行道相连，可以使附近居民不用过道路就可到达林荫道内，既安静又方便。由于此类林荫道占地过大，目前应用较少。

（2）花园林荫道规划设计的要点

①设置游步道。游步道的数量要根据具体情况而定，一般8m宽的林荫道内，设一条游步道；8m以上时，设两条以上为宜，游路宽1.5m左右。

②设置绿色屏障。车行道与花园林荫道之间要有浓密的绿篱和高大的乔木组成的绿色屏障相隔，立面上布置成外高内低的形式较好。

③设置建筑小品。花园林荫道除布置游憩小路外，还要考虑小型儿童游乐场、休息座椅、花坛、喷泉、阅报栏、花架等建筑小品。

④留有出口。林荫道可在长75～100m处分段设立出入口。人流量大的人行道、

大型建筑前应设出入口。可同时在林荫道两端出入口处，将游步路加宽或设小广场，形成开敞的空间，出入口应具有特色，做艺术上的处理，以增加绿化效果。

⑤植物丰富多彩。花园林荫道的植物配置应形成复层混交林结构，利用绿篱植物、宿根花卉、草本植物形成大色块的绿地景观。林荫道总面积中，道路广场不宜超过25%，乔木占30%～40%，灌木占20%～25%，草地占10%～20%，花卉占2%～5%。南方天气炎热，需要更多的绿荫，故常绿树占地面积大，北方则是落叶树占地面积更大。

⑥因地制宜。花园林荫道要因地制宜，形成特色景观。如利用缓坡地形形成纵向景观视廊和侧身植被景观层次；利用大面积的平缓地段，可以形成以大面积的缀花草坪为主，配以树丛、树群与孤植树等的开阔景观。宽度较大的林荫道宜采用自然式布置，宽度较小的则以规则式布置为宜等。

6. 立交桥绿地规划设计

目前，我国一些大的城市都建起了立交桥，由于车行驶回环半径的要求，每处立交桥都有一定面积的绿地，对这种绿地应根据具体情况进行规划设计。

立交桥绿地布置应服从该处的交通功能，使司机有足够的安全视距。出入口应有指示性标志的种植，使司机可以方便地看清入口；在弯道外侧，种植的乔木诱导司机的行车方向，同时使司机有一种安全的感觉。但在主次干道汇合处，不宜种植遮挡视线的树木。

立交桥绿地应主要以草坪和花灌木、植物图案为主，形成明快、爽朗的景观环境，调节司机和乘客的视觉神经和心情。在草坪上点缀三五成丛的观赏价值较高的常绿林或落叶林，也能取到较好的效果。

立体交叉路口如果位于城市中心地区，则应特别重视其装饰效果，以大面积的草坪地被为底景，草坪上以较为整形的乔木作规则种植形成背景，并用黄杨、小檗、女贞、宿根花卉等形成大面积色块图案效果，做到流畅明快、引人注目，既引导交通，又起到装饰的效果。也可在绿地中因地制宜地安排设计有代表意义的雕塑，对市民具有一定的鼓舞、启发作用。

绿岛是立体交叉中面积比较大的绿化地段，一般应种植开阔的草坪，草坪上点缀具有较高观赏价值的常绿树和花灌木，也可以种植一些宿根花卉，构成一幅壮观的图景。切忌种植过高的绿篱和大量的乔木，以免阴暗郁闭。如果绿岛面积较大，在不影响交通安全的前提下，可按街心花园的形式进行布置，设置园路、花坛、座椅等。立交桥绿岛处在不同高度的主、次干道之间，往往有较大的坡度，绿岛坡降比一般以不超过5%为宜，陡坡位置需另作防护措施。此外，绿岛内还需要装置喷灌设施，以便及时浇水、洗尘和降温。

立体交叉外围绿化树种的选择和种植方式，要和道路伸展方向绿化建筑物的不同性质结合起来，和周围的建筑物、道路、路灯、地下设施及地下各种管线密切配合，做到地上地下合理布置，才能取得较好的绿化效果。

7. 步行街绿地设计

步行街是城市中专供行人而禁止一切车辆通行的道路，如北京王府井大街、武汉江汉路步行街、大连天津街等。另外，还有一些街道只允许部分公共汽车短时间或定时通过，形成过渡性步行街和不完全步行街，如北京前门大街、上海南京路、沈阳中街等。

步行街两侧均集中商业和服务性行业建筑，绿地种植要精心规划设计，与环境、建筑协调一致，使功能性和艺术性呈现出较好的效果。为了创造一个舒适的环境供行人休息与活动，步行街可铺设装饰性花纹地面，增强街景的趣味性。还可布置装饰性小品和供人们休息用的座椅、凉亭、电话间等。

植物种植要特别注意其形态、色彩要与街道环境相结合，树形要整齐，乔木冠大荫浓、挺拔雄伟；花灌木无刺、无异味，花艳、花期长。此外，在街心适当布置花坛、雕塑。总之，步行街一方面要充分满足其功能需要，另一方面要经过精心的规划与设计才能达到较好的艺术效果。

8. 滨河路绿地设计

滨河路是城市中临河流、湖沼、海岸等水体的道路。其侧面临水，空间开阔，环境优美，是城镇居民喜爱游憩的地方。如果有良好的绿化，可吸引大量游人，特别是夏日和傍晚，其作用不亚于风景区和公园绿地。

一般滨河路的一侧是城市建筑，在建筑和水体之间设置道路绿带。如果水面不十分宽阔，对岸又无风景时，滨河路可以布置得较为简单。除车行道和人行道之外，临水一侧可修筑游步道，树木种植成行；驳岸风景点较多，沿水边就应设置较宽阔的绿化地带，布置游步道、草地、花坛、座椅等园林设施。游步道应尽量靠近水边，以满足人们靠近水边行走的需要。在可以观看风景的地方设计小型广场或凸出岸边的平台，以供人们凭栏远眺或摄影。在水位较低的地方，可以因地势高低，设计成两层平台，以踏步联系。在水位较稳定的地方，驳岸应尽可能砌筑得低一些，满足人们的亲水感。

在具有天然驳岸的地方，可以采用自然式布置游步道和树木，凡未铺装的地面都应种植灌木或铺栽草皮。如有顽石布置于岸边，更显自然。

水面开阔，适于开展游泳、划船等活动时，在夏日、假日会吸引大量的游人，这些地方应设计成滨河公园。

滨河绿地的游步道与车行道之间要尽可能用绿化隔离开来，以保证游人的安全和拥有一个安静休息的环境。国外滨河路的绿化一般布置得比较开阔，以草坪为主，乔木种得比较稀疏，在开阔的草地上点缀以修剪成形的常绿树和花灌木。有的还把砌筑的驳岸与花池结合起来，种植的花卉和灌木形式多样。

(二) 城市交通道路景观设计的步骤

1. 现状调查与分析
①环境踏勘。
②交通调查与分析。道路交通流量、车辆的类型、外来车辆等的调查。
③道路断面分析。对于主要道路断面优劣的分析，指出现状的优势和不足。
④周边建筑环境分析。对交通道路周边的建筑风格、生态环境、绿化特征进行系统的调查、研究。
⑤自然环境分析。对地形、地质、地貌、自然条件等作分析。
根据分析，在总体规划设计定位的前提下，确定现状道路性质，并且提出主要存在的问题及解决问题的设想。

2. 初步规划与设计
由景观规划师根据上述定位、目标、原则和调查分析结果，提出道路景观规划设计的初步方案。

3. 初步规划设计方案的论证
景观规划师与道路工程师、城市规划师等专业人员共同研究，使道路在平面、断面、竖向、人车出入口、广场、桥涵等方面达到和谐统一，并从不同角度感知景观效果。

4. 软质景观方案深化
研究道路绿化与景点布局，使道路绿化在树种、树形、布局等总体上与周围环境成为一个整体。

5. 硬质景观方案深化
对道路硬质景观部件和相关的建筑提出控制性的初步设计，包括路灯路牌、候车亭、小品、挡土墙、观景平台、扶手栏杆等，使景观道路规划设计与城市在风格上协调统一。

6. 深化方案的研讨论证
收集各方面专家的方案与研讨结论，提出对规划设计进行修改和调整的意见，最终形成完整的景观道路规划设计成果。

7. 施工图设计
市政道路设计部门根据完成的道路规划设计方案以及片区市政规划，进行道路施工图的设计。

第二节　街道绿化设计

街道绿化的内容包括道路绿带、广场和停车场绿地、交通岛绿地、滨河路绿地等。

一、道路绿带设计

(一) 行道树绿带的设计

行道树是街道绿化最基本的组成部分，沿道路种植一行或几行乔木是街道绿化最普遍的形式，行道树的设计内容及方法是：

1. 选择合适的行道树种

每个城市、每个地区的情况不同，要根据当地的具体条件，选择合适的行道树种，所选树种应尽量符合街道绿化树种的选择条件。

2. 确定行道树种植点距道牙的距离

行道树种植点距道牙的距离决定于两个条件：一是行道树与管线的关系；二是人行道铺装材料的尺寸。

行道树是沿车行道种植的，而城市中许多管线也是沿车行道布置的，行道树与管线之间经常相互影响。我们在设计时要处理好行道树与管线的关系，使它们各得其所，才能达到理想的效果。

在具体应用时，还应根据管道在地下的深浅程度而定，管道深的，与树木的水平距离可以近些。树种属深根性或浅根性，对水平距离也有影响。树木与架空线的距离也视树种而异，树冠大的要求距离远些，树冠小的则可近些，一般应保证在有风时，树冠不致碰到电线。在满足与管线关系的前提下，行道树距道牙的距离应不小于 0.5m。

确定种植点距道牙的距离还应考虑人行道铺装材料及尺寸。如果是整体铺装则可不考虑，如果是块状铺装，最好在满足与管线最小距离的基础上，取与块状铺装的整数倍尺寸关系的距离，这样施工起来比较方便快捷。

3. 确定合理的株距

行道树的株距要根据所选植物的成年冠幅大小来确定，另外道路的具体情况如交通或市容的需要也是考虑株距的重要因素。常用的株距有 4m、5m、6m、8m 等。

4. 确定种植方式

行道树的种植方式要根据道路和行人情况来确定。道路行人量大多选用种植池式，树池的尺寸一般为 1.5m × 1.5m。树池的边石有高出人行道 10 ~ 15cm 的，也有和人行道等高的，前者对树木有保护作用，后者行人走路方便，现多选用后者。在主要街道上还覆盖特制混凝土盖板石或铁花盖板保护植物，于行人更为有利。道路不太重要、行人量较少的地段可选用种植带式。长条形的种植带施工方便，对树木生长也有好处；缺点是裸露土地多，不利于街道卫生和街景的美观。为了保持清洁和街景的美观，可在条形种植带中的裸土处种植草皮或其他地被植物。种植带的宽度应在 1.5m 以上。

5. 其他

在设计行道树时还应注意路口及电线杆附近、公交车站处的处理，应保证安全所需要的最小距离。

行道树绿带的设计要考虑绿带宽度、减弱噪声、减尘及街景等因素，还应综合考虑园林艺术和建筑艺术的统一，可分为规则式、自然式以及规则与自然相结合的形式。行道树绿带是一条狭长的绿地，下面往往敷设若干条与道路平行的管线，在管线之间留出种树的位置。由于这些条件的限制，成行成排地种植乔木及灌木，就成为行道树绿带的主要形式了。它的变化体现在乔灌木的搭配、前后层次的处理和单株与丛植交替种植的韵律上。为了使街道绿化整齐统一，同时又能够使人感到自由活泼，行道树绿带的设计以采用规则与自然相结合的形式最为理想。行道树常用树池式。

(二) 分车绿带的设计

在分车带上进行绿化，称为分车绿带，也称隔离绿带。在三块板的道路断面中分车绿带有两条，在两块板的道路上分车绿带只有一条，又称为中央或中间分车绿带。分车绿带有组织交通、分隔上下行车辆的作用。在分车绿带上经常设有各种杆线、公共汽车停车站，人行横道有时也横跨其上。

分车绿带的宽度因道路而异，没有固定的尺寸，因而种植设计就因绿带的宽度不同而有不同的要求。一般在分车带上种植乔木时，要求分车带不小于 2.5m；6m以上的分车带可以种两行乔木和花灌木；窄的分车带只能种植草坪和灌木。两块板形式的路面在我国不多，中央绿带最小为 3m，3m 以上的分车带可以种乔木。国外新城规划中，中央分车带有达几十米宽的，上面不种乔木，只种低矮灌木和草皮。

设置分车带的目的，是用绿带将快慢车道分开，或将逆行的快车与快车分开，保证快慢车行驶的速度与安全。对视线的要求因地段不同而不同。在交通量较少的道路两侧及没有建筑或没有重要的建筑物地段，分车带上可种植较密的乔、灌木，形成绿色的墙，充分发挥隔离作用。当交通量较大或道路两侧分布着大型建筑及商业建筑时，既要求隔离又要求视线通透，在分车带上的种植就不应完全遮挡车视线。种分枝点低的树种时，株距一般为树冠直径的 2~5 倍；灌木或花卉的高度应在视平线以下。如需要视线完全敞开，在隔离带上应只种草皮、花卉或分枝点高的乔木。路口及转角地应留出一定范围不种遮挡视线的植物，使司机能有较好的视角，保证交通安全。

分车绿带位于车行道中间，位置明显且重要，在设计时要注意街景的艺术效果。可以造成封闭的感觉，也可以创造半开敞、开敞的感觉。这些都可以用不同的种植设计方式来达到。分车带的绿化设计方式有三种，即封闭式、半开敞式和开敞式。无论采取哪一种种植方式，都是为了最合理地处理好建筑、交通和绿化之间的关系，使街景统一而富于变化。但要注意不可过多变化，否则会使人感到凌乱烦琐而缺乏统一，容易分散司机的注意力。从交通安全和街景考虑，在多数情况下，分车绿带以不遮挡视线的开敞式种植较为合理。

分车绿带种植设计时要注意几点问题：

第一，分车绿带位于车行道之间，当行人横穿道路时必然横穿分车绿带，这些地段的绿化设计应根据人行横道线在分车绿带上的不同位置，采取相应的处理办法，既要满足行人横穿马路的要求，又不致影响分车绿带的整齐美观。

其有三种情况：

①人行横道线在绿带顶端通过，在人行横道线的位置上铺装混凝土方砖不进行绿化。

②人行横道线在靠近绿带顶端位置通过，在绿带顶端留一小块绿地，在这一小块绿地上可以种植低矮植物或花卉草地。

③人行横道线在分车绿带中间某处通过，在行人穿行的地方不能种植绿篱及灌木，可种植落叶乔木。

第二，分车绿带一侧靠近快车道，公共交通车辆的中途停靠站都设在分车绿带上。车站的长度在 30m 左右，在这个范围内一般不能种灌木、花卉，可种植乔木，以便夏季为等车乘客提供树荫。当分车绿带宽 5m 以上时，在不影响乘客候车的情况下，可以种少量绿篱和灌木，并设矮栏杆保护树木。

（三）路侧绿带的设计

路侧绿带包括基础绿带、防护绿带、花园林荫路、街头休息绿地等。当街道具有一定的宽度时，人行道绿带也就相应地宽了，这时人行道绿带上除布置行道树外，还有一定宽度的地方可供绿化，这就是防护绿带。若绿化带与建筑相连，则称为基础绿带。一般防护绿带宽度小于 5m 时，均称为基础绿带；宽度大于 10m 以上的，可以布置成花园林荫路。

1. 防护绿带和基础绿带设计

防护绿带宽度在 2.5m 以上时，可考虑种一行乔木和一行灌木；宽度大于 6m 时，可考虑种植两行乔木，或将大小乔木、灌木以复层方式种植；宽度在 10m 以上时，种植方式更应多样化。

基础绿带的主要作用是保护建筑内部的环境及人的活动不受外界干扰。基础绿带内可种植灌木、绿篱及攀缘植物以美化建筑物。种植时一定要保证植物与建筑物的最小距离，保证室内的通风和采光。

2. 街头休息绿地的设计

在城市干道旁供居民短时间休息用的小块绿地，称为街头休息绿地。它主要指沿街的一些较集中的绿化地段，常常布置成"花园"的形式，有的地方又称为"小游园"。街头休息绿地以绿化为主，同时有园路、场地及少量的设施和建筑可供附近居民和行人作短时间休息。绿地面积多数在 1 公顷以下，有些只有几十平方米。由于街头休息绿地不拘形式，只要街道旁有一定面积的空地，均可开辟为街头休息绿地。在城市绿地不足的情况下，常常可以用街头休息绿地来弥补城市绿地的不足。旧城市改造时，在稠密的建筑群里要求开辟集中的大面积绿地是很困难的，在这种情况下，发展街头休息绿地是个好办法。

街头休息绿地的平面形式各种各样，面积大小相差悬殊，周围环境也各不相同，但在布置上大体可分为四种类型，即规则对称式、规则不对称式、自然式、规则与自然相结合式。它们各有特色，具体采用哪种形式要根据绿地面积大小、轮廓形状、周围建筑物（环境）的性质、附近居民情况和管理水平等因素来选择。

街头休息绿地的设计内容包括确定出入口、组织空间、设计园路、场地、选择安放设施、进行种植设计。这些都要按照艺术原理及功能要求考虑。

以休息为主的街头绿地中道路场地可占总面积的 30% ~ 40%，以活动为主的街头绿地中道路场地可占 60% ~ 70%，但这个比例会因绿地大小不同而有所变化。

植物的选择要按街道绿化树种的要求来选择骨干树种。种植形式可多样统一，要重点装饰出入口及场地周围、道路转折处。另外，街头休息绿地是街道绿化的延伸部分，与街道绿化密切相关，它的种植设计要求与街道上的种植设计有联系，不要分开。为了减少街道上的噪声及尘土对绿地环境的不良影响，最好在临街一侧种植绿篱、灌木，起分隔作用，但要留出几条透视线，以便让行人在街道上能望到园林规划绿地中的景色和从绿地中借外景。

街头休息绿地中的设施包括栏杆、花架、景墙、桌椅座凳、宣传廊(栏)、儿童游戏设施以及小建筑物、水池、山石等。具体到哪块、绿地中安放哪些设施，要根据绿地所处的位置来决定。

3.花园林荫路的设计

花园林荫路是指那些与道路平行而且具有一定宽度和游憩设施的带状绿地。花园林荫路也可以说是带状的街头休息绿地、小花园。在城市建筑密集、缺少绿地的情况下，花园林荫路可弥补城市绿地分布不均匀的缺陷。

花园林荫路在街道平面上的位置有三种：

①布置在街道中间。

②布置在街道一侧。

③布置在街道两侧。

花园林荫路的设计要保证林荫路内有一个宁静、卫生和安全的环境，以供游人散步、休息。在它与车行道相邻的一侧，要用浓密的植篱和乔木共同组成屏障，与车行道隔开。但为了方便行人出入，一般间隔75～100m应设一出入口，在有特殊需要的地方可增设出入口。花园林荫路中的适当地段结合周围环境应开辟各种场地，设置必要的园林设施为行人和附近居民作短时间休息用。林荫路的尽端，往往与城市广场或主要干道交叉口联系，是城市广场构图的组成部分，应特别注意艺术处理。

花园林荫路内部其他内容设施与街头休息绿地差不多，只是空间较为狭长而已，应注意开合、收放等的韵律变化。林荫路内道路及广场的面积可占25%～35%。

二、交通岛绿地

(一) 交叉路口绿地

为了保证行车安全，在道路交叉口必须为司机留出一定的安全视距，使司机在这段距离内能看到对面开来的车辆，并有充分刹车和停车的时间而不致发生事故。这种从发觉对方汽车而立即刹车到能够停车的距离称之为"安全"或"停车视距"，这个视距主要与车速有关。根据相交道路所选用的停车视距，可在交叉口平面上绘出一个三角形，称为"视距三角形"。在视距三角形范围内，不能有阻碍视线的物体。如在此三角形内设置绿地，则植物的高度不得超过小轿车司机的视高，即小于0.7m。

(二) 交通岛

交通岛，俗称转盘，设在道路交叉口处。主要作用为组织交环形交通，使驶入交叉口的车辆，一律绕岛作逆时针单向行驶。一般设计为圆形，其直径的大小必须保证车辆能按一定速度以交织方式行驶。由于受到环岛上交织能力的限制，交通岛多设在车流量较大的主干道或具有大量非机动车交通、行人众多的交叉口。目前，我国大、中城市所用的圆形中心岛直径为 40～60m，一般城镇的中心岛直径也不能小于 20m。中心岛不能布置成供行人休息用的小游园或吸引人的地面装饰物，而常以嵌花草皮的花坛或以低矮的常绿灌木组成简单的图案花坛为主，忌用常绿小乔木或灌木，以免影响视线。中心岛虽然也能构成绿岛，但比较简单，与大型的交通广场或街心游园不同，且必须封闭。

（三）立体交叉绿岛

互通式立体交叉一般由主、次干道和匝道组成，匝道是供车辆左右转弯而把车流导向主次干道的。为了保证车辆安全和保持规定的转弯半径，匝道和主次干道之间就形成了几块面积较大的空地，作为绿化用地称为绿岛。此外，从立体交叉的外围到建筑红线的整个地段，除根据城市规划安排市政设施外，都应该充分地绿化起来，这些绿地可称为外围绿地。

绿化布置要服从立体交叉的功能，使司机有足够的安全视距。在立交进出道口和准备会车的地段及立交匝道内侧道路有平曲线的地段，不宜种植遮挡视线的树木，可种植绿篱或灌木等，其高度也不能超过司机的视高，以便司机能通视前方的车辆。在弯道外侧，植物应连续种植且视线要封闭，不使视线涣散，并预示道路方向和曲率，这样有利于行车安全。

绿岛是立体交叉中面积比较大的绿化地段，一般应种植开阔的草坪，草坪上点缀有较高观赏价值的常绿植物和花灌木，也可以种植观叶植物组成的纹样色带和宿根花卉。有的立体交叉，还利用立交桥下的空间，搞些小型服务设施。如果绿岛面积较大，在不影响交通安全的前提下，可按街心花园的形式进行布置，设置园路、花坛、座椅等。

立体交叉的绿岛处在不同高度的主次干道之间，往往有较大的坡度，这对绿化是不利的，可设挡土墙减缓绿地的坡度，一般以不超过 5% 为宜。此外，绿岛内还需装设喷灌设施。在进行立体交叉绿化地段的设计时，要充分考虑周围的建筑物、道路、路灯、地下设施和地下各种管线的关系，做到地上、地下合理安排，才能取得较好的绿化效果。

外围绿地的树种选择和种植方式要和道路伸展方向的绿化结合起来考虑。立交和建筑红线之间的空地，可根据附近建筑物性质进行布置。

三、广场、停车场绿地

(一) 广场绿地

在城市中有各种不同类型的广场，如政治广场、交通广场、纪念性广场、车站广场等。在广场上往往需要有一定的地段进行绿化和重点处理，使不同性质的广场各有特色并充分发挥它们在城市建筑艺术方面的作用。另外，在一些有价值、有历史意义的大型公共建筑前，大多留出适当的绿化地段种植树木、花卉和草地，来衬托、点缀建筑物和美化周围的环境。广场及公共建筑前的绿化地段是城市街道绿化的重点之一。它可以改善广场的小气候，还可以为行人创造一个休息的环境。

广场的绿化必须与广场性质一致。城市广场的类型有很多，因而绿化的形式各异。

1. 政治性广场的绿化设计

政治性广场一般包括：国家首都或省会的政治集会中心广场，国家元首或政府首脑官邸前的广场；政府或议会前的广场；纪念某件事或某个人的广场。这些广场的绿化与在这个广场中的其他设施一样，往往具有一定的政治含义或某些代表意义。按照广场类型的不同，绿化设计也要求有不同的风格，但应有利于突出广场的性质。比如，政治性广场的绿化要简洁、有气魄，植物种类不必过多，种植方式以规则式为主；纪念性广场要严肃、雅静，常绿植物量可大些，种植方式也应以规则式为主；普通集散、活动性广场的绿化设计可自然活泼些，用植物群体轮廓来衬托广场。

2. 公共建筑物前广场的绿化设计

城市中的公共建筑一般有剧场、影院、俱乐部、展览馆、饭店、体育场、商场等。这些建筑前的绿化应各有特点，但总的来说都要适应大量人流集散的要求。有的公共建筑前人流经常是川流不息的，如商场、展览馆等；有的公共建筑则在人流集散高峰比较明显，如剧场、影院、体育馆等。在绿化布置时，对后一种建筑更需要便于人流通过，同时也要避免绿化遭受破坏。不同的公共建筑对绿化也有不同的要求：有的建筑物正面要布置大橱窗或宣传广告，如商场或电影院等需要用绿化留出一定的空间；有的建筑要显示出庄重的立面，如国家博物馆等需要用绿化去衬托；有的建筑物要保持室内的安静，如饭店的餐厅或居室前面需要用绿化隔离；有的建筑由于内部功能的要求产生了局部难看的立面，需要用绿化遮挡。不管怎么需要，绿化布置时都要注意布局要与建筑平立面相适应，除必须遮挡的立面外，公共建筑前的绿化应强调开阔感、层次感，不遮挡建筑的主要观赏面。草皮、花卉、灌木、乔木、绿篱、攀缘植物均可布置，分层次地衬托建筑；有大型乔木在内的丛植一般布置在边角处，入口部分可对植物加以强调。各种公共建筑前的绿化，都应注意利用植物来阻挡或引导行人的行走，保证大片绿地的完好性。

3. 车站、飞机场和客运码头前广场的绿化设计

车站、机场和码头是旅客出入频繁的地方，广场的大部分常常被各种停车场、公共车站以及宽阔的人行道占用，可供绿化的地方不多。比较好的绿化办法是多种植一些大乔木。大乔木下面占地不多，而其较大的树冠却能起到很好的绿化庇荫作用，大树下布置适当的座椅供旅客休息，以缓解候车（船）室的拥挤。客运码头附近往往需要比较开敞的绿化布置，一方面是可以和广阔的水面相协调，另一方面是水上船只可方便地看到码头建筑物。

车站、飞机场和码头是城市的"大门"，在建筑艺术上要求较高，在绿化布置和苗木选择上也应能反映出城市的特点和地方的风格，如气候的季节性、城市的代表性植物等。

4. 交通广场的绿化设计

交通广场包括桥头、十字路交叉口和街道拐弯处的广场。这些地方为了交通安全往往利用绿化将各种车辆疏导开。树木和花草可以作为引导交通的一种标志，如在道路拐弯处种植几株树木或花草。绿篱和灌木可以起到拦护和阻挡人、车通行的作用。把组织交通和路口的绿化结合在一起，既可保护交通安全，又能美化市容。

交通广场的绿化有三种布置形式：一是周边式绿化，即在广场的周围进行绿化；二是绿岛，即在广场中心安全岛上进行绿化；三是在广场上只留出车辆的行驶路线，其余的地段全部绿化。这三种形式的选择要根据广场的大小、行驶车辆的多少、车辆的类型和交通的管理方式而定。

交通广场的绿化种植要有完整性，不能因车行道或人行道的分隔而显得支离破碎。各种树木花草的色彩要鲜明。在有条件的情况下最好能把乔木、灌木和绿篱搭配在一起种植，这样可以减少繁忙的交通造成的噪声和尘土污染。

绿岛不论大小，一般不让居民、行人到里边休息，这是因为要进入绿岛必然要横穿车辆流动的马路，很不安全。面积较小的绿岛可以布置成一个大花坛，用花卉组成图案；面积大的多布置成草坪树坛，还可用雕像和绿化结合起来。

各类型广场的绿化布置还应注意几个问题：

①避免人流穿行和践踏绿地，在有大量人流经过的地方不布置绿化，必要时设置栏杆，禁止行人穿行。

②树木种植的位置要与地下管线和地上杆线配合好，在种植设计前要按照规范要求定出具体尺寸。最重要的是热力管线，一定要保证按规定的距离设计。

③最好能选用大规格苗木。广场是人流集中的地方，应很快形成广场的完整

面貌。

④树木花草要和道路、路灯、园椅、栏杆、广播器、喷洒龙头、宣传牌、管理房和垃圾箱很好地配合，最好是一次施工完成，如果做不到也要统一设计。

(二) 停车场绿地

随着人民生活水平的提高和城市建设的发展，机动车越来越多，对停车场的要求也越来越迫切。一般在较大的公共建筑物如剧场、体育馆、展览馆、影院、商场、饭店等附近，都应设停车场。

停车场的绿化可分为三种形式，即周边式、树林式和建筑前的绿化兼停车场。

较小的停车场适用于周边式，这种形式是四周种植落叶乔木、常绿乔木、花灌木、草地、绿篱或围以栏杆，场内地面全部铺装，不种植物。

较大的停车场为了给车辆遮阴，可在场地内种植成行、成列的落叶乔木，除乔木的种植外，场内地面全部铺装。

建筑前的绿化兼停车场，因靠近建筑物又使用方便，所以是目前运用最多的停车场形式。这种形式的绿化布置灵活，多结合基础绿化、前庭绿化和部分行道树。设计时绿化既要衬托建筑，又要能对车辆起到一定的遮阴和隐蔽作用。故种植一般是乔木和高绿篱或灌木结合。

四、滨河路绿地

滨河路是城市临河、湖、海等水体的道路。这种道路由于一面临水，空间开阔，环境优美，是城市居民游憩的好地方。水体沿岸不同宽度的绿带称为滨河绿地，这些滨河路的绿地往往给城市增添非常美丽的景色。

一般滨河路的一侧是城市建筑，另一侧是滨河绿地 (带)。在水面不十分宽阔、对岸又无风景时，滨河路可以布置得较为简单，除车行道和人行道外，临水一侧沿岸可设置栏杆，修筑游步道，成行种植树木，树间安放座椅，供游人休憩。如果水面宽阔、沿岸风光绚丽、对岸景色也较好时，沿水边就应设置较宽阔的绿化地带。设计时根据人有亲水的习惯，应将游步道尽量贴近有水一侧，铺装场地及设施的安放也应便于欣赏水景。在可以观看风景的地方应设计成小型广场或凸出岸边的平台，以供人们凭栏远眺或摄影；在水位较低的地方可以因地势高低，设计成两层平台；在水位较稳定的地方，驳岸应尽可能砌筑得低一些，满足人们的亲水感；在具有天然坡岸的地方，可以采用自然式布置游步道和树木。

滨河绿地上除采用一般街道绿化树种外，在低湿的河岸或一定时期水位可能上涨的水边，应特别注意选择能适应水湿和盐碱的树种。在绿化布置上，靠近车行道一侧的种植应注意减少噪声，以保证游人能安静休息和卫生、安全；临水一侧为便于人们观赏和眺望风景，树木不宜种得过于闭塞，但林冠线要富于变化，乔木、灌木、花卉、草坪配合使用，以丰富景观。滨河路的绿化，除有遮阴、美化的功能以外，有时还具有防浪、固堤、护坡的作用，要注意斜坡上的绿化处理。可以与花池结合起来种植花卉、灌木，也可以用护坡砖结合草皮、树木，来避免水土流失和美化水岸。

滨河绿地内的设施可多样化，圆桌、椅、座凳、栏杆、景墙，花台、山石，雕塑，花架、亭、廊等都可以设置，但一定要适当。

第三节　公路绿化设计

一、一般公路绿化设计

公路是指城市郊区的道路以及城乡之间的交通要道。它是联系城镇乡村及风景区、旅游胜地等的交通网。公路绿化与街道绿化有着共同之处，但也有不同之处，公路距居民区较远，通常穿过农田、山林，但没有城市复杂的地上、地下管网和建筑物的影响，人为的损伤也较少，这些都有利于绿化。

在公路绿化设计中应注意下列问题：

①公路绿化要根据公路的等级、路面的宽窄来决定绿化带的宽度及树木的种植位置。当路面宽度在9m及9m以下时，公路种植不宜种在路肩上，要种在边沟以外，距外缘0.5m处为宜。当路面宽度在9m以上时，公路种植可种在路肩上，距边沟内缘不小于0.5m处为宜，以免树木地下部分生长破坏路基。

②公路交叉口处应留出足够的视距，在遇到桥梁、涵洞等构筑物时，5m以内不得种树。

③如果公路线很长，则可在2～5km距离处换一种树种。这样可以使公路绿化不会过于单调，增加公路上的景色变化，保证行车安全，同时也防止病虫害蔓延。另外，在公路绿化树种选择上，还要注意乔木与灌木树种结合、常绿树与落叶树相结合、速生树种与慢生树种相结合，但都应以乡土树种为主。

④公路绿化尽可能与农田防护林、护渠护堤林和郊区的卫生防护林相结合，做到一林多用、少占耕地。公路线长、面广，可由乡、村分段管理，副产品的增收潜力很大，可以利用树木更新得到大量的木材，也可采用种植果树及木本油料、香料植物，最终可采收枝条、干鲜果等。

二、高速公路绿化设计

随着城市交通现代化的进程,高速公路与城市快速道路在我国迅速发展,高速公路是指有中央分隔带、四个及以上车道立体交叉、完备的安全防备设施并专供汽车快速行驶的现代化公路。这种主要供汽车高速行驶的道路,路面质量较高,行车速度较快,一般速度为 80~120km 每小时,甚至超过 200km 每小时。针对这样的特殊道路,绿化及绿化防护工作尤为重要,通过绿化缓解高速公路施工、运营给沿线地区带来的各种影响,保护自然环境,改善生活环境,并通过绿化提高交通安全性和舒适性。

高速公路的横断面包括行车道、中央分隔带、路肩、边坡和路旁安全地带等。

(一)中央分隔带

分车带宽度一般为 1~5m,其主要目的是按不同的行驶方向分隔车道,防止车灯眩光干扰,减轻司机因行车引起的精神疲劳感。此外,通过不同标准路段的树种替换,可消除司机的视觉疲劳及旅客心情的单调感,还有引导视线、改善景观的作用。

中央分隔带一般以常绿灌木的规则式整形设计为主,有时结合落叶花灌木形成自由式设计,地表一般采用草皮覆盖。在植物的选择上,应重点考虑耐尾气污染、耐粗放管理、生长旺盛、慢生、耐修剪的灌木,如蜀桧、龙柏、大叶黄杨、小叶女贞、蔷薇、丰花月季、紫叶李、连翘等。

(二)边坡绿化

边坡是高速公路中对路面起支持保护作用的有一定坡度的区域。除应达到景观美化的效果外,还应与工程防护相结合,起到固坡、防止水土流失的作用。在选用护坡植物材料时,应考虑固土性能好、成活率高、生长快、耐瘠薄、耐粗放管理等要求的植物,如连翘、蔷薇、迎春、毛白蜡、柽柳、紫穗槐等。对于较矮的土质边坡,可结合路基种植低矮的花灌木、匍匐植物或草坪,较高的土质边坡可用三维网种植草坪,对于石质边坡可用攀缘植物进行垂直绿化。

(三)公路两侧绿化带

公路两侧绿化带是指道路两侧边沟以外的绿化带。公路两侧绿化带是为了防止高速公路在穿越市区、学校、医院、疗养院、住宅区附近时的噪声和废气污染。除此之外,还可以防风固沙、涵养水源,吸收灰尘、废气,减少污染、改善小环境气候以及增加绿化覆盖率。路侧绿化带宽度不定，一般在10~30m。通常种植花灌木，在树木光影不影响行车的情况下，可采用乔灌结合的形式，形成良好的景观。

(四) 服务区绿化

高速公路上一般每50km左右设一服务管理区，供司机和乘客短暂停留，满足车辆维修、加油及司机、乘客就餐、购物、休息的需要。服务区设计有减速道、加速道、停车场、加油站、汽车维修及管理站、餐馆、旅店及一些娱乐设施等。应结合具体的建筑及设施进行合理的绿化设计。常常采用乔、灌、草的搭配烘托建筑物，使建筑物与周围环境相协调。加油站、管理站等区域要有开阔的视线，为了避免植物对加油站的设施和水面清洁的破坏，周围应以草坪为主，适当种植乔木和花灌木，形成丰富的景观。在防护地和预留地边缘种植一排乔木，以界定服务区范围，并起到防护作用，在预留地区种植当地有特色的果树林和经济林，形成富有特色的绿化区域。

第四节　城市广场绿地设计

现代广场与城市公园一样是现代城市开放空间体系中的"闪光点"。它具有主题明确、功能综合、空间多样等特点，备受现代都市人青睐。

一、城市广场的类型

现代城市广场的定义是随着人们的需求和文明程度的发展而变化的。今天我们面对的现代城市广场一般是指由建筑物、街道和绿地等围合或限定形成的永久性城市公共活动空间，是城市空间环境中最具公共性、最富有艺术魅力、最能反映城市文化特征的开放空间，有着城市"起居室"和"客厅"的美誉。

现代城市广场的类型划分，通常是按广场的功能性质、尺度关系、空间形态、材料构成、平面组合和剖面形式等来划分的，其中最为常见的是根据广场的功能性质来进行分类。

(一) 市政广场

市政广场一般位于城市中心位置，通常是市政府、城市行政区中心、老行政区中心和旧行政厅所在地。它往往布置在城市主轴线上，成为一个城市的象征。在市政广场上，常有表现该城市特点或代表该城市形象的重要建筑物或大型雕塑等。

市政广场应具有良好的可达性和流通性，故车流量较大。为了合理有效地解决好人流、车流问题，有时甚至用立体交通方式，如地面层安排步行区，地下安排车行、停车等，实现人车分流。市政广场一般面积较大，为了让大量的人群在广场上有自由活动、节日庆典的空间，一般多用硬质材料铺装为主，如北京天安门广场、莫斯科红场等。也有以软质材料绿化为主的，如美国华盛顿市中心广场，其整个广场如同一个大型公园，配以座凳等小品，把人引入绿化环境中去休闲、游赏。市政广场布局形式一般较为规则，甚至是中轴对称的。标志性建筑物常位于轴线上，其他建筑及小品对称或对应布局。广场中一般不安排娱乐性、商业性很强的设施和建筑，以加强广场稳重严整的气氛。

(二) 纪念广场

纪念广场的题材广泛，涉及面很广，可以是纪念人物，也可以是纪念事件。通常广场中心或轴线以纪念雕塑 (或雕像)、纪念碑 (或柱)、纪念建筑或其他形式纪念物为标志，主体标志物应位于整个广场构图的中心位置。纪念广场有时也与政治广场、集会广场合并设置为一体，如北京的天安门广场。

纪念广场的大小没有严格限制，只要能达到纪念效果即可。因为通常要容纳众人举行缅怀纪念活动，应考虑广场中具有相对完整的硬质铺装地，而且与主要纪念标志物 (或纪念对象) 保持良好的视线或轴线关系。例如，哈尔滨防洪纪念塔广场、上海鲁迅墓广场等。

纪念广场的选址应远离商业区、娱乐区等，严禁交通车辆在广场内穿越，以免对广场造成干扰，并注意突出严肃深刻的文化内涵和纪念主题。宁静和谐的环境气氛会使广场的纪念效果大大增强。由于纪念广场一般保存时间很长，纪念广场的选址和设计都应紧密结合城市总体规划统一考虑。

(三) 交通广场

交通广场的主要目的是有效地组织城市交通，包括人流、车流等，是城市交通体系中的有机组成部分。它是连接交通的枢纽，起交通、集散、联系、过渡及停车的作用。通常分为两类：一类是城市内外交通会合处，主要起交通转换作用，如火车站、长途汽车站前广场 (站前交通广场)；另一类是城市干道交叉口处交通广场 (环岛交通广场)。

站前交通广场是城市对外交通或者是城市区域间的交通转换地，设计时广场的规模与转换交通量有关，包括机动车、非机动车、人流量等，广场要有足够的行车面积、停车面积和行人场地。对外交通的站前交通广场往往是一个城市的入口，其位置一般比较重要，很可能是一个城市或城市区域的轴线端点。广场的空间形态应尽量与周围环境相协调，体现城市风貌，使过往旅客使用舒适，印象深刻。

环岛交通广场地处道路交会处，尤其是四条以上的道路交会处，以圆形居多，三条道路交会处常常呈三角形（顶端抹角）。环岛交通广场的位置非常重要，通常处于城市的轴线上，是城市景观、城市风貌的重要组成部分，形成城市道路的风景。一般以绿化为主，应有利于交通组织和司乘人员的动态观赏，同时广场上往往还设有城市标志性建筑或小品（喷泉、雕塑等）。如西安市的钟楼、法国巴黎的凯旋门都是环岛交通广场上的重要标志性建筑。

(四) 休闲广场

在现代社会中，休闲广场已成为广大市民最喜爱的重要户外活动空间。它是供市民休息、娱乐、游玩、交流等活动的重要场所，其位置常常选择在人口较密集的地方，以方便市民使用为目的，如街道旁、市中心区、商业区甚至居住区内。休闲广场的布局不像市政广场和纪念性广场那样严肃，往往灵活多变，空间多样自由，但一般与环境结合很紧密。广场的规模可大可小，没有具体的规定，主要根据现状环境来考虑。

休闲广场以让人轻松愉快为目的，广场尺度、空间形态、环境小品、绿化、休闲设施等都应符合人的行为规律和人体尺度要求。就广场整体而言主题是不确定的，甚至没有明确的中心主题，而每个小空间环境的主题、功能是明确的，每个小空间的联系是方便的。总之，休闲广场以舒适方便为目的，让人乐在其中。

(五) 文化广场

文化广场是为了展示城市深厚的文化积淀和悠久历史，经过深入挖掘整理，从而以多种形式在广场上集中地表现出来。文化广场应有明确的主题，与休闲广场无须主题正好相反，文化广场可以说是城市的室外文化展览馆。一个好的文化广场应让人们在休闲中了解该城市的文化渊源，从而达到热爱城市、激发上进精神的目的。

文化广场的选址没有固定模式，一般选择在交通比较方便、人口相对稠密的地段，还可考虑与集中公共绿地相结合，甚至可结合旧城改造进行选址。其规划设计不像纪念广场那样严谨，更不一定需要有明显的中轴线，可以完全根据场地环境、表现内容和城市布局等因素进行灵活设计。邯郸市的学步桥广场就是一例。学步桥广场在广场空间中安排了"邯郸学步"景区、"典故小品"景区、"成语石刻"景区及"望桥亭"景区；构思上以古赵历史文化为主线，以学步桥为中心，挖掘历史，展现古赵文化丰富内涵；将成语典故、民间传说及重要历史事件融入其中，精心构思、刻意处理，从而烘托文化氛围，延伸意境。

(六) 古迹 (古建筑等) 广场

古迹广场是结合城市的遗存古迹保护和利用而设置的城市广场，生动地代表了一个城市的古老文明程度。可根据古迹的体量高矮，结合城市改造和城市规划要求来确定其面积大小。古迹广场是表现古迹的舞台，所以其规划设计应从古迹出发组织景观。如果古迹是一幢古建筑，如古城楼、古城门等，则应在有效地组织人车交通的同时，让人在广场上逗留时能多角度地欣赏古建筑，登上古建筑又能很好地俯视广场全景和城市景观。如南京市汉中门广场，它是在南京汉中门遗址的基础上加以改建形成的。

(七) 商业广场

商业功能可以说是城市广场最古老的功能，商业广场也是城市广场最古老的类型。商业广场的形态空间和规划布局没有固定的模式可言，它是根据城市道路、人流、物流、建筑环境等因素进行设计的，可谓"有法无式""随形就势"。但是，商业广场必须与其环境相融、功能相符、交通组织合理，同时商业广场应充分考虑人们购物休闲的需要。例如，交往空间的创造、休息设施的安排和适当的绿化等。商业广场是为商业活动提供综合服务的功能场所。传统的商业广场一般位于城市商业街内或者是商业中心区内，而当今的商业广场通常与城市商业步行系统相融合，有时是商业中心的核心，如上海市南京路步行街中的广场。此外，还有集市型的露天商业广场，这类商业广场的功能分区是很重要的，一般将同类商品的摊位、摊点相对集中地布置在一个功能区内。

以上是按广场的主要功能性质为依据进行分类的，就广场主题而言，一般市政广场、纪念广场、文化广场、古迹广场相对比较明确，而交通广场、休闲广场、商业广场等不是那么明确，只是有所侧重而已。

当然，现代城市广场分类还可以将尺度关系、空间形态、材料构成、广场平面形式、广场剖面形式等作为分类依据。

二、城市广场绿地的设计

(一) 广场绿地设计的原则

①广场绿地布局应与城市广场总体布局统一，使绿地成为广场的有机组成部分，

从而更好地发挥其主要功能，符合其主要性质的要求。

②广场绿地的功能与广场内各功能区相一致，更好地配合和加强该区功能的实现。如入口区的植物配置应强调绿地的景观效果，休闲区规划则应以落叶乔木为主，冬季的阳光、夏季的遮阳都是人们户外活动所需要的。

③广场绿地规划应具有清晰的空间层次，独立形成或配合广场周边建筑、地形等形成良好、多元、优美的广场空间体系。

④广场绿地规划设计应考虑到与该城市绿化总体风格协调一致，结合地理区位特征，物种选择应符合植物的生长规律，突出地方特色。

⑤结合城市广场环境和广场的竖向特点，以提高环境质量和改善小气候为目的，协调好风向、交通、人流等因素。

⑥对城市广场上的原有大树应加强保护，保留原有大树有利于广场景观的形成，有利于体现对自然、历史的尊重，有利于对广场场所感的认同。

(二) 城市广场绿地种植设计形式

城市广场绿地种植主要有四种基本形式，即排列式种植、集团式种植、自然式种植、花坛式 (图案式) 种植。

1. 排列式种植

这种形式属于整形式，主要用于广场周围或长条形地带，用于隔离或遮挡，或作为背景。单排的绿化栽植，可在乔木间加种灌木，灌木丛间再加种草本花卉，但株间要有适当的距离，以保证有充足的阳光和营养面积。在株间排列上近期可以密一些，几年以后可以考虑间移，这样既能使近期绿化效果好，又能培育一部分大规格苗木。乔木下面的灌木和草本花卉要选择耐阴品种。并排种植的各群乔灌木在色彩和体型上要注意协调。

2. 集团式种植

集团式种植也是整形式的一种，是为避免成排种植的单调感，把几种树组成一个树丛，有规律地排列在一定的地段上。这种形式有丰富、浑厚的效果，排列整齐时远看很壮观，近看又很细腻。可用草本花卉和灌木组成树丛，也可用不同的乔木和灌木组成树丛。

3. 自然式种植

这种形式与整形式不同，是在一定的地段内，花木种植不受统一的株行距限制，而是疏密有序地布置，从不同的角度望去有不同的景致，生动而活泼。这种布置不受地块大小和形状限制，可以巧妙地解决与地下管线的矛盾。自然式树丛布置要密切结合环境，才能使每一种植物苗壮生长。同时，此方式对管理工作的要求较高。

4. 花坛式 (图案式) 种植

花坛式种植即图案式种植，是一种规则式种植形式，装饰性极强，材料选择可以是花、草，也可以是修剪整齐的木本树木，可以构成各种图案。

花坛或花坛群的位置及平面轮廓应该与广场的平面布局相协调，如果广场是长方形的，那么花坛或花坛群的外形轮廓也以长方形为宜。当然也不排除细节上的变化，变化只是为了更活泼一些，过分类似或呆板会失去花坛所渲染的艺术效果。

在人流、车流交通量很大的广场，或是游人集散量很大的公共建筑前，为了保证车辆交通的通畅及游人的集散，花坛的外形并不强求与广场一致。例如，正方形的街道交叉口广场上、三角形的街道交叉口广场中央都可以布置圆形花坛，长方形的广场上也可以布置椭圆形的花坛。

花坛与花坛群的面积占城市广场面积的比例，一般最大不超过 1/3，最小也不小于 1/15。华丽的花坛，其面积的比例要小些；简洁的花坛，其面积比例要大些。

花坛还可以作为城市广场中的建筑物、水池、喷泉、雕像等的配景。作为配景处理的花坛，总是以花坛群的形式出现的。花坛的装饰与纹样应当和城市广场或周围建筑的风格取得一致。

花坛表现的是平面图案，由于人的视觉关系，花坛不能离地面太高。为了突出主体，又利于排水，同时不致遭行人践踏，花坛的种植床位应该稍稍高出地面。通常种植床中土面应高出平地 7~10cm。为利于排水，花坛的中央拱起，四面呈倾斜的缓坡面。种植床内土层厚 50cm 以上，以肥沃疏松的砂壤土、腐殖质土为好。

为了使花坛的边缘有明显的轮廓，并使植床内的泥土不因水土流失而污染路面和广场，也为了不使游人因拥挤而践踏花坛，花坛往往利用缘石和栏杆保护起来。缘石和栏杆的高度通常为 10~15cm。也可以在周边用植物材料作矮篱，以替代缘石或栏杆。

(三) 城市广场树种选择的原则

城市广场树种的选择要适应当地土壤与环境条件，掌握选树种的原则、要求，因地制宜，才能达到合理、最佳的绿化效果。

1. 城市广场的土壤与环境

城市广场的土壤与环境，一般来说不同于山区，尤其土壤、空气、温度、日照、湿度及空中、地下设施等情况，各城市地区差别很大，且不同城市也有不同的特点。种植设计、树种选择，都应将此类条件首先调查研究清楚。从一般角度而言，可将城市道路、广场的土壤与环境基本情况介绍如下，以指导各城市的具体调查研究。

第一，由于城市的长期建设，土壤情况比较复杂，土壤的自然结构已被完全破坏。行道树下面经常是城市地下管道、城市旧建筑基础或废渣土。因此，城市土壤的土层不仅较薄，而且成分较为复杂。

城市土壤由于人为的因素（人踩、车压或曾作为地基而被夯实），致使土壤板结、孔隙度较小、透气性差，由于经常不透气、不透水，植物的根系也易窒息或腐烂。土壤板结还会产生机械抗阻，使植物的根系延伸受阻。

另外，由于各城镇的地理位置不同，土壤情况也有差异。一般南方城市的土壤相对偏酸性，土壤含水量较高；而北方城市的土壤多呈碱性，孔隙度相对偏大，保水能力差；沿海城市的土壤一般土层较薄，盐碱量大，而且土壤含水量低。因此，各个城市的土壤条件各有特点，需要综合考虑。

第二，空气城市道路、广场附近的工厂、居住区及汽车排放的有害气体和烟尘，直接影响着城市空气的质量。有害气体和烟尘的主要成分有二氧化硫、一氧化碳、氟化氢、氯气、氮、氧化物、光化学气体、烟雾和粉尘等。这些有害气体和粉尘一方面直接危害植物，使之出现污染症状，破坏植物的正常生产发育；另一方面，飘浮在城市的上空降低了光照强度，减少了光照时间，改变了空气的物理化学结构，影响了植物的光合作用，降低了植物抵抗病虫害的能力。

第三，因城市的地理位置不同，光照强度、光照时间及温度也各有差异。影响光照和温度的主要因素有纬度、海拔高度、季节变化，以及城市污染状况等。街道广场的光照还受建筑和街道方向的影响。在北方城市，东西方向的道路，由于两侧高大建筑物的遮挡，北侧阳光充足、日照时间较长，而南侧则经常处于建筑的阴影下，因此，街道两侧的行道树往往生长发育不一。北侧生长茂盛，而南侧生长缓慢，甚至树冠还会出现偏冠现象。

城市内的温度一般比郊区要高，因为城市中的建筑表面和铺装路面反射热量，并且市内工厂、居民区和车辆也会散发热量。在北方城市，城区早春树木的萌动一般比郊区要早一个星期左右，而在夏季市内温度要比郊区温度偏高2℃~5℃。

第四，城市的空中、地下设施交织成网，对树木生长影响极大。空中管线常抑制破坏行道树的生长，地下管线常限制树木根系的生长。另外，人流和车辆繁多，往往会碰破树皮、折断树枝或摇晃树干，甚至撞断树干。

总之，城市道路广场的环境条件是很复杂的，有时是单一因素的影响，有时是综合因素在一起作用。每个季节起作用的因素也有差异。因此，在解决具体问题时，要做具体分析。

2. 城市广场选择树种的原则

在进行城市广场树种选择时，一般需遵循以下几条原则（标准）：

第一，枝叶茂密且冠大的树种夏季可形成大片绿荫，能降低温度，避免行人暴晒。如槐树中年期时冠幅可达 4m 多，悬铃木更是冠大荫浓。

第二，城市土壤瘠薄并且树多种植在道旁、路肩、场边，受各种管线或建筑物基础的限制、影响，树体营养面积很小，补充有限。因此，选择耐瘠薄土壤习性的树种尤为重要。

第三，深根性营养面积小，而根系生长很强，向较深的土层伸展仍能根深叶茂。根深不会因践踏造成表面根系被破坏而影响正常生长，特别是在一些沿海城市，选择深根性的树种能抵御暴风袭击而巍然不受损害。而浅根性树种的根系还可能会拱破场地的铺装。

第四，耐修剪广场树木的枝条要求有一定高度的分枝点（一般在 2.5m 左右），侧枝不能刮、碰过往车辆，并具有整齐美观的形象。因此，每年要修剪侧枝，树种需有很强的萌芽能力，修剪以后能很快萌发出新枝。

第五，抗病虫害与污染病虫害多的树种不仅管理上投资大、费工多，而且落下的枝、叶、虫子排出的粪便及虫体和喷洒的各种灭虫剂等都会污染环境，影响卫生。所以，要选择能抗病虫害且易控制其发展和有特效药防治的树种，选择抗污染、消化污染物的树种，有利于改善环境。

第六，经常落果或有飞毛、飞絮的树种，容易污染行人的衣物，尤其污染空气环境，并容易引起呼吸道疾病。所以，应选择一些落果少、无飞毛的树种。用无性繁殖的方法培育雄性不孕系是目前解决这个问题的一条途径。

第七，选择发芽早、落叶晚的阔叶树种。另外，落叶期整齐的树种有利于保持城市的环境卫生。

第八，选择耐旱、耐寒的树种可以保证树木的正常生长发育，减少管理上财力、人力和物力的投入。北方大陆性气候，冬季严寒，春季干旱，致使一些树种不能正常越冬，必须予以适当防寒保护。

第九，树种的寿命长短影响到城市的绿化效果和管理工作。寿命短的树种一般 30～40 年就要出现发芽晚、落叶早和焦梢等衰老现象，而不得不砍伐更新。所以，要延长树的更新周期，必须选择寿命长的树种。

第七章 居住区及其绿地规划设计

第一节 居住区绿化设计基础

一、居住区规划基本知识

(一)居住区概述

居住区是城市中在空间上相对独立的各种类型和各种规模的生活居住用地的统称,包括居住区、居住小区、居住组团、住宅街坊和住宅群落等。居住区为居民提供生活、居住的空间以及各类服务设施,以满足居民的日常生活需要。居住区同时还是一个社会学意义上的社区,包含了居民相互间的邻里关系、价值观念和道德准则等维系个人发展和社会稳定与繁荣的内容。社区指一定地域内人们相互间的一种亲密的社会关系。

1. 居住区类型和规模

(1)居住区

居住区泛指不同居住人口规模的居住生活聚居地(住宅区),特指由城市干道或自然分界线所围合,并与居住人口规模相对应,配建有一整套较完善的、能满足该区居民物质与文化生活所需的公共服务设施的居住生活聚居地。居住区的合理规模一般为人口 30000 ~ 50000 人,户数 10000 ~ 16000 户,用地 50 ~ 100hm^2。

(2)居住小区

一般简称小区,是指被城市道路或自然分界线围合,并与居住人口规模相对应,配建有一套能满足该区居民基本的物质与文化生活所需的公共服务设施的居住生活聚居地。小区是一个不为城市交通干道穿越的完整地段。小区的合理规模一般为人口 10000 ~ 15000 人,户数 3000 ~ 5000 户,用地 10 ~ 35hm^2。

(3)居住组团

一般称组团,指一般被小区道路分隔,并与居住人口规模相对应,配建有居民所需的基层公共服务设施的居住生活聚居地。组团由若干栋住宅组合而成,是构成居住小区的基本单位。组团的合理规模一般为人口 1000 ~ 3000 人,户数 300 ~ 1000

户,用地 4 ~ 6hm²。

（4）住宅街坊

住宅街坊是由城市道路或居住区道路划分,用地大小不定,无固定规模的住宅建设用地。服务设施一般因环境条件而异。通常沿街建有商业设施,内部建住宅和其他公共建筑。其规模介于居住组团和居住小区之间。

（5）住宅群落

住宅群落规模介于单栋住宅和居住小区之间,服务设施则因规模和环境而异,是一种适合于现有城市道路网（特别是旧城区）的住宅形式。

2. 居住区用地组成

居住区的用地根据不同的功能,一般分为四种类型,即住宅用地、公建用地、道路用地和公共绿地。

住宅用地指住宅建筑基底占地及其四周合理间距内的用地（含宅间绿地和宅间小路等）的总称。

公建用地是与居住人口规模相对应配建的、为居民服务和使用的各类设施的用地,应包括建筑基底占地及其所属场院、绿地和配建停车场等。

道路用地是指居住区道路、小区路、组团路、回车场及非公建配建的居民汽车地面停放场地。

公共绿地是指满足规定的日照要求、适合于安排游憩活动设施的、供居民共享的集中绿地,包括居住区公园（居住区级）、小游园（小区级）和组团绿地（组团级）及其他面状和带状绿地等,其中包括儿童游戏场地、青少年活动场地以及成年和老年人的活动和休息场地。

除此之外的用地归类为其他用地,指规划范围内,除去上述用地以外的用地。如小工厂和作坊用地、非直接为本区居民配建的道路用地、公共设施用地、企业单位用地、防护用地、保留的自然村或不可建设用地等。

因此,居住区规划总用地包括了居住区用地和其他用地两大类。其中,居住区用地包括住宅用地、公建用地、道路用地与公共绿地四类,这四类用地是组成居住区有机整体的不可缺少的组成部分,每类用地应按合理的比例统一平衡。

3. 居住区的规划结构

居住区规划结构是根据居住区的功能要求综合解决住宅与公共服务设施、道路、公共绿地等的相互关系而采取的组织方式。一般有以下三种组织形式:

（1）以居住小区为规划基本单位来组织居住区,即由几个小区组成居住区

居住小区是由城市道路或自然界线（如河流）划分的、具有一定规模的、并不为城市道路所穿越的完整地段,区内设有一整套满足居民日常生活需要的基层公共服

务设施和机构。以居住小区为规划基本单位组织居住区，不仅能保证居民生活的方便、安全和区内的安静，而且有利于城市道路的分工和交通的组织，并减少城市道路密度。

居住小区的规模一般以一个小区的最小规模为其人口规模的下限，一般来说，一所小区为 1 万 ~ 1.5 万居民服务。而小区公共服务设施的最大服务半径为其用地规模的上限。

（2）以居住组团为基本单位组织居住区，即由若干个组团组成居住区

这种组织方式不划分明确的小区用地范围，居住区直接由若干住宅组团组成。住宅组团相当于一个居民小组的规模，一般为 1000 ~ 3000 人。住宅组团内一般应设有居民小组办公室、卫生站、青少年和老年活动室、服务站、小商店（或代销店）、托儿所、儿童或成年人活动休息场地、小块公共绿地、停车场等，这些项目和内容基本为本组团居民服务。

（3）以住宅组团和居住小区为基本单位来组织居住区，即居住区由若干个组团形成的若干个小区组成

这种组织方式为由居住区—居住小区—住宅组团三级结构组成。居住区由若干个居住小区组成，每个小区由 2 ~ 3 个住宅组团构成。

（二）居住区规划设计原则

居住区规划设计应该全面考虑满足人的需求、对环境的作用与影响、建设与运营的经济性以及景观形象的塑造等要求，以可持续发展战略为指导，遵循社区发展、生态优先和共享社区等现代居住区规划设计原则以及相应的居住区规划设计基本原则。

1. 社区发展原则

居住区最终是为人提供一个良好的居住环境，因此，满足人的需求是居住区规划设计的基本要求。从这个角度出发，居住区规划应该充分考虑居住环境的适居性、识别性与归属感，并营造具有文化与活力的人文环境。

（1）居住环境的适居性

从满足人的物质需求出发，居住区环境的适居性包括卫生、安全、方便、美观、舒适，这些是居住区适居性的基本物质性内容。

①卫生包含两个方面的含义：一是环境卫生，如垃圾收集、转运及处理；二是生理健康卫生，如日照、自然通风、自然采光、噪声与空气污染。

②安全包含两个方面的含义：一是人身安全，如交通安全、防灾减灾和抗灾；二是治安安全，如防盗、防破坏等犯罪防治。

③方便主要指居民日常生活的便利程度，如出行、购物、教育、娱乐、户外活动等，包括各类各项设施的项目设置和布局，如商业设施、教育设施、各类活动场地等的位置选择、交通组织及其完备程度。

④美观指特色的景观，和谐统一。

⑤舒适——广义的舒适包含卫生、安全、方便和美观在内的与物质因素相关的内容，狭义的舒适包含居住密度、住房标准、绿地指标、设施标准、设计水平、施工质量以及人性化空间和私密性等。

(2) 识别性与归属感

识别性与归属感是人对居住环境的社会心理需要，人们通过居住环境来寄托自身的心理诉求、社会价值和文化观念。场所与特征是居住环境的识别性与归属感的两个重要内容。通过对场所环境的营造与环境特征的塑造，居民能对有识别性的居住环境产生一定的认同感，从而获得归属感。

居住区除了具有物质方面的作用之外，还能反映人们精神和心灵方面的要求。居住区规划应该通过各种有形的设施环境与无形的社区运行机制建立起居民对其社区的归属感，促进居民参与社区活动、共塑社区和谐邻里关系。

场所指特定的人或事占有的环境的特定部分。场所必定与某些事件、某种意义相关，其主体是人以及人与环境的某种关系所体现出的意义，不同的人或事件对场所的占有可以使场所体现出不同的意义。场所不仅是一种空间，还是被赋予社会意义的空间，由此，它成为人们生活的组成部分。居住区规划设计应注重场所的营造，使居民对自己的居住环境产生认同感，对自己的居住社区产生归属感。

特征是具有识别性的基本条件之一。在住宅区物质空间环境的识别性方面，可以考虑的要素有建筑的风格、空间的尺度、绿化的配置、街道的线型、空间的格局、环境的氛围。

(3) 富有文化与活力的人文环境

居住区作为除了家庭和工作或学习场所之外的第三种最基本的社会关系组合形式，是人们进行大部分日常生活的环境。富有文化与活力的人文环境是现代都市人群向往的居住环境，而丰富的社区文化、祥和的生活气息、融洽的邻里关系和文明的社会风尚是富有文化与活力的人文环境的重要内容。

2. 生态优化原则

生态优化意味着居住区必须注重人与自然和谐、永续发展的基本观念。居住区建设中积极应用节能与环保"绿色"建材；合理利用和营造适合当地气候特色的生态环境，通过绿化改善居住区及其周围的小气候；实现居住区的自然通风与采光，减少机械通风与人工照明；综合考虑交通与停车系统、供水供热取暖系统、垃圾收集与处理系统等的建立与完善。这些都是现代居住区生态优化规划设计的基本要求。

3. 社区共享原则

社区共享原则要求居住区居民应该能公平地共享居住区内的设施、服务、景观，并能公平地参与居住区活动。

居住区各类公共服务设施布局需要充分考虑全体居民的公平共享，这意味着居住区各类设施在设置选择上需要注意设施与景观类型、项目、标准和费用等方面的问题。各类设施在布局上需要注意均衡性与选择性，在服务方式与管理机制的选择上也需要注意整体性、灵活性及对弱势人群需求的关注。

景观环境是住宅区生活品质的重要构成部分。要达到景观共享，可以根据用地条件，通过形态与空间的合理布局所形成的景观来实现。带形的景观布局形态在许多情况下，更有利于较多的景象入景。不同特征的景象区段增加了住户的选择性，同时也更富有人情味。营造一个带风景的社区和看得见风景的房间，是住宅区规划设计中必须考虑的问题。

公众参与包括居民参与社区管理、社区发展决策、社区后续建设和社区信息交流等社区事务内容，反映了居民应该享有的公平的权益，同时也是使居民热爱社区、爱护社区、关心社区、对社区产生归属感和建设文明社区的一种重要方式。

社区应该建立一种积极的机制，向住户推出全面的社区信息，其内容不仅限于社区问题与意见征求、住户需求调查和服务意见反馈、服务功能的调整完善，更在于鼓励住户共同参与、决策社区的发展，以符合绝大多数住户的利益。

(三) 空间规划

居住空间是由各种不同大小、形态、特征、色彩的空间构成的，由建筑物本身内部所构成的空间为内部空间，由建筑物和其周围的物体所构成的空间为外部空间。城市居住区的外部空间是居民进行各种生活活动、交往集会、休闲娱乐的室外场所，容纳了居住区公共生活的核心内容，形成了居住环境的总体特征。居住区外部空间形态为场所总体氛围的形成奠定了基础，对场所的创造具有核心的作用——当外部空间形态表达了特定的文化、历史及人的活动，并使之充满活力时，就成了场所，达到了"居住的诗意"的境界(舒尔茨)。因此，外部空间是居住区空间设计的重点。居民在其居住区内的活动是其个人生活和社会生活的一部分，意味着某种归属。居住区外部空间具有层次性，这是由人心理上的安全感、归属感和私密性要求决定的。社区公共空间是培养居民社区认同感、社区归属感及社区意识、实现社区整合的重要因素。

1.外部空间的构成要素

居住区外部空间构成要素从功效与尺度的角度来分类，可分为基本构成要素和辅助构成要素。基本构成要素是指限定基本空间的建筑物、高大植物、机动车道路和其他较大尺度的构筑物（如墙体、廊、柱、碑、尺度较大的自然地形等）。

辅助构成要素是指用来形成附属空间，以丰富基本空间的尺度和层次的较小尺度的三维实体（如矮墙、门、台阶、灌木和起伏的地形等）。

2.空间的限定、层次、组合和变化

（1）空间的限定

居住区外部空间一般可分为住宅院落空间、住宅群落空间、居住区公共街区空间和居住区边缘空间。不同的空间依据其不同的生活内容和规划概念，可采用不同的空间限定方式来形成。

外部空间的限定按限定形态来区分，一般可分为三种基本的方式，即围合、占领和联结。

围合是采用的最多的限定和形成外部空间的方式，具有以下特点：

①具有很强的地段感和私密性；

②易于限定空间界限和提供监视；

③可以减少破坏行为；

④可以增进居民之间的交往和提供户外活动场所。

围合空间所具有的这些特点适合居住生活的需求，符合居住空间需要安全性、安定感、归属感和邻里交往的要求，易于提供亲切宜人的、可靠的生活空间，同时也为居住空间层次的形成创造了条件。因此，一般情况下，在住宅院落空间的构筑上较多地运用围合来进行空间的限定。

实体占领的空间限定方式较多地运用在少量高层住宅的空间限定、街区公共空间及住宅区整体空间的重点部分。

在住宅群落空间和由点状或塔状住宅限定的住宅院落空间中，较多地运用实体之间的形态来进行空间的限定。

（2）空间的层次

根据发生在各个空间层次中的生活活动（居住行为）可以将空间分为公共空间、半公共空间、半私密空间、私密空间四个层次。

①公共空间

供居住区或小区全体居民共同使用的空间。这类空间场所应使人易于到达、便于使用、乐于停留，因而公共空间常常位于居住区内的中心地带，邻近居住区主要道路或出入口，包括居住区或小区级道路广场、公共绿地、文化活动中心、商业服务等内容，这些空间形式往往相互因借，组合安排，如广场与文化活动中心相结合，公共绿地常与托幼、小学等结合，使空间彼此融合、相互渗透。

②半公共空间

属于多栋住宅居民共同拥有的空间。这类空间的公共性是有一定范围的，常作为儿童嬉戏、成年人交往或老年人活动使用的场所。半公共空间包括住宅组团内的公共绿地。

③半私密空间

属于几栋住宅居民共同拥有的空间。这类空间大多在宅前，仅供特定的几栋住宅里的住户共同使用和管理。这类空间是离住宅最近的户外场所，且使用的人群比较固定、范围较小，这类空间常被认作为室内空间的延伸，是私密空间渗透出公共空间的部分。半私密空间包括住宅单元入口周围的空间和住宅之间的空间。

④私密空间

属于住户或私人所有的空间，空间的封闭性、领域性极强。私密空间包括住宅私有庭院、阳台或露台。

空间的围合程度和尺度是构筑有层次空间的关键，围合程度越强的空间暗示着空间的私密性越强，其尺度宜小、通达性宜弱；围合程度越弱的空间则具有越强的公共性，其尺度宜大、通达性宜强。

(3) 空间的组合

居住区空间的构建宜遵循"公共—半公共—半私密—私密"逐级衔接的布局结构，形成完整的空间体系。

不同层次的空间之间必须有明显的界定，使人能感觉到空间之间的界线与空间的不同氛围。界定两个空间层次的过渡段应采用合适的方法进行处理，如通过门廊、过街楼等明显的标志，或通过树木、山石等自然的过渡，也可以通过道路的转折、空间的错落等方式。总之，要使人感觉到空间的性质不同，从而保证各空间层次的相对完整性和独立性，满足各种活动对空间的领域感、归属感和安全感的要求。

(4) 空间的变化

空间有流动的带形空间和静止的院落空间两种基本类型。通常由两侧建筑限定的步行街道和组团之间的长条形地块都属于带形空间，而由多栋建筑围护的内部围合空间属于静止的院落空间。

居住区规划设计中应将两种基本空间类型进行有机组合，营造富有变化和特征的居住区空间景观。在两种基本类型的基础上，居住区空间可以有更多的细部变化，可以根据功能与景观的需要，对空间的形状、大小、围合程度进行变化，主要通过改变建筑的位置、高度以及利用树木、围墙等要素来实现，从而产生不同的空间效果。在空间系列上，各种不同性质的空间可以通过大小对比、开合对比来产生变化。

二、居住区绿地规划设计原理

(一) 居住区绿地规划设计原则

居住区绿地不仅为居民创造舒适的休憩场所、优美的环境景观，还能通过绿地中的植物改善局部小气候，产生良好的生态效益，促进居民身心健康发展。居住区绿地规划设计是一个系统的环境景观营造，要遵循以下原则：

1. 整体性原则

居住区绿地规划设计必须从整体上予以考虑。首先，根据居住区总体特征确定绿地设计的主题与景观特色，绿地景观应该与居住区规划、建筑设计理念融为一体，在布局形式、形体线条、符号应用、色彩应用甚至材料选择上都要和主题风格相互呼应，由此形成居住区独特的、鲜明的整体风格；其次，布局上从系统的角度考虑绿地的层次性与共享性，不同层次绿地合理布局，形成由"居住区—小区—组团—宅旁"四级绿地构成的完整系统，并使绿地能被所有居民共同享用；最后，绿地景观空间分布得当，尺度合理，有机组合，形成结构合理的整体系统。

总之，整体性原则要求将绿地的主题风格与居住总体特征相呼应，从自然、文化、艺术因素和居民的行为心理需求等方面，综合考虑绿地布局与景观空间特点，形成多层次、多功能、序列性的布局，建立一个具有整体性的系统，为居民创造优美、舒适、富有人情味的生活环境。

2. 人本性原则

居住区绿地是保障居民生活质量的一个重要因素，规划设计必须从人们的行为需求、生活方式、文化品位等入手，为居民提供功能合理且人性化的活动设施和景观。

首先，居住区绿地要满足居民行为的需求，根据户外休闲需要设置各种活动、休息场地。既有较为私密的小型空间，作为静坐、休息场所；又有相对集中的开敞空间，作为交往、活动场所；还有针对群体活动的多重需求设置的综合功能空间，为人们创造公共性、私密性兼备的活动空间。如公共绿地中的多功能广场，以开敞的中心空间为主体，周围设置幽静的林荫休息空间，动静结合。又如将各功能空间联系起来，在儿童活动场地旁边设置休息场地，让老人在休息的同时又能照看玩耍的孩子。这些场地的布置还要考虑不同年龄居民在距离、时间、体力因素上的特点，选址于居民方便到达的地方。

其次，绿地要满足人的心理需求，如居民对居住环境的基本心理需求包括舒适性和归属感等，在游憩时对空间的私密性要求也不同。故设计要尊重居住区居民的生活理念，体现温馨的邻里关系，提供相应的环境气氛，协调人与人、人与环境等的互动关系。可以通过景观空间的形式、色彩、质感等满足居民不同的心理需求，让居民体验轻松、安逸的居住生活。

3. 地域性原则

居住区绿地是其所在城市环境的一个组成部分，对创造城市的景观形象有着重要的作用。我国幅员辽阔，区域自然和文化特征相距甚远，居住区绿地规划设计要注重城市肌理，充分体现城市的自然环境特点和传统文化脉络，从而创造出居住区绿地的地域特色。这种特色不是靠人随意断想与臆造的，而是来自对当地的气候、环境、自然条件、历史、文化、艺术的尊重与发掘，是通过对当地居住生活规律的分析，对地方自然条件、历史人文的系统研究，将地区自然和文化特征提炼上升到一个新的层次而创造出来的一种与当地居住生活紧密交融的绿地特征。

4. 艺术性原则

居住区绿地反映了一定的审美趋向。人们对环境的需求已从单纯的功能性需求提升至更高层面的艺术需求，需要用艺术的手法提升居住景观的品位和格调。居住区绿地规划设计通过对城市和基地的自然环境、文化传统、建筑风格以及居民的生活方式、审美心理、生活情趣等要素的分析，提炼其精华，并用艺术的手法将其在绿地中表达出来，从而将物质层面的规划设计升华至艺术层面，使人们真正"诗意地栖居"在城市之中，这是居住区绿地规划设计所追求的最高境界。

居住区绿地艺术的表达方式，主要体现在空间氛围营造和景观、小品、设施、植物等具象要素的景观效果上。就艺术风格而言，不拘一格，或表达现代都市抽象艺术，或追寻乡土自然气息，均依据居住区绿地的立意而定。如现代主题风格多以几何构成手法和流畅的曲线形态布局，景观设计讲求图案和色彩的构成美，通过强烈的视觉感染力来打动人心；而乡土气息的营造多用自然山水、曲折小径、葱郁的绿化来实现，通过亲切宜人的环境来吸引游人。

5. 生态性原则

居住区绿地规划设计要在充分尊重生态规律的前提下，发挥主观能动性，以植物造景为主，结合硬质景观进行布局。居住区绿地虽然规模较小，但也应起到保护生物多样性、维护城市生态平衡的作用。

首先，做好对原有山水、植被等自然要素的保护和利用。自然环境为绿地建设奠定了良好的基础，对地势的利用、水系的改造、树木的保留要因势利导，创造具有特色的环境空间。对绿地内的山水、植被可以直接保留利用；对周围环境的自然要素则可间接利用，如借景远方山水，或将近旁湖水或溪流引入居住区，增强建筑与绿地的亲水性。

其次，在充分尊重自然的前提下，发挥主观能动性，合理规划设计符合生态规律的绿地景观，使自然与人工的结合达到"天人合一"的境界，形成整体有序、协调共生的良性生态系统。如植物配置应该以生态科学和园林美学原理为依据，利用植物群落生态结构规律，结合艺术构图原理进行植物配置，模拟自然生态环境，创造具有美感的复层结构植物组群，达到良好的景观效果。

6. 安全性原则

在居住区绿地规划设计中，安全是一个不容忽视的问题。早期人们对安全性的认识只局限于社会治安方面，忽视了环境、设施在使用方面的安全性。随着生活水平的提高，人们对居住环境的要求也越来越高，居住区内道路交通与游憩服务设施的安全性越来越引起人们的重视。因此，在居住区绿地规划设计中，要特别重视环境、设施的安全性和使用的舒适性。如小区采用人车分流的交通方式，避免人与车的矛盾，从而获得安全感；又如水池的深度、栏杆的设置、游戏设施的安全防护、无障碍设计的要求，这些都牵涉安全的问题，在绿地规划设计中应该予以充分的重视。

(二) 居住区绿地规划设计影响因素分析

1. 城市的特征

(1) 城市的自然地理特征

自然地理特征是城市特色形成的重要基础条件。城市的地形使城市呈现出不同的形态，山地城市、丘陵城市和平原城市有着很大的区别；城市的河流、湖泊状况影响着城市的布局；城市的植被状况影响着城市的气候和环境；城市的资源条件决定着城市建设的特点等。把握好城市的自然地理特征，利用有特色的自然条件探索设计的主题，会给城市居住区绿地规划设计带来新的思路。

(2) 城市的气候因素

气候因素对于居住区绿地空间形态的影响是显而易见的，不同地区建筑与绿地的差异性在很大程度上是气候因素所致。如中国南方地区的居住区多采用周边式，而北方地区的居住区多采用行列式，就是因为对日照的要求不同，从而形成两种完全不同的空间形态；又如气候因素导致的地带性植物分布，使居住区绿地表现出明显的地方特色。

(3) 城市的历史文化特征

不同的城市历史文化特色千差万别。例如，代表千年古都文化的北京，富有海派文化特色的上海，代表水乡文化的苏州，代表晋商文化的平遥古城，代表徽商文化的徽州民居……不同的文化特色形成了这些城市的鲜明个性，居住区绿地应传承历史文化，体现出城市的文化特征。

（4）城市的风貌特征

城市风貌特征的形成，与自然条件、历史文化等息息相关。影响城市风貌的要素有很多，如自然要素形成的山水城市，文化因素形成的历史名城，还有地理因素形成的沙漠古城等。居住区绿地规划设计应该深入研究城市风貌形成的原因与特点，以使居住区绿地能延续城市风貌，加强风貌特征。

2. 居住区周边环境

居住区周边环境影响居住区绿地的设计风格，如果居住区周围有优美的自然山水、人文景观等有利条件，在绿地布局时就要充分利用。例如，通过借景手法将周围天然的水域纳入绿地景观系列，将自然的河流引入居住区，利用山体作为居住区的背景，利用地形的高低起伏塑造变化丰富的绿地空间等。

另外，居住区绿地规划设计时，要了解周围用地的现状以及发展情况，如居住区周围地块的用地性质、配套设施情况、今后的规划情况、未来的发展设想等。尤其要注意周围的绿地情况，如是否有已经建成的公园绿地，是否有保留的自然植被等。甚至还要了解周围居民的情况，如周围地块的居民性质，这些都会影响到居住区绿地的规划设计定位与布局。

3. 居住区自身特点

（1）建筑风格

居住区建筑有中式风格、欧式风格、北美风格、澳洲风格、地中海式风格等，其建筑风格决定了绿地规划设计的主导方向，绿地设计要服从于整个居住区的定位，使绿地风格与建筑风格统一协调。

（2）自然因素

地形、植被、水体等自然因素是构成场所特征的组成部分，居住区绿地应尽可能地保留这些自然因素，其意义不仅在于保持了场所的自然特征，还在于保持了人们获得归属感的内在情结。因此，居住区规划设计不仅要适应地形、保留植被、利用水体，而且要强化其特点和神韵，加强对场所特征的体现。

（3）居民组成、文化品位

居住区绿地要考虑不同群体住户的需要，既要考虑普通的实用性需要，又要考虑住户自身品位和个性的需要。随着居民文化品位和生活格调的提高，居住区绿地规划设计要逐渐重视居住区的艺术性，使诗意的生活走向千家万户。

（三）居住区绿地规划设计立意

园林立意是指园林设计的总意图，即设计指导思想的确定，好的立意必有独到巧妙之处，是一个作品成功的关键。立意的基本内容就是设计者根据功能需要、艺术要求、环境条件等因素确定的园林主题与形式，而其中主题是灵魂，形式是载体。居住区绿地规划设计，要求主题新颖别致、具有创意，同时要求表达主题的形式风格独特、构图完美。因此，居住区绿地规划设计的立意首先是确定独特的园林主题，然后用巧妙的空间布局与美观的园林要素组合成特定的景观形式，对主题进行诠释与表达，让使用者通过对景观的欣赏领会到作品的内涵与意义。

居住区绿地规划设计立意主要通过以下途径实现：

1. 主题诠释——形式与表达

设计的主题表现为某种概念，或某种新的理念，灵感来自对当地的自然条件和历史、文化、艺术的尊重与传承，是从场地和环境出发提炼出的一种精神。设计的形式则为可观、可触的实体，具体来说，是运用一系列空间与元素来演绎一种故事、表达一段情节或思想。形式对主题的表达可以通过多种途径来完成，有直接的叙事方式，即利用雕塑、碑刻、壁画等将历史、人物、传说直接描述，表达主题；也有比拟联想的方式，即以山、水，或以植物、建筑等的象征意义产生的喻意来隐喻主题，如仁者乐山、智者乐水，松之苍劲、竹之虚心、梅之傲寒，通过托物言志、借景抒情、以物比德，使人触景生情而联想到主题。

多元的文化背景为居住区特色的创造提供了广泛的素材与手段，使不同居住区呈现出各具特色的主题。但是，居住区绿地的主题与形式必须与居住区本身相一致。其中，建筑主题对绿地的主题有很大的影响。居住区主题首先通过建筑形式表达，但建筑组群所表达的主题比较抽象，体现得更多的是在风格层面上。建筑形式对主题的诠释有着一定的局限，而园林景观对主题的表达则更为具象，它可以通过雕塑、小品、铺装、植物等元素直接表现建筑所难以表达的内涵。居住区绿地的主题，一方面应该配合建筑的主题，另一方面又应具有自身的特色，从而实现相互之间的协调与统一。

2. 文脉传承——继承与发展

中国园林崇尚自然，追求意境，强调对历史的尊重和文化的传承，因而作品往往具有很深的文化底蕴。居住区园林设计也不例外，应该在景观塑造过程中注意对场地历史文化的传承，延续场地文脉、符合时代精神，通过建筑与景观来表现历史文化的延续性，为居民创造出具有深厚文化底蕴的高品位的理想家园。文脉的继承与发展要尊重历史，沿着历史的线索探究，可以产生深层次的理性思维，发现有意义的主题。历史的线索可以是场地的历史遗迹，或是地域的自然景观特征和文化风俗，也可以是曾经的某个历史事件的发生地，等等。

3. 环境利用——保存与改造

传统聚落与其自然环境维持着一种"天人合一"的和谐，从而造就了世界各地灿烂的建筑风格和多样的聚落文化。居住区选址特别重视场地特征，优美的自然环境和优越的基地条件为居住区园林奠定了良好的基础。居住区绿地规划设计的主题和形式可以从基地的环境和基地本身的条件两方面出发，因地制宜地提出利用的思路。

4. 形式美感艺术与创造

居住区绿地构图的形式和风格能带给住户鲜明的视觉感受和内心共鸣，形式要通过艺术的创造带给人美感，同时呈现出特定的风格。1990年以前，"欧陆风格"盛行，规则的观赏草坪、模纹花坛、对称的路网等构图形式以及罗马柱廊、欧式线脚、喷泉、欧式雕像等景观小品表现了欧陆风情式的园林景观。1990年以后，居住区园林景观呈现出多元化的发展趋势，现代形式与历史文化相结合，出现了许多新中式、新欧式等既传承历史文化，又提倡简约明快的现代风格的园林。同时，园林更加关注居民生活的舒适性，着力创造自然、舒适、亲近、宜人的环境空间。

(四) 居住区绿地空间组合

砌墙凿门窗盖成一个房子，正因为中间是空的，才有房子的作用。就建筑而言，具有使用价值的不是围成空间的实体的墙，而是由墙围合成的空间本身。就城市居住区外部环境而言，空间是人活动的重要场所，是构成外部环境的重要元素，巧妙的空间组合可使居住区的环境品质得到极大的提升。

空间具有物质和精神上的双重意义，从物质层面上来讲，空间是一种有界的、并有一定用途的"空"。在环境中，物质性的空间只有具备了人性关怀以及历史、文化、地域等社会意义时方可称为场所，场所是有明确精神特征的空间。

居住区绿地规划设计的目标一方面是通过物质空间的规划设计来满足居民户外活动的需要，创造居民交往、休闲、锻炼等活动的空间；另一方面是通过赋予空间以意义，从心理空间的角度满足居民的情感需求，创造具有各种社会意义的社区场所，让居民产生对社区的认同感与归属感。

1. 空间塑造的依据

对于居民来说，所谓空间是人通过视觉、听觉、嗅觉、触觉等生理感觉和进一步的心理感受所形成的一种空间体验。居住区绿地空间塑造就是为居民的体验营造不同的场所，所以空间塑造要考虑以下两方面因素：

（1）居民活动需要

在居住区绿地规划设计中，重要的内容之一就是根据居民活动方式来创造供居民使用的活动场所。活动场所的设计，最基本的是物质形态的空间设计。要真正了解居民的活动规律和要求，依据不同的活动需求，系统地设计流线与场地，使不同等级或层次的绿地空间能分别满足不同类型活动的需要。同时，对场地可以有时间上的考虑，在场地的时间分布上进行安排，使同一场地在不同时间组织不同的活动。

①活动类型

扬·盖尔在《交往与空间》一书中，将户外活动分为必要性活动、自发性活动和社会性活动三种类型，并指出它们与户外环境质量存在正相关关系，户外环境质量的提高将大大促进自发性以及社会性活动的产生，而不理想的户外空间只能引发必要性活动。

第一，必要性活动。各种条件下都会发生必要性活动，主要是指居民不由自主的、在不同程度上都要参与的活动，如出行、上学、上班、等候、购物等。这些活动是人们生活的必需部分，并且往往与人们出行方式有关，应将和这类活动相关的设施安排在居住区人员集中出行的方向上。发生必要性活动为主的空间主要包括居住区出入口、内外联系通道、入户道路、宅间绿地等区域。

第二，自发性活动。只有在适宜的户外条件下才会发生自发性活动，与必要性活动相比，它是另一类全然不同的活动，人们有参与的意愿，并且在时间、地点可能的情况下才会发生，如晨练、散步、驻足观景、休息闲坐、携儿童玩耍等。居住区自发性活动较多的发生地点是公共绿地。

第三，社会性活动。指的是有赖于他人参与的各种活动，也称为被动式接触。包括室外社交、交谈、儿童游戏、球类活动、下棋、朋友聚会等。社会性活动较多的发生地点也是居住区公共绿地。

②活动人群

从参与活动的人群角度来看，可以将居住区绿地中人的活动划分为儿童活动、青少年活动、成年人活动、老年人活动等几类，其活动内容和时间具有不同的特点。老年组和婴幼儿组是小区公共绿地全天候使用者，老人及儿童使用率较高，常常占游人量的50%以上，因此，绿地设计应以服务老人、儿童为主，兼顾青少年及其他人使用。

（2）场所景观意义

居住区绿地空间的营造不仅要根据居民活动需要，创造适宜的活动场地，还要以"场所＋景观"的理念来塑造空间，在积极创造各级各类户外活动空间的同时，创造具有历史文化意义的景观空间，为住户提供具有社会意义的绿地活动场所，营造健康、和谐、充满生气的社区氛围。

居住区绿地空间处理时重点强化其公共空间，创造艺术的、文化的、情感的、生态的积极空间，增强社区户外活动空间吸引力，建立居民的认同感与归属感。

①注重景观的艺术品位，创造高雅、清新的格调。在居住区景观艺术的创造上，从空间形态、尺度、界面的色彩、细部表达等方面，以园林艺术原理为指导，通过景观要素的合理组织，形成完整、和谐、连续、丰富的整体景观。

②注重空间的文化内涵，传承历史、展现地方文化。居住环境空间之美不仅要注重艺术形式美，还要注重景观意境美，将地方历史、文化加以提炼，融合在现代设计语言中，因地制宜地创造出具有时代特点和地域特征的空间环境。

③注重人与人之间的情感交流，创造充满人情味的邻里交往空间，促进人们的相互交往。

④注重空间环境的生态性，实现人与环境的和谐发展。

2. 空间形态

(1) 围合空间、半围合空间和开敞空间

①围合空间

围合空间指由明确完整的边界四面围合的空间，有较强的内向性，是封闭性最强的空间类型。要创造一个有效的、生动的空间，必须有明确的围合，围合割断了与周围环境的流动和渗透，其特点是内向的、收敛的和向心的，有很强的区域感、安全感和私密性，通常也比较亲切。

②半围合空间

半围合空间是一种三面或两面封闭的空间。由于空间体的一面或两面无遮挡物，使空间产生指向开口边的方向性，因而半围合的空间具有很强的方向性。就半围合空间而言，空间侧界面的高度和开口的比例决定空间的开敞程度，空间开口边的比例越大，围合界面高度越低，空间的开放性越强。当开放边远大于封闭边时，空间趋于开敞，空间的围合特性和围合感消失。

③开敞空间

开敞空间是指四面开放的空间。开敞空间是外向型的，限定性和私密性较小，强调与空间环境的交流、渗透，讲究与空间周围景物的融合，利用对景、借景丰富空间景观。开敞空间特性常表现为开朗、活跃。在居住区中，因为建筑的围合，很少有纯粹的开敞空间，只有在较大的公共绿地中，才会在空间开阔处形成相对的开敞空间，周围竖向景物的距离的远近决定这些空间的开敞程度。

居住区绿地空间布置宜采用多种形式，形成或开放或私密的空间类型，以满足居民不同活动的需求。如人们集会、游戏喜欢开敞空间，多选择在绿地中心开阔处；

坐息、聊天、看书读报则喜欢选择绿地边缘相对隐蔽的地方，因为适度围合的空间能够形成安全、安静的环境。

（2）静态空间与动态空间

居住区绿地中人们的观赏活动可以分为两种，即静态观赏和动态观赏。

静态观赏是指以固定的视点观赏景物，观赏者在静止的状态下慢慢地体验景物的一种欣赏方式。静态观赏需要的时间较长，感受信息量较大，便于体察感悟对象的审美价值或内涵。静态观赏使人感觉舒适、轻松，易引发沉思、冥想等心理活动，达到陶冶性情、愉悦精神的目的。

动态观赏指以移动的视点观赏景物，通过连续画面体验景物的一种欣赏方式。由于人的视野有限，一个固定的视点不可能一览无余地观察到所有景物，要想获得对园林的全局印象，就必须通过动态观察，由近及远、由表及里地把分散的印象组成一系列相互联系的意象，从而使人深刻地感知到一个具有高度、宽度、深度的景观空间。动态观赏是观景者在行走和活动过程中所获得的观赏感受。因此，只有经过良好的构思和空间层次设计的居住区绿地，才会形成整体延续、气势贯通的空间，给人井然有序、层出不穷的空间美感。

在居住区绿地中，动态观赏与静态观赏活动不是截然分开的，空间中景物的静态观赏只有通过动态观赏的联系才能使景物和谐完美，达到局部与整体的统一。按照空间的观赏特性，可将居住区绿地空间划分为静态空间和动态空间两种类型。

静态空间是为游人提供休憩、停留和观赏等服务的一种稳定的、具有较明确边界的空间。反映在空间的形态上是一种近于"面"状的形式，可以是明确的几何形，如方形、圆形、多边形等，也可以是不规则的自然式形状。静态空间根据其功能可以分为观赏型和休憩型。观赏型的静态空间多在人流相对集中和视野比较开阔的地方，如居住区小区的主要入口、中心绿地中的重要景观节点、水边平台等。观赏性的静态空间不仅要有良好的对景可观，还要设立欣赏景观的场所，要注意布置平台、亭廊等设施，以方便居民休息赏景。休憩型的静态空间则倾向于较为封闭的场所，多在人流相对较少的安静场所，如幽静的林荫广场、花木环绕的休息空间。在这种空间中，人们的活动多以静态为主，如驻足停留、休憩等，里面也要布置座凳等休息设施。

动态空间，又称"流动空间"，是最直观地表现一种线性的空间形式，可以是自然式或规则式的线形所形成的廊道式的空间。这种空间具有强烈的引导性、方向性和流动感，具有过渡和连接的功能。线性空间两侧越封闭，导向性越强，这种空间形式易于将人们的注意力引向一些重要的标志或特色建筑物上。线性空间宽度越狭窄，流动感越强，这种空间形式适宜作为两个节点空间之间的过渡和连接，利用线的压抑与节点的开朗产生的空间对比，创造激动人心的效果。当线性空间较宽时，可作为景观通道使用，由多个开合变化的小型空间组合成景观系列。人在其中穿行，视点和视野不断变化，视线所及的景物也在不断变化，达到步移景异的效果。

3. 空间尺度

（1）心理尺度

通常情况下，人与人之间的交往存在空间上的心理尺度，在进行社会交往时，人们总是随时调整自己与他人所保持的距离。艾德华·T. 赫尔（Edward T.Hall）提出了人在社会环境中具有的四种距离：①密切距离（0～0.45m）：是身体接触和可以握手的距离，是特定密切关系的人才能使用的空间；②个体距离（0.45～1.2m）：可以看到对方细微的表情，是适合于友人交谈的空间；③社会距离（1.2～3.6m）：适合于洽谈公务和各自办事不受干扰的空间；④公共距离（3.6～7.6m）：必须大声说话或动用姿势才能看清表情，是适合演讲、演出时所用的空间。

在景观设计中常常利用社会距离、公共距离尺度设计公共空间的大小，居住区绿地休息空间的尺度一般不要小于3m，相对而坐的人可以保持互不干扰，其中休息座椅长度通常设定在1.2m以上，常用的有1.2m、1.5m和1.8m，适合熟悉的友人交流。因此，居住区绿地户外空间一般不建议使用3m以下的尺度。

（2）功能尺度

功能尺度是为了满足人的基本功能需求（如交通功能、休憩功能、运动健身功能等）而形成的一种必要的尺度。满足空间的使用功能是对空间尺度的基本要求，场地要根据不同的功能采用不同的尺度，不同的尺度产生不同的心理感受。在进行居住区绿地设计时，首先要考虑的是空间的功能，其次才能确定它合适的尺寸。如乒乓球运动场地首先需要考虑球台及活动空间尺度，休息场地需要考虑座椅、桌子及通道尺度，然后再考虑有多少人使用，设立多少设施来确定场地合适的大小。因此，尺度应该考虑人们在不同地点或场合下，活动人群的组群规模，在确定了空间功能、人群规模的基础上，把握住人的心理尺寸、行为尺寸、设施尺寸后才能创造出舒适宜人的场地空间。

（3）围合尺度

在居住区中，围合性较强的空间设计有必要参考空间围合尺度的研究成果。对于垂直界面，H代表界面的高度，D代表人与界面的距离，当D/H=1时，有一定内聚、安定感；当D/H=2时，内聚向心而不至于产生离散感；当D/H=3时，空间离散，围合感差。根据这一理论，围合的居住区绿地空间以1＜D/H＜3为宜。具体设计时还要综合多方面因素进行调整。

4.居住区绿地主要空间要素

重点区域、视觉走廊、景观轴、景观节点是居住区绿地空间形态的主要设计要素，如建筑开敞空间、广场空间、入口空间、标志性节点空间以及空间轴线等。

(1)居住区入口空间

居住区入口空间是居住区与城市的过渡空间，包含场地、界面、标志、道路等要素。入口给人的第一印象是反映居住区风貌的窗口，故设计应具识别性、个性鲜明，与居住区风格协调。入口既是一个景观点，又是一个景观序列，通过入口及站在入口处的视阈范围内景观的组织，应形成一种特质的景观形象，居住区主要入口空间划分为三个部分。

首先是前导空间。前导空间是集散的场所，足够的前导空间才能保证出入行人、车辆的安全，适当放大居住区入口的前导空间作为内外的过渡空间，可增加居住区的私密性，增强其领域感。

其次是居住区的大门及与之配套的入口门禁系统。居住区主入口尽量保证人车分行，从而保证入口交通有条不紊。从空间感受的角度出发，大门及岗亭的设计应该与居住区整体风格一致。

最后是进入居住区大门后的空间。其虽属于居住区内部空间，但仍旧是城市空间的延续，这里的空间尺度可适当放大，与前导空间和大门紧密结合，除了必要的交通空间外，还可结合人行系统设计景观广场，给居民营造家的氛围。

(2)居住区绿地中心广场

居住区绿地中心广场位置重要、尺度较大，成为整个居住区绿地的构图中心，功能上满足人流集散、社会交往、不同类型人群活动等需求。

①位置

中心广场通常会布置在居住区比较重要的位置上，适宜布置中心广场的位置有以下几个：一是主轴线上的关键点，尤其是主次轴线交叉的位置，此时中心广场成为主轴线上的一个重要节点；二是靠近居住区的入口，此时广场起到标志作用，上面通常布置主题性雕塑与主景；三是与居住区会所建筑结合，将室内外公共性活动结合起来，广场也对会所建筑起到衬托作用；四是居住区商业步行街中，它既是居民通勤交通的主要步行通道，也是商业购物休闲场所，在步行街的节点位置扩大形成广场，作为居民交往场所，但要注意利用绿化将广场空间与步行交通进行适当隔离。

②尺度

一个设计合理的居住区中心广场的尺度，应该是在满足使用者使用功能的前提下，尽量创造相对宜人的尺度感，既要有能力容纳居民集中活动，还要避免过大尺度造成的单调感。当居住区的规模比较大、居民比较多的时候，不宜盲目地加大居住区室外集中活动空间的尺度，单一的、过大尺度的中心广场，不仅不便于所有居民的使用，也无法给居民创造宜人的空间环境氛围，从而丧失了居住区应有的亲切感和舒适感。在这种情况下，可以考虑将大广场化整为零，分散布置，从功能出发设计多个广场，可以分别设在居住区内各组团中心或片区内相对中心的位置，为居民提供方便、舒适的活动和休息空间。这些广场在空间尺度上应考虑主次之分，即居住区内应该有一个尺度较大、位置比较中心的主要广场，而次要广场则分布在各组团或片区中，尺度可控制得小一些。

　　一般认为，构成邻里有效交往的空间尺度最好限制在30m的范围内，30~35m是居住区广场、群体性活动空间适合的尺度，是一个具有公共活动性质的尺度。居住区绿地空间尺度的控制应以亲切宜人、建立适宜居民交往的空间为前提，不适合创造过于开阔的空间，因为过大的空间会降低场所感及空间的凝聚力，缺乏社区邻里氛围。70m的广场就居住区而言有些过大了，这一距离超出了人们控制能力所及和视听限度，不适宜具有邻里关系的社区交往。因此，居住区比较适宜的公共空间尺度依次是：小空间（10~20m）、中空间（20~30m）、大空间（30~70m）。

　　③空间划分

　　所谓中心广场，不能理解为纯粹的一块大空地，为了强调人的参与性，应进行人性化的设计，利用植物、建筑小品、地形等景观要素进行局部空间的划分和围合，从而方便居民使用。空间的分、合和组织是居住区中心广场设计的一个重要内容，围合的形式和手段不同，会产生出不同的空间效果。居住区的户外活动场所一般都是适宜人活动的小尺度空间，在大空间中划分或围合出私密程度不一的小空间，将人们分散在各个小型场地中，可以创造出丰富的交往空间。

　　大的广场空间适于被分隔成若干尺度的中、小空间，或以较大尺度的空间为中心，周边环形布置各类不同的小空间，如中心活动场地的四周布置小型休息空间，两者之间通过植物等分隔，似断似续。

　　通常情况下，活动内容不同，对空间大小及形式的需求也各不相同。例如，集中活动需要满足居民集会、社会交往等功能，需要较为开阔的大空间，而平日里居民三三两两的室外活动，诸如聊天、约会等，则需要尺度较小且空间形式较为私密的小空间。空间划分在平面上可以利用花坛、水池分隔组合空间，并运用铺地的材质与色彩变化形成不同场所，或者巧妙地运用树木来加强构图，分隔空间；在竖向上则可充分利用居住区的地形高差变化，通过设置不同标高的场地来划分空间，丰富场地的空间效果。

　　（3）节点空间

　　节点是指观察者可以直接进入的战略性焦点，是各种连接点。典型的如道路连接点，或某些特征的集中点。节点空间是居住区人流聚集较多或者观赏性较强的点状空间，和居住区线状空间（如景观轴）共同形成绿地空间的节奏。居住区应根据空间需要布置节点，这些节点有些是结合室外功能空间布置的，有些则根据造景需求进行单独的设计。室外功能空间在满足功能需求的前提下，尽可能加强景观设计，形成特色节点，使其对居住区室外空间环境提供积极的作用。居住区重要的节点除了前述的出入口、中心广场外，还有其他的休闲广场、活动广场、观景平台、重要景点等。

中心广场的尺度较大，前面已有叙述。而一般节点空间尺度考虑如下：12～14m的场地空间是比较亲切宜人、适于交流的人际尺度，故休息广场多采用这一尺度。芦原信义指出，以20～25m作为模数来设计外部空间，以反映人的"面对面"尺度。故25m是一个关键性数值，在居住环境中是一个比较开敞、宽松的空间尺度。

居住区绿地内活动场地以老年使用为主，故设计应考虑以下几点：①对于老年人活动区宜与以观景为主的区域融为一体，并与其他各区相互联系又有所隔离；②老年活动区宜分成动态活动区和静态活动区。动态活动区以健身活动为主，可进行球类、剑类、武术、跳舞、慢跑等活动。在活动区外应有树荫及休息场地，如亭、廊、花架、座凳等，以利于老年人活动后休息。静态活动区主要提供老年人晒太阳、下棋、聊天、观望、学习、打牌等活动，可利用树荫、亭、廊、花架等使夏季有足够的荫蔽，冬季有充足的阳光。

（4）道路空间

居住区道路空间主要指居住区线状的车行和人行空间，其中，又以人行空间为设计的重点，设计时注意以下要点：

①居住区路线组织要形成清晰的结构，形成主次分明、疏密得当的道路系统。

②路线组织要考虑步行交通道路与绿地游览道路的结合。居住区内步行系统包括居民出行的步行交通与休憩时的游览两种功能。在路线设计时，游览道路要兼顾通行的便利，将居民出行交通引入园林中；同时，借用交通道路作为游览通道，将部分交通道路纳入游览体系。因此，不宜过分强调居住区绿地游览交通的独立性，而应该从居住区整体交通体系出发，努力做到游览道路与居住区出行交通道路的统一。

③路线组织要考虑路线本身的形态，只有形成曲折有致的形态，道路才能在组织景观的同时，表现出自身的美感，形成动人的艺术效果。

④居住区道路不仅具有交通和穿越的功能，同时还应引入"生活街道"概念，借鉴传统"城市街道"的社会生活、交往特征，结合当今城市居民的生活需求，营造具有空间活力的居住区邻里交往空间。

5. 空间组合

（1）空间组合要点

居住区绿地空间组合应通过多样的空间类型及组合方式，追求变化与统一，通过恰当的空间转换，形成丰富连续的系列性景观。

①整体统一，局部变化

居住区绿地空间作为一系列变化着的构图，空间的构成需要运用园林艺术手法巧妙地组合，从总体上进行把握。各个空间在同一主题统领下，形成一致的风格，达到整体统一。同时，各空间又要追求自身特色，通过形状、体量、色彩等方面的变化，丰富空间和景观效果。

②景观连续，形成序列

由于空间感受建立在人对一系列连续变化的空间体验上，具有整体性和连续性，故空间的序列关系很重要。空间序列的构成有两种方法：一是在主要轴线与道路上空间组合采用"起始—发展—高潮—尾声"序列过程，形成鲜明的空间序列和良好的景观序列，创造转折起伏的空间关系和步移景异的景观效果；二是通过事物的同类性质组成序列，如春夏秋冬、五行八卦等。不过，由于居住区绿地空间结构方式多样，步行系统四通八达，人们可以从多个入口、不同方位进入空间，因此居住区绿地空间序列非常复杂。在绿地空间设计时不一定每个地方都要机械地按照上述序列过程布局，要结合具体情况组织空间的序列与层次，形成以道路为联系，串联各空间节点的空间序列。

③线形纽带，串联空间

当居住区景观空间缺乏联系，呈离散状态时，可以利用线性元素将分散的空间串联起来，形成整体。如以水系为纽带，串联小区各个空间节点，可以形成点线面结合的有机景观空间脉络，营造具有整体性、连续性、多样性的线形绿地空间体系，从而创造出具有生动山水、丰富场地、优美景观的居住区绿地。

④空间转换，形式不一

一是运用对比的手法进行空间转换。利用对比手法把具有显著差异的两个或多个空间安排在一起，可以强化各自的特性，加强人的视觉和心理感应，激发人的观赏兴趣。如园林组景中常用欲扬先抑的方法来组织空间序列，在主景之前有意识地安排若干封闭的小空间，通过小空间的约束来烘托主景的开敞与雄伟。

二是利用过渡性空间进行空间转换。两个大型空间如果以简单的路线直接连通，很难引起人的欣赏兴趣，无法给人以深刻印象。如果在两个大空间中间插入过渡性的空间，形成一种渐进关系，可以减少路途的单调感，丰富路线景观。

（2）空间组合形式

在居住区绿地空间组合中，由于建筑布局形式的多样化，绿地形态不一，应因地制宜地采用不同的空间组合形式。居住区绿地很少运用单一的空间组合形式，一般都是根据场地特点和设计风格运用多种空间组合方式共同构成居住区绿地整体空间构架。

①串联式组合

串联式组合是指一系列空间单元沿路线按照一定的方向排列，形成串联式景观序列空间结构。串联式组合的路线可以是直线、折线和曲线等几何线条，亦可用自然线型。采用什么线型主要根据设计风格和场地形状来考虑，要在与居住区绿地总体风格一致的基础上，因地制宜、灵活处理。串联式组合空间节点一般在统一主题与风格的制约下，在形状、尺度、色彩和功能上都会追求变化，形成序列性景观。

串联式组合分布在场地宽度较窄的宅间位置，路线将各个空间单元串联起来，通过植物的围合使空间形成开合有序的节奏变化。但由于场地窄小、空间单元尺度较为平均、纵深方向较长，景观会显得单调。

②枝叶状组合

枝叶状组合是指一系列空间单元沿路线两侧排列，形成旁连式的景观序列空间结构。枝叶状组合的路线和空间单元与串联式一样，可以进行变化，形成序列性景观。

枝叶状组合分布在较宽的宅间位置，故各个空间单元的尺度变化较大，如果空间单元的布置疏密结合，使空间单元之间的过渡线路有长有短，空间的序列变化将会更为丰富。

③中心式组合

中心式组合是以中心主导空间为主体，与周边环绕的次要空间组合构成的主次分明的向心式空间构图形式。在这种组合中，中心空间要有占统治地位的尺度或形式，次要空间可以根据其不同的功能和景观要求而有不同的空间形式和尺度。在中心式组合中，要注意中心空间与次要空间之间的关系，中心空间往往通过尺度上的主导地位，形成较强的向心力；次要空间通过园林小道、广场或局部凸出等方式与中心空间连接。不同的连接方式可以增加空间组合的丰富度，增加活动空间的景观效果。

④网络状组合

网络状组合是指空间位于网络状路线的节点上，形成一种分布均匀的、重复性强的空间结构形式。由于网络状组合结构性好，单元空间的布置有规律，即使节点空间有所增加、减少时，整体的构图关系还是很清晰，容易形成统一的构图秩序。

为了增加空间变化，网络节点可以用多个形态不一、大小不同、功能各异的空间单元组合，网络路线也可直线与曲线并用，还可以局部位移路线或旋转网络而形成变化。

(3) 空间系列尺度关系

居住区绿地的布局建立在一系列有机的、连续不断的空间组织上，园林空间的组织总是以道路连接节点的形式构成空间系列。在设计中，应根据项目的立地条件和使用功能等要求，结合设计理念来确定空间系列尺度关系。空间系列的尺度关系有以下几种方式：

①空间单元尺度统一

组成系列的空间单元尺度比较接近，空间体量具有同质化的倾向。空间系列总体上表现出均衡、和谐的状态。这种系列方式如果设计内容不够丰富，会使人在经历整个系列时感觉平淡、乏味。其空间的变化可以通过空间围合度、路径（过渡空间）的长短、空间功能差异、景观特色营造来实现。

②空间单元尺度变化

组成系列的空间尺度不同，大空间、小空间、中空间交替出现，空间的尺度变化较大，可以形成欲扬先抑或先扬后抑的空间节奏，使人们在经历整个系列空间时产生不同的心理体验。空间因尺度不同而表现出不同的围合感和开放性，利用这种变化，人们能体验空间尺度变化带来的新奇效果，易于突出主题空间，提高游兴。空间尺度的变化较小时，空间过渡自然，平面比例和谐；空间尺度的变化较大时，会产生比较强烈的视觉刺激和心理体验；面积最大的空间成为明确的核心空间，所有小尺度的空间可以围绕大空间展开。但过大的对比容易失去平衡感，所以必须控制好空间的过渡和衔接。

③空间连接路径均衡

采取比较宜人的路径距离连接不同的空间，路径的距离控制在 25～35m，是居住区公共绿地设计中常用的路径系列模式。相关研究表明，25～35m 的距离是有利于交往和提高公共空间使用效率的尺度，将不同形态、特色、功能的空间以这一尺度作为系列变化的节奏连接，能创造和谐宜人、轻松惬意的居住区空间体系。

④空间连接路径变化

路径长短的变化也能给人带来不同的空间感受。两个空间连接的路径较短，如小于 10m，则路径成为过渡空间，空间的分隔程度受侧边界形态的影响。侧边界高度与密度较大时，空间被分隔；侧边界高度与密度小时，由路径连接的两个空间相互通透或产生视线的相互渗透。当路径较长时，会使人对端点的景观充满期待。因此，由较长路径连接的景观空间必须有较大的吸引力才能引导人们前往使用。在居住区中，连接两个空间的路径在小于 60m 时比较舒适，且应采用曲折的形式，否则空间会显得单调。

第二节　居住区绿地规划设计

一、居住区绿地规划计划

（一）居住区道路绿地的规划设计

居住区道路绿化与城市街道绿化有许多共同之处，但居住区内的道路由于交通、人流量不大，所以宽度较窄、类型也较少。

根据功能要求和居住区规模的大小，可把居住区道路分为三类，绿化布置因道路情况不同而各有变化。

1.居住区主干道

居住区主干道是联系居住区内外的主要通道，除了人行外，有的还通行公共汽车。

道路交叉口及转弯处的绿化不要影响行驶车辆的视线，栽植街道树要考虑行人的遮阳及不妨碍车辆的运行。在道路与居住建筑之间可考虑利用绿化防尘和阻挡噪声，在公共汽车的停靠站点，可考虑乘客候车时遮阳的要求。

2.居住区次干道

居住区次干道是联系住宅组团之间的道路。行驶的车辆虽较主干道少，但绿化布置时，仍要考虑交通的要求。

当道路与居住建筑距离较近时，要注意防尘隔声。次干道还应满足救护、消防、运货、清除垃圾及搬运家具等车辆的通行要求。当车道为尽端式道路时，绿化还需与回车场地结合，使活动空间自然优美。

3.宅前小路

居住区住宅小路是联系各住户或各居住单元门前的小路，主要供人行。

绿化布置时，道路两侧的种植宜适当后退，以便必要时急救车和搬运车等可驶入住宅。有的步行道路及交叉口可适当放宽，与休息活动场地结合。路旁植树不必都按行道树的方式排列种植，可以断续、成丛地灵活配置，与宅旁绿地、公共绿地布置配合起来，形成一个相互关联的整体。

（二）宅旁绿地的规划设计

宅旁绿地的主要功能是美化生活环境，阻挡外界视线、噪声和灰尘，为居民创造一个安静、舒适、卫生的生活环境。绿地布置应与住宅的类型、层数、间距及组合形式密切配合，既要注意整体风格的协调，又要保持各幢住宅之间的绿化特色。

宅旁绿化的重点在宅前，包括以下几个方面：

1. 住户小院

住户小院可分为底层住户小院和独户庭院两种形式。

为了不影响居住区绿化设计的整体效果，底层住户小院的绿化一般会留出一定宽度的绿地作为居住区公共绿化范围。

独户庭院的绿化设计，可统一规划，也可由住户自行设计。

2. 宅间活动场地

宅间活动场地属于半公共空间，主要为幼儿活动和老人休息之用，其绿化的好坏，直接影响到居民的日常生活。宅间活动场地的绿化类型主要有以下几种形式：

（1）树林型

树林型的宅旁绿化一般适用于面积较大的宅旁绿地，但在设计时一定要保证室内良好的通风采光要求。

（2）游园型

当宅旁绿地面积较大时，也可以将其设计为小游园的形式，但在设计时活动场地一定要与建筑保持一定的距离，既要保证室内良好的通风采光，还要保证室内的安静。

（3）棚架型

宅旁绿地还可以考虑设置棚架。

（4）草坪型

当楼间距较小时，为了满足室内的通风采光，宅旁绿地一般设计为草坪型。

3. 住宅建筑本身的绿化

（1）架空层绿化

在近些年新建的居住区中，常将部分住宅的首层架空形成架空层，并通过绿化向架空层的渗透，形成半开放的绿化休闲活动区。这种半开放的空间与周围较开放的室外绿化空间形成鲜明对比，增加了园林空间的多重性和可变性，既为居民提供了可遮风挡雨的活动场所，也使居住环境更富有透气感。

（2）屋基绿化

屋基绿化是指在墙基、墙角、窗前和入口等围绕住宅周围的基础栽植。

墙基绿化：使建筑物与地面之间增添一点绿色，一般多选用灌木做规则式配置，亦可种上爬墙虎、络石等攀缘植物将墙面（主要是山墙面）进行垂直绿化。

墙角绿化：墙角种小乔木、竹或灌木丛，形成墙角的"绿柱""绿球"，可打破建筑线条的生硬感觉。

（3）窗台、阳台绿化

窗前绿化对于室内采光、通风，防止噪声、视线干扰等方面起着相当重要的作用。其配置方法也是多种多样的，如"移竹当窗"手法的运用，竹枝与竹叶的形态常被喻为清雅、刚健、潇洒，宜种于居室外，特别适合于书房的窗前；又如有的在距窗前 1~2m 处种一排花灌木，高度遮挡窗户的一小半，形成一条窄的绿带，既不影响采光，又可防止视线干扰，开花时节还能形成五彩缤纷的效果；再如有的窗前设花坛、花池，使路上行人不致临窗而过。

在住宅入口处，多与台阶、花台、花架等相结合进行绿化配置，形成各住宅入口的标志，也作为室外进入室内的过渡，有利于消除眼睛的光感差，或兼作门厅之用。

（4）墙面、屋顶绿化

在城市用地十分紧张的今天，进行墙面和屋顶的绿化，即垂直绿化，无疑是一条增加城市绿量的有效途径。墙面绿化和屋顶绿化不仅能美化环境、净化空气、改善局部小气候，还能丰富城市的俯视景观和立面景观。

住宅建筑本身是宅旁绿化的重要组成部分，必须与整个宅旁绿化和建筑的风格相协调。

（三）组团绿地的规划设计

在居住区中，一般 6~8 栋居民楼为一个组团。组团绿地是离居民最近的公共绿地，为组团内的居民提供一个户外活动、邻里交往、儿童游戏、老人聚集等良好的室外条件。

1. 组团绿地的特点

①用地小、投资少，易于建设，见效快。

②服务半径小，使用频率高。

③易于形成"家家开窗能见绿，人人出门可踏青"的、富有生活情趣的居住环境。

2. 位置

（1）周边式住宅之间

环境安静有封闭感，大部分居民都可以从窗内看到绿地，有利于家长照看幼儿玩耍，但噪声对居民的影响较大。将楼与楼之间的庭院绿地集中组织在一起，当建筑密度相同时，可以获得较大面积的绿地。

(2) 行列式住宅山墙间

行列式布置的住宅，对居民干扰少，但空间缺少变化，容易产生单调感。适当拉开山墙距离，开辟为绿地，不仅为居民提供了一个有充足阳光的公共活动空间，而且从构图上打破了行列式山墙间所形成的胡同感觉，组团绿地的空间又与住宅间绿地相互渗透，产生较为丰富的空间变化。

(3) 扩大住宅的间距

在行列式布置中，如果适当将住宅间距扩大到原间距的1.5~2倍，就可以在扩大的住宅间距中，布置组团绿地，并可使连续单调的行列式狭长空间产生变化。

(4) 住宅组团的一角

在地形不规则的地段，利用不便于布置住宅的角隅空地安排绿地，能起到充分利用土地的作用，而且服务半径较大。

(5) 两组团之间

由于受组团内用地限制而采用的一种布置手法，在相同的用地指标下绿地面积较大，有利于布置更多的设施和活动内容。

(6) 一面或两面临街

绿化空间与建筑产生虚实、高低的对比，可以打破建筑线连续过长的感觉，还可以使过往群众有歇脚之地。

(7) 在住宅组团呈自由式布置

组团绿地穿插配合其间，空间活泼多变，组团绿地与宅旁绿地配合，使整个住宅群面貌显得活泼。

组团绿地所在的位置不同，使用的效果也不同，对住宅组团的环境影响也有很大区别。从组团绿地本身的使用效果来看，位于山墙和临街的绿地效果较好。

3. 布置方式

①开敞式：组团绿地可供游人进入绿地内开展活动。

②半封闭式：绿地内除留出游步道、小广场、出入口外，其余均用花卉、绿篱、稠密树丛分隔。

③封闭式：一般只供观赏，不能入内活动。从使用与管理两方面来看，半封闭式效果较好。

4. 内容安排

组团绿地的内容设置可有绿化种植、安静休息、游戏活动等，还可附有一些小品建筑或活动设施。具体内容要根据居民活动的需要来安排，是以休息为主，还是以游戏为主；休息活动场地在居住区内如何分布等，均要按居住地区的规划设计统一考虑。

（1）绿化种植部分

此部分常在周边及场地间的分隔地带，可种植乔木、灌木和花卉，铺设草坪，还可设置花坛，亦可设棚架种植藤本植物，置水池植水生植物。植物配置要考虑造景及使用上的需要，形成有特色的、不同季相的景观变化及满足植物生长的生态要求。如铺装场地上及其周边可适当种植落叶乔木为其遮阳；入口、道路、休息设施的对景处可丛植开花灌木或常绿植物、花卉；周边需障景或创造相对安静空间地段则可密植乔、灌木，或设置中高绿篱。组团绿地内应尽量选用抗性强、病虫害少的植物种类。

（2）安静休息部分

此部分一般也作老人闲谈、阅读、下棋、打牌及练拳等设施场地。该部分应设在绿地中远离周围道路的地方，内可设桌、椅、坐凳及棚架、亭、廊等园林建筑作为休息设施，亦可设小型雕塑及布置大型盆景等供人静赏。

（3）游戏活动部分

此部分应设在远离住宅的地段，在组团绿地中可分别设幼儿和少年儿童的活动场地，供少年儿童进行游戏性活动和体育性活动。其内可选设沙坑、滑梯、攀爬等游戏设施，还可安排打乒乓球的球台等。

在掌握了必要的理论知识后，可根据园林规划设计的程序以及居住区绿地规划设计的原则与方法，来完成本居住小区的绿地规划设计。

二、居住区绿化设计

（一）居住小区游园的位置

居住小区游园的位置一般要求适中，使居民使用方便，并注意充分利用原有的绿化基础，尽可能和小区公共活动中心结合起来布置，形成一个完整的居民生活中心。这样不仅节约用地，而且能满足小区建筑艺术的需要。

居住小区游园的服务半径以不超过300 m为宜。在规模较小的小区中，居住小区游园可在小区的一侧沿街布置或在道路的转弯处两侧沿街布置。居住小区游园沿街布置时，可以形成绿化隔离带，能减弱干道的噪声对临街建筑的影响，还可以美化街景，便于居民使用。有的道路转弯处，往往将建筑物后退，可以利用空出的地段建设居住小区游园，这样，路口处局部加宽后，使建筑取得前后错落的艺术效果。同时，还可以美化街景。在较大规模的小区中，也可布置成几片绿地贯穿整个小区，使居民使用更为方便。

(二) 居住小区游园的规模

居住小区游园的用地规模是根据其功能要求来确定的，然而功能要求又和整个人民生活水平有关，这些已反映在国家确定的定额指标上。目前，新建小区公共绿地面积采用人均 $1 \sim 2m^2$ 的指标。

居住小区游园主要是供居民休息、观赏、游憩的活动场所。一般都设有老人、青少年、儿童的游憩和活动等设施，只有形成一定规模的集中整块绿地，才能安排这些内容。然而又不可能将小区绿地全部集中，不设分散的小块绿地，造成居民使用不便。因此，最好采取集中与分散相结合，使居住小区游园面积占小区全部绿地面积的一半左右为宜。如小区为 1 万人，小区绿地面积平均每人 $1 \sim 2m^2$，则小区绿地约为 0.51 hm^2。居住小区游园用地分配比例可按建筑用地约占 30%，道路、广场、用地占 10% ~ 25%，绿化用地约占 60% 来考虑。

(三) 居住小区游园的内容安排

1. 入口

入口应设在居民的主要来源方向，数量 2 ~ 4 个，与周围道路、建筑结合起来考虑具体的位置。入口处应适当放宽道路或设小型内外广场以便集散。内可设花坛、假山石、景墙、雕塑、植物等做对景。入口两侧植物以对植为好，这样有利于强调并衬托入口设施。

2. 场地

居住小区游园内可设儿童游戏场、青少年运动场和老人活动场。场地之间可利用植物、道路、地形等分隔开。

儿童游戏场的位置，要便于儿童前往和家长照顾，也要避免干扰居民，一般设在入口附近稍靠边缘的独立地段上。儿童游戏场不需要很大，但活动场地应铺草皮或选用持水性较小的沙质土铺地或用海绵塑胶面砖铺地。活动设施可根据资金情况、管理情况而设，一般应设供幼儿活动的沙坑，旁边应设坐凳供家长休息用。儿童游戏场地上应种高大乔木以供遮阳，周围可设栏杆、绿篱与其他场地分隔开。

青少年运动场设在公共绿地的深处或靠近边缘独立设置，以避免干扰附近居民，该场地主要是供青少年进行体育活动的地方，应以铺装地面为主，适当安排运动器械及坐凳。另外，在进行场地设计时也可考虑竖向上的变化，形成下沉式场地或上升式场地。

老人休息活动场可单独设立，也可靠近儿童游戏场，在老人活动场内应多设些桌椅坐凳，便于下棋、打牌、聊天等。老人活动场一定要做铺装地面，以便开展多种活动。铺装地面要预留种植池，种植高大乔木以供遮阳。

3. 园路

居住小区游园的园路能把各种活动场地和景点联系起来，使游人感到方便和有趣味。园路也是居民散步游憩的地方，所以设计的好坏直接影响到绿地的利用率和景观效果。

①园路的宽度与绿地的规模和所处的地位、功能有关。绿地面积在 50000 m² 以下，主路 2～3m 宽，可兼做成人活动场所，次路 2m 左右；绿地面积在 5000 m² 以下，主路 2～3m，次路 1.2m 左右。

②根据景观要求，园路宽窄可稍做变化，使其活泼。

③园路的走向、弯曲、转折、起伏，应随着地形自然地进行。

④通常园路也是绿地排除雨水的渠道，因此，必须保持一定的坡度，横坡一般为 1.5%～2.0%，纵坡为 1.0% 左右。当园路的纵坡超过 8% 时，需做成台阶。

⑤居住小区游园中一定要考虑设置残疾人通道。

扩大的园路就是广场。广场有三种类型，即集散、交通和休息。广场的平面形状可规则、自然，也可以是直线与曲线的组合，但无论选择什么形式，都必须与周围环境协调。广场的标高一般与园路的标高相同，但有时为了迁就原地形或为了取得更好的艺术效果，也可高于或低于园路。广场上为造景多设有花坛、雕塑、喷水池等装饰小品，四周多设座椅、棚架、亭廊等供游人休息、赏景。

4. 地形

居住小区游园的地形应因地制宜地处理，因高堆山，就低挖池，或根据场地分区、造景需要适当创造地形。地形的设计要有利于排水，以便雨后及早恢复使用。

5. 园林建筑及设施

园林建筑及设施能丰富绿地的内容，增添景致，应给予充分的重视。由于居住区或居住小区游园面积有限，因此，其内的园林建筑和设施的体量都应与之相适应，不能过大。

（1）桌、椅、坐凳

桌、椅、坐凳宜设在水边、铺装场地边及建筑物附近的树荫下，应既有景可观，又不影响其他居民活动。

（2）花坛

花坛宜设在广场上、建筑旁、道路端头的对景处，一般抬高 30～45 cm，这样既可当坐凳又可保持水土不流失。花坛可做成各种形状，上面既可栽花，也可植灌木、乔木及草，还可摆花盆或做成大盆景。

（3）水池、喷泉

水池的形状可自然可规则。一般自然形的水池较大，常结合地形与山体配合在一起；规则形的水池常与广场、建筑配合应用，喷泉与水池结合可增加景观效果并具有一定的趣味性。水池内还可以种植水生植物。无论哪种水池，水面都应尽量与池岸接近，以满足人们的亲水感。

（4）景墙

景墙可增添园景并可分隔空间。常与花架、花坛、坐凳等组合，也可单独设置。其上既可开设窗洞，也可以实墙的形式出现，起分隔空间的作用。

（5）花架

花架常设在铺装场地边，既可供人休息，又可分隔空间。花架可单独设置，也可与亭、廊、墙体组合。

（6）亭、廊、榭

亭一般设在广场上、园路的对景处和地势较高处。榭设在水边，常作为休息或服务设施用。廊用来连接园中建筑物，既可供游人休息，又可防晒、防雨。亭与廊有时单独建造，有时结合在一起。亭、廊、榭均是绿地中的点景、休息建筑。

（7）山石

在绿地内的适当地方，如建筑边角、道路转折处、水边、广场上、大树下等处可点缀些山石。山石的设置可不拘一格，但要尽量自然美观，不露人工痕迹。

（8）栏杆、围墙

栏杆、围墙设在绿地边界及分区地带，宜低矮、通透，不宜高大、密实，也可用绿篱代替。

（9）挡土墙

在有地形起伏的绿地内可设挡土墙。高度在 45 cm 以下时，可当坐凳用。若高度超过视线，则应做成几层，以减小高度。还有一些设施如园灯、宣传栏等，应按具体情况配置。

6. 植物配置

在满足居住区或居住小区游园游憩功能的前提下，要尽可能地运用植物的姿态、体形、叶色、高度、花期、花色以及四季的景观变化等因素，来提高居住小区游园的园林艺术效果，创造一个优美的环境。绿化的配置，一定要做到四季都有较好的景致，适当配置乔灌木、花卉和地被植物，做到"黄土不露天"。

第八章　单位附属绿地规划设计

第一节　校园绿地规划设计

校园绿地是单位附属绿地的一个重要组成部分。根据我国目前的教育模式，学校教育可分为小学、中学和大专院校。由于学校规模、教育层次、学生年龄的不同，其绿地建设也有较大的差别。作为人才的摇篮、文化的绿洲，校园绿地的规划设计既有一般性，也有一定的特殊性。因此，校园绿地规划设计既要结合学校的性质、办学宗旨，又要通过绿化的手段塑造文化意境，体现学校独特的人文内涵和"场所精神"。

一、校园绿地的组成

校园绿地由于其位置、学校规模、专业特点、办学方式以及周围的社会条件的不同，其功能分区也不尽相同。一般可分为教学科研区绿地、学生生活区绿地、体育活动区绿地、后勤服务区绿地、教工生活区绿地、校园道路绿地、休息游览区绿地七个部分。

二、校园绿地的特点

(一) 面积与规模

校园绿地占地面积各不相同，有的面积较大，如大专院校，有专门规划的绿地空间；而有的相对较小，如中小学校，相对比较分散。因此，校园规划、设计要从实际出发，在大面积的大专院校，校园每块绿地的设计、植物的配置，要各有特色，不能千篇一律，应当重视各块绿地的相对观赏性；在中小学校，则要见缝插绿，增加绿地覆盖率。

(二) 教学工作特点

校园绿地的规划、设计要强化功能意识，将实用性放在首位。设计中，要始终坚持方便师生的学习和生活、为师生服务的理念。校园绿地不仅是供观赏的，更重要的是能够为师生提供一种使他们融入自然的环境。

（三）学生特点

学生正处在青年时代，世界观和人生观处于树立和形成期。他们精力旺盛、朝气蓬勃、思想活跃、可塑性强，有独立的个人见解，具有较高的文化修养。他们需要良好的学习、运动环境和高品位的娱乐交往空间，从而获得德、智、体、美、劳的全面发展。

校园绿化景观不仅可为学生提供欣赏自然美的条件，而且可改善学生学习、生活的生态环境，还具有服务教学、陶冶情操的特殊功能。建设一个优美、高雅、富有园林情趣的校园环境，有着"以美储真""以美启真""以美启善""以美促健"的作用和功效。

三、校园绿地规划设计

（一）大专院校绿地设计

1. 校前区绿化

校前区主要是指学校大门、出入口与办公楼、教学主楼之间的空间，有时也称校园的前庭，是大量行人、车辆的出入口，具有交通集散功能。校前区不单是学校的门面和标志，而且体现学校面貌和教育理念。其布局形式主要以开阔、简洁为主，与教学楼相对的广场空间应注意其开放性、综合性的特点，适合学生的活动、交流，场地的空间处理应具有较高的艺术性和思想内涵，并富有人情意趣，有良好的尺度和景观。

校前区空间的绿化要庄重典雅、朴素大方、简洁明快。校前区空间主要分为两部分：门前空间（主要是指城市道路到学校大门之间的部分）和门内空间（主要是指大门到主体建筑之间的空间）。门前空间一般使用常绿花灌木形成活泼而开朗的门景，两侧花墙用藤本植物进行配置。在四周围墙处，选用常绿乔灌木自然式带状布置，或以速生树种形成校园外围林带。另外，门前的绿化既要与街景有一致性，又要体现学校特色。

门内空间的绿化设计一般以规划式绿地为主，以校门、办公楼或教学楼为轴线，在轴线上布置广场、花坛、水池、喷泉、雕塑和主干道。轴线两侧对称布置装饰或休息性绿地。在开阔的草地上种植树丛，点缀花灌木，自然活泼，或植草坪及整形修剪的绿篱、花灌木，低矮开朗，富有图案装饰效果。在主干道两侧植高大挺拔的行道树，外侧适当种植绿篱、花灌木，形成开阔的绿荫大道。

2. 教学科研区绿化

教学科研区绿地主要包括教学楼、实验楼、图书馆及行政办公楼等建筑周围的绿地。这些绿地主要满足全校师生教学、科研、实验和学习需要，为教学科研工作提供安静、优美的环境，也为学生创造课间活动的绿色空间。

教学科研主楼前的广场设计，一般以大面积铺装为主，结合花坛、草坪，布置喷泉、雕塑、花架、园灯等园林小品，体现简洁、开阔的景观特色，有的学校也将校前区与教学科研区结合起来布置。

3. 图书馆、大学礼堂绿化设计

图书馆是图书资料的储藏之处，为师生教学、科学活动服务，也是学校标志性建筑，其周围的布局与绿化与大礼堂相似。

大礼堂是集会的场所，在正面入口前一般设置集散广场。由于其周围绿地空间较小，内容相对简单。礼堂周围基础栽植，以绿篱和装饰树种为主。礼堂外围可根据道路和场地大小，布置草坪、树林或花坛，以便人流集散。

4. 学生生活区绿化

大专院校为方便师生学习、工作和生活，校园内设置有生活区和各种服务设施。该区是丰富多彩、生动活泼的区域。生活区绿化应以校园绿化基调为前提，根据场地大小，兼顾交通、休息、活动、观赏等功能，因地制宜地进行设计。食堂、浴室、商店、银行、邮局前要留有一定的交通集散及活动场地，周围可留基础绿带种植花草树木，活动场地中心或周边可设置花坛或种植庭荫树。

师生宿舍区绿化，可根据楼间距大小，结合楼前道路进行设计。楼间距较小时，在楼梯口之间只进行基础栽植或硬化铺装；场地较大时，可结合行道树，形成封闭式的观赏性绿地，或布置成庭院式休闲性绿地，铺装地面，花坛、花架、基础绿带和庭荫树池结合，形成良好的学习、休闲场地。

5. 教工生活区绿化

教工生活区绿地与普通居住区的绿化设计相同，设计时可参阅居住区绿地中的有关内容。

6. 休息游览区绿化

休息游览绿地规划设计构图的形式、内容及设施，要根据场地的地形、地势、道路、建筑等环境综合考虑，因地制宜地进行。在校园的重要地段设置花园式或游园式绿地，植物景观组成一种严整的秩序和生机感，师生置身于此时，即能体会到大自然的气息，激发灵感，陶冶情趣。农林类校园可以建设花圃、苗圃、气象观测站等科学实验园地，以及植物园、树木园等。

7. 体育活动区绿化

体育活动区绿化的主要方式是场地四周栽植高大乔木，下层配置耐阴的花灌木，形成一定层次和密度的绿荫，能有效地遮挡夏季阳光的照射和冬季寒风的侵袭，减弱噪声对外界的干扰。运动场的绿化不能影响体育活动和比赛以及观众的视线，应严格按照体育场地及设施的有关规范进行。为保证运动员及其他人员的安全，运动场四周可设围栏。在适当之处设置坐凳，供人们观看比赛。设座凳处可植落叶乔木遮阳。体育馆建筑周围应因地制宜地进行基础绿带绿化。

8. 校园道路绿化

校园道路两侧行道树应以落叶乔木为主，构成道路绿地的主体和骨架，浓荫覆盖。在行道树外还可种植草坪或点缀常绿乔木和花灌木，形成色彩、层次丰富的道路侧旁景观。校园道路绿化主要考虑满足遮阳的需要。

9. 后勤服务区绿化

后勤服务区绿化与生活区绿化基本相同，不同的是还要考虑水、电、热力，以及各种气体动力站、仓库、维修车间等管线和设施的特殊要求。在选择配置树种时，综合考虑防火、防爆等因素。

(二) 中、小学校园绿地规划设计

中、小学校园绿地规划设计应按照教学生活规律，遵循因地制宜的原则，注重生态效益，结合经济效益，设计出新颖美观的符合中小学教学生活特点的优美校园环境。在绿地布局、绿化形式、活动场地的安排、自行车棚的处理、植物配置及建筑小品与雕塑的设置等方面作重点设计。

1. 大门口绿化

中小学校大门出入口、建筑门厅及庭院作为校园绿化的重点，结合建筑、广场及主要道路进行绿化布置，注意色彩、层次的对比变化，建花坛、铺草坪、植绿篱，配置四季花木，衬托大门及建筑物入口空间和正立面景观，丰富校园景色。

2. 自然科学实验园地

在中学为了配合教学需要和学生课外活动，在校园中选择一块阳光充足、排水良好、水源及肥源比较方便的地方，作为"自然科学实验园地"。

自然科学实验园地的布置形式应根据园地的内容布置成花园形式，有园路、水池、花坛，还可利用自来水作成小喷泉，池中的水可以用来浇地。园路两旁种花，园地周围用绿篱、栏杆围起，利于保护和管理。如山西省晋中市榆次一中的地理园，通过园林的各个组成要素，将地理的相关知识点设计成一个个鲜活而生动直观的模型、图片，或是地球仪、地动仪等。在这种花草树木围合而成的具有鸟语花香的轻松学习气氛下，作为好奇心很强的中学生，会自然而然地对地理这门学科有了强烈的兴趣和爱好，在赏心悦目的环境中就把枯燥难懂的知识刻印在脑海里，这也是学习和教育的最高境界，更是校园园林设计中最为重要的一个方面。庭院中也可种植乔木，形成庭荫环境，并可适当设置乒乓球台、阅报栏等文体设施，供学生课余活动之用。

3. 主体建筑周围的绿化

中小学主体绿化设计既要考虑建筑物的使用功能，如通风采光、遮阳、交通集散，又要考虑建筑物的形状、体积、色彩和广场、道路的空间大小。

学校周围沿围墙种植绿篱或乔灌木林带，并与外界环境相对隔离，避免相互干扰。中小学绿化树种应挂牌，标明树种名称，便于学生识别、学习。

教学楼周围的基础绿带，在不影响内通风采光的条件下，可多种植落叶乔灌木。为满足学生休息、集会、交流等活动的需要，教学楼之间的广场空间应注意体现其开放性、综合性的特点，并应具有良好的尺度和景观，常以乔木为主，以花灌木点缀。平面布局上要注意其图案构成和线形设计，以丰富的植物及色彩，形成适合师生在楼上俯视鸟瞰的画面；立面要与建筑主体相协调，并衬托美化建筑，从而使绿地成为该区空间的休闲主体和景观的重要组成部分。

中学的操场一般比较大，体育运动设施多，体育活动也较为频繁。因此，运动场的绿化首先要考虑与教室及实验室的隔离。教室与运动场之间的隔离应当不小于15 m，使运动场上的声音和骚扰不致影响教室内的教学活动。隔离带应由乔木、灌木及常绿树组成。运动场中的活动区不宜种树，更不要种植灌木，以免妨碍学生的运动。运动场周围可种植大树。

4. 楼与楼之间的绿化

中小学校园通常要设置比较多的室外空间来供学生们课间活动，楼与楼之间的绿地设计要求既美观又不影响各个教学班级的采光。通常采用规则式绿地，以草坪和点缀式的规则灌木结合为主，图案设计要具有艺术性，提升学生的艺术审美情趣。

(三) 幼儿园绿地规划设计

托儿所、幼儿园是对3~6岁的幼儿进行学龄前教育的机构。幼儿园一般可分为主体建筑区、辅助建筑区和户外活动场地三部分。

一般正规的幼儿园包括室内活动和室外活动两部分。根据活动要求，室外活动场地又分为公共活动场地、班组活动场地、自然科学等基地和生活杂务用地。公共活动场地是幼儿进行集体活动、游戏的场地，也是绿地的重点地区。在公共绿地里设置有供儿童游戏的沙池、大型玩具、高大的乔木等。班组活动场地一般不设游乐器械，通常选择无毒无刺的植物。场地可根据面积大小，采用40%~60%铺装，图案要新颖、别致，符合不同年龄段的幼儿喜好。

1. 幼儿园绿地特点

①儿童使用，尺寸要适宜，色彩要符合儿童的心理特点。

②户外活动多，要注意防晒、遮阴。

③安全性防护林、防噪声等。

2. 幼儿园绿地设计要点

（1）绿化布置

幼儿园分为大班、中班和小班。幼儿园的绿化美化要根据这一特点进行设计。绿化布置首先满足孩子们户外活动的需要，在各班教室外都应有一小块活动场地。活动场地的绿化要用大树遮阴，孩子们可在树荫下游戏。场地内种植儿株春夏开花的灌木和草花，作为点缀，也可铺一块草地，让孩子们在草地上自由自在地游戏活动。如果幼儿园比较狭小，种树地方不多，可搭棚架种攀缘植物，绿化效果也比较好。其次，在教室内外及窗台上，可摆设几盆花卉，这不仅可美化环境，还可增加孩子们的自然科学知识。最后，临街的幼儿园和在居住区中的幼儿园应种植卫生防护林带，以乔木灌木覆层种植，起到防尘、防噪声的作用。

公共活动场地也可完全按照花园形式进行设计，在花园中种植孩子们最喜欢的树种，使春季有花，夏季有荫，秋季有果，冬季有青。花池中可种植容易栽培的五颜六色的陆地草花。做到有花、有果、有香味，使孩子们的生活更加丰富多彩。结合各种游戏活动器械的布置，适当布置园路、设置小亭、花架、涉水池、沙坑及水池喷泉等。整个室外活动场地应尽量铺设耐践踏的草坪，或采用塑胶铺地。绿地的铺装图案、色彩除要符合儿童心理外，还要特别注意其平整性，不要设台阶，如道牙、汀步的尺度应满足儿童安全健康的需求。

（2）生物角设置

有条件的托幼机构可设果园、花园、菜园、小动物饲养等地，建立"生物角"，种植花卉、蔬菜、瓜豆等各种栽培植物，也可饲养几只小动物。在老师的辅导下，让孩子们自己管理并进行观察和记载，培养孩子们热爱自然、热爱科学、热爱劳动的良好品德。

（3）入口的绿化

入口的绿化要整齐、美观、活泼，使孩子们感到亲切。如果入口处建有影壁，可在影壁前用黄杨或侧柏作矮篱，绿篱里面种植花灌木或摆盆花。影壁后面种植常绿大乔木或落叶乔木，作为影壁的背景。没有影壁的入口处，可正对校门布置树丛和花坛，花坛里布置形象的雕像，入口的气氛比影壁更好。

在靠近传达室及入口广场两侧，可种植几株高大时遮阴树，如悬铃木、柳树、毛白杨、国槐等。

第二节 工厂绿地规划设计

工厂绿地在城市绿地系统中占有重要的位置。工厂绿地的建筑、道路、管线对城市环境具有良好的衬托和遮挡作用，对于城市环境的改善也有着重要的意义。

一、工厂绿地的性质及组成

(一) 工厂绿地的类型和性质

工厂的类型很多，有重工业、轻工业、纺织业、石油工业、化学工业、精密仪表工业以及目前兴盛的科技园区等。即使同一类型的工厂，其规模大小、产品品种、排放物对环境的影响，以及某些工业对环境质量的要求等都有很大的差异。工厂企业的绿化由于工业生产而有着与其他用地上绿化不同的特点。工厂的性质、类型不同，生产工艺特殊，对环境的影响及要求也不相同，总平面布置的差别也很大。

(二) 工厂绿地的组成

虽然工厂企业的性质、规模、类型等各不相同，但工厂绿地的组成都主要由厂前区、生产区、仓库区及绿化美化地段四个部分组成。

二、工厂绿地设计

工厂绿化应根据厂内不同区域，科学地选择树种，以人工的方法形成植物群落，起到滤尘、隔音、净化空气、减少污染的作用，从而创建环境优美的现代化工厂，更好地为生产和职工健康服务。

(一) 厂前区绿地设计

厂前区面貌体现了工厂的形象和特色，也是工厂文明生产的象征。厂前区包括主要入口绿地、厂前建筑群绿地、广场绿地等。厂前区的绿化不仅要美观、整齐、大方、开朗明快，给人以深刻印象，还要方便车辆通行和人流集散。绿地设置应与广场、道路、周围建筑及有关设施（如光荣榜、画廊、阅报栏、黑板报、宣传牌等）相协调，一般多采用规则式或混合式。植物配置要和建筑立面、形体、色彩相协调，与城市道路相联系，种植类型多用对植和行列式。因地制宜地设置林荫道、行道树、绿篱、花坛、草坪、喷泉、水池、假山、雕塑等。

入口的布置要富于装饰性和观赏性，强调入口空间。绿化布置要注意交通与场外街道绿化融为一体，注意景的引导性和标志性。种植类型多采用对植和行列式，同时点缀色彩鲜艳的花灌木、宿根花卉，或植草坪，并用修剪整齐的常绿绿篱围边，用色叶灌木形成模纹图案。

若用地面积大，厂前区绿化还可与小游园的布置相结合，设置山泉水池、建筑小品，园路小径放置园灯、凳椅，栽植观赏花木和草坪，形成恬静、清洁、舒适、优美的环境，为职工休息、散步、交往、娱乐提供场所，也体现了厂区面貌，成为城市景观的有机组成部分。

(二) 生产区的绿化

生产区是工人生产劳动的区域，是企业的核心。生产区主要分布着车间、道路和各种生产装置。这里污染重、管线多、绿地面积小、绿化条件差、占地面积大，发展绿地的潜力大，对环境保护的作用突出。生产区绿地也是车间周围的绿地，由于其分散零碎的特点，一般多呈条带状和团片状分布在道路两侧和车间周围。在进行设计时，应充分考虑利用植物的净化空气、杀菌、减噪等作用，有针对性地选择对有害气体抗性较强及吸附粉尘、隔音效果较好的树种。

(三) 工厂小游园绿地设计

工厂小游园能满足职工业余休息、放松、消除疲劳、锻炼、聊天、观赏的需要，对提高劳动生产率、保证安全生产、开展职工业余文化活动有着重要意义。设计小游园时，应选择职工易于达到的地方，按使用者不同的要求，合理进行各种景观布置。

工厂小游园的景观布置，可栽植一些观赏价值较高的园林植物来丰富景观，有条件的工厂可在小游园内开辟供集体活动的场地，配置石桌、花架等设施。设计时，要充分利用现有的自然条件，因地制宜，并配以假山、人工湖、喷泉等，使职工在休闲、娱乐的同时，还能欣赏园中的美景。可用花墙、绿篱、绿廊分隔园中空间，并因地势高低布置园路，点缀水池、喷泉、山石、花廊、坐凳等丰富园景。

(四) 厂内道路的绿化

厂区道路是工厂生产组织、工艺流程、原材料和成品运输、企业管理、生活服务的重要交通枢纽，是厂区的动脉。因此，宜选择生长健壮、树冠整齐、分枝点高、遮阴效果好、抗性强的乔木作为行道树。道路两侧通常以等距行列式各栽植 1~2 行乔木。道路绿化应充分了解路旁的建筑设施、地上、地下构筑物等，并注意处理好与交通的关系。

（五）仓库、堆料场地绿地设计

仓库、堆料场区的绿化设计要考虑消防、交通运输和装卸方便等要求，选用防火树种，禁用易燃树种，疏植高大乔木，间距 7~10 m，绿化布置宜简洁。同时，在仓库周围留出 5~7 m 宽的消防通道。仓库区域绿化宜选择树干通直、分枝点高的树种，稀疏栽植乔木为主，以保证各种运输车辆行驶畅通。根据土层厚度，地下仓库上面可种植草坪、藤本植物、乔灌木类植物。

（六）工厂周边绿地设计

工厂周边绿地是指沿工厂边界线内侧的绿地。沿墙周边绿地较宽时，可用 3~4 层乔灌木组成防护隔离绿带，绿地较窄的，则可设置 1~2 行乔木，或用攀缘植物对围墙垂直绿化，种植设计常选用蔷薇、云实等有刺的木本攀缘植物，兼有安全防护作用。

（七）工厂防护林带设计

工矿企业在生产过程中常引起污染，因此，还应注意在生产区和生活区之间因地制宜地设置防护林带，这对改善厂区周围的生态条件，形成卫生、安全的生活和劳动环境、促进职工健康等起着重要的作用。

防护林带采用不同高度的树种，形成形式不同的林带断面，有矩形、梯形、屋脊形、凹槽形、背风面垂直的三角形和迎风面垂直的三角形。

防护林带的位置要根据企业生产的特点以及当地的风向频率等因素综合考虑。在企业的上风方向，设置防护林带，以防止风沙吹袭；在企业的下风方向，根据有害派生物的特点，选择合适的位置和结构形式。防护林带的主要位置有四种：生产区与生活区之间；厂区与农田交界处；企业内部各分区、车间、设备场地之间；结合厂内、厂际道路绿化形成的防护林带。

第三节　医疗机构绿地规划设计

医疗机构绿化一方面能创造优美安静的疗养和工作环境，有利于医患人员平缓情绪，敞开心胸，最终达到健康的状态；另一方面，能改善医院生态环境，起到医疗卫生保健和达到美化环境的作用。

一、医疗机构的类型及组成

(一) 医疗机构的类型

医疗机构按照业务性质，一般分为以下四类：

1. 综合性医院

该类医院一般设有内、外各科的门诊部和住院部，医科门类较齐全，可治疗各种疾病。

2. 专科医院

这类医院是只设某一个科或几个相关科的医院，医科门类比较单一，专治某种或几种疾病。例如，骨科医院、妇产医院、儿童医院、口腔医院、结核病医院、传染病医院及精神病医院等。其中，传染病医院及需要隔离的医院一般设在城市郊区。

3. 小型卫生院、所

小型卫生院、所是指设有内、外各科门诊的卫生院、卫生所、诊所。

4. 休、疗养院

休、疗养院是指用于恢复工作疲劳、增进身心健康、预防疾病或治疗各种慢性病的休养院、疗养院。

(二) 医疗机构绿地的组成

医院一般由各个使用要求不同的部分组成，可分为医务区和总务区。医务区又分为门诊部、住院部和辅助医疗等部分。

二、医疗机构绿地规划设计步骤

(一) 门诊部绿地设计

门诊部绿地的设计在满足人流集散、候诊、停车等多种功能的基础上，能够体现医院的风格、风貌，可以重点装饰美化，可布置花坛、花台、喷水池、主题雕塑等。根据医院条件和场地大小，以美化装饰、周边基础栽植为主，因地制宜地布置绿化。要注意室内通风采光，并与街道绿化相协调，形成开朗的空间。在大门内外、门诊楼前要留出一定的交通缓冲地带和集散广场。在美化装饰的基础上，以简洁明快的形式营造出一种积极的氛围，充满活力动感，使患者受到良好气氛的感染。该区域的景观设计，要具有标志性、导向性、展示性和礼仪性的特征。

第一，入口绿地应与街景协调并突出自身特点，种植防护林带以阻止来自街道及周围的烟尘和噪声污染。医院的临街围墙以通透式为主，使医院内外绿地交相辉映，围墙与大门形式协调一致，宜简洁、美观、大方、色调淡雅。若空间有限，围墙内可结合广场周边作条状或带状基础栽植。

第二，入口处应有较大面积的集散广场，广场周围可作适当的绿化布置。在不影响人流、车辆交通的条件下，广场可设置装饰性的花坛、花台和草坪，有条件的还可设置水池、喷泉和主题雕塑等，形成开朗、明快的格调。尤其是喷泉，可增加空气湿度，促进空气中负离子的形成，有益于人们的健康。喷泉与雕塑、假山的组合，加之彩灯、音乐配合，可形成不同的景观效果。同时，应注意设置一定数量的休息设施供病人候诊。

第三，门诊区的整体格调要求开朗、明快，色彩对比不宜强烈，应以常绿素雅植物为主。

第四，门诊楼建筑周围的基础绿带，绿化风格应与建筑风格协调一致，美化衬托建筑形象。门诊楼前绿化应以草坪、绿篱及低矮的花灌木为主。门诊楼后常因建筑物遮挡，形成阴面，光照不足，要注意耐阴植物的选择配置，保证良好的绿化效果。在门诊楼与其他建筑之间应保持 20 m 的间距，栽植乔灌木，起到绿化、美化和卫生隔离的效果。

（二）住院部绿化设计

住院部庭院要根据场地大小来确定绿地形式和设施内容，创造安静、优美的环境，供病人室外活动及疗养。通过植物隔离和地形营造等手段创造最适合病患的"静"的环境氛围。小游园内的道路起伏不宜太大，应少设台阶，采用无障碍设计，并应考虑一定量的休息设施。适当挖池叠山，因地制宜地布局亭、台、榭、廊。有条件的可设置小型广场、花坛、草坪、树丛、水池、喷泉、雕塑、花架、座椅等，布置成花园或自然式游园，并利用植物来组织空间。

住院部庭院的一般病房与传染病房要隔离。若绿地面积较大，可在绿化中设置一些室外辅助医疗场地，如日光浴场、森林浴场、体育医疗场等绿化隔离，形成独立的活动空间，并以树木绿篱隔离。

住院部及活动空间是长期病患人群活动的最主要场所，对该区域的景观设计需把握以下三点：

第一，住院部周围有较大面积的绿化场地时，可采用自然式的布局手法，利用原有地形和水体，稍加改造形成平地或微起伏的缓坡和蜿蜒曲折的湖池、园路，并可适当点缀园林建筑小品，配置花草树木，形成优美的自然式庭园。

第二，住院部周围是小型场地时，一般采用规划式构图，绿地中设置整形广场，广场内以花坛、水池、喷泉、雕塑等作中心景观，周边放置座椅、桌凳、亭廊花架等休息设施。广场、小径尽量平缓，采用无障碍设计，硬质铺装，以利病人出行活动。绿地中植草坪、绿篱、花灌木及少量遮阴乔木。

第三，交往空间的创造，预留足够大的支持交往空间，并通过活动源和活动设施来刺激交往。这种小型场地，环境清洁优美，可供病人坐息、赏景、活动兼作日光浴场，也是亲属探视病人的室外接待处。场地内适当位置设置座椅、凳、花架等休息设施。为避免交叉感染，应为普通病人和传染病人设置不同的活动绿地，并在绿地之间栽植一定宽度的、以常绿及杀菌力强的树种为主的隔离带。一般病房与传染病房也要留有 30 m 的空间地段，并以植物进行隔离。

（三）其他区域绿化设计

其他区域包括辅助医疗的药库、制剂室、解剖室、太平间等，以及总务部门的食堂、浴室、洗衣房及宿舍区。该区域往往位于医院后部单独设置，绿化要强化隔离作用，屏障不良视线对病人的影响，避免污染。

太平间、解剖室应单独设置出入口，并位于病人视野之外，周围用常绿乔灌木密植隔离。

手术室、化验室、放射科周围绿化防止东、西晒，保证通风采光，要保证环境洁净，不能种植有飞毛、飞絮植物。

总务部门的食堂、浴池及宿舍区也要和住院区有一定距离，用植物相对隔离，为医务人员创造一定的休息、活动环境。

（四）周边防护种植设计

一所现代化的医院，若设置为无围墙的"不设防"医院，更加凸显人性化气氛。因此，宜考虑划出一定区域进行防护林种植。防护林带可分为两个层次：一是全院性的外围设置；二是院内功能区之间的内部设置。应密植 10 ~ 15 m 宽的乔、灌木防护林带。

（五）停车场及附属设施区域

医院若有露天停车场，宜采用植草砖铺设。既起到停车功能，又使医院更大范围地绿起来，以减少夏季的炎热。病区外勤、急诊及其他通道、走廊宜修建为绿色通道，使医院的绿化环境更亲近自然。医院绿地应根据需要配备灌溉设施，合理设计坡向、坡度，并与医院的排水系统结合，符合排水要求，防止绿地内积水和水土流失，减少病菌的滋生。

三、不同性质医院的特殊要求

(一) 传染病医院绿化

传染病医院为了避免传染，更应突出绿地的防护和隔离作用。传染病院的防护林带要宽于一般医院，外围隔离林带宽度应达到 30 m 以上，并保证常绿树木的量，考虑冬季的防护效果。不同病区之间以密林、绿篱隔离，防止交叉感染。由于病人活动能力小，以散步、下棋、聊天为主，各病区绿地不宜太大，休息场地距离病房近一些，以方便利用。

(二) 精神病医院绿化

艳丽的色彩容易使病人精神兴奋，神经中枢失控，不利于治病和康复。因此，精神病医院绿地设计应突出"宁静"的气氛，以白、绿色调为主，多种植乔木和常绿树，少种花灌木，并选种如白丁香、白碧桃、白月季、白牡丹等白色花灌木。在病房区周围面积较大的绿地中，可布置休息庭园，让病人在此感受阳光、空气和自然气息。

(三) 儿童医院绿化

儿童医院绿地除具有综合性医院的功能外，还要考虑儿童的一些特点。例如，绿篱高度不超过 80 cm，以免阻挡儿童视线；绿地中适当设置儿童活动场地和游戏设施。在植物选择上，注意色彩效果，避免选择对儿童有伤害的植物。儿童活动场地、设施、装饰图案和园林小品，其形式、色彩、尺度都要符合儿童的心理和需要，富有童心和童趣，要以优美的布局形式和绿化环境，创造活泼、轻松的气氛，减少医院和疾病给病儿造成的心理压力。

(四) 疗养院绿地设计

疗养院是具有特殊治疗效果的医疗保健机构，疗养期一般较长，一个月到半年左右。疗养院具有休息和医疗保健双重作用，多设于环境优美、空气新鲜，并有一些特殊治疗条件 (如温泉) 的地段，有的疗养院就设在风景区中，有的单独设置。

疗养院的疗养手段是以自然因素为主，如气候疗法 (日光浴、空气浴、海水浴、沙浴等)、矿泉疗法、泥疗、理疗与中医相配合。因此，在进行环境和绿化设计时，应结合各种疗养法如日光浴、空气浴、森林浴，布置相应的场地和设施，并与环境相融合。

疗养院与综合性医院相比，一般规模与面积较大，尤其有较大的绿化区，更应发挥绿地的功能作用，院内不同功能区应以绿化带加以隔离。疗养院内树木花草的布置要衬托美化建筑，使建筑内阳光充足，通风良好，并防止西晒，留有风景透视线，以供病人在室内远眺观景。为了保持安静，在建筑附近不应种植如毛白杨等树叶声大的树木。疗养院内的露天运动场地、舞场、电影院等周围也要进行绿化，形成整洁、美观、大方、宁静、清新的环境。

四、医疗机构绿地规划设计案例分析——某制药医疗机构绿化设计

该制药医疗机构绿化设计以规则式为主，紧密围绕各个行政楼等建筑群展开布置，合理利用土地空间。同时，在造型上为了不显得呆板，尽量采用艺术图案，并通过植物的色彩搭配图案变化等方式，使整体和谐，给人们创造一个舒适的工作环境。

重点绿化地段为行政楼和研究楼的南面，这里地势平坦，顺着建筑的走向，以规则式布置为主。为了突出和体现变化动态，给人以活泼感，采用曲线条布置灌木，并选用模纹花坛，以增强艺术感染力。

在图书馆楼前，由于其处于一个视觉中心位置，同时又是两栋楼之间的交界地带，为了缓和空间气氛，以曲线形式即圆形图案，布置喷泉，并围绕喷泉周围配置自然式的灌木和草坪。这样，既给人以柔和感，又提升了艺术性。在最北面的实验药厂制剂楼，为了形成和谐统一的局面，依然采用了圆形图案，只是在中间有所变化。

第四节 机关、事业单位绿化设计

机关事业单位是指党政机关、行政事业单位、各种团体及部队机关内的环境绿地，也是城市园林绿地系统的重要组成部分。其规划与设计不仅反映了一个单位的文明程度、文化品位和精神面貌，同时，也是提高城市绿地覆盖率的一条重要途径，对整个城市绿地系统的绿量增加、环境改善等有着重要的意义。

一、机关、事业单位绿地的性质

机关单位是国家的各级办事机构，对内、对外都有较频繁的业务往来。机关单位绿地与其他类型绿地相比，规模小，较分散。因此，机关单位绿地在规划设计时

要突出两个方面：一是需在"小"字上做文章，综合运用各种园林艺术和造景手法，以期能取得以小见大的艺术效果，打造精致、精巧、功能齐全、环境优美的绿色景观；二是在"美"字上下功夫，绿化设计、立意构思要与单位的性质紧密结合，打造景色优美、品位高雅、特色分明的个性化绿色景观。

由于机关单位往往位于街道侧旁，其建筑物又是街道景观的组成部分。因此，在进行园林绿化时，一定要结合文明城市、园林城市、卫生和旅游城市的创建工作，使单位绿地与街道绿地相互融合、渗透、补充，达到和谐统一。

二、机关、事业单位绿地设计

(一) 大门入口处绿地设计

机关单位入口处主要是指城市道路到单位大门口之间的绿化用地。一般有门岗、汽车入口及人行入口，入口处绿地是单位绿化的重点之一。设计时，应充分考虑入口处绿地的形式、色彩和风格要与入口空间、大门建筑统一协调，以形成机关单位的特色及风格。在入口对景位置上，应种植较稠密的树丛，树丛前种植花卉或布置假山盆景。入口广场两侧的绿地，可作为封闭式绿地，应用绿篱围起来，中间种植大乔木或观赏常绿树。

(二) 办公楼前绿地

办公楼前绿地是机关单位绿化设计最为重要的部位。办公楼绿地可分为办公楼前装饰性绿地、办公楼入口处绿地及办公楼周围的基础绿地。

1. 办公楼前装饰性绿地

大楼前的场地在满足人流、交通、停车等功能的条件下，可设置雕塑、喷泉、假山、花坛等，作为入口的对景。办公楼前绿地以规则式、封闭型为主，对办公楼及空间起装饰衬托和美化作用。通常以草坪铺底、绿篱围边，点缀常绿树和花灌木，低矮开敞，或做成模纹图案，富有装饰效果。办公楼前广场两侧绿地视场地大小而定。若场地面积小，一般设计成封闭型绿地，起绿化美化作用；若场地面积较大，常建成开放型绿地，可适当考虑休闲功能。

2. 办公楼入口处绿地

办公楼入口处的布置，多用对植方式种植常绿装饰性乔木，还常设有花池或花台，栽植花灌木和摆设盆花。

第一，结合台阶，设花台或花坛。
第二，用耐修剪的花灌木或树型规整的常绿针叶树，在入口两侧进行对植。

第三，用盆栽植物摆放于大门两侧。常用的植物有苏铁、棕榈、南洋杉、鱼尾葵等。

3. 办公楼周围基础绿带

办公楼周围基础绿带位于楼与道路之间，呈条带状，既美化衬托建筑，又进行隔离，保证室内安静，还是办公楼与楼前绿地的衔接过渡。绿化设计应简洁明快，绿篱围边，草坪铺底，栽植常绿树与花灌木，低矮、开敞、整齐，富有装饰性。在建筑物的背阴面要选择耐阴植物。为保证室内通风采光，高大乔木可栽植在距建筑物 5m 之外，为防日晒，也可于建筑两山墙处结合行道树栽植高大乔木。

(三) 小游园设计

机关单位的庭院绿化要为职工创造良好的休息环境，同时要在庭院中留出供职工打排球、羽毛球等开展文体活动的场地。

如果机关单位内的绿地面积较大，可考虑设计成休息性的小游园。游园中一般以植物造景为主，结合道路、休闲广场布置水池、雕塑以及亭、廊、花架、桌椅、园凳等园林建筑小品和休息设施，给职工提供环境优美的户外空间。

(四) 附属建筑绿地

机关单位内的附属建筑绿地主要是指食堂、锅炉房、供变电室、车库、仓库、杂物堆放等建筑及围墙内的绿地。这些地方的绿化只需把握一个原则，即在不影响使用功能的前提下，进行绿化、美化，对影响环境的地方做到"俗则屏之"，用植物形成隔离带，阻挡视线，起到卫生防护隔离和美化作用。

(五) 道路绿地

道路绿地也是机关单位绿化的重点，其贯穿于机关单位各组成部分之间，起着交通空间和景观的联系和分隔作用。道路绿化应根据道路及绿地宽度，采用行道树及绿化带种植方式。行道树种不宜繁杂，如果机关单位道路较窄且与建筑物之间空间较小，行道树应选择观赏性较强、分枝点较低、树冠较小的中小乔木。

第九章 公园规划设计

第一节 公园规划设计的基础知识

一、城市公园的概念

城市公园是供公众游览、观赏、休憩，开展户外科普、文体及健身等活动，向全社会开放，有较完善的设施及良好生态环境的城市绿地，是城市公共绿地的重要组成部分，也是反映城市园林绿化水平的重要窗口，以点的形式合理、均匀地分布于全市。

二、公园的发展概要

园林的发展已有 6000 多年的历史，但公园的出现却只是近一二百年的事。17 世纪，英国、法国相继爆发资产阶级革命，革命的浪潮随之席卷全欧。在"自由、平等、博爱"的口号下，新兴资产阶级没收了封建领主及皇室的财产，把大大小小的宫苑和私园都向公众开放，并称为"公园"，为 19 世纪欧洲各大城市产生一批数量可观的公园打下了基础。

真正按近代公园构想及建设的首例公园是由著名的设计师奥姆斯特德（1822—1903 年）和他的助手沃克斯（1824—1895 年）合作设计的美国纽约中央公园。公园面积 340hm^2，以田园风景、自然布置为特色，设有儿童游戏场、骑马道。公园建成后，利用率很高。据统计，1871 年的游人量高达 1000 万人次（当时全市居民尚不足百万人）。纽约中央公园的成功受到了社会的瞩目和赞赏，从而影响了世界各国，推动了城市公园的发展。

纵观城市公园的发展，其特点主要表现在以下 4 个方面：

①公园数量不断增加，面积不断扩大。

②公园类型日趋多样化。

③在公园的规划布局上，普遍以植物造景为主，追求真实、朴素的自然美。

④在园林规划设计和园容的养护管理上，广泛采用先进的技术设备和科学的管理方法，电脑辅助设计广泛应用，植物的养护一般都实现了机械化。

三、公园的分类

由于各国的国情不同，公园分类标准也不同，名称也各有区别（见表9-1）。

表9-1　公园的分类

1. 中国分类	2. 美国分类		3. 德国分类
① 综合性公园	① 儿童游戏场	② 近邻娱乐公园	① 郊外森林及森林公园
② 纪念性公园	③ 特殊运动场	④ 教育公园	② 国民公园
③ 儿童公园	⑤ 广场	⑥ 近邻公园	③ 运动场及游戏场
④ 动物园	⑦ 市区小公园	⑧ 风景眺望公园	④ 各种广场
⑤ 植物园	⑨ 滨水公园	⑩ 综合公园	⑤ 有行道树装饰的道路
⑥ 古典园林	⑪ 保留地道路	⑫ 公园与公园道路	⑥ 郊外绿地
⑦ 风景名胜公园			⑦ 运动设施
⑧ 居住区小公园			⑧ 蔬菜园

四、公园的功能

公园是为城市居民提供室外休息、观赏、游戏、运动、娱乐，由政府或公共团体经营的市政设施。公园补充了城市生活中所缺少的自然山林，冠大荫浓的树木，宽阔的草坪，五彩的花卉，新鲜湿润的空气，为城市居民提供了放松身心、享受自然、陶冶情操的优美环境。同时，公园绿地在净化空气、改善环境方面也发挥着重要作用。因此，公园的功能是多方面的（见表9-2）。

表9-2　公园的功能

直接功能	休息娱乐	静态功能：包括观赏、休息
		动态功能：包括运动、游戏、教育
	卫生防护	静态功能：净化空气、保持水土
		动态功能：防火、防灾、避难
间接功能	美化城市：补充自然景观，集中创造丰富多彩的城市园林景观	
	保护生态环境：维持碳氧平衡，净化空气，创造良好的小气候	
	提高市民素质：人们在游览中获得教益，对加强精神文明建设起到积极的促进作用	

五、公园规划设计原则

①贯彻政府在园林绿化建设方面的方针政策。

②继承和发扬我国传统造园艺术，吸取国外先进经验，创造具有时代特色的新

园林。

③表现地方特色和时代风格，避免盲目模仿和景观重复。

④以人为本，为各种不同年龄的人们创造适当的娱乐条件和优美的休息环境。

⑤在城市总体规划或城市绿地系统规划的指导下，公园在全市分布均衡，并与各区域建筑、市政设施融为一体，既彰显出各自特色、富有变化，又不相互重复。

⑥因地制宜，充分利用现状及自然地形有机组合成统一体，便于分期建设和日常管理。

⑦正确处理近期规划与远期规划的关系，以及社会效益、环境效益、经济效益的关系。

六、公园规划的区位条件和环境条件

(一) 区位条件分析

区位条件分析包括城市性质及自然条件分析，公园在城市中的位置分析，附近公共建筑及停车场地状况分析，游人主要流量分析，公共交通状况分析，公园外围状况分析，气象资料分析，历史沿革及目前使用状况分析，国民素质分析，等等。

(二) 公园现状条件分析 (见表9-3)

表9-3 公园现状分析内容

内容	具体内容
植被分析	现有古树、大树及其他园林植物的品种、数量、分布、高度、覆盖范围、生长状况、观赏价值等
建筑物分析	现有建筑物和构筑物的平面、立面形状、地基标高、质量、面积、使用状况
管线分析	现有地上地下管线的种类、走向、管径、埋置深度
山体分析	现有山体的位置、面积、形状、坡度、高度、土石情况
地形分析	地形、坡度、标高分析
风景分析	风景资源与风景视线的分析
地质分析	地质及土壤情况、地基承载力、滑动系数、土壤坡度的自然稳定角度
水文分析	现有水系的范围、水底标高、河床情况、最低最高水位、常年平均水位、历史上洪水位的标高、水岸线情况、地下水水位与水质

七、公园绿地设施的安置

为发挥公园的使用功能，公园内应安排各种设施，以满足游人的需求。公园的设施不是孤立的，而是与园内景色相协调的，是公园景色的重要组成部分（见表9-4）。

表9-4 公园主要设施

设施类型	设施包含项目
1.造景设施	树木、草坪、花坛、花台、花境、喷泉、假山、溪流、湖池、瀑布、雕塑、广场
2.休息设施	亭、廊、花架、榭、舫、台、椅凳
3.游戏设施	沙坑、秋千、转椅、滑梯、迷宫、浪木、攀登架、戏水池
4.社教设施	植物专类园、温室、阅览室、棋艺室、陈列室、纪念碑、眺望台、文物名胜古迹
5.服务设施	停车场、厕所、服务中心、饮水台、洗手池、电话亭、摄影部、垃圾箱、指示牌
6.管理设施	公园管理处、仓库、材料场、苗圃、派出所、售票处、配电室

第二节　综合公园规划

综合性公园是城市公园系统的重要组成部分，也是城市居民文化生活不可缺少的重要因素，不仅为城市提供大面积的种植绿地，而且具有丰富的户外游憩活动内容，适合于各种年龄和职业的城市居民进行一日或半日游赏活动，是全市居民共享的"绿色空间"。

一、公园出入口的确定与设计

（一）公园出入口的组成及设计要点

公园出入口一般包括主要出入口、次要出入口和专用出入口3种。为了集散方便，入口处还设有园内和园外的集散广场（见表9-5）。

表9-5 公园出入口的组成及设计要点

组　成	特　点	设计要点
1.主要出入口	主要出入口是公园大多数游人出入公园的地方，一般直接或间接通向公园的中心区。一般包括大门建筑、入口前广场、入口后广场3个部分	位置上要求面对游人的主要来向，直接和城市街道相连，位置明显，应避免设于几条主要街道的交叉口上，以免影响城市交通组织；地形上要求有大面积的平坦地形；外观上要求美观大方

续表

组　成	特　点	设计要点
2. 次要出入口	次要出入口是为了方便附近居民使用或为园内局部地区某些设施服务的	要求方便本区游人出入，一般设在游人流量较小但临近居住区的地方
3. 专用出入口	专用出入口是为了园务管理需要而设的，不供游览使用	其位置可稍偏僻，以方便管理又不影响游人活动为原则
4. 出入口前广场	位于大门外，起集散作用	应退后于街道，要考虑游人集散量的大小，一般要与公园的规模、游人量、园门前道路宽度与形状、其所在城市街道的位置等相适应。应设停车场和自行车存放处
5. 出入口后广场	处于大门入口内，是园外和园内集散的过渡地段，往往与主路直接联系	面积可小些。可以设丰富出入口景观的园林小品如花坛、水池、喷泉、雕塑、花架、宣传牌、导游图和服务部等
6. 大门	作为游人进入公园的第一个视线焦点，给游人的第一印象	其平面布局、立面造型、整体风格应根据公园的性质和内容来具体确定，一般公园大门造型都与其周围的城市建筑有较明显的区别，以突出其特色

(二) 公园大门常见设计手法

现代公园常采用开放式布局，大门只是一个标志。公园大门入口通常采用的手法有先抑后扬式、开门见山式、外场内院式、"T"字形障景式等 (见表9-6)。

表9-6 公园大门常见设计手法

常用手法	特　点
1. 先抑后扬	入口处设障景，转过障景后豁然开朗，造成强烈的空间对比
2. 开门见山	入园后园林景观一目了然
3. 外场内院	以大门为界，大门外为交通场地，大门内为步行内院
4. "T"字形障景	进门后广场与主要园路"T"字形相连

(三) 公园出入口布局

公园出入口布局形式包括对称均衡与不对称均衡两种，如表9-7所示。

表 9-7　公园出入口的布局

布局形式	举 例		
对称均衡 (有明确的中轴线)			
不对称均衡 (无明确的中轴线)			

二、公园的分区规划

所谓分区规划，就是将整个公园分成若干个区，然后对各区进行详细规划。根据分区的标准不同，可分为两种形式。

(一) 景色分区

景色分区是我国古典园林特有的规划方法，在现代公园规划时也经常采用。景色分区的特点是从艺术的角度来考虑公园的布局，含蓄优美，韵味无穷，往往将园林中的自然景色、艺术境界与人文景观特色作为划分标准，每一个景区有一个主题。

公园中构成主题的因素通常有山水、建筑、动物、植物、民间传说、文物古迹等。

景色分区的形式多样，每个公园风格各异，景色分区可有很大的不同。

(二) 功能分区

功能分区理论从实用的角度规划公园的活动内容，强调宣传教育与游憩活动的完美结合。公园的规划通常多以功能分区为主，结合游人的活动内容及公园的植物景观进行分区规划，一般分为文化娱乐区、观赏游览区、安静休息区、体育活动区、儿童活动区、老人活动区、园务管理区等 (见表 9-8)。

表9-8 公园功能分区及其规划设计

	功能规划设计要点	绿化规划设计要点
1.文化娱乐区	此区主要通过游玩的方式进行文化教育和娱乐活动，具有活动场所多、活动形式多、人流多等特点，可设置展览馆、露天剧场、文娱室、阅览室、音乐厅、茶座等园内主要建筑，常位于公园的中部，成为全园布置的重点。各建筑物、活动设施之间保持一定的距离以避免相互干扰，并利用树木、建筑、山石等加以隔离，充分体现公园的特色。该区应尽可能接近公园出入口或与出入口有方便的联系，要求较平坦的地形，考虑设置足够的道路广场，以便快速集散人群	常设计大型的建筑物、广场、雕塑等。绿化要求以花坛、花境、草坪为主，以便于游人的集散。可以适当地点缀种植几种常绿的大乔木，不宜多栽植灌木。树木的枝下净空间应大于2.2m，以免影响视线和人流的通行。在大量游人活动较集中的地段，可设置开阔的大草坪。为与建筑相协调，多采用规则式或混合式的绿化配置形式
2.观赏游览区	本区以观赏、游览参观为主，是公园中景色最优美的区域。包括小型动植物园、专类园、盆景园、名胜古迹区、纪念区等。观赏游览区行进参观路线的组织规划是十分重要的，道路的平、纵曲线、铺装材料、铺装纹样、宽度变化都应适应于景观展示、动态观赏的要求进行规划设计	应选择现状地形、植被等比较优越的地段设计布置园林景观。植物的设计应突出季相变化的特点。技法如下：①把盛花植物配置在一起，形成花卉观赏区或专类园②以水体为主景，配置不同的植物以形成不同情调的景致③利用植物组成群落以体现植物的群体美④用借景手法把园外的自然风景引入园内，形成内外一体的壮丽景观
3.安静休息区	提供安静优美的自然环境，供人在此安静休息、散步、打拳、练气功和欣赏自然风景。在公园内占的面积比例较大，是公园的重要部分。安静活动的设施应与喧闹的活动隔离，以防止活动时的干扰，离主要出入口可以远些，用地应选择具有一定地形起伏、原有树木茂盛、景色优美的地方。安静休息区可分布于多处，其中的建筑宜散不宜聚	多用自然式植物配置方式，并以密林为主，形成优美的林缘线、起伏的林冠线，突出植物的季相变化。建筑布局宜散不宜聚，宜素雅不宜华丽，可结合自然风景设立亭、台、廊、花架、坐凳等

续表

	功能规划设计要点	绿化规划设计要点
4.体育活动区	提供开展体育活动的场所,可根据当地的具体情况决定取舍。比较完整的体育活动区一般设有体育场、体育馆、游泳池及各种球类活动、健身器材的场所。该区的功能特征是使用时间比较集中,对其他区域干扰较大。设计时要尽量靠近城市主干道,或设置专用入口,可因地制宜地设置游泳池、溜冰场、划船码头、球场等	宜选择生长快,高大挺拔,冠下整齐,不落花落果、散发飞毛的树种。树种的色调不宜过于复杂,并应避免选用树叶发光发亮的树种,否则会刺激运动员的视线。球类运动场周围的绿化要离运动场5~6m。在游泳池附近绿化可以设置一些花廊、花架,不要种植带刺或夏季落花落果的花木和易染病虫害、分蘖强的树种。日光浴场周围应铺设柔软而耐踩踏的草坪。本区最好用常绿的绿篱与其他功能区隔离开,并以规则式的绿化配置为主
5.儿童活动区	为促进儿童的身心健康而设立的活动区。本区需接近出入口,并与其他用地分隔。有些儿童由成人携带,因此还要考虑成人的休息和成人照看儿童时的需要。其中设儿童游戏场和儿童游戏设施,要符合儿童的尺度和心理特征,色彩明快、尺度合理。布置秋千、滑梯、电动设施、涉水池等幼儿游戏设施以及攀岩、吊索等有惊无险的少年活动设施,还需设置厕所、小卖部等服务设施	树木种类宜丰富,以生长健壮、冠大荫浓的乔木为主,不宜种植有刺、有毒或有强烈刺激性反应的植物。出入口可配置一些雕像、花坛、山石或小喷泉等,配以体形优美、奇特、色彩鲜艳的灌木和花卉。活动场地铺设草坪,四周要用密林或树墙与其他区域相隔离。植物配置以自然式绿化配置为主
6.老人活动区	此区是供老年人活跃晚年生活,开展政治、文化、体育活动的场所。要求有充足的阳光、新鲜的空气、紧凑的布局和丰富的景观	植物配置应以落叶阔叶林为主,保证夏季阴凉、冬季阳光,并应多植姿态优美的开花植物、色叶植物,体现鲜明的季相变化
7.园务管理区	该区是为满足公园经营管理的需要而设置的专用区域。一般设置有办公室、值班室、广播室及维修处、工具间、堆场杂院、车库、温室、苗圃、花圃、食堂、宿舍等。园务管理区一般设在既便于公园管理又便于与城市联系的地方,四周要与游人有所隔离,要有专用的出入口	植物配置多以规则式为主,建筑物面向游览区的一面应多植高大乔木,以遮挡游人视线。周围应有绿色树木与各区分离,绿化因地制宜,并与全园风格相协调

三、确定公园用地比例

公园的用地比例因公园中的陆地面积不同而略有差别(见表9-9)。

表9-9　公园用地比例

单位 %

用地类型	陆地面积			
	5 ~ 10hm²	10 ~ 20hm²	20 ~ 50hm²	> 50hm²
园路及铺装场地	8 ~ 18	5 ~ 15	5 ~ 15	5 ~ 10
管理建筑	< 1.5	< 1.5	< 1.0	< 1.0
游憩建筑	< 5.5	< 4.5	< 4.0	< 3.0
绿化用地	> 70	> 75	> 75	> 80

四、公园的园路布局

公园园路的规划设计应以总体设计为依据,确定园路宽度、平曲线和竖曲线的线型以及路面结构(见表9-10)。

表9-10　园路的规划设计

规划项目	规划设计要点
1.园路类型	①主干道。全园主道,联系公园各区、主要活动建筑设施、风景点,要处理成园路系统的主环,方便游人集散、成双、通畅、蜿蜒、起伏、曲折并组织大区景观。路宽4 ~ 6m,纵坡8%以下,横坡1% ~ 4%。路面应以耐压力强、易于清扫的材料铺装 ②次干道。是公园各区内的主道,引导游人到各景点、专类园,可自成体系布置成局部环路,沿路景观宜丰富,可多用地形的起伏展开丰富的风景画面。路宽2 ~ 3m。铺装形式宜大方且美观 ③专用道。多为园务管理使用,在园内与游览路分开,应减少交叉,以免干扰游览 ④散步道。为游人散步使用,宽1.2 ~ 2m。铺装形式宜美观自然
2.园路线型设计	园路线型设计应与地形、水体、植物、建筑物、铺装场地及其他设施相结合,形成完整的风景构图,创造连续展示园林景观的空间或欣赏景物的透视线
3.园路布局	公园道路的布局要根据公园绿地内容和游人容量大小来定。要求主次分明,因地制宜,与地形密切配合。如山水公园的园路要环山绕水,但不应与水平行,因为依山面水,活动人次多,设施内容多;平地公园的园路要弯曲柔和,密度可大些,但不要形成方格网状;山地路纵坡12%以下,弯曲度大,密度应小些,以免游人走回头路。大山的园路可与等高线斜交,蜿蜒起伏,小山园路可上下回环起伏
4.弯道的处理	路的转折应衔接通顺,符合游人的行为规律。园路遇到建筑、山、水、树、陡坡等障碍,必然会产生弯道。弯道有组织景观的作用,弯曲弧度要大,外侧高,内侧低。外侧应设栏杆,以防发生事故

规划项目	规划设计要点
5.园路交叉口处理	两条园路交叉或从一条干道分出两条小路时，会产生交叉口。两路相交时，交叉口应做扩大处理，做正交方式，形成小广场，以方便行车、行人。小路应斜交，但应避免交叉过多，两个交叉口不宜太近，要主次分明，相交角度不宜太小。"丁"字交叉口交点，可点缀风景。上山路与主干道交叉要自然，藏而不显，又要吸引游人上山
6.园路与建筑关系	园路通往大建筑时，为了避免路上游人干扰建筑内部活动，可在建筑前设集散广场，使园路由广场过渡再和建筑联系；园路通往一般建筑时，可在建筑前适当加宽路面，或形成分支，以利游人分流。园路一般不穿过建筑物，而从四周绕过
7.园路与桥	桥的风格、体量、色彩应与公园总体周围环境相协调。桥的作用是联络交通，创造景观，组织导游，分隔水面，有利造景、观赏。但要注明承载和游人流量的最高限额。桥应设在水面较窄处，桥身应与岸垂直。主干道上的桥以平桥为宜，拱度要小，桥头应设广场，以利游人集散；小路上的桥多用曲桥或拱桥，以创造桥景
8.园路绿化	①主要干道的绿化，可采用列植高大、荫浓的乔木，树下配植较耐阴的草坪植物，园路两旁可以用耐阴的花卉植物布置花境 ②次要道路两旁可布置林丛、灌丛、花境加以美化 ③散步小路两旁的植物景观应接近自然状态，可布置色彩丰富的乔灌木树丛

五、公园中的建筑

建筑作为公园绿地的组成要素，包括组景建筑、管理用建筑、服务性建筑等。它们或在公园的布局和组景中起着重要的作用，或为游人的活动提供方便（见表9-11）。

表9-11　公园中的建筑及其设计

建筑类型	形　式	设计要点
1.组景建筑	亭、廊、榭、舫、楼阁、塔、台、花架等	①"巧于因借，精在体宜"，根据具体环境和功能选择建筑的类型和位置 ②全园的建筑风格要一致，与自然景色要协调统一 ③建筑本身要讲究造型艺术，既要有统一风格，又不能千篇一律。个体之间要有一定变化对比，要有民族形式、地方风格、时代特色 ④多布置于视线开阔的地方作为艺术构图中心
2.管理用建筑	变电室、泵房等	位置宜隐蔽，不能影响和破坏景观

续表

建筑类型	形 式	设计要点
3.服务性建筑	小卖部、餐厅、卫生间等	以方便游人为出发点。如卫生间的服务半径不宜超过250 m；各卫生间内的蹲位数应与公园内的游人分布密度相适应；在儿童游戏场附近，应设置方便儿童使用的卫生间；公园还应设方便残疾人使用的卫生间

六、公园的供电规划

公园中由于照明、交通、游具等能源的需要，电气设施是必不可少的。在开展电乐活动的公园、开放地下岩洞的公园和架空索道的风景区中，应设两个电源供电。

（一）变电所

变电所位置应设在隐蔽之处，闸盒、接线盒、电动开关等不得露在室外。

（二）电动游乐设施

凡是公园照明灯及其他游人能触到的电动器械，都必须安装漏电保护自动开关。

城市高压输配电架空线以外的其他架空线和市政管线不宜通过公园，特殊情况时过境应符合下列规定：选线符合公园总体设计要求；管线从乔、灌木设计位置下部通过时，其埋深应大于1.5m；从现状大树下部通过，地面不得开槽且埋深应大于3m。对管线采取必要的保护措施，公园内不宜设置架空线路，必须设置时，应符合下列规定：避开主要景点和游人密集活动区；不得影响原有树木的生长；对计划新栽的树木，应提出解决树木和架空线路矛盾的措施；乔木林有架空线通过时，要有保证树木正常生长的措施。

七、给排水及管线规划

（一）给水

根据灌溉、湖池水体大小、游人饮用水量、卫生和消防的实际需要确定。给水水源、管网布置、水量、水压应做配套工程设计。给水以节约用水为原则，设计人工水池、喷泉、瀑布。喷泉应采用循环水，并防止水池渗漏。取用地下水或其他废水，以不妨碍植物生长和污染环境为准。给水灌溉设计应与种植设计配合，分段控制，浇水龙头和喷嘴在不使用时应与地面平。饮水站的饮用水和天然游泳池的水质必须保证清洁，符合国家规定的卫生标准。我国北方冬季室外灌溉设备及水池，必须考虑防冻措施。木结构的古建筑和古树的附近，应设置专用消防栓。养护园林植物用的灌溉系统应与种植设计配合，喷灌或滴灌设施应分段控制。

（二）排水

污水应接入城市活水系统，不得在地表排泄或排入湖中，雨水排放应有明确的引导去向，地表排水应有防止径流冲刷的措施。

八、种植规划

公园的种植规划应在公园的总体规划过程中，与功能分区、道路系统、地貌改造以及建筑布置等同时进行，确定适宜的种植类型。

公园的种植规划要注意以下 4 个方面：

（一）符合公园的活动特点

①保证公园良好的卫生和绿化环境。公园四周宜以常绿树种为主布置防护林，园内除种植树木外，尽可能多地铺设草皮和种植地被植物，以免尘土飞扬；绿化应发挥遮阴、创造安静休息环境、提供活动场地等多方面的功能。

②根据不同分区的功能要求进行植物配置（如前述功能分区植物规划）。

③植物配置应注意全园的整体效果。全园应有基调树种，做到主体突出、富有特色。各区可根据不同的活动内容安排不同的种植类型，选择相应的植物种类，使全园风格既统一又有变化。

（二）树种的选择

在美观丰富的前提下尽可能多地选用乡土树种。乡土树种成活率高，易于管理，既经济又有地方特色。还要充分利用现有树木，特别是古树名木。

（三）利用植物造景，充分体现园林的季相变化和丰富的色彩

园林植物的形态、色彩、风韵随着季节和物候期的转换而不断变化，要利用这一特性配合不同的景区、景点形成不同的美景。如以丁香、玉兰为春的主题进行植物造景，春天满园飘香，春意盎然；以火炬树、黄栌、银杏为秋的主题造景，秋季层林尽染，韵味无穷。

(四)合理确定种植比例

①种植类型比例：一般密林 40%，疏林和树丛 25%～30%，草地 20%～25%，花卉 3%～5%。

②常绿属与落叶树的比例：

华北地区：常绿树 30%～50%，落叶树 50%～70%。

长江流域：常绿树 50%，落叶树 50%。

华南地区：常绿树 70%～90%，落叶树 10%～30%。

第三节　专类与主题公园规划

一、专类公园规划

(一)儿童公园

儿童公园是儿童户外活动的集中场所，可为儿童创造丰富多彩的、以户外活动为主的良好环境，让儿童在活动中接触大自然、熟悉大自然、热爱科学、锻炼身体与增长知识。儿童公园一般分为综合性儿童公园、特色性儿童公园和小型儿童乐园等。如大连儿童公园、杭州儿童公园、重庆儿童公园为综合性儿童公园；哈尔滨儿童公园属于特色性儿童公园；小型儿童乐园则经常附设于普通综合性公园中。

1. 儿童户外活动特点

①儿童活动的年龄聚集性强，年龄相仿的儿童多在一起游戏。

②儿童活动的自由度大，容易造成绿地的穿插破坏。

③儿童活动的时间性与季节性强，以周末与节假日活动为主，尤以暑假进行户外活动的时间最长。同一季节晴天活动的人多于阴雨天。

④儿童的心理与生理特点，对环境质量要求高。生理上要求日光充足，温湿度适中，空气清新；心理上要求景观明快、造型丰富生动。虽然儿童喜欢艳丽的色彩，但大量的绿色与开朗的景观有利于调节视力、振奋精神。

⑤除一些机动玩具项目外，儿童的活动量一般较大，消耗能量多。

2. 功能分区及主要设施(见表 9–12)

表9-12　儿童公园的功能分区及设施

分　区	设　　施
1.幼儿区	滑梯、斜坡、沙坑、阶梯、游戏矮墙、涉水池、摇椅、跷跷板、电瓶车、桌椅、游戏室
2.学龄儿童区	滑梯、秋千、攀岩、迷宫、涉水池、戏水池、自由游戏广场
3.体育活动区	溜冰场、球类场地、碰碰车、单杠、双杠、跳跃触板、吊环
4.娱乐科技活动区	攀爬架、平衡设施、水上滑索、水车、杠杆游戏设施、放映室、幻想世界
5.办公管理区	

3.规划设计要点（见表9-13）

表9-13　儿童公园的规划设计

项　目	规划设计要点
1.规划布置	①面积不宜过大 ②用地比例可按幼儿区1/5、少年儿童区3/5、其他1/5的比例进行用地划分 ③绿化用地面积应占50%左右，绿化覆盖率宜占全园的70%以上 ④道路网宜简单明确，便于辨别方向 ⑤幼儿活动区宜靠近大门出入口 ⑥建筑小品、游戏器械应形象生动，组合合理 ⑦要重视水景的应用以满足儿童的喜水心理 ⑧各活动场地中应设置座椅和休息亭廊，供看护儿童的成年人使用
2.绿化配置	①忌用有毒、有刺、有过多飞絮、易招致病虫害和散发难闻气味的植物种类。如凌霄、夹竹桃、漆树、枸骨、刺槐、黄刺梅、蔷薇、悬铃木等 ②应选用叶、花、果形状奇特，色彩鲜艳，能引起儿童兴趣的树木。如马褂木、白玉兰、紫薇等 ③乔木以冠大浓荫的落叶树种为宜，分枝点不宜低于1.8m，灌木宜选用发枝力强、直立生长的中、高型树种 ④植物配置要以绿色为基调，以造成既有变化又完整统一的绿色环境
3.道路与场地	①道路宜成环路并简单明确，便于辨认方向 ②应根据公园的大小设一个主要出入口、1~2个次要出入口，特征要鲜明 ③主要道路宜能通行汽车和童车，不宜设置台阶 ④道路应选用平整并有一定摩擦力的铺装材料
4.建筑和小品	①造型应形象生动 ②色彩应鲜明丰富 ③比例尺度要适宜

续表

项　目	规划设计要点
5.水池和沙坑	①水是儿童公园中重要的游戏资源，利用水可开发出各种为孩子喜欢的活动内容，但要保证游戏的安全。如涉水池，水深宜在20cm以内，北方的冬季还可利用浅水作滑冰场地 ②玩沙能激发儿童的想象力和创造力。孩子们对沙子有着独特的兴趣，喜欢用湿沙堆成城堡、隧道、陷阱等。沙坑附近应设计水源，并在沙坑中配置雕塑、安排滑梯、攀登架等运动设施

(二) 老年公园

当今社会出现了人口老龄化的趋势。老年公园可适应老年人的生理特征和心理要求，满足老年人娱乐、休闲、户外交往的要求，丰富他们的晚年生活。老年人对环境的感知和体验有其独到之处，对娱乐内容的要求也不同于其他群体。公园的设计必须在了解老年人的心理特征和娱乐偏好的基础上进行。

1. 老年人户外活动特点

①社会性：老年人社会责任心较强，渴望参加社会活动和集体活动，不愿孤独。

②怀旧性：对年轻时体验过的活动情有独钟。

③趣味性：喜欢热闹，对各种文体活动兴趣较大。

④持久性：由于空闲时间较多，对所喜爱的活动专注力较强，能长期坚持。

⑤选择性：由于文化素养、身体素质和爱好不同，对娱乐活动有所选择。主动性游乐的意愿强，不愿过多地受人牵制。

⑥局限性：由于年龄的增高，生理与心理的变化使活动内容受到限制。

2. 功能分区

根据老年人的户外活动特点，老年公园的功能分区与其他综合性公园既有相似之处又略有区别，可分为活动健身区、安静休息区、文娱活动区、遛鸟区等(见表9-14)。

表9-14　老年公园的功能分区

功能分区	必要性分析	设施或内容
1.活动健身区	体能的下降和疾病的困扰使老年人更加珍视健康和注重锻炼。体育锻炼已成为许多老年人每天的必修课，活动健身区是老年人必不可少的	可安排适应老年人活动特征的门球、钓鱼、太极拳等场地，设置进行轻柔运动的健身设施，局部铺设足底按摩的卵石路面，周边设舒适的坐椅、凉亭等
2.安静休息区	为老年人聊天提供清新自然、安静宜人的环境	安排幽静的密林，林中空地设桌椅、亭廊

功能分区	必要性分析	设施或内容
3.文娱活动区	老年人常因共同的文娱爱好而自发地组织在一起，如唱京剧、合唱、跳交谊舞等	园林建筑可分组而设，以避免不同文娱爱好群体之间的相互干扰
4.遛鸟区	爱鸟养鸟的老年人所占比例较大，他们往往喜欢清晨遛鸟并相互交流养鸟心得	安排悬挂鸟笼的位置，周围安排休息坐凳

3. 老年公园的规划设计要点（见表9-15）

表9-15　老年公园的规划设计

项目	规划设计要点
1.活动设施	应根据老年人的娱乐特点，结合地形、建筑、园林植物等综合考虑。 ①以主动性的文体活动为主，充分调动老年人身心的内在积极因素 ②内向活动内容（如茶室）和外向活动内容（如演讲厅）使不同性格的老年人各得其所 ③集体活动与单独活动相结合，主动休息与被动休息相结合，室内活动与室外活动相结合，学习活动与娱乐活动相结合
2.建筑小品	①以老年人为中心，综合考虑建筑的功能要求和造景要求，力求实用、美观并方便使用 ②考虑老年人的活动特点，注重建筑小品的舒适性和安全性，如座椅多设扶手椅，并以木制和藤制为佳
3.道路与场地	道路宜平坦而防滑，在水池旁或高处的路旁应设置保护栏杆，道路转弯、交叉口及主要景点应设路标
4.园林植物	①以落叶阔叶林为主，夏季能遮阴，冬季又能让阳光透过 ②配置色彩绚丽、花朵芬芳的植物，以利于老年人消除疲劳，愉悦身心 ③注重保健植物的应用，包括芳香植物如桂花、丁香、蜡梅、香樟、茉莉花、玫瑰花等；杀菌植物如侧柏、圆柏、沙地柏、杨树、樟树、银杏等。

（三）体育公园

1. 体育公园的性质与任务

体育公园是专供市民开展群众性体育活动的公园，大型体育公园（如北京奥林匹克公园）体育设施完善，可承办运动会，也可开展其他活动。

2. 体育公园的规划设计原则

①保证有符合技术标准的各类体育运动场地和较齐全的体育设施。

②以体育活动场所和设施为中心，保证绿地与体育场地平衡发展。

③分区合理，使不同年龄、不同爱好的人能各得其所。

④应以污染少、观赏价值高的植物种类为主进行绿化。

3. 体育公园的功能分区

体育公园一般分为室内场馆区、室外体育活动区、儿童活动区、园林区等（见表9-16）。

表9-16　体育公园的功能分区

分　区	内　容	设　施	设计要点	面积／%
室内区	各种室内运动设施	各种运动设施、管理室、更衣室等	建筑如体育馆、室内游泳馆、附属建筑集中于此区。在建筑前或大门附近应安排停车场，适当点缀花坛、喷泉等以调节小气候	5～10
室外区	具有各种运动器械的设备场所	田径场、球场、游泳池等	安排规范的室外活动场地，并于四周设看台	50～60
儿童活动区	儿童游戏之用	各种游乐器具	应位于出入口附近或较醒目的地方。体育设施应能满足不同年龄阶段儿童活动的需要，以活泼的造型、欢快的色彩为主	15～20
园林区	供游人参观休息	水池、植物、座椅等	在不影响体育活动的前提下，应尽可能增加绿地面积，以达到改善小气候条件、创造优美环境的目的。绿地中可安排一些小型体育锻炼设施	10～30

4. 体育公园的绿化规划

第一，出入口绿化。出入口附近绿化应简洁明快，可设置一些花坛和平坦的草坪，如兼作停车场可用草坪砖铺设，花坛花卉应以具有强烈运动感的色彩为主，营造欢快、活泼的气氛。

第二，室内场馆周围的绿化场馆出入口要留出集散场地。场馆周围应种植乔灌木树种以衬托建筑本身的雄伟。

第三，室外运动场的绿化。体育场周围宜栽植分枝点较高的乔木树种，不宜选用带刺的和易引起过敏的植物。场地内可种植耐踩踏的草坪。

第四，园林区绿化。园林区是绿化设计的重点，要求在功能上既要有助于一些体育锻炼的特殊需要，又能对整个公园的环境起到美化和改善小气候的作用。应选择具有良好观赏价值和较强适应性的树种。

第五，儿童活动区以开花艳丽的灌木和落叶乔木为主，但不能选用有毒、有刺、有异味和易引起过敏的植物种类。

（四）植物园

植物园是进行植物科学研究和引种驯化，并供观赏、游憩及开展科普活动的绿地（如厦门植物园），以大量的植物种类取胜，主要任务包括科学研究、观光游览、科学普及、科学生产等（见表9-17）。

表9-17　植物园规划的主要内容

规划内容	规划设计要点
1. 园址选择	①地形条件。植物园应以平坦、向阳的场地为主，以满足植物园在引种驯化的过程中栽植植物的需要。在此基础上，植物园还应具有复杂的地形、地貌，以满足植物对不同生态环境的要求，并形成不同的小气候。要有高山、平地、丘陵、沟谷及不同坡度、坡向等地形、地貌的组合。不同的海拔高度，可为引种提供有利因素，如在长江以南低海拔地区，由于夏季炎热，引种东北的落叶松等树种不易成功，但在庐山植物园海拔高度1100 m以上就能引种成功而且生长良好 ②土壤条件。土壤选择的基本条件是能适合大多数植物的生长，要求土层深厚、土壤疏松肥沃、腐殖质含量高、地下害虫少、旱涝容易控制。在此基础上，还要有不同的土壤条件、不同的土壤结构和不同的酸碱度。因为一个园内土壤有不同的组成、不同的酸度、不同的深度、不同的土壤腐殖质含量和含水量，才能给引种驯化工作创造良好的条件。如杜鹃、山茶、毛竹、马尾松、栀子花、红松等为酸性土植物；柽柳、沙棘等为碱性土植物；大多数花草树木是中性土植物 ③水利条件。植物园要有充足的水源。一方面，水体可以丰富园内的景观，提供灌溉水源；另一方面，具有高低不同的地下水位，能解决引种驯化栽培的需要。植物园内的水体，最好具有泉水、溪流、瀑布、河流、湖沼等多种形式，并有动水区、静水区及深水区、浅水区之分 ④植被条件。选定的植物园用地内原有植被要丰富。植被丰富说明综合自然条件好，选作植物园用地是合适的 ⑤其他条件。植物园一般位于城市的近郊区，具有方便的交通条件，具有与城市一样的供电系统和排水系统。应位于城市活水的上流和城市主要风向的上风方向，要远离厂矿区、污染的水体和大气
2. 植物园的分区	（1）展览区。其主要任务是以科学普及教育为主，同时也为科学研究创造有利条件。展览区有以下7种布置方式： ①按进化系统布置展区。按植物的进化系统和植物科、属分类结合起来布置，反映植物界发展由低级到高级进化的过程，如上海植物园 ②按植物的生活型布置。例如，乔木区、灌木区、藤本植物区、多年生草本植物区、球根植物区、一年生草本植物区等 ③按植物对环境因子要求布置。例如，旱生生物群落、中生生物群落、湿生生物群落、盐生生物群落、岩石植物群落、沙漠植物群落等 ④按植被类型布置展区。我国的主要植被类型有热带雨林、亚热带季雨林、亚热带常绿阔叶林、暖温带落叶阔叶林、温带针阔叶混交林、寒温带针叶林、亚高山针叶林、草原草甸灌丛带、干草原带、荒漠带等

规划内容	规划设计要点
2.植物园的分区	⑤按地理分布和植物区系原则来布置展区。以植物原产地的地理分布或以植物的区系分布原则进行布置。例如，以亚洲、欧洲、大洋洲、非洲、美洲的代表性植物分区布置，同一洲中又按国别而分别栽培 ⑥按植物的经济用途来布置展区。例如，按纤维类、淀粉和糖类、油脂类、鞣料类、芳香类、橡胶类、药用类等进行布置 ⑦按植物的景观特征布置展区。把一定特色的园林植物组成专类园，如牡丹、芍药、梅花、杜鹃、山茶、月季、兰花等专类园；或以芳香为主题的芳香园等专题园；以园林手法为主的展区如盆景桩景展区，花境、花坛展区等 （2）科研区。包括试验地、苗圃、引种驯化区、生产示范区、检疫地等。这部分是专供科学研究以及生产的用地，是植物园中不向群众开放的区域。一般要有一定的防范措施，做好保密工作和保护措施，与展览区要有一定的隔离。 （3）生活区。为保证植物优质环境，植物园与城市市区一般有一定距离，如果大部分职工在植物园内居住，在规划时，则应考虑设置宿舍、浴室、锅炉房、餐厅、综合性商店、托儿所、幼儿园、车库等设施，其布局规划与城市中一般生活区相似，但应处理好与植物园的关系，防止破坏植物园内的景观
3.道路系统	①道路系统布局最好与分区系统取得一致，如以植物园中的主干道作为大区的分界线，以支路和小路作为小区界限 ②道路布局大多采用自然式道路布局 ③道路宽度一般分为三级，即主路、次路、小路。主路一般宽4~7 m，为主要展览区之间的分界线和联系纽带。次路宽3~4 m，主要用于游人进入各主要展览区和主要建筑物，是各展览区内的主要通道，一般不通行大型汽车。次路是各区或专类园的界线，并将各区或各类园联系起来。小路宽1~2 m，是深入各展览小区的游览路线，一般以步行为主，为方便游人近距离观赏植物及管理人员日常养护而建，有时也起到景区分界线的作用 ④路面铺装支路和小路可进行装饰性铺装，铺装材料和铺砌方式多种多样，以增添园景的艺术性。路面铺装以外的部分可以留出较宽的路肩，铺设草皮或做花坛花境，配以花灌木和乔木做背景树，使沿路景观丰富多彩
4.建筑设施	①展览性建筑如展览温室可布置于出入口附近、主干道轴线上 ②科研用房如繁殖温室应靠近苗圃、试验地 ③服务性建筑如小卖部应方便使用
5.种植设计	①要对科普、科研具有重要价值 ②种植在城市绿化、美化功能等方面有特殊意义的植物种类。根据其经济价值和对环境保护的作用、园林绿化的效果、栽培的前途等综合因素来选择重点种和一般种。对于重点种，可以突出栽植或成片栽植，形成一定的栽培数量 ③在植物园的植物种植株数上，因受面积和种植种类多样性等因素的限制，每一植物种植的株数也应有一定的规定。初次引种试验栽培的或有前途、有经济价值的植物，或列为重点研究的树种，每种为20~30株；一般树种，乔木5~10株，灌木10~15株

（五）动物园

动物园是在人工饲养条件下，移地保护野生动物，供观赏、普及科学知识、进行科学研究和动物繁育，并具有良好设施的绿地。

1.动物园的类型

依据动物园的位置、规模、展出的形式，一般将动物园划分为4种类型。

第一，城市动物园。一般位于大城市的近郊区，用地面积大于$20hm^2$，展出的动物种类丰富，常常有几百种至上千种，展出形式比较集中，以人工兽舍结合动物室外运动场地为主。我国的北京动物园、杭州动物园、上海动物园及美国纽约动物园均属此类。其中，北京动物园是中国开放最早、珍禽异兽种类最多的动物园，国际国内动物交换频繁，多次在国外进行大熊猫展和金丝猴展。

第二，专类动物园。该类型动物园多数位于城市的近郊，用地面积较小，一般为$5\sim20hm^2$。大多数以展示具有地方或类型特点的动物为主要内容。如泰国的鳄鱼公园、蝴蝶公园，北京的百鸟苑均属于此类。

第三，人工自然动物园。该类型动物园多数位于城市的远郊区，用地面积较大，一般在上百公顷。动物的展出种类不多，通常为几十个种类。一般模拟动物在自然界的生存环境散养，富于自然情趣和真实感。此类动物园在世界上呈发展趋势。

第四，自然动物园。大多数位于自然环境优美、野生动物资源丰富的森林、风景区及自然保护区。自然动物园用地面积大，动物以自然状态生存。游人可在自然状态下观赏野生动物，富于野趣。在非洲、美洲、欧洲许多国家公园里，均以观赏野生动物为主要游览内容。

除上述4种类型的动物园外，为满足当地游人的需要，还常采取在综合性公园内设置动物展区的形式，或在城市的绿地中布置动物角，多布置以鸟类、金鱼类、猴类展区为主。

2.动物园规划的主要内容

为了保证动物园的规划设计全面合理、切实可行，在总体规划时，必须由园林规划设计人员、动物学专家、饲养管理人员共同参与规划计划的制订。

动物园规划设计的主要内容是确定指导思想、规划原则、建设的规模、类型、功能分区、动物展览的方式、园林环境和建筑形式的风格，以及服务半径、管理设施配套等（见表9-18）。

表9-18 动物园规划的主要内容

规划内容	规划设计要点
1.园址的选择	①环境方面：为满足来自不同生态环境的动物的需要，动物园址应尽量选择在地形地貌较为丰富、具有不同小气候的地方 ②卫生方面：为了避免动物的疾病、吼声、恶臭影响人类，动物园宜建在近、远郊区。原则上在城市的下游、下风地带，要远离城市居住区。同时要远离工业区，防止工业生产的废气、废水等有害物质危害动物的健康 ③交通方面：要有方便的交通条件，以利运输和交流 ④工程方面：选址要有配套较完善的市政条件（水、电、煤气、热力等），保证动物园的管理、科研、游览、生活的正常运行
2.总体规划要点	①动物园应有明确的功能分区，相互间应有方便的联系，以便于游人参观 ②动物园的导游线是建议性的，设置时应以景物引导，符合人行习惯（一般逆时针靠右走）。同时，要使主要动物笼舍和出入口广场、导游线有良好的联系，以保证全面参观和重点参观的游客能方便地到达和游览 ③动物笼舍的安排应集中与分散相结合，建筑形式的设计要因地制宜与地形结合，创造统一协调的建筑风格 ④动物园的兽舍必须牢固，动物园四周应有坚固的围墙、隔离沟和林墙，以防动物逃出园外，伤害人畜
3.分区规划	(1) 科普馆是全园科普、科研活动的中心，馆内可设标本室、解剖室、化验室、研究室、宣传室、阅览室、录像放映厅等。一般布置在出入口较宽阔地段，交通方便 (2) 动物展区由各种动物笼舍组成，是动物园用地面积最大的区域 ①按动物的进化顺序安排，即由低等动物到高等动物：无脊椎动物—鱼类—两栖类—爬行类—鸟类—哺乳类。在这一顺序下，结合动物的生态习性、地理分布、游人爱好、珍稀程度、建筑艺术等，作局部调整。不同展览区应有绿化隔离 ②按动物的地理分布安排，即按动物生活的地区，如欧洲、亚洲、非洲、美洲、大洋洲等，这种布置方法有利于创造出不同景区的特色，给游人以明确的动物分布概念 ③按动物生态安排，即按动物生态环境，如分水生、高山、疏林、草原、沙漠、冰山等，这种布置对动物生长有利，园林景观也生动自然 ④按游人爱好、动物珍贵程度、地区特产动物安排，如我国珍稀动物大熊猫是四川特产，成都动物园将熊猫馆安排在入口附近的主要位置。一般游人喜爱的猴、猩猩、狮、虎等也多布置在主要位置上 (3) 服务休息区包括科普宣传廊、小卖部、茶室、餐厅、摄影部等。要求使用方便 (4) 办公管理区包括饲料站、兽疗所、检疫站、行政办公室等，其位置一般设在园内隐蔽偏僻处，与动物展区、动物科普馆等既要有绿化隔离又要有方便的联系。此区设专用出入口，以便运输与对外联系，有的将兽医站、检疫站设在园外

规划内容	规划设计要点
4.道路与建筑规划	动物园的道路一般有主要导游路 (主要园路)、次要导游路 (次要园路)、便道 (小径)、专用道路 (供园务管理之用) 4 种。主要道路或专用道路要能通行消防车，便于运送动物、饲料和尸体等，路面必须便于清扫。由于动物园的导游线带有建议性，因而，其主干道和支路的布局可有多种布局形式，规划时可根据不同的分区和笼舍布局采用合适的形式。 ①串联式：建筑出入口与道路连接。适于小型动物园 ②并联式：建筑在道路的两侧，需次级道路联系，便于车行、步行分工和选择参观。适于大中型动物园 ③放射式：从入口可直接到达园内各区主要笼舍，适于目的性强、游览时间短暂的对象，如国内外宾客、科研人员等的参观 ④混合式：此方法是以上几种方式根据实际情况的结合，是通常采用的一种方式。此方法既便于很快地到达主要动物笼舍，又具有完整的布局联系
5.动物园绿地规划	(1) 绿化布局 ①"园中园"方式。此方法即将动物园同组或同区动物地段视为具有相同内容的"小园"，在各"小园"之间以过渡性的绿带、树群、水面、山丘等加以隔离 ②"专类园"方式。此方法如展览大熊猫的地段可栽植多品种竹丛，既反映熊猫的生活环境，又可观赏休息；大象、长颈鹿产于热带，可构成棕榈园、芭蕉园、椰林的景色 ③"四季园"方式。此方法即将植物依生长季节区分为春、夏、秋、冬各类，并视动物原产地的气候类型进行相应配置，结合丰富的地形设计，体现该种动物的气候环境 (2) 树种选择 ①从组景要求考虑：进入动物园的游人除观赏动物外，还可通过周围的植物配置了解、熟悉与动物生长发育有关的环境，同时产生各种美好的联想。如杭州动物园在猴山周围种植桃、李、杨梅、金橘、柚等，以造成花果山气氛；在鸣禽馆栽植桂花、茶花、碧桃、紫藤等，笼内配花木，可勾画出鸟语花香的画面 ②从动物的生态环境需要考虑：结合动物的生态习性和生活环境，创造自然的生态模式 ③从满足遮阴、游憩等要求考虑：如种植冠大荫浓的乔木，满足人和动物遮阴的要求，在服务休息区内可采用疏林草地、花坛等绿化手法进行处理，以便为游人提供良好的游憩环境 ④从结合生产考虑：在笼舍旁、路边隙地可种植女贞、水蜡、四季竹、红叶李，为熊猫、部分猴类和小动物提供饲料。此外，榆、柳、桑、荷叶、聚合草等都可作饲料用

二、主题公园规划

(一) 主题公园的产生及在我国的发展

主题公园也称为主题游乐园或主题乐园，是在城市游乐园的基础上发展起来的，是通过对特定主题的整体设计，创造出特色鲜明的体验空间，进而使游人获得一气呵成的游览经历，兼有休闲娱乐和教育普及的双重功能，以满足不同年龄层次游憩需求的一种现代公园。主题公园往往以一个特定的内容为主题，规划建造出与其氛围相应的民俗、历史、文化和游乐空间，使游人能切身感受、亲自参与一个特定内容，是集特定的文化主题内容和相应的游乐设施于一体的游览空间，其内容给人以知识性和趣味性，较一般游乐园更加丰富多彩，更具有吸引力。

世界上第一个主题公园诞生在荷兰，但世界上最著名的主题公园是位于美国佛罗里达的迪斯尼乐园。这是一个充满情节的"游戏王国"，是一个引导游人自发地探究主题、体验空间的经典范例。20世纪80年代后，主题公园这种新型旅游休闲产业高速发展，风靡全世界。

我国主题公园产业的发展是国内旅游业发展到一定阶段的产物。1989年深圳的"锦绣中华"，开创了中国主题公园的先河。"锦绣中华"位于深圳华侨城，占地30hm^2，园内按照中国版图布置微缩景观，共分为古建类、山水名胜类、民居民俗类3大类。古建类又分为宫、寺、庙、祠、楼、塔、桥等；山水名胜类囊括了中国名江大川、三山五岳；民居民俗类则反映了我国多民族国家风格迥异的建筑及生活习俗。游"锦绣中华"，可"一眼望尽千年华夏文化，一日畅游万里大好河山"。继"锦绣中华"之后，深圳又兴建了"中国民俗文化村""世界之窗"，同样在全国旅游业中产生了震撼性的影响，使全国各地掀起主题公园建设的热潮。

(二) 中国主题公园的分类

目前，主题公园大致可分为微缩景观园、民俗景观类、古建筑类、影视城类、自然生态类、文化主题园、观光农业园等（见表9-19）。

表9-19　主题公园的分类

分　类	说　明
1. 微缩景观园	将大范围的园林景观加以提炼、概括、缩小，并集中展示于一园。人们在短时间内可以观赏到琳琅满目的园林景观，如深圳的"锦绣中华"、北京的"老北京微缩景园"等

分　类	说　明
2.民俗景观、古建筑类	按空间线索展示不同的地域、不同民族的风俗、文化景观，让游人可以领略到他乡的风土人情，如中华民族园、昆明云南民族村、杭州的宋城、苏州的吴城、上海影视乐园中的"老上海"、宁波的"中国渔村"等
3.影视城类	指以影视作品中展示的电影、电视场景为主题进行规划立意，常常结合实际的影视拍摄进行布置，做到拍摄与游览两者并重，如涿州影视城、北京北普陀影视城、杭州横店影视城、上海影视乐园、上海大观园、美国迪斯尼乐园中的"童话乐园"等
4.自然生态类	以自然界的生态环境、野生动物、野生植物、海洋生物等为主题，如我国各地建成和正在建设的野生动物园、湿地公园和海洋馆等
5.文化主题园	指以历史题材或文学作品中描述的场景、人物、文化为主题，进行景观布置，如三国城、水泊梁山宫、封神演义宫、西游记宫、中国成语艺术宫、文化艺术中心等

（三）主题公园的规划设计

主题公园的设计要素，可以概括为主题内容、表达方式、空间形态和环境氛围。在主题公园的设计中，要兼顾其功能性、艺术性和技术可行性，要满足大多数游人的审美情趣和精神需求，并将生态造景的观点贯彻始终。如深圳华侨城欢乐谷二期主题公园的规划设计，将自然生态环境和生物群落作为设计主题，在老金矿区、飓风湾区、森林探险区和休闲区4个主题景区的设计中，始终将各主题的故事线索贯穿于娱乐设施、景观设置及绿化配置中，融参与性、观赏性、娱乐性、趣味性为一体，是一座主题鲜明的、高科技的现代化主题乐园。

1.主题性原理

主题是一个主题公园的核心和特色，主题的独特性是主题公园成功的基石，是该公园区别于其他主题公园、游乐场的关键所在。确定特色鲜明的主题是使游乐园富于整体感和凝聚力的重要途径，也是一个主题公园进行策划、构思、规划设计的第一步。主题公园中内容的选择和组织都应是围绕着该公园的特定主题进行的。因此，主题的选择和定位对主题公园的环境形象、整体风格都会产生重要的影响。

如何利用造园各要素表达出乐园所要体现的主题内容是乐园设计中重点考虑的问题，充分发挥各类建筑、道路、广场、建筑小品、植物、地形、水体等要素的造景功能，结合文化、科技、历史、风情等内容可创造出丰富的主题内涵（见表9-20）。

表9-20 主题的确定

考虑因素	说　明
主题公园所在城市的地位和性质	主题公园所在城市与公园的兴衰有着密切的关系。一个城市的地位和性质决定了建在该城市的主题公园是否能够拥有充足的客源，该公园是否可以持续运营、健康发展。如北京作为全国政治文化中心，游客很多，人们到北京后也希望能了解到世界的风土人情，世界公园的建设就顺应了这些要求
主题公园所在城市的历史与人文风情	一座城市的历史记载着这个城市的发展历程，人们希望了解这座城市的人文风情、历史文化，主题公园的选材相应地也要从这些方面进行考虑
主题公园所在城市特有的文化	一座城市的文化是经过上百年甚至上千年的发展而逐渐沉积下来的。经过发展，该文化逐渐形成了这座城市有代表特色的内涵，利用这种特色文化就可以创造出独特的主题
从人们的游赏要求出发，结合具体条件选择主题	我国早期的主题公园获得成功的重要因素就是抓住了当时国门大开的机遇，国民渴望了解外面世界的游赏要求。在主题公园中集中反映了世界各国精华旅游景观，使游人在一个公园内可集中领略中国和世界各国风情
注重参与性内容	我国的旅游者已从以前单纯的观光旅游逐渐转到要求参与到乐园项目中来，从被动转为主动，并要求常看常新，具有刺激性、冒险性。因此，参与性、互动性是主题公园的发展方向。沃特·迪斯尼在进行迪斯尼乐园设计构思时，把游人也当作表演者。他认为，观众不参与，主题公园中精心设计的各种表演都将徒劳，起不了太大的作用。我国近几年兴起的水上乐园、阳光健身广场等主题公园，在设计时以游客参与性项目为主，有力地吸引了游客

2. 表现手法

主题公园的设计与城市公园的设计有共同之处，如地形的处理、空间的处理等，但由于其突出主题性、参与性，所以主题公园的设计更有其特别之处。许多主题公园在突出"乐"上做文章，以游乐参与作为重头戏，故其设计也应相应借鉴、综合一些娱乐设施、场所的设计手法（见表9-21）。

表9-21 主题公园的设计

表现手法	说　明
空间与环境设计	主题公园通过优美的空间造型，创造出丰富的视觉效果。形成空间的元素有建筑物、铺装材料、植物、水体、山石等，这些元素的不同组合可产生或亲切质朴，或典雅凝重，或轻盈飘逸，或欢快热烈的空间效果。我国造园艺术源远流长，风格独特，在主题公园的设计中体现民族的特点，突出园林风格，将优美的园林景致和现代化的娱乐设计、特色主题内容相结合，是我国许多大中型主题公园的特色

表现手法	说　明
内容与主题设计	做好"游戏规则"的运用。"游戏规则"是指用游戏或拟态等方式诱导人们对环境的体察、感知,激发人们对活动的参与性,这种游戏规则可以是时间性的,也可以是情节性的。其突出的特点是让游客以从未经历过的新奇方式参与到游乐活动之中,通过游人的参与,成功诱发人们对环境的兴趣,让游人感受到自己是乐园环境的一分子从而融入乐园之中,增强游乐内容和环境的吸引力。在迪斯尼乐园中,游客在体验某种游戏或场景时,很少是作为观众出现的,几乎都是以参加者的身份出现的。在未来乐园,游人乘坐飞船在太空山里盘旋遨游;在幻想乐园,游人被带到白雪公主和7个小矮人的森林和钻石矿中;在西部乐园,游人用老式步枪在乡村酒吧中射击,乘坐采矿列车在旧矿山中穿梭,体验西部开拓时代的生活
游乐大环境的塑造	参照中国传统庙会手法,创造富有弹性的大娱乐环境。中国传统庙会的布局是将大型的马戏、杂技、戏剧、武术等表演场置于中心部位,四周用各种摊点、活动设施、剧场、舞台等创造一个围台空间——中心广场,到处都能通向广场,形成一个气氛热烈的活动区域,各种活动内容在广场附近展开。这种琳琅满目的铺陈手法在现代主题公园的规划设计中可以进行借鉴,将娱乐资源聚集在一个相对集中的场地中,形成热闹、欢快的游乐大环境

3. 园内园林景观设计

主题公园与城市公园的植物景观规划有很多互通之处,其首要之处是营造出一个绿色氛围。主题乐园的绿地率一般都应在 70% 以上,这样才能创造一个良好的适于游客参观、游览、活动的生态环境。许多成功的主题公园都拥有优美的园林景观,使游人不但能体会主题内容给予的乐趣,而且可以在林下、花丛边、草坪上享受植物给予人们的清新和美感。植物景观规划可从以下 5 个方面重点考虑:

①绿地形式采用现代园艺手法,成片、成丛、成林,讲究群体色彩效应;乔、灌、草相结合,形成复合式绿化层次;利用纯林、混交林、疏林草地等结构形式组合不同性格的绿地空间。

②各游览区的过渡都结合自然植物群落进行,使每一游览区都掩映在绿树丛中,增强自然气息,突出生态造园。

③采用多种植物配置形式与各区呼应。如规则式场景布局采用规则式绿地形式,自由组合的区域布局则用自然种植形式与之协调,使绿地与各区域形成一个统一和谐的整体。

④植物选择上立足于当地乡土树种,合理引进优良品系,形成乐园自己的绿地特色。

　　⑤充分利用植物的季相变化增加乐园的色彩和时空的变幻，做到四季景致各不相同，丰富游览情趣。常绿树和落叶树、秋色叶树的灵活运用，季相配置，以及观花、观叶、观干树种的协调搭配，可以使乐园中植物景观丰富多彩，增强景观的变化。

第十章　园林美学综述

第一节　美学基本思想

美学思想的产生与发展是一个漫长的历史过程，独立成为一门学科迄今不过200多年。正因为是年轻的学科且处于发展阶段，所以各家存有争议，形成不同学派、体系，乃至出现尚无定论的情况都是正常的，都是走向成熟的标志。

一、美学思想溯源

爱美之心，人皆有之。人，"惟天地，万物父母；惟人，万物之灵"（《泰誓上》）。人的概念涵盖远古至今，因此，有了人类便有了美。随着人类物质生产不断向前发展，美的领域逐渐被扩大，美的形态日益增多，人类审美经验更加丰富，审美能力也日渐提高。近代文明促使人们向各领域深入细致地探索、思考，当归纳出认识世界的哲学时，便有了审美经验与意识的思索与反思。于是，最初的美学思想便应运而生了。

西方美学思想源于古希腊。早期的美学思想大多为只言片语，且依附于自然哲学。代表人物当推柏拉图（Platon，公元前 427—公元前 347 年）和他的弟子亚里士多德（Aristotele，公元前 384—公元前 332 年）。他们把对美的哲学思考同艺术实践结合起来。柏拉图提出的"什么是美"的问题，至今仍然吸引着无数学者去探索。亚里士多德的《诗学》则成了文艺美学的最早经典。

古罗马基本延续了古希腊的美学思想，赫拉斯（Quintus Horatius Flaccus，公元前 65—公元前 8 年）的《诗艺》、朗吉斯（Casius longinus，约 231—273 年）的《论崇高》，都是沿着亚里士多德开辟的文艺美学思维探索，进而提出并分析了"崇高"这一美学范畴。

文艺复兴时期人道主义的生活理想得到发展，表现在文艺和美学方面有三大基本特征：艺术独立于神学之外，使人的才能得以发挥；重新评价古希腊文化，进一步探讨艺术创造中的理论与技巧，强调人的尊严与个性；要求艺术描绘现实，不再描绘神。提倡艺术家研究自然科学理论，如光学、解剖学、透视学等，并运用于绘画创作。文艺复兴给美学思想发展带来了生机与活力，促进了学科的形成。

近代欧洲，新兴的资产阶级，着力探讨认识世界的主观心理条件。英国的经验主义哲学、大陆理性主义哲学及法国的启蒙运动，都给美学思想发展注入了新的活力。如莱布尼茨（Gottfried Wilhelm Von Leibniz，1646—1716 年）、沃尔弗（Christian Wolff，1679—1754 年）对理性的研究，维科（Giovanni Battista Vico，1668—1744 年）对想象的研究，休谟（David Hume，1711—1776 年）对感情和观念的研究，都对后来美学学科的提出，做了思想和理论准备。德国启蒙运动时期，美学家鲍姆加登（Alexander Gotltieb Baumgarten，1714—1762 年）于 1735 年首次提出，1750 年正式用美学（Aesthetik）作为专著名称，建立了美学学科。

二、美学的基本范畴

每一门学科都有其自身的范畴，也就是一门科学中最一般和最基本的概念，是人们对客观世界认识的结晶。

（一）美

美是美学基本范畴中的根本范畴。以美为中心的范畴构成了美学的一般理论。揭示美的本质和根源构成了整个美学的基础。

从本质上讲清"什么是美"虽然争议颇多，但对美的特性的认识却是趋于一致的。人们完全可以从美的共性去感受美、体验美。

1. 美与事物的不可分离性

美是抽取了许多美的事物中所共有的内涵而形成的概念，并且只能在一个个具体事物的形象中得到表现。也就是说，美的抽象只能在具体事物中去理解，脱离了具体事物，美便不复存在。

2. 美具有可感染性

美总是伴随着生动的形象出现，而这种具体的生动的形象总能引起人的愉悦感。如幸福、快乐、振奋、爱慕、舒畅、满足……即使是从悲痛的震撼中获取的痛快的宣泄，也是一种愉悦。

3. 美具有功利性

美反映人的智慧与力量。人是社会成员，生活在一定的社会功利关系之中，所以美就有了功利性。美对人或者有利、有用、无妨、无害，否则就不美了。即使是大自然的美，也是人格化的自然赋予人的认知、思维与想象而形成的。

(二) 崇高

最早提出崇高这一概念的是古罗马时期的朗吉弩斯，在美学中真正树立崇高独特地位的是德国哲学家康德。

崇高是美的一种表现形态。人类争取真与善达到统一的实践过程是动态的，其形式是严峻的、冲突的，人们在观照这种严峻的、冲突的动荡过程时，获得一种矛盾的、激动不已的愉悦，崇高对象就是在这种关系中呈现出来的。崇高不是静态的美而是动态的美，以内容和形式的不和谐、不统一为基本特点。在此，人的本质力量显现，呈现为实践主体迫使现实客体与之趋向统一的过程。崇高的美学特征在自然界和人类社会中的表现形态，既有基本的共同性，又有各自的某些特殊性。自然界的崇高，以量的巨大和力的强大而显现出人的感官难以掌握的无限大的特性。人类则以征服自然、改造自然显示人类的崇高。社会崇高感的特点是由恐惧转向愉悦，由惊叹转化为振奋。社会崇高的本质是推动历史前进的代表。英勇、伟大、豪迈、英雄主义是社会崇高的同义语。社会崇高可以表现为悲剧式主人公的毁灭，也可以是正剧式主人公的胜利，表现为颂歌式的壮美。

(三) 悲

悲，亦可称为悲剧、悲剧性，是同崇高有密切联系而又互有区别的一个范畴。

历史上最早出现的悲剧，源于古希腊人的酒神颂歌。日常生活中的悲和美学中的悲的范畴是不同的。前者的范围广泛 (如挫折、失败、不幸、死亡等)，后者范围小，实际上是以艺术中的悲剧为主要对象。

悲剧的美学特征表现为人的本质力量的实践主体暂时被否定而最终被肯定，代表历史发展方向的实践主体暂时受挫折而终将获得胜利。我们要注意的是中国悲剧如《赵氏孤儿》，还有《窦娥冤》等具有自己的民族特色，不宜用西方悲剧格式去硬套。

(四) 滑稽

作为美学范畴的滑稽，亦可称为喜、喜剧、喜剧性。它的典型形态是艺术中的喜剧、漫画、相声之类，以引人发笑为特点或特征。滑稽的本质特征，不是通过丑对美的暂时压倒来揭示美的理想，而是在对丑的直接否定中突出人的本质力量的现实存在。

讽刺和幽默的界线有时较难划清。

讽刺是以真实而夸张或真实而巧妙之类的手段，极其简练地把人生无价值的东西撕破给人看，引发人们从中得到否定、贬斥丑的精神和情感愉悦。漫画是进行讽刺最为明显而有效的一种艺术形式。

幽默是喜剧的一种独特形态，它不像讽刺那样辛辣，只是把内容和形式中美与丑的复杂因素交合为一种直率而风趣的形式外化出来。

幽默中的讽刺意味是轻微的。幽默突出地反映了人们洞察事物的本质和坚信历史发展趋向的乐观精神，这是幽默鲜明的美学特征。

（五）优美

优美是实践主体与客观现实的和谐统一所显现出来的美。优美以比较单纯直接的形态表现了现实对实践的肯定，是现实与实践、真与善、合规律性与合目的性之间相互交融的辩证统一。它是在与丑的抗争中显现人的本质力量的美的形态，它本身排除了丑，并与自身之外的丑相比较而存在。优美最根本的美学特性是"和谐"，这一点中外美学家都加以肯定。和谐经常突出地表现为合目的性的理想与合规律性的完美性浑然交融，也较明显地体现在优美对象内容与形式的统一关系上。

社会生活中的优美偏重于内容，突出地体现着真与善的和谐统一。自然中的优美则偏重于形式，体现实践与自然规律的和谐统一。

以上这些基本范畴表现在现实生活中的具体审美对象上，往往是互相联系、彼此渗透又相互转化的。正因为这样，世界才呈现出极其复杂多样、各具特色的美，从而引起人们的美感也是多种多样的。

三、美学研究的任务和方法

美学研究的任务和方法，是根据美学的研究对象、基本问题以及学科性质所决定的。美学的研究任务除了作为一门学科，应揭示和阐明审美现象，帮助人们了解美、美的欣赏和美的创造的一般特征和规律，还进一步完善和发展了美学学科本身，除提高人的审美欣赏能力外，针对当今社会，尤其还要提高人的精神境界，促使人产生审美化，亦即海德格尔所说的"诗意地栖居"。美学是一门超世俗功利的学问，反映了人的终极关怀和追求，但又与哲学不同，它把这种终极关怀和追求融入诗意之中，用生动感人的形象去打动人的情感，因而更易被人所接受。

美学研究的方法是多元的。既可以采取哲学思辨的方法，也可以借鉴当今其他相关学科的研究方法，如经验描述和心理分析的方法、人类学和社会学的方法、语言学和文化学的方法等。

第二节 园林美学的基本认知

一、园林美

从园林的最初形态来看，园林是生产实践的直接产物。最早的园林主要是种植刍秣（喂牛马的草料）和狩猎的场地，后来发展到专种植物和圈养动物。后来，随着人类文明的发展与进步，人类对园林功能的要求不断扩大和提高，园林的内容和规模也随之丰富和扩大起来。随着社会文化和艺术的发展，园林也充实了文化的成分和显示出艺术的风貌。人类生产的发展和科学技术的进步扩充了建造园林的素材，提供了先进的造园手段和造园技术。园林和造园思想及社会实践，这三者的内在联系越来越紧密。所以，从本质上来说，园林是社会实践的产物，也是造园思想的物化形态。

园林美是园林美学的基本的和重要的概念，在园林美学中占有重要地位。

园林美是园林思想内容的外部表现方式。具体来说，园林美是园林的思想内容通过艺术的造园手法用一定的造园素材表现出来的、符合时代和社会审美要求的园林的外部表现形式。

园林美的规律与美的规律是统一的。马克思说："人是按照美的规律来塑造物体的。"同样，人们是按照美的规律来创造园林的，且按照美的规律创造出来的园林才是美的。美的规律就是有目的、有意识、自由的、创造性的实践活动的规律。园林美虽然是园林的表现形式，但也直接反映了人们有目的、有意识、自由地创造园林的实践活动，同样具有深刻的社会历史内容和思想文化内容。

但是，我们又要注意，园林为什么是美的？园林美的真正原因是什么？这些问题仅靠园林美本身是不能说明的。事物是内容和形式的统一，形式的东西只能用内容的东西加以说明。

园林美的内容是相当丰富的，主要包括植物、动物、山水、建筑等。但植物、动物本身反映的不是园林美，而是生命运动和进化。山水、建筑等亦然。只有把这些造园素材同造园的思想内容结合起来，才能构成园林美，才能反映园林美，我们才有可能通过现象找到园林美的本质和原因。

同样，我们在谈到园林美的创造时，也会碰到类似的问题。地形的变化、水景的借用、植物的配置，如果不与造园的思想内容结合起来，园林美是创造不出来的。

园林凝聚着上层建筑和意识形态的灵魂。离开了特定的民族文化、风俗和地域等具体的社会历史内容，那么这些造园素材和造园手法就成了毫无意义的东西，所谓"七分主人、三分匠人"说的就是这个道理。

　　只有从造园的思想内容出发，才能真正说明什么是园林美，人们为什么会感到园林是美的。以植物造景为例，我国园林植物造景直接反映了造园思想中的传统文化，善于寓意造景，选用植物常与比拟、寓意联系在一起。如竹，因有"未曾出土便有节，纵使凌云，虚心"的品格，又有"群居不乱独立自峙，振风发屋不为之倾，大旱干物不为之瘁。坚可以配松柏，劲可以凌霜雨，密可以泊晴烟，疏可以漏霄月，婵娟可玩、劲挺不回"的特色，被喻为有气节的君子，表达了人们一定的思想感情，所以人们才会感到美。不管是莫干山自然状态的竹，还是各个园林中人工种植的竹，都表达了这种深远的含义。世界上许多国家的人们都喜欢花草树木，人们对花草树木的鉴赏，也从形式美升华到意境美。在相互交往中常用花木来表达感情。如紫罗兰表现为忠实、永恒；百合花表现为纯洁；翠柳表现为情意绵绵等，举不胜举。这种美感多由文化传统逐渐形成，当然不是一成不变的，古今中外各有偏爱，其思想内容是十分丰富的。

　　面对同一个园林，会出现有人说美、有人说不美的情况。这就涉及园林美的另一个问题，即园林美是主观的还是客观的。

　　园林美虽然是园林的形式，但它却客观地存在，是不以人们的主观意识为转移的。园林美就其本质而言，是社会历史的产物，是社会实践的产物，是社会实践过程中人类思维的物化表现方式。社会历史的客观性、社会实践的客观性、人类思维活动的客观性决定了园林美的客观性。

　　与园林美的客观性相联系的是园林美的标准问题。园林美的标准问题最容易使人产生误解，似乎标准就是一致、统一，没有统一、没有一致，就没有标准。这是把园林美的标准绝对化了，也否定了园林美的客观性。

　　首先，园林美的标准是客观的。这是园林美的客观性决定的。园林都是在一定历史条件下的造园思想的产物，园林的美与不美主要是看它是否反映了一定的社会历史内容，是否符合时代的审美要求和审美心理及审美理想。这同样不是以个人的主观印象为转移的。

　　其次，园林美的标准不是一成不变和僵死凝固的。社会历史的发展决定了园林美的标准的变动性。不同的历史发展阶段决定了园林的不同内容，同时也决定了园林美的不同的标准。就是在同一个历史阶段，由于地域不同、民族不同、国家和社会制度不同、阶级不同，那么反映这些客观内容的造园思想也不同，园林美的标准肯定不会一致。这些不同是社会历史发展的客观必然，恰恰说明了园林美的标准的客观性质。园林美标准的社会性就是它的客观性，二者是辩证统一的。

　　了解什么是园林美、园林美的客观性和园林美的标准的客观性是十分重要的，能帮助我们掌握评价园林和园林美的正确方法，使我们不会用今天的标准去评价古典园林，也不会用东方的标准去评价西方园林。在欣赏园林美的时候，我们就会从简单的朴素的美感上升到高级的思辨的美感境界。

二、园林美学

园林美学是应用美学理论研究园林艺术的美学特征和规律的学科。

近年来，我国文艺园地空前繁荣，美学领域也得到了长足的发展。与其他学科的发展趋势相类似，美学的研究也要求宏观与微观结合在一起。宏观要求高度的抽象，更富哲学性，站得高，看大体和整体趋势，对微观起指导作用。微观要求具体、细致、深入，要求多角度、多层次，为宏观研究提供思考和概括的材料。宏观和微观相结合，相得益彰。因此，美学研究表现出既分化又综合交叉的发展趋势。一方面，哲学意味很浓的、高度抽象的、与艺术心理学和艺术社会学密切结合的普通美学或美学基本理论仍继续得到发展；另一方面，出现了音乐美学、电影美学、小说美学、书法美学、绘画美学、建筑美学、技术美学等美学的应用分支学科。美学研究的这两种趋势为创立园林美学提供了一定的理论基础，同时也为园林美学的创立树立了良好的典范。从美学研究的角度来看，建立园林美学的时机已经到来。

从园林本身的发展情况来看，中国园林艺术，尤其是中国古典园林艺术已取得了灿烂辉煌的成就，从而为建立园林美学提供了比较完善的实践资料。近年来，随着园林事业的复兴，园林理论研究工作也有了很大的发展，这为建立园林艺术美学创造了可能条件。目前，园林的艺术理论仍大大落后于园林艺术实践的要求，这不仅表现在目前尚无系统的园林艺术理论来指导园林创作，也表现在没有统一的客观的园林艺术审美标准来评价作品以及指导人们的园林欣赏。当然，人们会说"萝卜青菜，各有所爱"，但作为共同的民族、共同的时代，应该有一个统一或相近的客观的审美标准。而且，现在提得很多的所谓园林艺术理论大多套用中国的古典画论。多少年来，我们一味地强调园林与绘画的共通之处，却忽视了它们作为两种不同的艺术类型的明显的个性差别。不能否认，共同诞生于中华民族文化土壤之中的园林和绘画有着共同的艺术精神，但两者均应有各自的完整的艺术理论。从某种意义上来说，长期套用的风气也阻滞了园林艺术自身理论的发展和创新。迄今为止，园林界不仅在园林艺术的概念和范围上存在很大分歧，而且连关于主要造园材料在园林中的地位和作用的评价均无一个客观的科学的态度。从园林创作方面来说，对园林作品的评价亦缺乏统一的标准。园林的设计方案甚至可以为少数人左右。从园林欣赏的角度来看，许多优秀的园林作品似乎只为少数专家欣赏，更多的游客只是走马观花，看看热闹，因为他们缺乏应有的园林艺术知识，缺乏园林审美理论的指导。美学应当能够影响人们的审美活动，是艺术创作和欣赏的一种强大的精神力量。就园林艺术而言，应当用于园林创作与园林欣赏实践。要做到这一点，就必须将美学理论与园林艺术相结合，形成一门新的边缘交叉学科——园林美学。它理应与音乐美学、电影美学、建筑美学、技术美学等相并列，成为应用美学的一个年轻分支。

园林美学只要对园林这门艺术做哲学的、心理学的、社会学的研究，就应当从哲学的、心理学的、社会学的角度来研究园林艺术的本质特征，研究园林艺术和其他艺术的共同点和不同点，分析园林创作和园林欣赏中的各种因素、各种矛盾，然后找出其中规律性的东西。

在中外园林史上，关于园林美学的论述虽然很多，却很分散，专门论述园林美学问题的理论书籍很少。在园林的草创阶段，不可能有园林美学理论诞生。据《后汉书·梁冀传》记载，梁冀的园囿"采土筑山……深林绝涧，有若自然"。这可以说是我国园林崇尚自然的美学特色的最早记载。此后，《洛阳伽蓝记》载，北魏张伦"造景阳山，有若自然"。《宋书·戴颙传》载，"桐庐县又多名山，兄弟复共游之，因留居止。后因兄勃疾患……乃出居吴下。吴下士人共为筑室，聚石引水，植林开涧，少时繁密，有若自然"。《帝京景物略》载，北京清华园"维假山，则又自然真山也"。发展到清代圆明园，其景区更直接以"天然图画""天然佳妙""天真可佳"等来题名。这"有若自然""假中见真""天然图画"等艺术观，应该说都是历史上造园经验的美学总结，是中国古典园林对待客观自然关系上的美学定性。

魏、晋、南北朝时期，初步确立了再现自然山水的基本原则。至隋、唐、五代时期，造园艺术达到了一个新的水平。由于文人直接参与造园活动，从而把造园艺术与诗、画相联系，有助于在园林中创造出诗情画意的境界。宋朝不仅造园活动空前高涨，而且伴随着文学、诗词，特别是绘画艺术的发展，对自然美的认识不断深化，出现了许多山水画的理论著作，对造园艺术产生了深刻的影响。尽管如此，诚如童寯先生所说，由于"自来造园之役，虽全局或由主人规划，而实际操作者，则为山匠梓人，不着一字"，致使"其技未传"，没有出现系统的艺术理论专著。

但是，历代的诗、词、曲中有大量的咏园林的名句，一些文人的随笔、偶感、漫谈等文字之中亦有不少关于园林艺术的记载。在明清的几位大文学家的著作中，如汤显祖的《牡丹亭》、曹雪芹的《红楼梦》，园林艺术都占有十分重要的地位。如在《红楼梦》第十七回中，曹雪芹借宝玉之口，说稻香"分明是人力造作成的"，不及潇湘馆等处"有自然之理，自然之趣"。还说："古人云'天然图画'四字，正恐……非其山而强为其山，即百般精巧，终不相宜。"这集中体现了曹雪芹崇尚"天然"的美学思想。

明、清两代，造园活动在数量、规模或类型方面都达到了空前的水平，造园艺术、技术日趋精致、完善，文人、画家积极投身于造园活动。与此同时，还出现了一些专业匠师，不仅是人才辈出，而且留下了一些造园理论的著作。明末计成所著《园冶》一书不仅系统总结了当时的造园经验，成为我国古代唯一的造园专著，而且在这本书中还提出了"虽由人作，宛自天开"的园林美学思想，并早已成为园林艺术评价的一条重要的美学标准。《园冶》中有关掇山、借景等的园林艺术理论，亦一直沿用至今。计成崇尚自然的美学思想，在清朝的叶燮那里得到了进一步的发展。此外，沈复的《浮生六记》中还记述了中国古典园林虚实相映、大小对比、高下相称等美学特色。清代钱泳论造园，"造园如作诗文"一语道出了中国园林讲究诗情画意的精髓。

中华人民共和国成立后，我国的造园前辈研究、发展了园林美学理论。如童寯的《江南园林志》、汪菊渊的《中国古代园林史纲要》等，对整理、发掘我国优秀的古典园林理论作出了重要贡献，余树勋的《园林美与园林艺术》、彭一刚的《中国古典园林分析》等对园林美学理论有了更多涉猎。尤其是著名园林专家陈从周的造园名著《说园》一书，以其独有的文采，生动地论述了富有情趣的中国园林的本质，提出了"园有静观、动观之分"的著名论断。1991年5月，中国风景园林学会与原建设部城建司、扬州市园林局及江苏农学院园艺系联合，在扬州召开了我国首届风景园林美学学术研讨会，内容包括风景园林审美起源、历史和发展，风景园林美的属性与审美特征，风景园林审美结构、层次、模式和基础方面的问题，风景园林审美的主体意识和趋向，风景园林美与自然、生态、文化的关系，风景园林美的意境、设计创作经验和风景园林美学教育等。

业界对于园林美学普遍认为：园林美学主要不是研究什么样的园林是美的，而是要研究为什么这样的园林是美的，要研究隐藏在园林现象背后的东西；园林美学主要不是解决园林中美与丑的比较和关系，而是要解决园林现象中为什么会出现美与丑的原因；园林美学中可以介绍一些不同流派的园林的美学特征，但要注意园林美学不是各种园林的比较学，其任务是要说明园林的不同流派的美学特征的原因何在。

三、美学与园林美学的关系

美学和园林美学是既有联系又有区别的两门学科。

(一) 美学和园林美学都与哲学有着密切的联系

美学和园林美学的客观性和社会历史性是一致的，两者都属于社会科学；美学和园林美学的一些基本范畴虽有区别，但美学中的一些基本范畴，如美、崇高、优美等在园林美学中是基本适用的；美学和园林美学都是要揭示事物的本质及其规律，两者的思辨性质在本质上是一致的。

（二）美学和园林美学的区别也比较明显

美学是以艺术为中心，研究整个人类对现实的审美关系，美学研究的内容涉及人类社会的每个领域。而园林美学是以造园思想为中心，研究人对园林的审美关系，它研究的内容虽较广泛，但不是涉及人类社会的每个领域，而主要涉及园林的历史存在。美学是研究一般规律的，园林美学是研究具体规律的。

美学和园林美学各自的任务也不同。美学的任务从根本上说，要从世界观和方法论上解决美的本质和人对现实的审美关系。园林美学当然离不开世界观和方法论，但其主要任务是帮助人们认识园林的本质和园林的审美功能。

因此，我们可以说，美学和园林美学的关系很像哲学和具体科学的关系。美学给园林美学提供世界观和方法论的指导，园林美学的研究成果反过来又极大地丰富和完善美学的理论内容。

第三节 园林审美主体的组成

审美主体是指处在审美活动中的人，审美主体既是审美活动的发起者，又是审美结果的接受者。显然，主体在审美活动中占有主导地位，起主导作用。需要注意的是，审美活动是一种精神活动，具有明显的感性（与理性相对应）、情感性和自由性等特征，了解审美主体的这些特性，无论对艺术创作，还是对艺术欣赏、艺术批评都十分重要。

审美活动是一种创造审美价值的人类实践活动，包括欣赏和创造美的事物等方面。在现实生活中，每个人都会自觉不自觉地成为审美主体，如参与艺术活动、欣赏艺术作品、游览风景名胜等。由于存在多种美的形式（自然美、社会美、艺术美、形式美、科学美），审美活动几乎渗透了人类生活的每个细节。其中，艺术美的创造和欣赏占有最为重要的地位，因为艺术美是人类创造的最高级别的美。在众多艺术门类中，尽管园林艺术通常不被看作纯粹的艺术，也没有显赫的地位，但园林艺术所具有的科学与艺术的结合、审美与实用功能相统一、综合多种艺术门类的特性，决定了园林美的丰富性、园林审美对象的复杂性，以及园林审美主体的多样性。

园林审美的主体包括园林艺术创作者（设计者、建造者）、园林艺术欣赏者（游客）、园林艺术批评者（园林评论家）三种类型。尽管上述各类人员都是园林审美的主体，却在园林审美活动中扮演着各自不同的角色，其审美视角、目的和方法不尽相同，园林审美能力也存在一定的差距，因而获得的园林审美经验必然有很大的差异。设计建造者——园林美的创造者，不仅自己获得审美愉悦，更重要的是为他人带来审美愉悦。这样的园林审美活动具有极强的主观必然性，是一种自觉行为，因此，设计建造者属于自觉审美主体。园林艺术欣赏者，主要目的在于获得审美愉悦的心理感受，其针对园林的审美活动有很大的偶然性，属于随意审美主体。批评者（园林评论家）的最终目标是促进园林艺术的健康发展，其方法是对园林作品进行理性分析、科学评价，属于理性审美。

一、园林艺术创作者

园林艺术创作与其他艺术创作一样，从特定的审美感受、体验出发，运用形象思维，按照美的规律对生活素材进行选择、加工、概括、提炼，构思出主观与客观交融的审美意象，然后再使用物质材料将审美意象表现出来，最终构成内容美与形式美相统一的艺术作品。园林艺术的创作同样遵循这样的创作规律。

多数艺术类型的创作活动是艺术家的个人行为，而园林艺术的综合性特点，决定了其创作活动很难由单个艺术家独立完成。与建筑艺术相似，园林的创作需要设计者和建造者两种性质的艺术家、众多的参与者共同完成。从园林发展的历史来看，两者的分工是逐渐明确，不断细化的。对此，计成在《园冶》中论述道："世之兴造，专主鸠匠，独不闻三分匠、七分主人之谚乎？非主人也，能主之人也。"计成所谓的"能主之人"就是园林的设计者，在造园过程中起决定性作用。

（一）园林设计者

园林设计者，中国古代称为造园家。古今中外，大凡成功的造园家，多为饱读诗书、能书善画的知识分子。中国古代载入史册的专业园林设计师寥寥无几，即便有作品流传至今的世界闻名的造园家，如计成、文徵明、文震亨、张南垣、戈裕良等，关于他们的生平事迹，尤其是艺术活动的史料记载也很少，但可以通过他们的园林作品和造园著作充分领略他们的造园才能和艺术成就。除为数不多的造园家从事园林设计与建造外，园林的拥有者，尤其是文人园林的拥有者、设计者，如苏舜钦（沧浪亭）、王世贞（算山园）、王献臣（拙政园）等，大多亲自参与园林的设计与建造。正是有了这些文人墨客的参与，中国文人园林才能在明清时期达到艺术巅峰，并独步世界园林。

园林艺术的综合性特点，对园林设计者的要求是相当苛刻的：首先，需要较高的艺术修养，由于园林艺术包含了建筑、绘画、文学、雕塑、装饰等多种艺术门类，设计者首先必须具备几乎所有艺术门类的必要知识和修养；其次，要有丰富的自然科学知识，尤其是天文、地理、环境、气象等学科的知识；最后，还要具有高超的工程技术，园林所包含的非审美的实用功能，要求设计者在遵循艺术创作规律的同时必须严格遵守相关工程技术的科学规律和技术。

纵观世界造园历史，不同时代、不同文化都形成了各自风格独特的园林艺术，也都涌现出了有代表性的杰出造园艺术家，他们的造园思想和园林作品不仅是园林艺术领域的重要财富，也是人类文明进步不可或缺的重要组成部分。例如，我国古代的计成。计成，中国明代造园家，字无否，号否道人，苏州吴江人。少年时代即以善画山水闻名。他宗奉五代画家荆浩和关仝笔意，因画风写实，而好游历风景名胜。青年时代游历北京、湖广等地，中年回到江南，专事造园，先后设计并建造的园林有南京石巢园、仪征寤园、扬州影园等。在大量造园实践的基础上，于崇祯七年（1634 年）完成了造园著作《园冶》，是我国最早、最为系统的造园理论著作。其中"虽由人作，宛自天开""巧于因借，精在体宜"等思想，成为中国古典园林艺术的重要原则。

（二）园林建造者

园林建造者在园林的营造、培育和维护中起着十分重要的作用。设计者设计意图的实现，园林审美理想的表达，在很大程度上仰仗技艺高超的园林工匠。在很多情况下，设计者参与建造，建造者同样也参与设计，尤其在一些细节的处理上，施工人员的意见往往更为合理可行，艺术效果更佳。

古代将园林建造者称为工匠。《周礼·考工记》中有"匠人建国……匠人营国……匠人为沟流……"的记载，清代学者孙诒让（1848—1908 年）的解释是"匠人盖木工而兼识版筑营造之法，故建国、营国、沟池诸事，皆掌之也"。可见先秦时期所为"匠人"的工作包括测量、设计、施工。随着社会的进步，分工越来越细，到了明代计成提出了"主人"的概念，设计与施工开始逐渐分离，但当时的专业设计者同时又都是施工的高手。可见中国古代造园家全面参与园林设计、施工、管理工作。

中国古典园林建造设计的工匠种类繁多，包括泥瓦匠、木匠、石匠、漆匠、竹匠、花匠、画匠、山师（叠石工匠）等。尽管他们中的绝大多数人在当时的社会地位并不是很高，历史记载也很少，似乎难登大雅之堂，然而，民间对各类能工巧匠的评价却很高。如参与故宫设计与建造的香山帮工匠的代表蒯祥、叠石大师戈裕良、张南垣等，在我国造园史、建筑史中有着崇高的地位。

1. 张南垣

张南垣（1587—1671 年），名涟，华亭（今上海松江）人，明末清初江南造园家。张涟少年学画，后以画意构筑园林，掇山理水，因巧夺天工，无人能及，名噪一时。

明末清初文人吴伟业（1609—1672 年）的《梅村家藏稿》对其造园思想和造园技术进行了详细而生动的描述：

"其所为园，则李工部之横云、虞观察之予园、王奉常之乐郊、钱宗伯之拂水、吴吏部之竹亭为最著。经营粉本，高下浓淡，早有成法。初立土山，树石未添，岩壑已具，随皴随改，烟云渲染，补入无痕。即一花一竹，疏密欹斜，妙得俯仰。山未成，先思著屋，屋未就，又思其中之设施，窗棂几塌，不事雕饰，雅合自然……君为此技既久，土石草树，咸能识其性情。每创手之日，乱石林立，或卧或倚，君踌躇四顾，正势侧峰，横支竖理，皆默识在心，借成众手。常高坐一室，与客淡笑，呼役夫曰：'某树下某石可置某处。'目不转视，手不再指，若金在冶，不假斧凿。甚至施竿结顶，悬而下缒，尺寸勿爽。观者以此服其能矣。"

张南垣建造的园林，据史书记载的有李工部之"横云"、虞观察之"予园"、王奉常之"乐郊"、钱宗伯之"拂水"、吴吏部之"竹亭"等，现已不存。张南垣对中国造园叠山艺术的重大贡献是改变了那种矫揉造作的叠山风格，对后世造园产生了深远的影响。其参与建造的园林著名的有无锡"寄畅园"等。其子张然和张熊也很知名，张然供奉内廷 28 年，其子孙继承了造园技艺，在京师被称为"山子张"，成为清代较为重要的造园世家。

2. 戈裕良

戈裕良（1764—1830 年），字立三，江苏武进人。家境清寒，年少时即事造园叠山。好钻研，师造化，融泰、华、衡、雁荡诸峰于胸。其所创之钩带法，使假山浑然天成，坚固而千年不改。"叠山圣手"之名因此驰誉大江南北。代表作有苏州环秀山庄的湖石假山，艺术特点为以少量之石，在极有限的空间，提炼自然山水之峰峦洞壑，使之变化万千，崖峦耸翠，池水相映，深山幽壑，势若天成，有"咫尺山水，城市山林"之妙；扬州小盘谷，艺术特点为峰危路险，苍岩探水，溪谷幽深，石径盘旋，为古典园林名作。作品还有常熟燕园、如皋文园、仪征朴园、江宁五松园、虎丘一榭园等。

3. 蒯祥

蒯祥（1398—1481 年），字廷瑞，吴县香山（今江苏苏州）人，明代建筑工匠，香山帮匠人的鼻祖，官至工部侍郎。其祖父蒯思明、父亲蒯福均为技艺精湛、闻名遐迩的木匠。他在祖父和父亲的熏陶下，木工造诣很深，"略用榫度……造成以置原所，不差毫厘""永乐间，召建大内，凡殿阁楼榭，以至回廊曲宇，祥随手图之，无不称上意"，世人称为"蒯鲁班"。

据记载，蒯祥曾参与和主持重大的皇室工程，如永乐十五年（1417 年）负责建造北京宫殿和长陵，洪熙元年（1425 年）建献陵；正统五年（1440 年）负责重建皇宫前三殿，七年建北京衙署；景泰三年（1452年）建北京隆福寺；天顺三年（1459年）建北京紫禁城外的南内，四年建北京西苑（今北海、中海、南海）殿宇，八年建裕陵等。明代北京宫殿和陵寝是现存中国古建筑中最宏伟、最完整的建筑群，表现了蒯祥在规划、设计和施工方面的杰出才能。

4. 香山帮

香山帮是苏州香山地区建筑工匠群体，以及由他们形成的一种建筑流派的总称。香山帮是由木匠（主要是大木作木匠）领衔，集木匠、泥水匠（砖瓦匠）、漆匠、堆灰匠（堆塑）、雕塑匠（砖雕、木雕、石雕）、叠山匠等古建筑中全部工种于一体的建筑工匠群体（崔晋余，2004年）。历代能工巧匠不断，大师名流辈出，蒯祥、姚承祖（1866—1938年）就是其中的杰出代表。香山帮是伴随着苏州的城市建设、文化繁荣而形成和发展的。自伍子胥建阖闾城起，到明清时期达到鼎盛，至今已有两千多年的历史，其依然活跃在我国古建领域。香山帮的作品从气势恢宏的明清皇家宫殿到小桥流水的苏州民居，从金碧辉煌的皇家园林到粉墙黛瓦的私家园林，无所不包。苏州园林之所以取得如此伟大的艺术成就，在很大程度上与香山帮的存在密不可分。

二、园林艺术欣赏者

园林艺术欣赏者是园林审美主体中最为重要、最为庞大的群体。尽管每个人都可以欣赏园林，每个人都愿意欣赏园林，每个人都能在园林中获得愉悦，然而，由于审美感知的选择性以及审美能力、审美理想的差异，每个人的审美经验也不尽相同。

在人类社会漫长的发展过程中，人与自然的关系经历了从早期人类对自然的敬畏和恐惧到征服自然再到对自然的审美观照与和谐相处的理想。中国古典园林艺术的诞生标志着人与自然的关系由生存需求到审美的转变。

自然山水的自觉审美一般认为始于魏晋时期，以谢灵运、陶渊明为代表的士大夫，将自然山水、田园风光作为讴歌的对象，创作出了一批对自然美充满激情的田园山水诗，引领人们用审美的眼光看待自然，以天人合一的理想与自然和谐共处。为中国园林艺术，尤其是艺术成就最高的文人园林的艺术风格定下了基调。

东方人的世界观、审美观就是在这样的文化熏陶中逐渐形成的，他们的园林审美理想就是"风生林樾，境入羲皇"般的纯粹自然，以至无我境界。

西方文明源自古希腊、古罗马文化，崇尚科学、理性，对自然的态度是征服、主宰一切。因此，西方园林首先表现的就是人对自然的抽象几何结构，其次是人类控制和改造自然的能力，消除一切自然野性的痕迹，使园林空间成为符合西方审美理想的"第三自然"。

尽管东西方文化存在巨大差异，导致园林审美理想、表现方法、风格特征迥异，但对于普通的园林艺术欣赏者来说，走入不同风格的园林，都能从中感知园林环境视听之美，品味不同园林文化和园林艺术的无穷魅力，感悟人与自然的关系。

园林景色气象万千，游览者若能如孟郊所言"天地入胸臆，吁嗟生风雷。文章得其微，物象由我裁"便能充分领略园林美景，成为真正意义上的园林艺术审美主体。

三、园林艺术批评者

艺术批评是指艺术批评家在艺术欣赏的基础上，运用一定的理论观点和批评标准，对艺术现象所作的科学分析和评价。

艺术批评的作用在于：通过对艺术作品的评价，可以引导欣赏者正确地鉴赏艺术作品，提高鉴赏者的鉴赏能力；形成对艺术创作的反馈，帮助艺术家总结创作经验，提高创作水平；促进各种艺术思想、创作主张、艺术流派、艺术风格相互交流和争论，丰富和发展艺术理论，推动艺术的繁荣发展。

艺术批评家不同于艺术欣赏者，欣赏者和批评家虽然都遵循认识的一般规律，但他们对艺术作品的介入程度和认识广度不同。对于具体的艺术作品来说，欣赏者的审美意识是随意的（偶然的），因此，欣赏者对审美对象的态度是以审美直觉为主的，而批评家对于具体艺术作品的审美意识是理性的，他们善于运用审美进行判断；欣赏者任凭审美感知的选择性发挥作用，并不介意对艺术作品形成主观偏爱，批评者为遵循公正原则，必须努力克服审美感知的选择性，以理性、科学的态度对待所有的艺术作品；批评者同时也是欣赏者，必须拥有准确把握不同角色的审美态度，以欣赏代替批评难以令人信服，以批评代替欣赏必然失去许多乐趣。

批评者与创作者既有区别又有联系。成功的艺术批评者必然十分了解创作规律、方法、艺术表现手法以及创作者的风格、特点，甚至对其个人经历、思想倾向等均有一定程度的了解，唯其如此才能对艺术作品作出准确而又深刻的评价。因此，评论者往往同时也从事艺术创作活动，有些甚至还是优秀的艺术创作者。然而，艺术批评毕竟与艺术创作有着本质的区别，并非所有的艺术家都是好的批评家；反之亦然。

园林批评应当与其他艺术领域的批评一样，遵循艺术规律，运用科学的批评方法。值得注意的是，由于园林艺术包含了较多的非艺术（科学和技术）的元素，因此，园林批评不能将对园林实用功能的科学评价混为一谈。园林的科学评价是指通过实验手段，以工程学、生态学、环境科学、生理学等科学领域的标准对园林的实用功能（而非审美功能）进行评估。园林批评与园林的科学评价是有本质区别的，也在园林艺术中扮演着不同的角色，分别从科学和艺术两个方面推动着园林艺术不断向前发展。从园林发展的历史来看，园林的科学评价一直受到重视，研究队伍、手段、方法也较为完善；而园林批评的发展与其他艺术门类不可同日而语，亟待有识之士为此努力。

当代园林批评者的主要任务：一是建立符合当代审美理想和审美公德，符合园林艺术创作规律，能真正促进园林艺术健康发展的园林艺术评论方法（或标准）；二是创造良好的评论环境，使欣赏者、设计建造者和批评者实现良性互动；三是以传承、弘扬优秀园林文化为己任，宣传、普及园林艺术，为改善环境、实现生态文明和人类持续发展作出应有的贡献。

第四节　园林审美主体的修养

审美主体的修养关乎其审美情趣的高下、审美愉悦的多寡、审美价值的取舍。当然，对于不同的审美主体类型（非特定审美主体、自觉审美主体、理性审美主体），由于参与审美活动的目的不尽相同，采取的审美方式、视角、介入程度也就不同，对审美能力的要求也有很大差异。就园林艺术而言，合格的园林审美主体（园林设计者和批评者）除了需要具备丰富的园林知识、深厚的文化积淀、良好的艺术素养外，更为重要的是具有较强的审美能力。

一、审美能力

审美经验是人类在长期的实践过程中不断积累、进化而形成的高级心理现象。人类审美活动的目的是获得一种愉快的心理体验，这种心理体验称为审美经验。审美经验由审美需要、审美能力和审美意识三个部分组成。

审美主体的审美能力主要取决于审美感知、审美想象、审美理解和审美情感四种成分。在审美活动中，情感是驱动审美活动的动力来源，我们只有喜欢审美对象，才会产生审美冲动，进而关注与欣赏，并从中得到快乐；感知（感觉和知觉），是人类认识世界的基本手段，通过感觉和知觉，审美主体对审美对象有了直观性感受，从而获得最初的审美愉悦；想象，由审美对象产生的感知，激发了我们的想象力，想象出更为美好的事物，从而得到更多的快乐；理解，对于大多数审美对象来说，要挖掘出内在的美（深层次的美），就离不开审美理解的参与。

（一）审美感知能力

审美感知是指审美客体刺激审美主体的感官，引起主体的各种感觉，然后综合各种感觉，形成对审美对象的完整把握。可见，感知包括感觉与知觉两种形式。审美主体感觉到的主要是审美对象的表面特征（形式美），如色彩、形状、声音等；知觉是在感觉的基础上，将主体已有的经验、知识、兴趣、记忆、信仰、偏见等融入感觉对象中，这样的主动加工不可避免地包含了审美想象、审美理解和审美情感的成分，因此，审美能力的四种要素在审美过程中不可能是孤立的，它们或存在严格的时间次序。

审美感知具有选择性、完整性以及注重形式的情感表现性。审美感知的选择性是指人的感觉和知觉都具有选择性。感觉选择的含义是，当人们面对无限丰富的客观事物时，人的感官是有选择地感受它们的某些属性，这种选择既是自发的，又是自觉的。面对同样的事物，如文化、信仰、知识、职业、习惯不同的人们，所获取的感知内容是不一样的。知觉选择的含义是，人的各种经验会在人的记忆中积淀成种种"图式"，某些特定的期望（由环境和目的造成）促使知觉选择一定的"内在图式"与审美对象契合。这种"期望"和"图式"总是自觉或不自觉地支配着人的知觉活动，使人的知觉选择事物的一个特征或几个特征，而抑制或舍弃其他特征，从而使某些特征突出、鲜明、生动、活泼，而使另外一些特征变得模糊、消沉甚至消失。

1. 审美感知的选择性

审美感知的选择性在艺术欣赏和创造中发挥着重要作用。由于选择性的存在，艺术创造才会千姿百态。艺术欣赏具有众说纷纭、众口难调的特点。

2. 审美感知的完整性

审美感知的选择性，不是对审美对象的肢解和割裂，而是以对审美对象的形象的整体性把握，即以感知的完整性和综合性为前提的。审美知觉是对审美对象的各个不同特征——形状、色彩、光影、空间、张力等要素组成的完整形象的整体把握，以及对这一完整形象所具有的种种含义和情感表现性的把握。简言之，审美主体不会刻意将审美对象进行解构，而总是较为完整地感知审美对象。

3. 审美感知的情感表现性

审美感知注意的是事物外在形式结构的式样如何才能契合对应主体内在的心理结构，从而使情感得到表现。东西方文化对审美感知的认识是存在差异的。在西方传统思想中，认为只有眼睛和耳朵才是美的感觉器官，而触觉、味觉、嗅觉等只能引起生理反应，不会产生美感。

(二) 审美想象能力

审美想象一般可以分为两种，即知觉想象 (联想) 和创造性想象。

1. 知觉想象 (联想)

知觉想象是一般审美活动中的想象，这种想象一般不能脱离正在感受的审美对象，通常表现为由审美对象所引发的简单的联想。主要是由审美对象的形式而引起的联想，包括形态、色彩、声音、气味等。如园林叠石或自然岩石的形态与人物或动物产生的联想关系。

联想的审美作用有两点：一是联想可以使审美对象更加具体鲜明、生动传神，促进审美活动的充分展开，如风景区自然景物的命名大多充分发挥了联想的作用。二是联想使审美认识由感性向理性升华。在审美活动中，不断由眼前的事物联想起记忆中的相关事物，就能调动理性认识参与到感性经验之中，使人获得更加深刻的审美体验。中国古典园林便能用有限的空间使人联想到无限的自然，从而领悟到自然的真谛。

2. 创造性想象

创造性想象是在脱离眼前的知觉对象的情况下进行的，创造性想象的基础是大量的观察和丰富的经验，同时还需要有一定的天赋。

创造性想象的特点：一是丰富的记忆形象是创造性想象的基础；二是情感是创造性想象的中介和动力。创造性想象的动力，并不是某种竭力想把某些记忆图像恢复和复制出来的愿望，而是主体所认识到和体验到的种种人类情感。经验告诉我们，当你心情平静的时候，记忆机能挖掘出来的形象一定是诸如清风明月、风和日丽、溪水潺潺、鸟语花香的景象；而当心情比较激动的时候，记忆复现的形象就必然是类似波澜壮阔、骏马奔腾等景象。三是创造性想象使审美经验更具个性化。情感是想象的内在动力，想象为情感寻找美的形象载体。人的情感是极端个性化的，想象力也具有个性化特征，创造性想象所获得的审美经验必然是极具个性的。

(三) 审美理解能力

审美理解能力是在审美感知的基础上，对审美对象内部结构进行更为深入的理性认知的能力。审美理解是一种由个人经验和对世界的认知所形成的内在图式与理性认知相结合的复杂的网络。审美理解不同于科学理解，审美理解受审美主体的情感控制，而科学理解则必须避免情感的影响；科学理解是以丰富的知识为基础，而审美理解则是以情感为动力的感悟能力。因此，审美理解能力在很大程度上取决于主体的情感、感知能力、想象力等因素，当然丰富的知识积累无疑对增强审美理解是有帮助的。审美活动中主体对审美客体的理解内容较为复杂，尚在不断深入研究之中，故对审美理解没有取得清晰统一的认识。

1. 对审美对象中"虚"与"实"的理解

现实世界中的事物、情节、情感与艺术中的事物、情节、情感的主要区别就是"虚"与"实"（普遍与特殊）的区别。"实"与个别偶然相联系，"虚"与一般普遍相联系，区别艺术中的"虚"与"实"，就是在审美经验中通过理解，把握个别偶然中的一般和普遍。

西方园林中规则的几何形就是西方文化中认为的自然界的普遍规则，园林以外的自然景象则是杂乱无章的特殊，两者形成鲜明的对比，从而表现人类征服自然的能力，是西方园林的一个重要的审美理想。

中国园林借鉴戏曲艺术的表现手法，以一当十，景简意浓，虚实相生，使园林空间无限延伸，从而实现对自然本质、生命现象的终极关怀，成为中国古典文人园林的标志性审美理想。

2. 对审美对象的主题、情感表现、表现方法等的理解

艺术作品的主题是作品的灵魂，往往隐藏在作品中，主题越深刻可能越难理解；情感的表现是作者创作的主要动力，也是艺术作品能够打动观众的主要原因，情感的表现与接受也是最为复杂和难以理解的；艺术表现手法层出不穷，象征、典故、程式等较为普遍，如果不能很好地理解就无从欣赏。

中国古典园林中大量应用象征和典故，如果不能理解这些典故和象征意义，就无法真正感悟这些园林景点的意境。如网师园中的"濯缨水阁"取意"沧浪之水清兮，可以濯我缨；沧浪之水浊兮，可以濯我足"。阁内有联"曾三颜四，禹寸陶分"，其中包含以下典故。"曾三"指曾参所言："吾日三省吾身——为人谋而不忠乎？与朋友交而不信乎？传不习乎？"曾子每天自我检查三件事——为人出谋划策有不到位的地方吗？与朋友交往有没有对不起朋友的地方？老师传授的知识都琢磨过了吗？意为每天反省自己的行为是否符合儒家的行为规则。"颜四"即为孔子回答颜渊问仁，所谓"非礼勿视，非礼勿听，非礼勿问，非礼勿为"。告诫颜渊克己复礼到达仁。"禹寸陶分"的典故是《晋书·陶侃传》中的记载："侃……常与人曰：'大禹圣者，乃惜寸阴，至于众人，当惜分阴。'"告诫人们生命短暂不可虚度。上述思想都是儒家积极入世的思想，园林本是文人雅士避世隐居的处所，以如此积极的思想不断提醒自己及家人，充分表现中国园林文化中隐而不废，时刻不忘社稷苍生之忧国忧民的情怀。

3. 对艺术形式意味的领悟

艺术作品之所以能够激起我们的审美感情，在于艺术品有意味的形式，而这种意味来自艺术家对宇宙人生的终极情感。因此，对形式意味的理解是一种渗透着情感和意志的高级心理活动。园林艺术的形式意味与其他艺术一样，无论是西方园林

的规则形式还是东方园林的自然形式，都采用了简化和构图的创作途径。简化就是从大量无意味的形式中提取出有意味的东西，并转化成有意味的形式，而构图则是将各种有意味的形式构成一个整体。不同风格的园林作品，其形式中都融入了不同文化中对自然、生命的感悟，对人与自然的关系的理解，以及造园家自己的情感。只有很好地理解园林形式中的意味，才有可能真正领略到园林美的真谛。艺术形式意味的理解不同于对信号的理解，也不同于对抽象符号的理解，更不是在概念中游历，而是一种充满情感和意志的，能动地对艺术形式意味的直观性把握。

（四）审美情感

审美情感是一种人类所固有的高级情感，是审美主体对审美客体的一种主观体验和感受。

审美经验中的情感要素可以分为两大类：一类是知觉情感（朦胧的情感），是伴随着知觉活动直接产生的；另一类是由组成审美经验的诸要素（感知、想象、情感、理解）达到一种自由和谐的状态时所产生的审美愉悦。

知觉情感主要源自审美对象本身的表现力——音乐、文字及它们的节奏和格式的表现力，色彩、线条和空间形式及它们的组合的表现力。因此，有时也被看成对象的情感表现性或外物的情感性质。

知觉情感具有模糊性，正如陶渊明所言："采菊东篱下，悠然见南山。山气日夕佳，飞鸟相与还。此中有真意，欲辨已忘言。"

至于情感表现性表现了谁的情感，是事物本身的，还是审美主体的，抑或二者的统一，众说纷纭。关于这一问题，美学界主要有以下三种主张：移情说、客观性质说、审美同构说。

1. 移情现象与移情说

移情现象是指人们在审美活动中把自己的主观情感甚至整个自我都投射到审美对象中，与对象融为一体，使原本无生命的事物仿佛像人一样具有思想、情感、意志和心理活动。审美移情可以概括为由我及物、由物及我、达到物我同一的心理过程。移情是审美活动中一种有规律的、十分重要的心理现象。这种现象在中国古代艺术中早有认识和应用，"登山则情满于山，观海则意溢于海"（刘勰《文心雕龙》），"感时花溅泪，恨别鸟惊心"（杜甫《春望》）。

移情说是19世纪以德国美学家李普斯为代表建立的一种美学理论，该理论把美感的产生看作由审美主体的主观情感决定的，否定了审美对象的客观存在和作用。移情说注意到了人类情感的自由创造性的能动作用，也看到了情感在审美心理中的主导地位，突出了人在审美活动中的主体地位，但忽视了审美客体的基础作用，否定了客体的物质属性和结构规律对主体的作用，从而表现出主观唯心主义的片面性。

2. 客观性质说

客观性质说认为事物的情感性质完全是由它们自身的结构性质决定的，而不是由主体的联想或移情决定的。这一理论强调了外物的结构性质的决定作用，忽略了审美主体的作用，无法解释美感的个体差异性、文化差异性和时代差异性。

3. 审美同构说

这一假说来自格式塔心理学，是格式塔心理学派用来解释审美心理活动的一个重要概念。其认为自然事物和艺术形式之所以具有人的情感性质，主要是外在事物的力和内在心理的力，在形式结构上的"同形同构"或"异质同构"，当这两种结构在大脑中达到契合时，外物和内在情感之间的界限就变得模糊，甚至消失，正是由于这种精神与物质的界限的消失，外物才具备人的情感性质。这正是我国古典美学中所追求的"物我两忘"之最高艺术境界。

内在心理结构与外部事物结构上的同形或契合，是人类长期积累社会实践活动后获得的一种能力，既有一定的生理基础，有时也是人类思维发展的必然结果。这一理论比较合理和科学地解释了审美主体与客体的关系，其可以解释许多艺术现象，具有较大的理论适应性。中国古代艺术理论认识到了人与物之间的同构关系，所以有"遵四时以叹逝，瞻万物而思纷。悲落叶于劲秋，喜柔条于芳春"（陆机《文赋》）；这种情感随四季的交替、万物的变化而波动的基础，就是"物""我"同构。

在实际审美活动中，审美能力中的四种要素不是各自独立、互不联系和泾渭分明的，而是相互渗透、相互融合的。滕守尧对此有如下描述：审美活动中的感知因素是导向审美经验的出发点，理解为它规范了方向，情感是它的动力和中介，想象为它插上翅膀。

了解审美经验的构成要素后，我们就可以有针对性地培养或积累自己的审美素养，提高审美能力（鉴赏能力、创造能力）。

二、审美能力的培养

审美经验的积累也就是审美主体的审美能力的增强。审美主体为了在审美活动中获得更多、更强烈的愉快的心理感受（审美愉悦），或者用美学领域更为专业的表达获得更多审美经验，应当根据审美经验的构成要素，以及各种要素的积累、养成方法，培养各方面的能力，提高自己的审美能力。

（一）审美情感的培养

现代科学研究和艺术家创作的经验表明，情感的积聚是一个无意识的过程，但必须在有清醒的意识时加以干预。换言之，在无意识中积累强烈的情感的先决条件是有意识地耐心研究和冷静而深刻的思考。人类情感是生命的本能遇到了意识和理性的阻挡和压抑，其行动路线就由直的变为曲的，由平坦的变为上下起伏的，由赤裸裸的变为含蓄隐蔽的。这是本能冲动向人的丰富情感的转变，是单一和贫乏向多样统一的转变。

情感的培养是一个潜移默化的过程，现实生活对人的情感起决定作用，而情感对艺术创作产生极大的影响。诚如王国维所言："主观之诗人，不可不多阅世。阅世愈深，则材料愈丰富，愈变化，《水浒传》《红楼梦》之作者是也。客观之诗人，不必多阅世。阅世愈浅，则性情愈真，李后主是也。"

（二）审美感知能力的培养

敏锐的感知是积累丰富的内在感情的重要手段，因为对内在感情的体验、认识和积累往往是通过感官对外部自然形式和艺术形式的把握完成的。因此，培养审美感知能力的重要途径是亲身体验和感受现象世界，使自己的感觉活动逐渐适应对象世界中对称、均衡、节奏、有机统一等美的活动模式，最后形成一种对这些模式的敏锐选择能力和同情能力。

实践证明，静态事物容易观测，动态事物则不容易把握。而静止是相对的，运动是绝对的，审美对象的运动形式千姿百态，往往给我们更多的美感。因此，对事物运动的感知能力十分重要。运动本身是十分复杂的，阿恩海姆（Rudolf Arnheim，1904—2007 年）曾经对运动的复杂等级做过如下排列：正在运动的比静止的复杂；有内在的变化显示出的运动比纯粹的机械位移复杂；一个用自己内在的力量使自己运动起来，并能够随时掌握自己的运动路线的运动，要比一个受外力推动（被推拉、被吸引排斥）的运动复杂；在那些主动的运动之间，还有由内在的冲动所驱使的运动和一种由一个外部参照中心（如太阳、地球）的影响所造成的运动之间的区别，二者比较起来，前者比后者更为复杂。自然事物纷繁复杂，艺术样式同样应接不暇。因此，如何找到它们的基本特征至关重要。我们知道运动是事物的基本特征，而生命活动是宇宙中最复杂、最有秩序和多样统一的。因此，把握生命形式成为提高审美感知能力的重要途径。

运动的产生，都可以归结为力的作用。因此，只有对宇宙中各种力的模式有深刻的认识，才能真正理解自然和艺术中的对称、均匀、节奏、韵律、变化、和谐统一等现象。因此，审美感知能力的培养最重要的是对力和运动的把握。

（三）审美想象能力的培养

想象，从本质上说来，就是将审美感知获得的完整形象或是大脑中储存的记忆形象加以改造、组合、提炼，重新铸成全新的意象的过程。因此，想象力的培养，首先要培养丰富的情感；其次要积累丰富的"记忆形象"储藏。所谓记忆形象，就是以信息的形式储藏在大脑中的种种意象。储藏和复现记忆形象的能力是一种高级的心理能力，能使人回忆起不在眼前甚至消失已久的事物形象。记忆形象在审美活动中主要有两种作用：一是帮助知觉对外来信息进行选择；二是作为创造性想象活动的原料。

创造性想象，就是依照情感本身的力量、复杂度和延续程度，对储存的原料——图式加以重新改造、组合以产生出一种全新的形象的活动。正如罗丹所说："美是到处都有的，对于我们的眼睛，不是缺少美，而是缺少发现。"广泛接触自然美和社会现象，不断增加"记忆图式"的储藏，而"记忆图式"的丰富又会增强我们发现和创造美的能力。

（四）审美理解能力的培养

审美理解能力不是与生俱来的，在某种程度上说，它是有意识的审美教育和无意识的文化熏陶的结果。

审美教育的主要目的在于提高审美主体以下三方面的理解能力：一是对各类艺术的表现技巧的理解；二是对诸如典故和各种符号的象征意义的理解；三是对各个民族的深层意识（集体无意识）、哲学思想和各个历史时期的时代精神的理解。

在审美理解中最重要也是最困难的是对形式意味的理解。艺术的意味溶解在形式之中，不露痕迹，只有对各个民族的深层意识、时代精神和文化结构有了深刻的理解，只有对形式有了完整的把握，才有可能理解其中的意味。艺术欣赏如此，艺术创造更是如此。王国维《人间词话》中的论述或许会对我们有所启发："诗人对宇宙人生，须入乎其内，又须出乎其外。入乎其内，故能写之。出乎其外，故能观之。入乎其内，故有生气。出乎其外，故有高致。"

三、园林审美能力

通过对人类审美经验的研究分析，得出审美经验是由审美感知、审美想象、审美理解和审美情感四种要素组成。由此，我们可以将园林审美活动大致分为观、品、悟三个层次（或阶段），分别对应审美经验中的审美感知、审美想象和审美理解。园林审美能力主要由这三种能力组成，无论是园林设计建造者、园林游览者还是园林评论者，都必须具备对园林艺术观、品、悟的能力，才能充分领略园林艺术的审美乐趣。当然，审美情感在园林审美活动中所起的作用是至关重要的，尤其是就园林的设计建造者和评论者而言，如果对园林艺术没有足够的情感投入，很难想象其能够成为一个优秀的园林美的创造者或鉴赏者。

（一）观

园林创作首先是以亭台楼阁、树林花草等特殊的感性形象作用于人们的感觉器官的，因此，欣赏园林艺术也首先要有充分的感性认识。人们对艺术品的欣赏，总是从对艺术品的感性直观开始的。观，作为欣赏园林的第一阶段，主要表现为欣赏主体对园林中感性存在的整体直观（或直觉）把握。很显然，在这一阶段，园景起着决定性的作用。园林以其实在的形式特性（如各造园要素的形状、色彩、线条、质地，甚至花草的芳香、园林的音乐等），向游园者传递着某种审美信息。

园林主要是一种视觉艺术，园林中的建筑小品、假山叠石、花草树木均是具体实在的审美要素，因此，欣赏园林时主要需要人们的视觉参与。但园林艺术又不单是一种视觉艺术，还涉及听觉、嗅觉等感官。

中国对于园林的审美理想，有一种传统的说法，希望达到"鸟语花香"的境界。欣赏园林中的这种"鸟语"与"花香"，就分别要求游客听觉和嗅觉器官的参与。诚然，园林中的听觉美，不仅是"鸟语"，还有风、雨、泉、水的声音。例如，苏州拙政园中的听雨轩，就是借雨打芭蕉而产生的声响效果来渲染雨景气氛的。又如，留听阁，也是以观赏雨景为主，取意于"留得残荷听雨声"的诗句。承德离宫中的"万壑松风"建筑群，也是借风掠松林发出的涛声而得名的。在现代园林中，还将音乐与叠石、喷泉结合起来，形成所谓的"音乐喷泉"（国内已较多应用）和"岩石音乐"，将音乐艺术同化为造园艺术的组成因子之一。园林中以嗅觉为主的园景更多，如苏州留园中的"闻木樨香"、拙政园中的"雪香云蔚"和"远香溢清"（远香堂）等景观，无非都是借桂花、梅花、荷花等的香气袭人而得名的。可见园林欣赏的第一阶段名曰"观"，其实不等同于绘画等视觉艺术的纯视觉感官，而是一种综合性的感知。这是由园林的特殊结构决定的，园林的多层结构需要诸知觉功能（视、听、嗅、触等）的综合运用及心理通感。

就观的方式来看，陈从周先生认为有动观、静观之分。园林不像盆景那样，可以卧以游之，而是具有一定范围的现实境域，特别是对于那些较大面积的园林，游人不可能固定在一个视点上就将满园景色尽收眼底，其必须身入园中，或廊引人随、步移景换，或驻足凝神、观赏园景。一般来说，在造园时就已考虑到这一点，开辟园路曲径，布置亭台廊榭，就是为了引导游客观赏。园林是一个多维空间、立体风景，因此，对于园中纵向景观，观赏时还往往有俯、仰之别。至于四时季相、阴晴雪雨，更需时时探访，方得佳境。

对于欣赏园林的观，一般欣赏者都能达到，但不少欣赏者也可能就停止于这一步。对园林艺术的审美欣赏，还有待于进一步深化，从而进入园林欣赏的第二阶段"品"。

（二）品

如果说观主要是按园林景象来理解园林的话，品则是欣赏者根据自己的生活经验、文化素养、思想情感等，运用联想、想象、移情等心理活动，去扩充、丰富园林景象的过程。品是一种积极的、能动的、再创造性的审美活动。

在园林欣赏中，联想是一种常见的心理现象。它具有生成新形象的功能，从而可以极大地丰富园林景象的美感意义。由于很少有人能"不以物喜、不以己悲"，所以，睹物思情对于常人来说，可借以生情的景物是关键。园林欣赏中的优美联想与想象需要有真正优秀的造园活动来诱发，并作为艺术效果的一种显现而证实艺术创造的价值。因此，诱发欣赏者的联想和想象乃是造园者高超技艺的过硬表现，说明他有能力调动欣赏者的积极性来参与艺术美的再创造。

在园林欣赏中，联想最常出现的是在物与物的相似性的类比中生成形象，在物与事、物与人的接近性联系中深化对象，使景物显示出新的境界和新的意趣。如扬州个园的春山，湖石依门，修竹迎面，石笋参差亭立，构成一幅以粉墙为纸、以竹石为图的极其生动的画面。触景生情，点放的峰石仿佛似雨后破土的春笋，使人联想到大地回春，欣欣向荣的景象。又如冬山，造园者大胆选用洁白、通体浑圆的宣石（雪石），假山叠至厅南墙北下，给人产生积雪未化的感觉。

在园林中，园林景物的美固然与其千姿百态的形状、姹紫嫣红的色彩、雄浑的气势和幽深的境界有关，但它在一定程度上是作为人的某种品格和精神的象征而吸引着人们的。所谓象征，是指某一事物的后面有一个普遍性的思想作为基础。就是说，某一事物如果是一象征性的形象，那么它的意义并不在其本身，而是在它的后面所隐含着的那个普遍性的思想。然而，就自然物本身的形象而言，它并不包含着抽象的思想，它的象征意义需要经过观赏者的联想活动，才能把它创造出来。可以说，园林中的一山一水、一草一木，只要我们自觉地、积极地发挥联想的功能去进行再创造，差不多都可以成为一个富有深意的象征性形象。特别是中国园林中的山石，它的美是一种含蓄而抽象的美；它等待着欣赏者的情之所寓，需要人们调动起各自的情感和激发起深层的联想。这样，不仅使园林景象变得更加鲜明生动，而且亦使它的意义变得更加丰富充实。诚然，赏石文化对于一般人来说要有一个接受过程，但这并不能影响普通游人发挥想象的自信。君不见，云南路南石林中，阿诗玛等美丽形象，不都是由众多游客的联想而赋予石头生命吗？

在园林欣赏的"品"的阶段，在诸心理功能的活动中，想象占据着重要地位。中国园林，特别是中国古典园林，以富有诗情画意而著称于世，属于自然写意（主义）风景园（Landscape Style in Symbolism）。中国园林艺术的这一特性，要求它的欣赏者具有诗人一样的想象力。从某种意义上来讲，游客的想象力越丰富，获得的审美意象越深刻，艺术享受就越崇高。对于园林这种极富象征意蕴的艺术，游客要是没有一定的想象力，是难以欣赏到它的韵味的。

园林与其他实在的审美产品一样，都有一个共同的特性，就是面向审美消费者的开放性及其吁请结构，吁请审美欣赏主体的介入，使构成园林景象的与人无关的客观景物，成为与主体相关的活生生的审美世界。波兰美学家英伽登说，任何艺术品都有许多"空白点"，留待欣赏者的介入而使之充实和具体化。中国古典美学强调艺术中的"虚境"，强调虚实结合，即所谓"虚实相生，无画处皆成妙境"。因此，中国书、画历来讲究留空布白，中国园林亦不例外。造园者在造园布局时，常让幽深的意境半露半含，或是把美好的意境隐藏在一组或一个景色的背后，让游者自己去联想，去领会其深度，这叫园林艺术的朦胧美。白云缭绕、雨雾迷茫、月色朦胧、曲径通幽，这月色和烟雨之中隐约可见的虚幻超凡的世界，比起日丽风和之中所显现的园林实境，更有一番韵味。就是在具体的手法上，如建筑与空间、山石与水面，甚至是在布置水面植物，如池中植荷（莲）时，亦通过池中置缸等做法，控制荷（莲）花不过分扩展，能够仿书画之意，留空布白，讲究虚实的对比和结合，真实地反映有生命的世界。著名美学家宗白华先生也认为，有"虚"才能调动欣赏者的想象力，否则艺术品就没有生命、没有情味。有空白是艺术的特性，空白是艺术的韵味所在；填补空白是艺术审美欣赏的特性，通过这样填补的想象活动，艺术的无穷韵味才能被欣赏者获得。

如果说园林中亭台楼阁、小桥流水、山石花草等具体可感的客观事物构成了园林中直观实境的话，那么，园林意境便是欣赏者在感官直觉的基础上，依靠自己的主观想象，体验到的园林可观内容之外的更为深远的意蕴，此为虚实结合之境。游客开拓园林意境实则是填补"艺术空白"，使虚境具体化的过程，如同给《红楼梦》续上一个自己满意的结尾，不是他人可代替的。

从接受美学的角度来审视鉴赏范畴内的园林意境，我们说一幅景致有意境，实质上是指这幅园景或园林艺术作品可以提供一个富有暗示力的心理环境，使游客可以从中体味到造园者所要传达的心理感受。这种潜在的"心理环境"、含蓄的"潜意境"，是一个未定的开放系统，深藏于园林内部。它等待着欣赏者的心之所向、情之所寓。这种"潜意境"只有在游客欣赏接受的过程中才能真正表现或产生出来。在

"造园者—园林—游人"这样的三维审美体系中，游人是可变的、能动的因素。园林作品中的这种"潜意境"，只有在游人欣赏接受后才会变得实在具体。由于园林意境是由创作者和欣赏者共同创造的，游人才可以凭自己的想象开拓无限的意境，获得极为丰富的、深邃的美感。

由于在欣赏园林的"品"的阶段，欣赏者的联想与想象占主导地位，也就是有赖于欣赏者主体性的发挥，因此，欣赏者本身审美经验、生活阅历、文化素养、思想情感便会间接地影响到欣赏效果。由于欣赏者的审美趣味和能力千差万别，这种个性差异很自然地会在欣赏过程中体现出来。另外，任何一个景点、一座园林都是一个多层次、多方面的意义结构，欣赏者的兴奋点也总是有所侧重的，亦即欣赏时会有所偏爱。因此，对于同一景物、同一园林可能作出不同甚至截然相反的审美评价。这就是为什么对于园林艺术作品的评价褒贬不一。中国有"诗无达诂"的说法，国外亦有"有一千个观众就有一千个哈姆雷特"的说法，这其实是强调了欣赏者的主体性作用。从这层意义上来说，一座园林，会得到不同的解释，产生不同的效果。

诚然，一些优秀的园林、闻名的园景，它们所具备的美是能雅俗共赏，获得欣赏者大体相似的审美评价的。因为园林欣赏的前提毕竟是园林，园林欣赏中的再创造不是凭个人意志的臆造，想象也绝非不着边际的"展开想象的翅膀"，它必然受到欣赏对象的一定规范和制约，遵循着园林景象固有的逻辑途径进行。在这方面，中国古典园林中运用的景名题咏，不失为引导游客进行定向联想和想象的成功之作。当然，并不是说每个景点均必须悬挂景名匾额。音乐有"标题音乐"（programme music）和"无标题音乐"（absolute music）之分，园林风景大概亦应有"有景名"与"无景名"之别吧！事物本非千篇一律。没有景名的园景，说不定会更好地调动欣赏者的参与意识，促使其发挥更多的主体性，使园林景象具有无尽的意味。

在品赏园林的时候，应注意理解园林的景点与景点、景点与园林总体之间的联系。园林创造的是一系列复杂的游赏空间，特别是中国古典园林，其中不仅有坐观风光的楼台，也有边散步边赏景的小径。欣赏这样的园林，不可能像欣赏一幅山水画那样"不下堂筵"，便可"坐穷泉壑"，必须身临其境地去游去览，穿廊渡桥、攀假山、步曲径、循径而游、廊引人随，观赏一幅幅如画的风景。尽管这每幅风景、每处景点可以单独欣赏，但它们却都是作为园林整体的有机组成而存在的。系统论有一个著名论断：整体不等于各部分之和，而是要大于各部分之和。对于一座完整的园林来说，其整体的构思与布局总是制约着局部的景象和意义。整体固然是由局部组成的，但又不是局部简单相加的总和，而是包含了各个局部风景的有机组合所生发出来的新意。因此，在品赏园林时，很自然地会将对个别园景的感受联系起来，组合汇总在一起，而达到对园林美的较为完整的感受与理解。

第十一章　园林美的创造

第一节　园林的意境美

一、园林意境之美概述

中国园林中，"意境"这个概念的思想渊源可追溯到东晋至唐宋年间。《世说新语》中记载东晋简文帝入华林园"会心处不必在远，翳然林水，便有濠、濮间想也"。他在游赏自然景观时联想到庄子、惠子两位古人当年在水上观鱼以及他们之间"鱼乐"的哲理辩论，这是历史上第一次关于游赏园林而产生联想与想象的记载。王国维在《人间词话》中描写："文人造园如作文，讲究鲜明的立意，使情与景统一，意与象统一，形成意境。"中国传统园林中的"意境"可理解为造园中所创设的各种物像的场景同创作者与游览者思想感情的交融。创作者通过对自然景物的典型概括和提炼，赋予景象某种精神情感的寄托，然后加以引导和深化，使观赏者（包括园主人在内）在游览观光这些具体的景象时触景生情，产生共鸣，激发联想，对眼前景象进行不断的补充与拓展，感悟到景象所蕴藏的情感、观念，甚至直接体验到某种人生哲理，从而获得精神上的一种超脱与自由，享受到审美的愉悦。这是所要达到的景外之景、物外之象的一种最高境界。

美学理论界对中国古典园林所创造的意境美给予了很高的评价，认为中国园林在美学上的最大特点是重视意境的创造，中国古典美学的意境说，在园林艺术、园林美学中得到了独特的体现。在一定意义上可以说，"意境"的内涵，在园林艺术中的显现，比在其他艺术门类中的显现要更为清晰，从而也更易把握。园林意境是中国园林美学思想所独具的一个范畴，是中国园林独有的精神性建构。园林意境美是衡量园林整体美的一个标准，所以，中国园林之美和高度的艺术成就，不仅体现在物质性建构上，更主要的是创造了不是自然胜似自然的园林意境。园林意境是通过园林形象的塑造而表现出来的富于"诗情画意"的园林艺术境界和情调。观赏者可按照各自的想象和联想，去领略这种境界和情调，从而使心灵受到艺术的陶冶和感染。

"情景交融"是园林美欣赏的最理想境界，在中国传统美学中，这一境界便称作意境。园林意境的构成包含"意"与"境"，即"情"与"景"这样一对相辅相成的要素，其间是心与物的关系。意、情属于主观范畴，而境、景属于客观范畴，因此，意境是主客观相融合的产物。园林意境的具体表现为"情景交融"，它是造园家所追求的高水准的园林艺术境界，也是观赏者用以衡量园林艺术美的尺度和标准。在园林意境中，"境"之所以是诱发人情感的景物，是因为造园家通过造园艺术，在园林景观中首先注入了思想感情，使景物具有了"情"，故可称为"情中景"，即"艺术意境的创构，是使客观景物作为主观情思的象征"。而"意"与"情"是在"境"与"景"的基础上产生的，可称为"景中情"。

二、园林意境的审美特征

中国园林对意境的追求和创造，化景物为情思，变心态为画面，从而使之意象含蓄，情致深蕴，以特殊的美的魅力，引人入胜，成为园林美观赏的最高审美境界。

（一）虚实相生的景境美

宗白华在《美学散步》中说："化景物为情思，这是对艺术中虚实结合的正确定义。以虚为虚，就是完全的虚无；以实为实，景物就是死的，不能动人；唯有以实为虚，化实为虚，就有无穷的意味，幽远的境界。"宋代画家郭熙在《林泉高致·山水训》中总结出"三远"，即"山有三远：自下而仰山巅，谓之高远；自山前而窥山后，谓之深远；自近山而望远山，谓之平远。高远之色清明，深远之色重晦，平远之色有明有晦。高远之势突兀，深远之意重叠，平远之意冲融而缥缥渺渺。其人物之在三远也，高远者明了，深远者细碎，平远者冲淡"。势是山水的动势和气势，远势表现为虚和无，山水的形质则是实和有。要表现出山水的意境，就必然同"远"的观念联系起来。郭熙通过"三远"，把山水的形质延伸出去，由实有到虚无，从有限到无限，让山水的形质烘托出远处的无，又让山水远处的无反过来烘托山水的形质，使观赏者产生了无尽的联想，进而生成了"情"与"景"交融的意境。

1. 私家园林的虚实相生

宋代范晞文在《对床夜话》中说"不以虚为虚，而以实为虚，化景物为情思，从首至尾，自然如行云流水"。苏州拙政园从东园进入中园，首先看到的是实景"梧竹幽居"的园亭及其周围的花木，从亭往西是一片水面，是虚景。水面南岸有"海棠春坞"、假山上的"绣绮亭"、中心建筑"香远堂""南轩"等建筑群落，又是实景。水面的中心有两个小岛，岛的假山上有"待霜亭""雪香云蔚亭"与水面堤上的"荷风四面亭"，在虚景中含有实景。这样，拙政园的中部园景，虚虚实实、实中有虚、虚中有实，相互依存、相互衬托，构成了虚实相生，意味无穷的景境，使观赏者游实景时不感到闷塞，观虚景时不感到空旷。

2. 皇家园林的虚实相生

北京颐和园的万寿山和昆明湖构成了颐和园的骨架。山为"实"，水为"虚"。这样，在全园形成了以万寿山等组成的实景和以昆明湖与环绕万寿山的水系组成的虚景。在前山、前湖景区，山屏列于北，湖横卧于南，形成北实南虚的园景。东堤以外是田畴平野，西堤以外则是一片水域，又形成东实西虚的形势。南面的虚景一直往南延伸到无限远的天际，而西面的虚景则延伸到远处的玉泉山和西山群峰。正是由于山水园林具有如此开阔的虚实相生的景界，所以在园林的任何部位，都能观赏到"虚则意灵"的优美景观，从而也创造出无穷的意味与幽远的境界来。

（二）意与境浑的情境美

意与境的结合必须达到完整统一、和谐融洽，自成一个独立自在的意象境界，才会引起以景寓情、感物咏志的情境美。意和境的结合，可以是意与境浑，也可以是意以境胜，或境以意胜。意与境的结合，即"意"中必含有情，情是意境的基本要素，无情不能成意境。至于"境"，清代王国维在《人间词话》中说："境非独谓景物也，喜怒哀乐，亦人心中之一境界。故能写真景物，真感情者，谓之有境界。否则谓之无境界。"所以，"境"不仅仅是"物"，也是"物"在心中的反映，是心中之境。"意"是阐述一个情理，情理自然地融化在形象中并与其完美结合，不尽之意蕴含在整个意境之中，景物灿然，幽情远思，动人心境。

例如，杭州有"玉泉观鱼"一景，其中观鱼的建筑叫"鱼乐园"，并挂有一副对联："鱼乐人亦乐，泉清心共清。"这一景区，由于对联、园名的点化而引起游赏者一些蕴含哲理的情思。鱼乐、泉清也影响了观鱼者的心境，使之达到超尘皆忘的境界。至此，园林美的欣赏已达到了情景交融的地步。"鱼乐园"更深层次的审美理念是来自《庄子》秋水篇中"鱼乐我乐"的一个典故。这是鱼乐园这一景区主题所要表达的意蕴，即逍遥出世，与鱼鸟共乐的无为思想。庄子的无为浪漫、逍遥悠游，一直为后人所尊崇，其"观鱼知乐"这一富有哲理的浪漫故事，也成了园林风景中提升人们情思到理念的引信和意境创作的题材。

颐和园有"知鱼亭"，谐趣园有"知鱼桥"，上海豫园有"鱼乐榭"，无锡寄畅园有"知鱼槛"等。濠梁观鱼还引发出避暑山庄的"濠濮间"，北海的"濠濮间"，苏州留园的"濠濮亭"等。这些园景中，不但蕴含着对庄周的敬仰之情以及由此而产生的人生的哲理思考，而且比人鱼共乐更为深刻的是一种情景交融的情景美。苏州怡园有园林建筑"画舫斋"，拙政园有舫形建筑"香洲"，南京煦园有"不系舟"。晋代陶潜在《归去来兮辞》中也曾写道："实迷途其未远，觉今是而昨非。舟遥遥以轻飏，风飘飘而吹衣。"宋代欧阳修在《画舫斋记》中说："凡入予室者，如入乎舟……盖舟之为物，所以济难而非安居之用也。"反映出视官场为险途，坐在船上要居安思危，以"不戚戚于贫贱，不汲汲于富贵"的理想抱负来抗拒险恶风波。所以，园林中的画舫建筑，不仅可供游者饮宴小憩，还有"济难而非安居之用"的深刻含义，这正是画舫所引发出的情与景的意境。

(三)深邃幽远的韵味美

"韵"说的是有余意，即言有尽而意无穷，韵味产生于意境，产生在直接意象和间接意象的和谐统一之中。唐朝诗人李白的诗《黄鹤楼送孟浩然之广陵》："故人西辞黄鹤楼，烟花三月下扬州。孤帆远影碧空尽，唯见长江天际流。"诗中，有烟花、天际、孤帆、碧空、江流等意象构成直接境象，有巍峨壮观的黄鹤楼、滚滚东流的长江水、水天一色的天际线等景境，但唯独没有李白和孟浩然的依依惜别之情景。然而，这些直接境象，却引发比直接境象更为广阔、丰富的间接意象，使人不仅仿佛看到了送别的场面，而且深切感受到离别之情的深沉。正是这种直接境象与由它所引发出来的间接意象的结合，构成了诗的意境。远影碧空尽，长江天际流的又高又远的宏大空间，让人可以从中看出两人的友情是深切的、真挚的、永恒的。别离是痛苦的，但从这别离的痛苦中，却又引发出一种超越哀愁的痛苦的心情，那就是因旁观友情的真挚而使人欣感愉悦。

清代刘熙载在《词概》中说："一转一深，一深一妙，此骚人三昧，倚声家得之，便自超出常境。"说明了每经过一次曲折，便可以产生一种新的境界，而随着境界的层出不穷，便会使人产生一种玩味不尽的妙趣，因为曲折会导致意境的深邃。含蓄就是有余味，或者说有韵味。中国造园十分善于含蓄地表现景物美，常用的造景手法有"欲扬先抑""曲径通幽""柳暗花明""山重水复"等。这些曲折幽深的手法，是通过布局上的分隔、转折、封闭、围合达到藏而不露、曲折周回的效果。例如，苏州留园入园先进入小门厅，正中是一幅《留园全景图》的漆雕。绕过漆雕一直北行，几经周折，过门厅西街来到"长留天地间"的古木交柯门。这时，光线由暗渐明，空间也由窄变宽；北侧光影参差的漏窗横列眼前，窗外紫藤、桃花、古树、假山、溪流、亭台若隐若现；西望，透过窗格可看到明瑟楼和绿荫小院；西行，则穿过涵碧山房，才见一泓碧池，至此，全园景色，尽收眼底。留园入门的空间处理手法，给人造成"庭院深深深几许"的视觉感受，同时也会产生一种寻幽探芳的兴味和渐入佳境的乐趣。

三、园林意境的表达方式

园林意境的表达方式有直接表达方式和间接表达方式这两种。

（一）园林意境的直接表达

园林意境的直接表达是在有限的空间内，凭借山石、水体、建筑与植物等，创造出无限的言外之意和弦外之音。

1.典型性表达

园林因有一定的地域范围，故要有精炼的艺术表达形式，因此常选择典型性的表达方式。堆山置石亦如此，中国古典园林中的堆山置石，并不是某一地区真山水的再现，而是经过高度概括和提炼出来的自然山水，用以表达深山大壑、广亩巨泽，使人有置身于真实山水之中的感觉。

2.游离性表达

游离性的园林空间结构是时空的连续结构。园林设计者巧妙地为游赏者安排几条最佳的导游线，为空间序列戏剧化和节奏性的展开指引方向。整个园林空间结构此起彼伏、藏露隐现、开合收放、虚实相辅，使游赏者步移景异，目之所及与思之所致莫不随时间和空间而变化，似乎处在一个异常丰富、深广莫测的空间之内，妙思不绝。

3.联想性表达

园林在设计中使人能由甲联想到乙、由乙联想到丙，想象越来越丰富，从而收到言有尽而意无穷的效果。例如，扬州个园中的四季假山，以石笋示春山，湖石代表夏山，黄石代表秋山，宣石代表冬山，在神态、造型和色泽上使人联想到四季变化，游园一周有经历一年之感，周而复始，体现了空间和时间的无限循环。

4.模糊性表达

一切景物不要和盘托出，才能给游赏者留有想象的余地。模糊性即不定性，在园林中，人们常常看到介于室内与室外的亭、廊、轩……在自然花木与人工建筑之间，有叠石假山，石虽天然生就，山却用人工堆叠；在似与非似之间，人们看到有不系舟，既似楼台水榭，又像画舫游船。水面上的汀步是桥还是路？粉墙上的花窗是欲挡还是欲透？圆圆的月洞门，是门却没有门扇，可以进去，却又使人留步。整个园林是室外，却园墙高筑与外界隔绝，恍如室内。而又阳光倾泻，树影摇曳，春风满园。几块山石的组合堆叠，是盆景还是丘壑？是盆景，怎么能登能探，充满着山野气氛？是丘壑，怎么又玲珑剔透，无风无霜？回流的曲水源源而来，缓缓而去。水的源头和去路隐于石缝矶凹，似有源，似无尽。在这围透之间、有无之间、大小之间、动静之间、似与非似之间以及矛盾对立与共处之中，形成令人振奋的情趣，意味深长。模糊性的表达发人深思，往往可使一块小天地因局部处理变得隽永耐看、耐人寻味。

（二）园林意境的间接表达

1. 比拟联想

陈毅有诗："大雪压青松，青松挺且直。要知松高洁，待到雪化时。"松树遇霜雪而不凋，历千年而不殒，人们常把它比作富贵不能淫、威武不能屈的英雄人物。竹子虚心有节，古人有诗两首，一为"未出土时先有节，便凌云去也无心"，二为"虚心竹有低头叶，傲骨梅无仰面花"。这两首诗皆是称颂竹子"虚心亮节"的。扬州个园的园中广种修竹，就是黄至筠为仿效苏轼"宁可食无肉，不可居无竹。无肉令人瘦，无竹令人俗"的诗意，以竹表示清逸脱俗，而竹叶形状恰像"个"字，于是此园便称"个园"。也有人认为"个"字是"竹"字的一半，故有孤芳自赏的含义。

2. 气候

气候是产生深广意境的重要因素。同一景物在不同气候条件下，会千姿百态，风采各异。同为夕照，有春山晚照、雨霁晚照、雪残晚照和炎夏晚照等。上述各种晚照中，人的感情反映是不一样的。扬州瘦西湖的"四桥烟雨楼"是当年乾隆下江南时欣赏雨景的佳处，在细雨中遥望远处姿态各异的四座桥，令人神往。

四、园林意境的创造方法

园林意境是通过园林形象的塑造而表现的，具有创造性。园林意境通过有限的园林形象的塑造表现出富于"诗情画意"的园林艺术的境界，去引发人们无限的想象和联想，进而达到"情景交融""意境深远"的境地。

（一）师法自然

中国造园艺术与传统山水画艺术，都是源于自然山水、表现自然山水的，所以有"诗画同源""园画同源"之说。清代唐岱在《绘事发微》中说，山水画"欲求神逸兼到，无过于遍历名川大山，则胸襟开豁，毫无尘俗之气，落笔自有佳境矣"。唐代柳宗元在其散文《小石潭记》里这样描绘自然景象："从小丘西行百二十步，隔篁竹，闻水声，如鸣珮环，心乐之。伐竹取道，下见小潭，水尤清冽。全石以为底，近岸，卷石底以出，为坻，为屿，为嵁，为岩。青树翠蔓，蒙络摇缀，参差披拂。潭中鱼可百许头，皆若空游无所依。日光下澈，影布石上，佁然不动，俶尔远逝，往来翕忽，似与游者相乐。潭西南而望，斗折蛇行，明灭可见。其岸势犬牙差互，不可知其源。坐潭上，四面竹树环合，寂寥无人，凄神寒骨，悄怆幽邃。以其境过清，不可久居，乃记之而去。"

作者通过对小石潭的描写，让人们看到了篁竹、清潭、卷石、青树、游鱼、日影、曲岸等自然景物和由这些自然景物组合而成的"不可知其源"的无限之境。小石潭的周围环境是"四面竹树环合""斗折蛇行，明灭可见"，说明景物的层次重叠幽远，深不可测。由小石潭的"无限之境"和"深不可测"而表现出小小溪潭的"悄怆幽邃"的意境，创造这样的意境是"师法自然"的成果。

唐代画家张璪在总结自己绘画创作经验时，提炼了一句画理名言，即是"外师造化，中得心源"。中国传统园林以模仿自然为特点，同样要以"外师造化，中得心源"为创意指导。"外师造化"是深入观察、体验，领悟自然的本性和真谛，才能有创作的泉源。所以，"外师造化"是园林造景的基础和前提。同时又要"中得心源"，即园林造景不能停留在自然主义的模仿上，要通过内心的融会贯通，提炼升华，用创造性的想象构思出有意境的园林艺术形象，提高审美价值。

北宋时，宋徽宗建皇家园林艮岳。这是一座叠山、理水、花木、建筑完美结合的具有浓郁诗情画意的大型人工山水园，它代表着宋代皇家园林的风格特征和宫廷造园艺术的最高水平。艮岳把大自然生态环境和各地山水风景加以高度的概括、提炼，典型化的缩移摹写，是一座以自然景观为主体的园林。宋徽宗在《艮岳记》中这样描写道："岩峡洞穴，亭阁楼观，乔木茂草，或高或下，或远或近，一出一入，一荣一凋，四面周匝，徘徊而仰顾，若在重山大壑，深谷幽岩之底，不知京邑空旷，坦荡而平夷也，又不知郛郭寰会，纷萃而填委也。真天造地设，神谋化力，非人所能为者。""东南万里，天台、雁荡、凤凰、庐阜之奇伟，二川、三峡、云梦之旷荡。四方之远且异，徒各擅其一美，未若此山并包罗列，又兼其绝胜。飒爽溟滓，参诸造化，若开辟之素有。虽人为之山，顾岂小哉。"

艮岳这座巨大宫苑，山水秀美，林麓畅茂，奇峰叠石，成为"天造地设，神谋化力"的绝胜。游之，如置身名山大壑，深谷幽岩之中，是因为"参诸造化"即"外师造化"的成果。

(二) 意在笔先

造园家或画家创造审美意象，应根据客观形象，按照一定的审美规律和法则，不能随意和凭空构思。创造审美形象时应事先融进艺术家的审美意识和观念，才能产生丰富并有审美意境的作品来。清代郑板桥的《画竹题记二则》中有"意在笔先者，定则也；趣在法外者，化机也。独画云乎哉"。明代计成在《园冶》中说："然物情所逗，目寄心期，似意在笔先，庶几描写之尽哉。"立意在先，是要胸有全局，对主题、意境、构图等有确定的意向，才能以意统率全局，使园林一气呵成，神全气足。园林造景也遵循这一规律，通过叠山、理水、花木、建筑的组合，和构成这些物质要素的各自具有表达个性与情意的特点，来表现园林意境。

1. 以水景立意

造园家用水的审美特性来创造的意境有向往自然、回归自然、与自然成为一体的含义。例如，有隐喻意义审美观的"濠濮间想"；有表现回避尘世，追求自然情趣的"知鱼之乐"；有表现清高、隐逸的"沧浪之水"。北京北海的"濠濮间"、无锡寄畅园的"知鱼槛"、苏州园林的"沧浪亭"，都是造园家运用水的审美特性和历史典故，创造出来的不同意境的水景景观。

2. 以建筑立意

造园家多用建筑的造型和题名来共同体现意境。例如，苏州网师园的"集虚斋"，三楹二层，前后有院。斋名取自庄子"唯道集虚，虚者，心斋也"之意，是园内修身养性之地。"集虚斋"前后有建筑屏障，自身有院落的清静之地，表达了以虚心的审美态度去追求真道的人生境界。园主在"集虚斋"内读书养心，去除尘世烦嚣，心境澄澈明净，悠闲自得，展示一种清雅超逸之美。苏州拙政园的"与谁同坐轩"，平面扇形，亭内景窗、门、桌、椅均为扇形。这里三面临水，一面靠山，位置适中，是观水赏月、迎风小憩的佳处。亭名来自苏东坡词中名句"与谁同坐？明月清风我"。造园家为了表现大自然中天光云气之景，借助景点题名对游人进行暗示，"与谁同坐"即是较为含蓄地点题，所表现的却是一种自然之美。

3. 以天象立意

造园家利用明月、日出、云霞和风雨、冰雪等天象景色，可以创造出视觉、听觉的意境感受。

（1）月境

《园冶》中对月境之美有这样的描述："溶溶月色，瑟瑟风声；静扰一榻琴书，动涵半轮秋水，清气觉来几席，凡尘顿远襟怀。"例如，苏州网师园有一处园林建筑名为"月到风来亭"，突出在水面，是赏月听风的最佳处。每当晴空月明时，池水若镜，天光、明月、屋廊、树影一起倒映池中，高下虚实，云水变幻，使人联想到宋代诗人邵雍《清夜吟》中的诗句："月到天心处，风来水面时。"在月清、水清、风清之境中，人心自然是"凡尘顿远襟怀"的清静之境。

（2）雨境

园林中，美和雨总是分不开的。雨可以使园景产生动静、虚幻、声响、清新之美，与人的情感相融合，构成一个美妙的境界。例如，苏州拙政园有两处著名的雨境景观，一处是"听雨轩"，另一处是"留听阁"。"听雨轩"前后植芭蕉，每当雨天，就像杨万里在《芭蕉雨》诗中说的那样："芭蕉得雨便欣然，终夜作声清更妍。细声巧学蝇触纸，大声锵若山落泉。三点五点俱可听，万籁不生秋夕静。"通过"雨打芭蕉"展示一种别具雅兴的、舒心的声响美。而"留听阁"是引自唐代诗人李商隐的

"留得残荷听雨声",创造出秋塘枯荷风雨飘落的冷寂清幽之美。

4. 以植物立意

园林植物更是用其独有的个性来表现一种意境美。例如,表现刚直美的有松柏,"岁不寒无以知松柏,事不难无以知君子";表现高洁美的有梅花,具有"凌霜雪而独秀,守洁白而不污"的高贵品质;表现雅逸美的有荷花,"出淤泥而不染,濯清涟而不妖",香远益清、端严清丽是荷花的品德;具有潇洒之美的有竹子,"万物中萧洒,修篁独逸群"是其写照;表现隐逸美的有兰花,被人誉为"兰生幽谷,不为无人而不香";被誉为"花中君子"的是菊花,因其具有高洁、韵逸和凌霜不凋的高贵品质而受到人们的喜爱。用这些具有个性和寓意的园林植物进行配置,可以创造出不同审美意味的空间。烈士陵园多植松柏、梅花,可创造一种庄严、肃穆的氛围,给人以庄重、高洁、刚直之感。

(三) 写意造境

以石体象征万壑,以池水代表沧溟,即"片山多致,寸石生情""一峰则太华千寻,一勺则江湖万里""一勺水亦有曲处,一片石亦有深处"等写意造境手法,使人游之大有涉身岩壑之想;云水相忘之乐;小中见大、咫尺山林之感。写意是中国传统美学的主要范畴之一,是源于中国传统绘画的一种表现技法或方式,其特点是用概括、简练、潇洒、奔放的笔墨,来描绘物象的主要特征,并借以抒发感情和寄托意志,表现作者的艺术个性和审美理想。造园艺术借鉴"写意"这种传统绘画技法的精神,始于魏晋,而高度发展是在中唐以后,经两宋、明、清,在园林创作中的运用也日益普遍和丰富,最后完全渗透到理水、叠山、建筑、题额、室内装饰、盆景等一切园林艺术之中,而所有这一切具体方法的关键都在于中唐以后"壶中天地"园林基本空间原则。

张家骥在《中国造园论》中对园林写意有着精辟的论述,他说:"园林艺术的写意,就是以局部暗示出整体,寓全(自然山水)于不全(人工水石)之中,寓无限(宇宙天地)于有限(园林景境)之内,其奥妙就在于:中国园林艺术是立足于贯通宇宙天地的道去观察和表现自然的。所以咫尺山林的小小园林却给人以一种深邃的无尽的时空感。""写意"是我国园林的独特内涵和艺术创作手法,是中华民族思维方式在园林艺术中的反映,是中国古典园林艺术创作的重要法则,也是中国古典园林饮誉中外、历久不衰的原因。园林造景艺术中,写意园林的原则是传神。重神轻形,是与我国西周以来哲学中重道轻器、重体轻用、重气轻质、重无轻有、重虚轻实、重意轻象的倾向一脉相承的。这一理论在造园艺术中与写意、抒情紧密融合,要求模仿自然山水时要追求神似而不能只追求形似。以小见大必然要求高度概括提炼,这也是传神的客观要求。园林造景中，写意的主要表现有以下几个方面：

1. 布局写意

园林布局多以山水画为蓝本，以冷洁、超脱、透逸的高超意境为园林的主题，刻意追求山水画提倡的"竖画三寸，当千仞之高；横墨数尺，体百里之迥"的意趣。

（1）秦汉园林的布局写意

秦汉园林以天地宇宙为艺术模仿对象，以神话中的仙山神水为构图模式，创制一种规模庞大、蕴含万物，布局上"体象天地""经纬阴阳"的艺术，通过蓬莱神话系统所提供的仙海神山想象景观，确立山水体系布局的"一池三山"模式，作为统一大帝国与集权大王朝的象征。

（2）隋唐园林的布局写意

隋唐园林的类型、数量、质量与艺术风格都达到了高峰。私家园林讲究意境创造，力求达到"诗情画意"的艺术境界。"巡回数尺间，如见小蓬瀛"成为叠山艺术的发展方向，"写意"手法完全渗透到园林营造的各个方面，"壶中天地"的空间原则基本确立。皇家园林仍沿袭仙海神山传统，但在以山水为骨架的格局中，水体景观更为突出。李德裕平泉山庄的疏凿模仿巫峡、洞庭、十二峰、九派，迄于海门江山景物之状，都是按"写意"原则布局的园林。

（3）两宋园林的布局写意

两宋园林以有限的地域创造变化丰富的艺术空间、组织精美细腻的园林景观体系为特色。"小中见大"的造园理论和手法，已成为园林布局的主导思想和造园技法。像皇家园林"艮岳"、私家园林"沧浪亭"在叠石、堆山、理水、花木上都十分考究，构景日趋工致，空间变化上愈见丰富，处处体现"多方景胜，咫尺山林"的写意之风。

（4）明清园林的布局写意

明清园林为中国古典园林发展的又一高峰。清朝康乾盛世时，皇家园林有北京西苑三海、西郊的三山五园、承德的避暑山庄；江南、岭南私家园林数以千计。有"万园之园"之誉的圆明园，其造景以水为主题，因水成趣，另外是约占全园面积三分之一的假山、土埠与岛屿洲堤，它们与福海、后湖及大小宽窄不等、变幻无定的水系相结合，构成了山重水复、层叠多变的百余处园林空间，既是天然景色的缩影，又是烟水迷离的江南水乡风景的展现。这一时期的私家园林，尤其是古典园林，更是"小中见大"，有若天然之境，成为不离轩堂而共履闲旷之域，不出城市而共获山林之胜的理想生活居所。

2. 山石写意

计成在《园冶》中说："或有嘉树，稍点玲珑石块；不然，墙中嵌理壁岩，或顶植卉木垂萝，似有深境也。"以几片山石再配置数枝藤萝，表现出高山茂林的深境，这就是山石写意的审美展现。造园家以山石写意，构建富于林壑景象的山体，是园林造景的基本内容。中国古典园林中的一些大型山体，如北京北海琼华岛的"烟云尽态"一带的湖石假山，运用写意手法来表现一种趋向自然野致的意态和趣味，来表现审美者的情感，表现园林与宇宙和谐相融的境界。而一些中小型园林，以有限的天地塑造出颇具自然意态的山体，如苏州耦园的黄石假山、网师园的黄石假山"云冈"、留园池心小岛"小蓬莱"。扬州个园分别以湖石、黄石、宣石、石笋，采用"分峰用石"的手法叠成风格不同的四季假山，这些石景都带有"小中见大""以拳石体象万壑"的写意性。

3. 水景写意

宋代曾巩《盆池》："苍壁巧藏天影入，翠奁微带藓痕侵。能供水石三秋兴，不负江湖万里心。"通过写意，在盆景中可以体会出江海沧溟之趣，由有限到无限，表现审美者对奇伟雄阔的山水境界的审美情感。用园林有限的水体，表现出自然水体的宏大气势和丰富景观效果，进而引出曲水幽深的意境，就只能通过写意的手法来实现了。清代学者钱大昕在《网师园记》中说："沧波渺然，一望无际。"这里除了对园中理水艺术的赞誉外，更主要的是说明"池小境深，水令人远"的写意手法和审美意味。苏州网师园水池，面积有四百平方米左右，池岸略近方形但曲折有致，在西北角和东南角分别做有水口和水尾，并架桥跨越，把一泓死水化为"源流脉脉，疏水若为无尽"的活水。

4. 植物写意

明代计成在《园冶·立基》中说："曲曲一湾柳月，濯魄清波；遥遥十里荷风，递香幽室。编篱种菊，因之陶令当年；锄岭栽梅，可并庾公故迹。寻幽移竹，对景莳花；桃李不言，似通津信；池塘倒映，拟入鲛宫。一派涵秋，重阴结夏……房廊蜒蜿，楼阁崔巍，动'江流天地外'之情，合'山色有无中'之句。"这里，柳塘月色、十里荷风都是虚境，而菊、梅、桃、李、池塘又都是实境，由菊、梅而联想到陶渊明和梅锅；由桃、李而联想到"有情人"；由池塘而联想到龙宫，最后用王维的两句名诗句来归结构想充满诗情画意的风景，使园林提升到一个高的艺术境界。运用不同的植物品种，按照四季的不同要求进行配置，不单单满足了景观需要，还能创造出富有画意的意境。宋韩拙在《山水纯全集》中，对四时山景的园林植物提出"春英、夏荫、秋毛、冬骨"。

（1）春英

春英者，生机盎然，英姿勃发，一派欣欣向荣的景象，是最活力的季节。在这个季节里，万木复苏，春花怒放，如桃、李、杏、木兰、迎春、连翘、牡丹、芍药等花木，花色浓艳，枝挺叶茂，一派生机，达到了"烟云连绵人欣欣"的"如笑"的审美效果。

（2）夏荫

夏荫者，绿环翠盖，繁茂蓬勃，绿荫遮日。浓荫匝地，苍翠欲滴，是夏荫的集中表现。所以，夏季一片浓荫，具有"嘉木繁荫人坦坦"的清凉世界之意味。

（3）秋毛

秋毛者，指"叶疏而飘零"。但秋高气爽，树势"明净如妆"，加上叶色丰富多彩，果实结满枝头，可以说是个繁荣的季节。秋季树叶变红的有枫香、鸡爪槭、五角枫等；变黄的有乌桕、银杏、白桦等。远望群山"万山红遍，层林尽染"，大有"霜叶红于二月花"的美感。

（4）冬骨

冬骨者，"叶枯而枝槁"，是为树木之冬态。在园林中，应以落叶树为基调，适当栽植常绿树。这样，不仅配置景观好，而且冬态中突出树落叶后的"冬骨"效果，更能体现冬季景观的画意特点。

5. 建筑写意

园林建筑与园林的主题相一致，往往通过其造型和题名表现出浓郁的写意色彩。其中最有写意特色的是一种意构的旱船，如苏州怡园的"画舫斋"，就是一种舫式建筑，大有一舟在岸，随时可以起航之意味。"画舫斋"，取名于"欧阳公有画舫斋"，它三面临水，形式轻巧玲珑，装修精致，线条明快，宛如飘浮水上的一叶轻舟，非常轻逸舒展。苏州沧浪亭的"面水轩"，虽然名之为"轩"，但按其所处的三面临水的位置，却像停泊在水边的船，轩内匾额悬有"陆舟水屋"，使人看了便产生坐船远航的联想。

第二节　园林的结构形式美

一、园林结构形式的对比照应

（一）动静对比

形式美表现的节奏和秩序，就是在由运动到静止，再由静止到运动的循环反复之中体现的。动和静既有相对的独立性，又是一对不可分割、相互依存的矛盾双方。动和静是自然界中一切事物所表现的必然形态，没有动，事物就得不到发展；没有静，也就没有平衡。艺术也表现动静，但它们有着不同的侧重。一般说来，绘画雕塑的形式美是静态的表现，电影戏剧之美又依靠动态的序进，而园林的风景形式是静寓动中、动由静出，这一变化和对比是其他艺术所没有的。

1. 园林总体布置的动静划分

园林艺术形式美的动静对比首先体现在总体布置上动静游览区的划分，如供人攀登的大假山、供人穿越的山洞，进行一些较大规模起居活动的厅堂，演戏唱曲的戏台等区域，都含有较多的动态因素。不少园林还设有一些文雅的戏娱项目，如临清流而赋诗的流觞曲水，水面上的射鸭活动（用藤圈套鸭子）以及北方帝王花园冬天的冰嬉等，这些更是属于动的游览区域。而置于山凹的书斋，让人小坐览赏的临水亭台，据园一隅供休憩、品茗、弈棋的小筑，又是宜于静观欣赏的相对静的区域。这些景区，每每设有一些供仔细品察的景物，如抽象含蓄的石峰，姿态苍古的松柏，或者能借景园外，远眺大自然的山水林泉。在总的结构布局中，这些动静的观赏景区又很自然地由曲径、小桥、连廊等串在一起，从而使游览活动也表现出一种节奏上较快和舒缓的对比。

2. 不同规模园林的动静侧重

动静对比又因园林规模大小有不同的侧重。一般稍大的园林，游览路线长，有回旋的余地，往往以动观为主、以静为辅；小园则相反，以静为主、以动相辅。这是根据不同的环境条件，对比双方矛盾转化。像苏州的一些小园，如畅园、壶园，甚至再大一点的网师园，主要景色都沿着中心水池布置，绕池一周，随处可坐可留，或槛前细数游鱼，或亭中待月迎风，或斋外看花竹弄影。景色也好，结构也好，都是以静为主而辅以缓步吟赏的小园。

3. 园林特定风景的动静对比

园林的风景结构中，特定的风景形象也会表现出变幻的动静对比。例如，假山石峰、建筑亭台等实的造园景物是相对静止的；而水体、树木花草则根据不同的条件，既表现出静态，又常常会显示出美妙的动态；至于园内的气候景观，如风雨雾雪、小鸟昆虫则又多以动态的形式美表现出来。这种种形象汇合交混，使艺术结构中的每一个部分都富含着动静的对比。并且，这种对比又常常发生转化。例如，游赏者坐石上小憩，或依栏静观，那么，其所见的行云流水、鸟飞花落，都是动的，这是以静观动。时而，游赏者缓步循径漫游，或者泛舟湖上，在动的状态下赏景，所见静止的峰峦建筑、高亭大树，就变成以动观静了。再者，园中各种风景形象本身又有动与静的对比交替。山静泉流、水静鱼游、石定树摇、树静影移，无论是以动观静、以静观动、以静观静，还是以动观动，其形式美的表现均有所不同。这些转化又在一个方面反映了动静对比的统一，没有孤立的动，就没有孤立的静，两者的既相对又协调的特性，构成了风景结构的框架，又增添了景色的活泼天真的气氛。

（二）以曲带直

单一的"直"只能形成简单的重复空间，唯有"曲"才能带来各种变化，使空间展现出抑扬顿挫的韵律。从观赏学上来看，曲廊、曲径和曲桥可以增大游览路线的距离，延长赏景的时间宽度，扩大园林的空间感。同时，风景连续空间的曲又为游赏空间序列的节奏感、音乐感创造了条件。一般说来，游廊曲路两侧常常安排有不同的主题，当游人循廊径而游，视线不时进行着小角度的转换，两边不同趣味的景就交替出现在游览者的面前。例如，拙政园的柳荫曲路景，是一条随地形高下曲折的游廊，从直通见山楼二楼的爬山廊一直伸展到中西部相隔的"别有洞天"半亭。当游人沿着廊子或上或下、或左或右地漫游，东边透过绿幕似的垂柳是波光闪烁的水面和青葱的山岛，景观比较自然开朗；而西边因是游廊的曲势，衬以分隔中部和西部的花墙，形成了数座大小、形状各异的不完全封闭的小院；小院有选择地栽植了松、梅、乌柏等观赏树木，又随便点缀了一些小石峰，雅小而精致，和东边景色正好是个对比；信步游去，迎面的风景随着廊子之转曲在不断地变换，使游赏者倍感园林形式美的多样。

宋人李格非在《洛阳名园记》中这样来评论他所记述的"景物最胜"的富郑园林："郑公自还政事归第，一切谢宾客，燕息此园，二十年，亭台花木，皆出其目营心匠，故逶迤衡直，闿爽深密，皆曲有奥思。"这里说的逶迤衡直，就是园林布局结构形式上的曲直对比，要使园林景观含蓄有味，不一览无余，就必定要有曲有藏，有深有密，唯其如此，艺术所创造的景色才能达到"曲有奥思"的美妙境界。造园理论中的"水必曲，园必隔""不妨偏经，顿置婉转"等都是古代艺术家对园林的曲奥布局的经验总结。人们在园中漫游，到处看到的是曲折高下的假山，迂回盘绕的磴道；循山脚的转折蜿蜒流淌的小溪，以及平缓的池塘曲岸。那些作为园林结构联系脉络的廊、路、桥等也要随形而弯，依势而曲，或蹑山腰，或穷水际。这些在结构形式上现出的曲，增加了景物的层次，使艺术家有可能在较小的面积中表现出较丰富的风景画面，又能使园景更富有自然山林气息。例如，苏州的环秀山庄是占地仅三亩的小园，但以补秋山房为赏景中心，水有二次曲折萦回，山也有三面穿插，使假山假水呈现出自然雄浑的姿态。可见，在古典园林结构的曲直对比中，矛盾的主要方面在于"曲"，是以曲带直。

曲的另一层含义是使风景曲而藏之，不让所有的景都暴露出来。这里，曲直对比又可以引申为藏露的对比。园林的布局章法常将一些重点的风景形象曲而藏之，使游赏者在经过一段时间的游赏之后，在"山重水复疑无路"的情况下，一转身，一抬头，出其不意地发现"柳暗花明"的风景主题。这种安排能使整个游赏过程呈现出一种戏剧性的跳跃，给人的印象是很深刻的。这种技巧即是造园家常说的"景贵乎深，不曲不深"。凡构思精妙的园景必须是由曲至直，由隐到显，这一结构形式美的对比是增大景深，丰富园景的有效方法。山水布局结构的"溪水因山成曲折，山蹊随地作低平"是直中求曲折，平中见高低，不违反自然的造景规律。否则将会使园景失去自然天真的风貌，给人以虚假扭曲的不舒服之感。这里面包含着丰富的艺术辩证法。园林结构中的曲和直是既对立又统一的，既然是以曲带直，就还要包含着直的因素，而不能随意地乱曲。路、桥和廊的曲，曲中寓直，直中有曲，虽然迂回曲折，但总有一定的行进方向，或供渡水，或作联络。

（三）山水开合

清人蒋骥的《读画纪闻》论曰："山水章法，如作文之开合，先从大处定局，开合分明，中间细碎处，点缀而已。"山水开合的概念借用绘画艺术理论。我国传统山水画的画幅构图很讲究开合结散。开合的对比即是聚散的对比，是园林艺术结构形式美对比法则中较为特殊的一对。园林中的开合将绘画中的平面布局定位的开合方法发展到空间中，用于三维风景形象的布局对比。从形式美法则看，开合包括面积、体量、高度、质地和颜色等的集中和分散，整体和局部的均衡和照应。因而，对于园林结构和造景来说，开合对比也是很重要的一条。自然风景的形成也是有开有合，山有石脉，有峰峦起伏，两山之间必有沟溪，由于地壳的运动，又有悬崖绝壁；而较低的凹地汇集水流，便成了湖池……都很明显地表现出开合结散。因此，园林结构中开合法则的运用也保证了艺术所创造的山水能更自然、更富有生气。就拿堆假山来说，要是合而不开，则势必浑然一体，如黏合在一起的土石堆。如果只开不合，就散而零落，没有主景而趣味全失。

开合对比法则应用于较大的水池和湖面，就成了聚与散的对比。同假山的开合一样，池水也要有聚散的对比，否则，一眼望到四边的方圆规整的水面会让游赏者感到单调和呆板，水体的处理也必定要有合有分，有聚有散，景观才变化多样。通常来说，聚散的对比因园林的规模大小而有不同的侧重，小园水面小，应该以聚为主，以显得宽广连续。比较大的园林，其水面可适当分散些，有主有次，而使水面显得弥漫连绵，有不尽之意。但不论大园小园，不论如何聚散，都要因宜自然，不能"板、结、塞"。聚者可设置水口，远远望去，小桥架其上，仿佛水面未断；散者不能使水面琐碎零乱，可在水中置岛，以桥联结，似分又合。例如，苏州拙政园中部水面较大，约占全园的五分之三，古代造园家便在池中偏北堆叠两座岛山，并以若干空透小桥相连，使整个水面有聚有散，萦回环绕，增加了风景的景深和层次。

（四）小中见大

园林艺术的创作过程每时每刻都在进行着由小到大的转化。"三五步，行遍天下；六七人，雄会万师"，这是古典戏曲小中见大的形式对比。同样，园林艺术也要以少胜多，以小见大，精炼地、概括地使园中一拳一勺现出自然山水林泉的情趣。假山不能太高，但要洞壑俱全；池面虽小，也要现出弥漫深远之貌；一些风景建筑的尺度，在不影响使用的条件下，要尽可能做得小巧，所谓低楼、狭廊、小亭，如廊的宽度不过三尺，高也多为五六尺；亭子的体量也要与假山、小池相配，以矮小为宜，如拙政园的笠亭，留园之可亭、冠云亭，都以小巧玲珑著称，与景色配合得很是默契。可见，古典园林要以有限的面积造就无限的空间，在大小对比中，其主要矛盾方面是小。

园林的分隔常常采用大园套小园、大湖环小湖、大岛包小岛等形式。艺术家在这些小的观赏空间内，每每设置很有特色的主题，能给观赏者很深刻的印象，产生较好的对比效果。例如，颐和园后山的谐趣园，北海的画舫斋、静心斋都是大园中的很有名的小园。南浔嘉业堂藏书楼花园是岛中之岛格局的花园，大园四周绿水相绕，是一浮于水面上的大岛，而园中又凿池筑岛，形成大岛包小岛的别致结构。杭州西湖的三潭印月是一湖上小园，小岛没有沿用一般园林曲径通幽、山水交融之章法，而是易陆地为水面，成为大湖环小湖的形式。极目望去，青山环抱，苏白两堤上桃柳成行，亭台依稀；潋滟的西子湖水轻轻拍打着小岛，眼前则是一池平似镜的内湖，几座精巧的建筑错落掩映在绿树中，是结构形式美中大小、远近、动静对比很好的实例。园林范围虽小，但在布局结构时还要再度分隔，使之更小，从而强化对比之效果，这也可以说是应用了某种艺术夸张。园景中，比较大的主要山水游赏空间与自由布置的重重小院有机地结合，已成为园林结构形式大小对比的一种特色。大的游赏空间景观自然多野趣，小的庭院则"庭院深深深几许"，使游人不知其尽端之所在，增加了园景的幽趣。留园东部的重重院落和拙政园从枇杷园到海棠春坞的一组以植物为主景的小院均是较典型的例子。

（五）收、放、阻、畅

园林艺术要创造自然形式的游览空间，也受到许多条件的制约，存在着多种矛盾。为了强调某一特定的效果，造园家常常采用激化矛盾、反衬对比的方法，欲放先收、欲畅先阻、欲明先暗，从而在新的放、畅、明的基础上达到矛盾的统一。在具体应用中，这三者常常相互渗透和交混。作为一种空间效果，每每收就是阻和暗；放则类同于畅和明。例如，苏州留园从大门到园中的主要山水景区要经过很长的走廊，是空间抑扬对比的好例子。一进园门是一个较宽敞的前厅，厅右侧伸出一小廊引导游人入园，小廊间壁无窗，光线晦暗，经三四折，又入一个面对天井的半明半暗的偏厅，厅壁有画，游人至此可暂缓行进，舒展观赏片刻。再行又入狭小的暗廊，转折数次后，眼前才渐渐亮起来，待到步入"古木交柯"的小庭院，对面花墙的漏窗处，明秀的园景才隐隐透出来。回首，只是一壁粉墙前一株古木、一坛素花，上嵌一块点明景名的砖刻匾额，淡淡的几笔迎接着千万游人，点出了此园的幽雅气息。然后西折至绿荫轩，这是面向大观赏空间的敞开小轩，到此，游人会感到山池分外明丽灿烂。以晦暗、闭塞狭小来反衬园景的明快、开敞，对比效果非常强烈。

许多古园进门处常设有"障景"的山石树木之景，从结构形式美来看，也是先阻后畅、先收后放原则的应用。当然，山石障景不只是简单的"一石障目"，而要根据不同条件创造出不同的景观。例如，北京恭王府花园入口先抑后扬的处理就很别致。此园园门深藏在两侧土山的余脉所环抱而成的一个进深十八米的闭合小空间的底部，好像是夹在大山幽谷之中。这里的障景并非全然遮挡，而是将游人的视野限制在很小的空间范围之内，除了正中的厅堂能透过山石洞门约略看到之外，其他山水景色是被围起来的，只能根据过去的赏景经验进行猜测。只有穿过门洞，山池亭榭才渐次展现于面前。像这类进入园中主题景区之前约略让游人看到少许景色，称作泄景，每每引起游人的联想和猜测，加强了他们对于被围阻风景的审美兴趣。

二、园林结构形式的多样统一

多样即指事物之间的差异性和个性，是指构成整体的各部分要素的变化；统一则是指个性事物间所蕴含的整体性和共性，是指各种变化之间要有一致的方面。多样统一规律是对形式美和其他一切规律的集中概括，也是艺术创造辩证法思想的体现。多样统一，一方面展示出形象的诸种形式因素的多样性和变化，同时又在多样性和变化中取得与外在事物联系的和谐与统一。多样统一就是在丰富多彩的变化中保持一致性，故又称"寓变化于整齐"。事物的发展变化既构成了世界多样复杂事物的平衡协调又构成了世界的统一，多样统一即事物对立统一规律在人们审美活动中的具体表现。多样统一又称和谐，是一切艺术形式美的基本规律，也是园林形式美的总规律。多样统一是对立统一规律在艺术上的运用。对立统一规律揭示了一切事物都是对立的统一体，都包含着矛盾，矛盾双方又对立又统一，充满着斗争，从而推动事物的发展。

世界上万事万物之间都有着错综复杂的和千丝万缕的联系。在园林艺术的领域中，一件好的、令人身心愉悦的、具有美感的造园作品，必定是造园各种要素组成的有机整体结构，形成一个理想的环境空间，体现出一定的社会内容，反映出造园艺术家当时所处的社会的审美艺术和观念，达到内容形式的和谐统一。多样统一规律是一切艺术领域中处理构图的最概括、最本质的法则。园林从全园到局部，或到某个景物，都是由若干不同部分组成，这些组成部分的形态、体量、色彩、结构、风格等要有一定程度的相似性或一致性，给人以统一的感觉。但要注意，如果园林的各组成部分过分相似一致，虽然能产生整齐、庄严之感，但也会使人感到单调、郁闷、缺乏生气；反之，没有整体统一，会使人感到杂乱无章。因此，园林构图要在统一中求变化，在变化中求统一，实现形体的变化与统一。

(一) 园林结构形式的多样

宋代大文学家欧阳修在一次游赏园林风景后写作了酬唱诗。《欧阳修全集》中，诗人以特有的敏感，十分细致地捕捉了园林风景中丰富而多样的美："园林初夏有清香，人意乘闲味愈长。日暖鱼跳波面静，风轻鸟语树阴凉。野亭飞盖临芳草，曲渚回舟带夕阳。所得平时为郡乐，况多嘉宾共衔觞。"这里有吹拂树枝的轻风；有在枝头叽喳歌唱的小鸟；有平静而偶然泛起几丝波纹的小湖；曲岸边还泊着几艘小舟；绿丝中又露出茅亭的一角，所有这些景致，带着初夏时分大自然中散发出的清香，汇成了园林特有的自然而真实的美。那形形色色的风景形象，从水中的游鱼到空中的飞鸟，可以说是巨细皆备，应有尽有。它们均很完整地保留了自然景物所具有的美的形态，仿佛是自然生成的，丝毫没有流露出人工雕琢的痕迹。除了实的风景形象之外，还有众多的虚景的辅助，那风轻鸟语、鱼跳波面、天光云影、夕阳晨曦、野花幽香，以及溪水声、松涛声等活泼多变的风景美信息，更是纯自然之物，它们无时无刻不在点缀着园林的美。

众多变幻的美景，除了作用于视觉的，还有作用于听觉的自然天籁之声，作用于嗅觉的各种香气，有使全身感到快慰的清风，最后还有大家一起品尝的美酒。总之，人们所有的感官——眼、耳、鼻、舌、身在园林中均协同地发挥作用，去感受丰富而多样的风景之美。正如我国古典园林的理论经典《园冶》所点出的，园林所创造的是"隐现无穷之态，招摇不尽之春"的美。这里，多样而变化的美景，以及全身心的真切感受是园林美的主要原因。现实自然较之艺术，有着无可比拟的多样丰富的内容。园林艺术的自然性首先在主要造景材料的多样与风景美的变化上体现。山石、花草树木、水等，这些材料品种极为多样，各种景致又具有各自的审美特性，在不同的环境条件下会变幻出无穷的美来。

1. 园林元素中的多样之美

(1) 园林山石的多样之美

在材料的多样性上，园林山石给人们留下了深刻的印象，园林中各种山峦峰岳景色之美，是与各种山石本身的特性分不开的。古典园林讲究"分峰用石"（用不同的石料堆叠不同的假山），以创造出自然山景的多样风貌。例如，扬州个园的四季假山，便是集中表现山石多样美的一种尝试。早在宋代，杜季扬就撰写了《云林石谱》三卷，里边记载了观赏用的石料一百多种，分述了它们的产地、特性、形状和色彩，并且按照其审美价值和名贵程度区分了等级。明末计成造园所用山石材料也有十六种，这众多的石料是园林山石景色多样变化的一个原因。今天，当人们在各地园林中漫游，所见山石种类也是琳琅满目。

（2）园林水体的多样之美

园林中的水，每每以自然状态展现，它是园林美真实、自然的表现中不可缺少的一笔。为了表现水的自然美特性，园林中就要塑造湖、池、溪、瀑、泉等多种形式的水体，使无形无色的水根据不同的组景需要，现出不同的美来：平静的池水如一面明镜，涵养着四周的美景；从山脚缓缓流出的溪水晶莹明澈；假山上的瀑布倾泻而下，如白龙飞下；从泉眼无声无息涌出的水素净清辉……在这许多园林水景中，除了视觉的美，还常常伴有声音的美。"卧石听泉"是古代文人雅士所喜爱的高尚娱乐。水体景观这种声形俱美的表现，丰富了园林景色的层次，使园林风景从单一地作用于视觉扩展到另一个重要的欣赏感官——耳朵。古典园林中的听溪泉声的景点，如玉琴峡、八音涧、弹琴峡等，就是艺术家为了园林美的自然真实而对水体进行特殊塑造的结果。

（3）园林植物的多样之美

园中，花草树木的多样比山石材料更要明显。从数百年上千年的古树名木到最低等的青苔、地衣，种类之繁多，举不胜举。这些植物，不论其高矮，不论其品种之贵贱，通通都是创造园林美不可或缺的材料。对树木的繁复，清人叶燮在《原诗》中曾有独到的论说。他认为天地间草木"夭矫滋植，情状万千，咸有自得之趣"；又说，"合抱之木，百尺千霄，纤叶微柯以万计，同时而发，无有丝毫异同"。只一棵树，其数以千万计的叶枝、小芽就如此多样，不同品种的花草树木的变幻就更可想而知。我国园林中栽植的大型常绿观赏树种有松、柏、杉、樟树等。松又可分为黑松、五针松、罗汉松、白皮松。落叶观赏树更多，有银杏、榆、槐、枫、乌桕、杨、柳等，还有桃、李、梨、梅、海棠、枇杷等观花果的品种，以及游赏者喜爱的挺拔的翠竹……加上许许多多有时连名也叫不出的野花小草，又有哪一门艺术能如此真实地表现出植物的多样性呢？植物的多样和变幻还反映在它们在园景中的多样表现。有生命的花草树木随时令、气候等变化，现出的美使园林景色格外多姿多彩。

2. 园林关系中的多样之美

园林中，山水关系的处理是风景美创作的关键。无论是大型园林中的真山真水还是一般园林中的假山、小溪，都要对山水进行整饬，处理好它们的关系，以创造出自然风光和山林景色。山水是互相依存的，它们之间的多种布局关系决定了园林风景的多样风格。有的园林滨湖傍海，以水景为主，其景观开朗豪放；有的建于山麓，或者居于山巅，园内就以山石景为主，园外又可借入名山之景，其风景就有起伏、多层次。尽管如此，全山全水的园林是不可取的。山再多，总要有溪水相绕，泉脉相通；水再大，也必有山骨可依。

根据自然风景山水之间多样而复杂的关系，园林艺术中山与水的组合也极为多样。有的山水相依，水石交融。例如，拙政园中部，从主厅远香堂北望，池中两座山岛的平岗水矶互错互映，现出一种平和协调的美。有的山水相争，成峡谷，成深渊。此外，光线、气候等虚的风景信息和实体的山水景物之间的多样关系也是构园的重要组成部分。实际的赏景经验告诉人们，活泼多变的自然界的风景信息能给园林景色添上十分迷人的一笔。要是没有日光的转换、阴晴雨雪的变化，实的山水风景形象多少显得呆板。例如，同样是山，但在早晨黄昏等不同时辰，就会展现出多样的景观美。

(二) 园林结构形式的统一

园林构成要素和景点表现出外形、展现方式上的相同或接近，为园林构成形式上的统一。例如，在园区内的建筑，无论大小、位置，统一采用当地民居的特色来体现；园路无论宽窄，都采用同一图案式样 (往往地砖大小有差别) 的铺装等。园林结构形式的统一还表现在以下方面。

1. 材料上的统一

不同要素、不同的景点应采用同一建筑材料来装饰景点或园区。相同的材料往往容易表现出相同的色彩、相同的质感，而质感和色彩是景观要素对景观外貌影响较大的两个方面，质感、色彩统一了，整体景观的观感就易于协调。

2. 线型上的统一

构图本身采用了同一类型的线条来展现对象。例如，圆形的广场、中间圆形的喷泉、一侧弧线的花架和花坛，甚至沿周边布置的圆形座凳，圆弧是构成这些要素共同的线形，因而构成景观会显得协调美观。园林中的线形，可分为直线、曲线和由此变化出来的各种线形。直线是线的基本形式，往往给人整齐、强硬的感觉；而曲线则表现为悠扬、柔美，给人以亲切、自然之感。园林中的树木的枝干，因为具有不同的线形而形成了千姿百态的树木形态，如垂柳、垂榆，其枝条弯曲下垂，树冠呈垂枝形；而银杏、杨树等干形通直，主枝向上，侧枝斜向伸展，其树冠呈椭圆形；常绿树的云杉、冷杉、柏类的主干直立，侧枝密生，冠形呈尖塔形；松树的主干挺拔，侧枝平展，树冠如盖呈盘伞形；还有龙爪槐的伞形，铺地柏的匍匐形等多种。把这些不同冠形的树木进行配置，就必须依照树冠的直、曲斜、垂等线形，按主次、高低、曲直、色彩进行搭配，才能配置出优美动人的树木景观。

3.色彩上的统一

色彩是对人视觉冲击最为有力的因素。景点的色彩往往最易于被人感知，一致的色彩易于形成统一感，如苏州园林的红柱、灰瓦、粉墙不仅是每个园区一致的建筑色彩，而且已形成一种园林风格。

（三）园林多样统一之美

园林多样统一之美主要体现在园林形体的多样统一和整体与部分的多样统一上。

1.园林形体的多样统一

园林景观是由多种形体组成的，形体可分为单一形体与多种形体。单一形体，如园林的孤树，在与草坪、低矮灌木的统一配置中才能突出其个体美。同样，一座亭子只有配置在树木、山石之中，才能显得既突出又协调，具有调和美。而多种形体的组合，必须有主有次，用主体形体去统一次要形体，这样才主次分明，变化之中有统一。树木配置就是遵循这个原则，即在一个树群的组合中有形体、色彩、姿态突出的树木，再配以衬托的树木，通过艺术手法进行平面、立面的组合，就构成了一幅完美的画面。

2.整体与部分的多样统一

同一座园林里，景区的景点各具特点，植物造景随之也有不同类型。但就全园总体而言，各景区的植物造景的风格应与全园整体协调。从全园来看，由于有主调树种贯穿全园，所以，无论各个景区的植物造景是千姿百态，还是五彩缤纷，都应融入全园整体的绿色之中。例如，北京颐和园中的谐趣园，绕水面分布着各式建筑，有知春亭、洗秋、饮绿、涵远堂、澄爽斋等，尽管建筑的造型、体量各不相同，但由于颜色、材质、形式的一致，再加上绿树的掩映，使得全园协调统一，局部融入整体之中。

三、园林结构形式的均衡稳定

均衡与稳定在园林造景中往往是整体性、综合性的。物理均衡只有重力大小，比较简单，而视觉均衡却综合了形体的大小粗细、聚散疏密，色彩的明暗冷暖、浓淡黑白，空间的虚实开合、远近大小，方向的正斜内外、上下左右等因素。均衡产生的条件是以物体的中轴线为重心线，以中心点为支撑点，只有重心线与支撑点垂直固定，让重心成为物体的重量中心，这样的物体才是均衡而稳定的。均衡表现物体在平面和立面上的平衡关系，稳定则表现物体在立体上重心下移的重量感，二者密切相关。只有均衡的布局才是稳定的，稳定的立体也体现了均衡，所以，只有均衡和稳定结合起来，才能体现出安定均衡的美。在园林景观的平面和结构布局中，只有做到均衡和稳定才能给观赏者以安定感，进而得到美感和艺术享受。

(一) 规则式均衡稳定

园林建筑中的堂、榭、亭等，如苏州拙政园的"远香堂""留听阁""绣绮亭"都是建筑中心线左右严格对称的建筑。园林出入口、规则式建筑前的植物配置，也应运用规则式对称的手法，以取得均衡稳定的效果。规则式均衡也称对称均衡，是在轴线的两侧布置完全相同的景物，形成两侧对称、前后等距、物体相同、大小一致的景观效果。特点是规则均匀、安静稳定，是均衡中完美的形态，给人以稳定庄严的统一美感。

1. 对称式均衡稳定

人类很久以前就将对称作为均衡稳定的体现，虽然对称在现代的园林造型中用得少了，但在纪念型园林中，对称仍然是十分有效的手法。园林的对称式均衡稳定必须有一个视点或由视点连成的轴线，在这个点或线上欣赏才能感到对称均衡的美。这一条线可能是一条道路，或一个透视夹景，也可能是一条虚无的视线。对称的景物若沿着道路连续出现，人们既可以静观其中的一对景物，也可以动观连续出现的对称景物，如十三陵总干道两旁成排成对的翁仲、石兽与路边的行道树等，统称为流动对称。一个单体的景物，如一个假山石、一个雕像等，也要讲求平衡。如果在视轴上欣赏，左右的成分相同，又称为对称均衡，效果虽庄严但可能呆板。

2. 不对称均衡稳定

人们早期在追求对称均衡的同时也注意到了一些不对称却也能保持平衡的现象，并将其应用到园林的营建中。例如，颐和园的十七孔桥，一端紧接龙王庙，另一端稍远一点便是廓如亭，前者体量大而近，后者因给人以比较重的感觉则离桥稍远，仿佛天秤一样使画面均衡起来。

3. 竖向的均衡稳定

上小下大曾被认为是稳定的唯一标准，因为它和对称一样可以给人一种雄伟的印象，但频繁地使用三角形构图不免使人感到千篇一律。我国古代建筑在这方面很早就有尝试，在今天的园林中，应用竖向均衡的例子也很广泛，如伞形亭花架采用点式结构的不计其数。除了建筑小品外，园林是自然空间，在竖向层次上主要是地形和植物 (大乔木)，设计者应进行巧妙的安排，创造出更新颖、更适合于特定环境的方案。例如，杭州云栖竹径中小巧的碑亭与高它八九倍的三株大枫香形成了鲜明的对照，产生了类似于平面上大而虚的自然空间和小而实的人工建筑两者间的平衡感。

4. 轴线化均衡稳定

当园林中的风景要素被整齐地排列起来时，它们便只是这种规则图形轴线上的一部分，人们的注意力会转移到对群体图案式的机械美的欣赏上来。正因为轴线具有如此力量，所以它可以将较规则的构成要素，如建筑小品、道路、广场、某些植物（如松柏、绿篱、黄杨与其他个体观赏价值较低的植物），化作图案中的一部分，借整体的力量提高价值。但是，布置时一定不要对原有的自然气氛产生大的破坏，对称的应用要考虑到和环境协调，如欧洲最好的广场都不是对称的。园林中的对称设置要尽可能控制在较小的规模内，并且这种效果要能从主观视点或游线上明确地感受到，否则便失去了意义。

（二）自然式均衡

苏州拙政园舫形建筑"香洲"的侧面，就是自然式均衡的建筑造型。"香洲"由平台、前舱、中舱、尾舱四部分组成。尾舱高而体量大，为二层楼阁。尾舱与其他三部分的均衡，一是平台、前舱、中舱的长度比后舱长，而前舱的体量较大，起到均衡作用；二是后舱的粉墙的上下开了四组花窗，既装饰了墙面，又减轻了墙体的"重量"，从而取得了构图上的不对称均衡，表现出赏心悦目的构图美。自然式均衡也称不对称均衡，即对称两侧的配置要素不要求完全一致，只是在体形、色彩、质地、线条、数目等方面体现出量的平衡，以达到景观效果的均衡。这种均衡的特点是变化丰富多样，生动活泼，富有动态和活力的美感。

（三）质感的均衡

重量感觉上，一般认为建筑、石山分量大于土山、树木。同要素给人的印象也是有区别的，如大小相近时，石塔重于杨柳，实体重于透空材料，深色的重于浅色的，粗糙的重于细腻的。一块顽石可以平衡一个树丛，体型上的差异虽然很大，但从质感上却使人觉得平衡。这种感觉并不神秘，从经验上讲，人们都熟悉石头很重，对石头有一种重量感，一丛树木枝叶扶疏，给人以轻快感，本来二者是不平衡的，但是经过园林艺术家的权衡运筹之后，石头不多放，树木成丛种植，分量就平衡了。其他如自然式园林中地形的起伏、山石树木组合在一起的景物，因其变化无穷，与另外一种内容的景物相互间的平衡，就需要设计师的细心安排了。这一类权衡轻重的复杂艺术常称为综合平衡。苏州园林里，主体建筑和堆山、小亭常常各据一端，隔湖相望，大而虚的山林空间和较为密实的建筑空间分量基本相等。

四、园林结构形式的主体从属

元代《画鉴》中说："画有宾主，不可使宾胜主。""有宾无主则散漫，有主无宾则单调、寂寞。"把主景、配景的关系和作用说得非常清楚。在园林空间中，景观有主体景观和从属景观，即主景和配景。只有主从搭配适宜才能达到景观丰富多彩，使人游览起来才会兴致盎然，印象深刻。在一座园林中，主景多为建筑或雕塑，也有用树丛的。为了突出主景，除因体形高大、造型别致、色彩鲜亮引人注目外，还需要在位置上对主景予以突出，如采取主景升高，置主景于主轴线交点上与空间平立面的构图中心的方式。在自然式园林中，采用园重心位置突出景点，都会获得"众星捧月""百鸟朝凤"的醒目效果，如北京的北海，这样一座采用集锦式布局的大型园林，仅用突出某个景区或风景点的办法求得主从分明是很难奏效的。这样的园林，为了避免松散、凌乱，最有效的办法是结合地形变化提高主景的高度，并在高地上密集地布置建筑群或风景点，特别是在顶峰上建造高塔，从而形成一个制高点。这样，既能俯瞰全园，又能从园的四面八方观赏到这一明晰的立体轮廓线，起到突出全园主景的作用。这就是北海的琼华岛与白塔所形成的主体景观。

在植物造景中，主从关系也是应用最广泛的手法，如树木配置中的主体树多为体形高大、姿态优美、叶花鲜明的乔木，配景树多为灌木，并辅以花卉和草坪。这样搭配起来，才能成为一组主景突出、主从适宜、层次明显的树丛。在一组花坛群中，主体花坛多居中央，且有体形高大的花卉，或有雕刻作为装饰，其余花坛作为陪衬。在古典园林中，从园的整体结构看，除少数仅由单一空间组成的小园外，凡由若干个空间组成的园，为突出主景，必使其中的一个空间或由于面积大、或由于位置突出、或由于景观内容丰富，而成为全园的重点景区。如苏州拙政园，全园分为东、中、西三个相对独立的景区，而中部面积大，景观内容多，以远香堂为中心成为全园的主景区。

第三节　园林的人文美

数千年来，博大精深的传统文化浸润着古典园林，精美绝伦的工艺制品装点着古典园林，能工巧匠们参与造园，名流大家更是为古典园林增光添彩，于是，古典园林渐渐地具有了清风雅韵，具有了人文之美。古典园林的人文之美，主要表现在利用物的象征意义来表达文人士大夫的生活情趣上。古典园林的造园者大多是文人士大夫，其赏园者也大多是文人士大夫。因而，园林中的构思、布局、装修、陈设无不体现了他们关于生活的理想和情趣。古典园林中的每一块碑帖、每一件摆设、每一幅书法无不体现了传统的艺术之美，蕴含着丰富的情韵意趣，跳动着华夏文化的光芒。古典园林的人文美所依赖的载体和表现形式，大致有匾额楹联、室内陈设、雕镂彩绘和长廊刻石等。

一、园林中文学题名的人文美

艺术审美注重的是寄情，是以有限的物质形式来表现无限的精神之美，然而在造园过程中，物质的材料又无法完善地表达精神世界。为了克服这种局限，文学进入了园林，它们或是以题名，或是以匾额楹联等形式表现出来。因此，中国园林的人文美，首先是借助文学而实现的。中国园林的题名，往往立意深远、意境含蓄、饶有情趣且又有典故。它们的由来，有的是寄寓志向、修身养性，如拙政园。拙政园为明代御史王献臣所建，由于仕途失意，王献臣归隐苏州，取西晋文学家潘岳《闲居赋序》中"筑室种树……灌园鬻蔬，供朝夕之膳……此亦拙者之为政也"句意，字面之义为拙于在官场周旋的人，只好把浇花卖菜作为自己的"政事"；而深层的含义则是取陶渊明"守拙归园田"之"拙"，与"巧宦"者对文，意在抨击谄佞之徒。有的题名是取义纪事，如留园为明朝太仆寺卿徐泰时所建，清初为刘恕所有，经修葺后，园内竹色清寒，波光澄碧，且有太湖名石十二峰，世称"刘园"。

光绪年间，此园易主盛氏，遂谐刘园之音，存其音而易其义，改名"留园"。

中国园林题名借助诗词的表意功能，最大限度地唤起和诱导游赏者的形象思维，使其边赏景、边思考，在视觉感受的有限自然空间中进一步感悟丰富深远的无限心理空间，得到"象外之象""景外之景"的意境美的享受。例如，杭州西湖的十景：苏堤春晓、柳浪闻莺、花港观鱼、曲院风荷、断桥残雪、双峰插云、雷峰夕照、南屏晚钟、三潭印月、平湖秋月。"十景"中有借物写意，有借景写情，有季相变换，有时空交感，情景交融，意味无限。风景题名调动游赏者的想象和情感，使其在游览中因题品景、因景品题，从而得到美的升华，并进入景外之景的意境之中。

二、园林中雕镂彩绘的人文美

雕镂彩绘是我国古典园林艺术的特色之一。网师园主厅"万卷堂"前的砖雕门楼雕刻精致，古色古香，精美绝伦，被誉为"江南第一门楼"。整个门楼高约六米，雕镂幅面三米，中间为字碑，刻有"藻耀高翔"四字，意为文采绚丽，展翅高飞；两边刻有"文王访贤""郭子仪上寿"等戏文图案。门楼庄重而古雅，闪烁着古代东方文化和民间艺术的灿烂光芒。"文王访贤"说的是周文王访得姜子牙的故事。文王备修道德，百姓亲附。有一次，文王将出猎，占卜的人说他此番所获非龙非彲，非虎非罴，乃霸王之辅。文王出猎，果然遇太公于渭水之北，与语大悦，载与俱归，立为师。这里寓意为"德贤齐备"。郭子仪，人称郭老令公，平定安史之乱立了大功，被封为汾阳王。他的寿命很长，活了八十四岁，其八个儿子、七个女婿都是朝廷命官。因此史书中称他是"大富贵，亦寿考"，这里寓意为"福寿双全"。

三、园林中长廊石刻的人文美

中国园林中有很多素壁白墙，为了增加游人的雅趣，书条石应运而生，成为美化墙壁的建筑装饰。一块块镶嵌在长廊壁间的题刻碑记，大多是园主收藏的历代名人法帖的拓本，以及园苑记文、景物题咏、名人轶事、诗赋国画等。它们不仅是美化景观的装饰，还是珍贵的史料，一般由著名书画家书写，请碑刻高手摹刻，因而被誉为"双绝"。这些书条石的收藏，以留园、怡园、狮子林最为丰富，人称"狮子林听雨楼法帖""怡园法帖""留园法帖"。它们包括了晋代二王与唐、宋、元、明、清诸大家的作品，篆、隶、楷、行、草应有尽有。在此，人们可以尽情寻求书画大家们的笔墨情趣，透视书画大家们的志趣、爱好、品格和气质，并从园史及其人事的兴盛衰亡中感悟艺术的美和人生的真谛。

四、园林中家具陈设的人文美

中国园林中，楼、厅、堂、轩等建筑内的家具陈设既是不可或缺的实用品，又是美化室内空间的重要手段，它们同样显示出园林的人文美。

(一) 家具

中国园林家具用材主要是红木、楠木、花梨木、紫檀木，其质地坚硬，木纹美观，式样主要分明式和清式两种。

1.明式家具

明式家具讲究简 (造型简练、收分有致)、线 (线条为主、不尚华丽)、精 (精雕细刻、结构适用)、雅 (典雅素净、和谐大方)，其外形质朴舒畅，线条遒劲流利，结构比例和谐，色彩沉着古朴，触感滑润舒适。

2.清式家具

清式家具是中国园林中的常见家具，以造型厚重、形体庞大、精雕细刻、装饰华丽为特色，有的镶嵌大理石、宝石、珐琅和螺钿，反映出清代追求奢侈华贵的审美倾向。

（二）摆设

中国园林的室内陈设中有各类摆设，大件的如博古架、书架、琴桌、大立镜、自鸣钟、香炉等，小件的如瓷器、铜器、玉器、供石、盘、盒、箱与木雕小品等。由于园主的身份地位、经济状况、生活方式和审美情趣不同，其室内摆设的风格也就各异，有的古朴典雅，有的纤巧秀丽，有的华丽富贵，有的朴实大方。各类摆设为室内增添不少雅趣，使得整座建筑精美华丽，陈设富丽堂皇，成为中国园林厅堂布置的精美之作。例如，留园"林泉耆硕之馆"的北厅屏门正中刻有冠云峰图，屏风前的红木天然几上摆设着灵璧石峰、古青铜器、大理石插屏，八角窗下置红木藤面炕床；南厅正中屏门刻有俞樾所撰《冠云峰赞有序》；屏门两旁放五彩大花瓶，红木花几上供放着四时鲜花；厅内廊下高悬着古雅的红木宫灯，南北两面落地长窗的裙板和半窗堂板上分别刻着渔樵耕读、琴棋书画、古戏人物、飞禽走兽等图案，东西墙壁上则悬挂着红木大理石字画挂屏。

（三）雅石

石文化是中华优秀传统文化的组成部分，其历史悠久，源远流长。太湖石经千百年波浪冲刷拍击而成，嵌空突兀，玲珑剔透，以瘦、皱、透、漏而称奇，今冠云峰、瑞云峰诸名峰，即为太湖石之极品。明清时期，品石、赏石、藏石之风更盛，并延续至今。拙政园内素有陈列雅石以供观赏的传统。近年来，赏石成风，国内爱好者也日益增多。为丰富园林内涵，提高人们的石识、石品、石趣，拙政园将中部独立封闭式的庭院"志清意远"辟为"雅石斋"，洞门两侧有楹联一对："花如解笑还多事，石不能言最可人。"言简意赅地道出了"雅石斋"的意蕴。

（四）挂屏

挂屏在美化厅堂楼阁的室内环境方面也起着重要的作用。挂屏种类很多，常见的有红木字画挂屏、大理石挂屏、螺钿镶嵌与八宝镶嵌等。在留园东部有小轩一座，轩内湖石"独秀"，取"前揖庐山，一峰独秀"之意，该轩也名"揖峰轩"。轩内悬大理石挂屏，挂屏由四十块大理石组成，下部一块大理石镌刻着晋代陶渊明《归去来兮辞》全文。同园的五峰仙馆内，正中四扇红木银杏屏门上，刻着晋代著名书法家王羲之的《兰亭集序》，同馆前厅的红木落地圆心字画挂屏上刻着唐代刘禹锡的《陋室铭》。人们在欣赏挂屏和屏门之风雅、诗文之隽美的同时，还得到了人生的启迪。

（五）清供

典雅的园林中有厅堂建筑，有精美的家具陈设和古雅的桌案摆件，但室内似乎还缺少一分生机，缺乏一分活力。于是园主们将四季鲜花、应时水果供上了案头，蓬蓬勃勃的生命之美便盎然呈现。严冬季节，园林里花木凋零，景色萧瑟，然而室内却常常清香四溢。在古代，春兰、秋菊、水仙、菖蒲被称为花草之"四雅"，尤其是水仙，常常在冬日作为园林厅堂中的装饰被用来点缀环境，其花风姿绰约，香味清幽，给人以秀雅清逸的印象，人们爱护有加，纷纷将其引入室内。

总而言之，中国园林美的创造就是依据美学原则，运用艺术手法，把造景的各个要素组合起来，使其形象美、内涵美充分展现出来，以创造出优美的园林景观。园林造景就是园林艺术的组成部分，是属于造型艺术的范畴，其表现原则应当遵循形式美的艺术原则，并展现园林的意境美和人文美。

第十二章　园林管理与园林美学继承发展

第一节　园林管理和园林美学

一、园林管理和园林美学的关系

（一）园林管理概述

园林景观的赏心悦目离不开严格科学的园林管理，这是园林之所以被称为美的艺术的重要因素。试想一下，如果没有园林管理，每一座有悠久历史的古典园林都会像消逝的楼兰文明那样，我们今天根本无法见到那些幽致名胜、参天古树、芭蕉夜雨、清漪锦汇的人间仙境。因此源于自然又高于自然的园林需要我们精心呵护，需要我们在园林绿化的规划、建设和管理上进行切实有效、具有生态化环境意识的科学管理，以保证园林植物生长繁茂，让人驰骋想象、心旷神怡。

对园林管理的理解有广义和狭义之分。从广义上理解，园林管理的主要任务是在所属人民政府领导下，组织风景名胜资源的调查和评价；申报审定风景名胜区；组织编制和审批风景名胜区规划；制定管理法规和实施办法；监督和检查风景名胜区保护、建设、管理工作；要建立健全植树绿化、封山育林、护林防火和防治病虫害的规章制度，落实各项管理责任制，按照规划要求进行抚育管理，严加保护古树名木、水体资源、原始地貌、动物栖息环境、文物古迹、革命遗迹、遗址和其他人文景物。狭义而言，园林管理就是指园林的养护管理和设施管理，包括适时松土、灌溉、施肥、修剪和防治病虫害，以及亭、廊、花、架、喷泉、假山、石桌、石凳、围栏、围墙、园林道路、雕塑、雕刻及其他景观建筑和园林服务设施的管理。

园林绿化是城市建设的重要组成部分，也是精神文明建设的重要标志。传统观念中"依山临水而居"的山、水、城融为一体的山水城市与山水文化思想，同时更包含了人们在建设城市过程中对待自然的态度，是尊重自然、利用自然、维护自然延续，还是一味地征服自然、改造自然、掠夺自然，其结果必然会反映出城市的自然形态和城市文化品位的优劣，因此园林绿化管理关系到城市园林事业的生存和发展。下面这四点是园林管理中最基本的要求，是每个以园林为事业的人必须具备的职业意识。

1. 园林管理是园林绿化质量的生命和灵魂

园林事业是一个多行业的综合体,有花草树木的种植养护,也有各类服务性项目。园林绿化质量管理的好坏,直接关系到生态园林目标系统的实施,关系到巨大的环境效益和社会效益,也关系到园林事业的生存与发展。植物是有生命周期性的,这就突出了时间的季节性、工作的阶段性和重复性。如从苗木栽植顺序上,要把发芽早的向前安排、发芽晚的往后栽植。如果时间安排不当,就会影响其成活。另外植物栽植养护具有很强的季节性,不同的植物有着不同的生长习性。不了解这些特点及规律,就不能提高领导的管理决策和广大园林职工质量管理的意识。几年前,许多城市先后展出了一种名为"大地走红"的环境艺术,就是用几万把红伞把公园装饰起来,形成一种供人欣赏的景观。但很快这一艺术就产生了一种事先谁也没有料到的效应,它在每个城市的展出几乎都变成了一个引人注目的公共话题。话题就集中在市民们观赏这些露天展放的红伞时的行为方面。在许多城市里,这种展出的后果可以说是"惨不忍睹",几万把红伞被前来参观的市民们偷的偷、抢的抢、糟蹋的糟蹋,最后一片狼藉。而在有的城市里展出的情况却出奇的好,参观的市民秩序井然,红伞无一丢失,也几乎没有人为的损坏。因此园林管理还涉及对游人的管理,只有把园林管理看作生命和灵魂,才能真正落实和全面提高园林管理的质量,为居民、游人提供舒适优美的绿化环境,提高社会、环境、经济三方面的效益。

2. 园林管理要措施到位,具备以预防为主的意识

花木形态四时不同,正如宋代郭熙《林泉高致》里所描述的那样:"春山淡冶而如笑,夏山苍翠而欲滴,秋山明净而如妆,冬山惨淡而如睡",园林管理要分辨天光水影、朝暮晦明、风雨绸缪等物候变化,植物的种种生态变化需要管理者面面俱到、细致入微,把好各环节的质量管理。如苗木密植,密到什么程度,要有一定界限,如果掌握不当,栽植或播种过密,不仅浪费种苗、增加成本,还会因为树、苗得不到足够的营养和光照生长纤弱,影响绿化质量。在植物的种植过程中会碰到许多问题,如营养因素和病虫害因素是两项重要的内容。营养过多或过少,都会影响植物的生长;如果不清楚植物病虫害的病症,有的植物可能就会被严重损伤,甚至死亡。就像人感冒咳嗽一样,植物也会受细菌感染,细菌往往是通过风或鸟传染过来的。树如果受到感染,一是叶子发软,二是叶子变黑,管理时必须拔掉小株,大树则须局部砍伐。植物感染病毒的病症有两种情况:一是斑点,二是叶子卷起来。像郁金香,两种颜色的花瓣其实是病毒侵入的缘故。植物感染病毒是很难治愈的,要么拔掉,要么烧掉。

3. 要重视技术信息和及时反馈、消化意见

园林管理也是一种动态管理，园林植物和造园技术也会随社会进步、人类需求及环境变化而不断创新，因此，既要了解或掌握传统植物的习性和栽培技术，也要对不断产生的新植物品种和新栽培技术有较宽泛的了解或掌握。如上海地区常见的松树有雪松、锦松、白皮松、赤松、湿地松、五针松、海岸松、台湾松、黑松、金钱松，这些松科类植物由于形态特征、生态习性的不同，有的是常绿乔木，有的是落叶乔木，栽培的土质有的要求含腐殖质的砂土，有的要求疏松的微酸性砂土。这就要求根据需要，合理选择品种进行栽培，养护时也要专业化，要随时注意信息反馈，巩固绿化成果。由于现在消费水平提高，人们对园林的需求更高，引进的植物品种和栽培手段也越来越多，如荷兰的郁金香现在成了大型景观的装饰性花卉，基质无土栽培法成了重要的培植方法。

4. 抓住重点，加强管理，强化质量意识

园林绿化是施工时间短而管理时间长，需要连续管理的行业，因此对各项养护质量管理必须有长期的、综合性的、全方位的督促检查。所谓"一日造林千日管"，全面质量管理的重心就是要保证大面积绿化成果，要依靠全体员工，参与全面质量管理，领导负责分段（块）承包到班组或个人，每个人根据实际情况拿出确保效益的措施，实行岗位质量、目标管理责任制，以专业管理者带动全社会对绿化工作的全面质量管理。如育苗技术管理、绿篱栽植与管理、草坪的铺装与管理、园林树木的整形、修剪技术与管理、服务行业、建筑装修管理等各项技术管理标准、规范、规程各不相同，方法各异，但必须贯穿在整个管理的每个环节。

俗话说"三分种，七分管"。要加强园林绿化的质量管理，还必须坚持以人为本，加强人才的培养和使用；建立严格的岗位责任制，形成一个任务明确、职责分明的管理体系；从技术入手，提高全面管理的能力和水平，建立严格的质量标准，保证每个环节的质量；从长远着眼、从细微入手，使质量管理工作系统化、标准化、制度化、科学化，充分发挥园林绿化的社会效益、环境效益和经济效益。由此可见，园林管理是一项综合性的管理，需要对园林景点的历史沿革、资源状况、范围界限、生态环境、各项设施、建设活动、生产经济、游览接待等情况进行调查统计研究，只有这样，才能使园林保持悠长独特的亘古韵味。

（二）园林管理与园林美学的关系

园林管理与园林美学之间的关系就像互为因果的两个轮子，园林管理反映了人对"人化自然"的能动表现，而园林美学既指导园林管理的方式秩序，又在吸收园林管理的创造性因素过程中推动了园林美学自身的新发展。

归总起来，园林管理与园林美学之间存在以下三种关系。

一是园林管理离不开园林养护和种植。园林设施和建设成功运作的配套性规程，是园林美学产生的物质基础。对于今天发达的园林文化而言，园林管理已经具备十分成熟的管理经验，所以专业性养护和专业化种植已经成为园林行业的主力军，其市场化的经营方式使得园林管理更符合生活实际，园林品种和园林设施更人性化，也使得关于园林的美学思想在管理中得到客观科学的渗透和深化，使得园林管理洋溢着人类对美的世界的理想实践，洋溢着人类对生活之美的美好憧憬。白居易曾用"人间四月芳菲尽，山寺桃花始盛开"的佳句来形容由于海拔的差异，桃花的开花时节出现的巨大差异。这足见在园林管理中，对植物的种植要依照天时地利等诸多因素，才能使园林四季葱茏、生机勃勃。西汉时的皇家园林上林苑内，建有著名的人工水面昆明池，池里筑有传说中的蓬莱、方丈、瀛洲三座仙岛，这"一池三山"的观赏游览设施成为后世宫苑的典范，并波及周边国家的园林构造。可见园林管理领域里的规划设计及其成果是园林美学产生的实践依据，是园林美学产生的物质基础。

二是园林管理有赖于园林美学的调节和支配。对园林的布置规划、养护建设离不开已有的审美经验，离不开前人积淀的各种具体美化园林的方法。今天社会上出现的许多毁绿事件，根由大抵在于对园林美学缺乏应有的认识，如将山体涂抹成绿色，其造成的自然生态环境的破坏可能几代人都不能扭转。即使是专门的工作者，由于对园林美学缺乏应有的认识，同样也会造成园林管理中的败笔。如园林中的照明，如果随意布置电线电杆，现代化的电灯会使古典园林景致大打折扣。又如张挂灯笼，若不注意敞口建筑和封闭建筑的差异，灯笼有可能令人产生塔铃的感觉，同周围景观不协调。所以从事园林的管理者如果时时以园林美学为导引，那么园林管理就必定可以达到精益求精的程度。

三是园林管理的改善和提升可以促进园林美学理论的新发展。虽然园林是人类追求与自然和谐相融的产物，但园林的发展史却显示园林的形制体式从来都是与同一个时代的审美趣味有着密不可分的关系，且同社会的政治、经济、文化有着一定的联系。中国古典园林多为私家园林或皇家园林，其动植物配置、设施布置就必须符合贵族趣味，成为寄托风雅、寻求夸竞的清幽园宅。如北宋庆历年间，被罢官的苏舜钦在苏州修建了充满野趣的沧浪亭，且此亭"前竹后水，水之阳又竹，无穷极。澄川翠干，光影会合于轩户之间，尤与风月为相宜"，道出了文人书卷的意气。

二、园林日常维护和园林美

（一）植物配置韵律美的日常维护

作为四大造园要素之一的植物，园林设计归根结底是植物材料的设计，其目的就是改善人类的生态环境，其他内容只能在一个有事物的环境中发挥作用。植物配置就是利用植物材料结合园林中的其他素材，按照园林植物的生长规律和立地条件，采用不同的构图形式，组成不同的园林空间，创造各式园林景观以满足人们观赏游憩的需要。在园林设计中，植物配置占有重要的地位，是园林设计的重要组成部分。植物是园林的主体，植物配置是园林设计、景观营建的主旋律。不同居住区在植物配置上体现出独特的风格，体现自然界植物物种的多样性，树种力求丰富，又不要杂乱无章，好的种植设计可以成为居住区的明显物标。园林当中的植物配置要根据园林布局、土壤气候以及植物的种类姿态、色香高低的特点，才能形成近在咫尺、秀色可餐的造园佳妙，领略面面有情、处处生景的造园韵律。

日常园林维护既是保护文化遗产的需要，同时也是当代人审美和实用的需要，且有许多求精的巧妙艺术，因此植物配置需要专门的分析，以实现其科学的韵律美。通常可以从下面三个角度着手。

首先是日常维护要顺应四季变化，注意选用"乡土树种"，给人以富有季候感的审美享受。就落叶乔灌木而言，春季，枝条上发芽，含苞待放；夏季，绿化树木和花卉浓荫郁闭，花红似火；秋季，满树黄叶醒目，红叶醉人；冬季，树叶落尽，树枝树干，千姿百态。可见季节变化会使绿色植物呈现出不同的颜色和形态。如果种植春兰、夏荷、秋菊、冬梅，可以使园林景观应时而变，一年四季花开不断、色彩多姿、形态迥异、香芬馥郁，营造园林特有的秀媚气势。但是要使设计者的设计理念能够得到充分实现，日常维护就显得十分重要，如养护问题、耐看问题、搭配问题等等。如以姿态优美的植物孤植于建筑物附近或桥头、路口、水池转弯处，也是一种常见的形式，它能起配景或对景作用，可丰富园景的构图。配置中有规律的变化会产生韵律感，如杭州白堤上间桃间柳的配置，游人沿堤游赏时不会感到单调，且有韵律感的变化。但无锡寄畅园鹤步滩曾经配置了双杈斜出的枫杨，以衬托中景，因为几易其主，失于维护，现已是茶室空临的土石滩地，原有的春萌夏翠的写意景象早已荡然无存。

其次是要维护好常绿树与落叶树的自然特性，在平面上要有合理的种植密度，在竖向设计上也要考虑植物的生物学特性，注意喜光与耐阴、速生与慢生、深根性与浅根性等不同类型的植物的合理搭配。通常常绿植物和落叶植物多采用混合方式培植。为了体现层次感，由大小乔木互相搭配，下面间植灌木或竹丛，以达到轮廓起伏，层次变换的效果，使之起到构成园林轮廓线、加强建筑物之间构图联系、划分园内空间等方面的作用。由于植物高低不一、形态多姿，日常维护就要注意减少萧杀冷落之感，注意及时清理残叶，修剪残枝，或者添加盆景以保证园林的审美趣味。近年来在园林的维护上还出现了以落叶为美的时尚，让游客在温暖的阳光里，姗姗漫步在洒满落叶的林荫大道，在"沙沙"的踩踏枯叶声里享受秋天的时节滋味，在泛红落叶的舒缓飘落里品味秋天的迷人风情。

最后是要注意园林娱乐活动的布置规划、游览线路，以使园林景观获得锦上添花的审美享受。由于现在在园林场所开展大众性展览、戏曲、民俗活动日益增多，像端午、中秋、春节，老百姓对萧鼓、杂戏、高跷、舞狮、旱船、太平鼓等民俗活动喜闻乐见，组织者将表演和园林旅游结合，将观赏和自娱结合，为佳节增添色彩。像上海七宝的皮影戏、崇明的扁担戏、南汇的锣鼓书等民俗活动经常与园林天然气氛相融，传承和发扬的同时也使园林资源日益由静而动，开拓出了新的生命力，但这也给园林日常维护带来很多的难题，如园林植物的配置是否同相关活动融洽，众多的人流是否使园林布局显得逼仄、狭小。北京密云县曾发生过因为元宵灯节人群太多，造成游客踩踏事故的悲剧性事件。这就使园林日常维护对植物配置提出了更高的要求。现在在园林管理中，经常会应时大量配置低成本的盆栽草花，灵活安排布局，既起引导游览线路的作用，又使园林景观更能满足现代人对园林韵律的精神需求。

(二) 植物的生长变化与园林美

1. 植物的生长变化和园林生态

人类在利用自然、征服自然、改造自然的过程中，创造出了高度的社会文明，促进了生产力的飞速发展。人们在享受其丰富的物质和精神生活的同时，却不得不面临全球环境的变化：人口骤增、资源短缺、环境污染、自然灾害等威胁人类生存的严峻现实。人们逐步认识到生态环境失调已经成为制约城市可持续发展的限制因素，人类的生存不仅需要一个优美、舒适的环境，更需要一个协调稳定、具有良性循环的生态环境。生态园林的产生是城市园林绿化工作最高层次的体现，是顺应时代发展和人类物质和精神文明发展的必然结果。

传统的植物造景是应用乔木、灌木、藤本及草本植物来创造景观，充分发挥植物本身形体、线条、色彩等自然美，配置成一幅美丽动人的画面，供人们欣赏。随着生态园林的深入和发展，以及景观生态学、全球生态学等多学科的引入，植物景观的内涵也随着景观的概念而不断扩展，传统的植物造景概念、内涵等已不再适应生态时代的需求，植物造景不再是仅仅利用植物营造视觉艺术效果的景观。生态园林的兴起，将园林从传统的游憩、观赏功能发展到维持城市生态平衡、保护生物多样性和再现自然的高层次阶段。

生态园林是继承和发展传统园林的经验，遵循生态学的原理，建设多层次、多结构、多功能且科学的植物群落，建立人类、动物、植物相联系的新秩序，达到生态美、科学美、文化美和艺术美。应用系统工程发展园林，使生态、社会和经济效益同步发展，实现良性循环，为人类创造清洁、优美、文明的生态环境。从我国生态园林概念的产生和表达可以看出，生态园林至少应包含三个方面的内涵：一是具有观赏性和艺术美，能够美化环境，创造宜人的自然景观，为城市人们提供游览、休憩的娱乐场所；二是具有改善环境的生态作用，通过植物的光合、蒸腾、吸收和吸附作用，调节小气候，防风降尘，减轻噪声，吸收并转化环境中的有害物质，净化空气和水体，维护生态环境；三是依靠科学的配置，建立具备合理的时间结构、空间结构和营养结构的人工植物群落，为人们提供一个赖以生存的生态良性循环的生活环境。

首先遵照艺术性原则，体现出科学性与艺术性的和谐。生态园林不是绿色植物的堆积，不是简单的返璞归真，而是各生态群落在审美基础上的艺术配置，是园林艺术的进一步的发展和提高。在植物景观配置中，应遵循统一、调和、均衡、韵律四大基本原则，其原则指明了植物配置的艺术要领。植物景观设计中，植物的树形、色彩、线条、质地及比例都要有一定的差异和变化，显示多样性，但又要使它们之间保持一定的相似性，引起统一感，同时注意植物间的相互联系与配合，体现调和的原则，使人具有柔和、平静、舒适和愉悦的美感。在体量、质地各异的植物进行配置时，遵循均衡的原则，使景观稳定、和谐，如一条蜿蜒曲折的园路两旁，路右侧若种植一棵高大的雪松，则邻近的左侧须植以数量较多、单株体量较小、成丛的花灌木，以求均衡。

其次应该表现出植物群落的美感，强调物种在生态系统中的协调功能。这需要我们在进行植物配置时，熟练掌握各种植物材料的观赏特性和造景功能，并对整个群落的植物配置效果整体把握，根据美学原理和人们对群落的观赏要求进行合理配置，同时对所营造的植物群落的动态变化和季相景观有较强的预见性，使植物在生长周期中"收四时之烂漫"，达到"体现无穷之态，招摇不尽之春"的效果，丰富群落美感，提高观赏价值。同时在城市园林绿地建设中，应充分考虑物种的生态特征，合理选配植物种类、避免种群间直接竞争，形成结构合理、功能健全、种群稳定的复层群落结构，以利种群间互相补充，既充分利用环境资源，又能形成优美的景观。根据不同地域环境的特点和人们的要求，栽植不同的植物群落类型，如在污染严重的工厂应选择抗性强，对污染物吸收强的植物种类；在医院、疗养院应选择具有杀菌和保健功能的种类作为重点；街道绿化要选择易成活，对水、土、肥要求不高，耐修剪、抗烟尘、树干挺直、枝叶茂密、生长迅速而健壮的树；山上绿化要选择耐旱树种，并有利于山景的衬托；水边绿化要选择耐水湿的植物，要与水景协调等。

最后要重视生物的多样性，要使生态园林稳定、协调发展。物种多样性是群落多样性的基础，它能提高群落的观赏价值，增强群落的抗逆性和韧性，有利于保持群落的稳定，避免有害生物的入侵。只有丰富的物种种类才能形成丰富多彩的群落景观，满足人们不同的审美要求；也只有多样性的物种种类，才能构建不同生态功能的植物群落，更好地发挥植物群落的景观效果和生态效果。城市绿化中可选择优良乡土树种为骨干树种，积极引入易于栽培的新品种，驯化观赏价值较高的野生物种，丰富园林植物品种，形成色彩丰富、多种多样的景观。另外植物是生命体，每种植物都是历史发展的产物，是进化的结果，它在长期的系统发育中形成了各自适应环境的特性，这种特性是难以动摇的，我们要遵循这一客观规律。在适地适树、因地制宜的原则下，合理选配植物种类，避免种间竞争，避免种群不适应本地土壤、气候条件，借鉴本地自然环境条件下的种类组成和结构规律，把各种生态效益好的树种应用到园林建设当中去。

2. 园林美和日常生活

园林美是建立在植物生长基础上的，园林植物的四季生长变化同整个园林布局一起构成了园林特有的美景。植物的生长同土壤、水分、肥料、温度、光照、修剪、植物间的相生相克等有着密切的关系，古人有"接天莲叶无穷碧，映日荷花别样红"的歆羡，也有"满地黄花堆积，憔悴损"的慨叹，说明了园林的美与不美，关键在于是否体现了自然神韵、气质情趣。园林景致要达到移天缩地，让游客体会烟波画船、人影衣香的审美境界，对植物的生长变化必须了解透彻，注意对枯枝败叶和干扰视线的树权要及时修剪整形，对受病菌或霉菌侵害的植物要及时清除和补种，以使园林保持原有的特点，并在绿化的同时结合一定的实用功能，这样园林艺术的美才真正为人所体会、所沉浸。通俗地讲，植物的生长变化要因循"因地制宜""就地取材""因材致用"这三条原则，这样园林美在日常生活中自然就可以为广大人民理解和接受。

(1) 因地制宜

要做到"因地制宜"，就必须对植物的自然特性有深入的了解。如乔木的种植，我国南方多银杏、黄杨、乌桕等树种，北方多杨、槐、榆等树种，分别营造出淡泊明志和高大深远的特点。又如绍兴兰亭，多幽兰修竹，这同江南潮润绵暖、淫雨霏霏的气候有关，也因此有"竹风随地飘，兰气向人清"的山林野趣，留下王羲之曲水流觞的风雅典故。因为爱吃荔枝，唐明皇派人快马从南方运送荔枝到长安给杨贵妃享用，苏轼却在广西得意地"日啖荔枝三百颗"，将被罢贬的不快统统忘记。因地制宜，弄清植物的生态习性，显然很重要，这也是顺应植物自然本性的需要，是实现园林美的前提。

（2）就地取材

要做到"就地取材"，就必须对植物的纲目属种有全面的了解。由于植物习性的变迁，园林植物经常有"名物混淆""指鹿为马"的问题。如同样叫"葵"，在古代是重要的蔬菜植物，根据生长时期，又分为春葵、秋葵、冬葵，这在《诗经·豳风》"七月烹葵及菽"里已有记载；但在现代向日葵、蜀葵、锦葵之类却是草本植物，属于常见的观赏植物。又如天目山松、黄山松、泰山松，本身就是标识各座名山的天然秀色。如果对这些植物的类别差异有较仔细的了解，在园林布局时就会结合植物的天然习性，就地取材，营造浓郁的地方特色。

（3）因材致用

要做到"因材致用"，就必须对植物的自然功用做必要的了解。园林美不仅仅游目悦情，还可以开掘其他的实用价值，如遮阴挡风、满庭芳香、果腹药用等价值。宋代诗人陆游在《古梅》里竭力推崇梅花散发的淡雅香气："梅花吐幽香，百卉皆可屏。"苏州邓尉、无锡梅园、杭州西溪、武昌梅岭的梅花成片开放时，那缤纷玉倩的盛况和沁人肺腑的清香，真的能使游客沉浸于"粉蝶如知合断魂"的梦境中。《本草纲目》里谈到蜡梅"花辛温无毒，主解暑生津"的药用价值，又为园林植物增添了一层可以珍玩的美。

（三）"清洁也是美"的原则

由于后工业化时代经济的突飞猛进，环境生态的污染状态越来越成为制约人类美好生活的重要因素，噪声、垃圾和废气成为城市化时代最突出的三大问题。对于园林管理来说，如何使园林景观保持良好的视觉印象，这确实是提高园林审美愉悦心理的首要条件。

对于园林管理者来说，如何设计合理的游程线路，如何设置垃圾箱和厕所的位置，如何设计观赏区和餐饮区，如何设计环保的指导标牌等，的确很重要。这可以使园林景观和游人的观赏兴致不因为乱扔垃圾、随地便溺、随便涂鸦等行为，受到严重破坏。常言道："清洁也是美。"作为亲近自然、人化自然的园林，不仅绿地环境要清洁，不残留人为垃圾，而且要保护好园林的水资源，不让水体产生蓝藻等严重富氧污染，让园林中的林禽鱼虫也拥有卫生、安全的清洁环境。

要使园林能保持清洁，整个社会环境的保护意识也必须十分强烈，因为园林的生态方式将非生态的自然环境进行人为化治理和改造，这就需要建立全民清洁的意识，只有这样，园林意义上的清洁才能不依赖于园林清洁工的日常维护。如德国萨克森州的开姆尼茨城市公园，是个开放式的公园，里面有个充满浪漫和爱情的玫瑰园，平时完全靠政府机构里的专业人员来护理，在德国属于园林管理局的工作。因为开姆尼茨市的清洁工作是德国城市中做得相当好的，所以这块绿地平时也十分干净，没有什么枯枝败叶。即使暴雨后，花卉蔫朵儿，却并不影响整个公园的整洁和美丽，相反玫瑰园的怀颓、视野的苍翠足可以和梦境媲美。

所以园林的清洁更多的是驱除人为垃圾，园林的清洁又不同于一般的清洁。在秋寒乍起时，铺地落叶往往有意不及时清扫，让游客踩在干枯的枝叶上，以疏松自然的脚底感受、飒飒碎叶的听觉求得风雅的韵致。有的园林以成片的苔藓为美，用以追求清幽玄远的趣味。有的园林故意在角落留下蜘蛛网，以显现质朴纯粹、自然原生的痕迹。所以，对园林清洁的理解，需要管理者丰富的风景文化才学，熟悉园林的民族精神内涵，这样理解的"清洁"就有自然之趣，园林就不会有刺眼清白的单调感，使园林更多地保留自然朴实的野生物种，使人更多地顺应自然的诗情画意。

三、园林更新和园林美

(一) 协调更新

园林除了做好日常维护以外，在必要时，还需进行局部景点的调整建设、植物更新、道路、建筑的翻修、增添等等。这时一方面要考虑实际需求 (包括审美需求和生活需求)，另一方面仍需注意园林的整体协调的美感与风格，所以应持慎重的态度。现在有些公园的管理工作者忽视了园林管理的独特性，运用一般企业的管理经验，常常喜欢大兴土木，似乎公园里基建的数量也是工作成绩的标志之一，这与园林综合艺术的特点是不相容的。公园的美感，要以自然美作为主要追求目标，中国古典园林中建筑物过密的缺陷是有其历史、社会背景的 (如帝王的议事、宴乐、官僚及其眷属的居住等)，这里不做评议。但我们园林中的建筑，不管是服务性还是其他用途的，务求以不妨碍园林自然美为前提。如果是办公设施或公园工作人员的生活设施，更应力求建在游客不易走到的位置。可能的话，以高大植物作遮掩。如果是为游客服务的，则建筑网络、外观务求与周围环境协调，不必过于追求豪华。如一个茶室，可建在游客主要通道的拐角处，用指路牌标出，沿树丛中的小径走十余米，坐落在一个小园子尽头。外观以不规则形人造大理石及仿竹形的水泥柱为主，与整个环境氛围和谐一致。

植物更新时的原则和方法与日常维护时大致相同，但可以趁更新之际，进一步突出某些景点特色，烘托气氛。从全园的植株安排来说，可以在整齐中求变化，集中与分散相结合。当然，也可以根据一些新的实际情况、实际需求做相应调整。

道路、灯具以至一些附属物的更新也同样遵循"协调是一种美"的原则。一些公园中的废物箱在造型、色彩上常常能考虑到美学效果，这是很好的经验，但路牌、灯具的设置有时却还没有考虑到风格的协调。道路的调整、铺修当然要考虑到游客量的实际情况，但与平常的城区道路应有所区别，也要力求不妨碍园林的美感效果。一般来说，宽直平坦不一定会达到好的视觉效果，即使为了需要拓建这样的道路，也要以植物来作陪衬。反过来说，"曲径通幽"也不是处处都能适用的。按照常规，公园设计时的道路在游园的美学效果上已考虑以人为本，管理工作者应力求在此基础上做局部调整，使之更趋合理或满足新的需要。另外，还要求服务设施、服务质量也需同步提高。

(二) 合理利用

合理利用园林空间是在园林更新、改建时应该注意的。着重提出这一点是因为近年来某些公园在盲目攀比的思想指导下，在园林建设中求繁求多，增设花坛、雕塑、喷水柱、亭榭、长廊……不考虑审美实际需要。自以为是进一步搞好园林建设，实际上却是在原有的园子中到处画蛇添足，不但不能起到更好的美感效果，反而如《红楼梦》中的刘姥姥，插了满头满脑的鲜花，效果适得其反。对这些"费力不讨好"的管理人员来说，重提"简单也是美"的原则是有一定意义的。尤其是盲目追求门票收入，争建"游乐宫"之类的人造景点，不仅不美，反而因违规占用园地，破坏整体规划，而大煞风景，这种急功近利之举必须克服。

在园林的更新、改建时，合理利用园林中原有的某些带有一定特点的景物，甚至利用在公园外部环境中可作"借景"的一些客观形体，则能收到事半功倍的效果。大城市中的一些公园周围环境因城市建设的飞速发展，出现了一些造型、色彩别致的高大建筑物，在公园做一定程度的更新、改建时，就可以在设计工作中利用一些美学原理加以借用。如某公园外部有一座拜占庭式天主教堂，蓝色圆顶配金色十字架，颇具美感，公园在某一位置以植物配置相协调，则于园内一角形成一个较受游人欢迎的观赏点和摄影点。又如上海某公园内原有一座大理石建造的颇具古罗马风格的凉亭，可惜周围既没有紫藤、葡萄藤一类的植物，也缺乏其他与之协调的建筑，还在距离不远的地方建了一个厕所，实在令人遗憾。

四、园林工作者的美学修养

(一)园林工作者的素质

园林不是对自然界简单的照搬复制，也不是造园者随心所欲的想象虚构，而是根据人的意志，把客观物象即自然界美景变成人的审美意象，再由人的审美意象转化成艺术形象，即园林。显而易见，园林工作者并非孤立的，而是处于一定的社会环境之中，受社会审美观念的影响，所创造的园林艺术也是受社会美学观念检验的。因此，园林工作者属于那种可以把矮树变成绿色艺术品的成功者，可以在别人忽视的地方找到神秘的东西，具有穿透土壤看清事物本质的犀利眼睛。园林工作者又是大自然的守护神和艺术家，可以将人工自然修饰得充满生机。在现代社会，要真正成为合格的园林工作者，自身素养十分重要。如果从构园到日常使用和管理这条园林生命的职业流程来概括，园林工作者的素养可以分为专业素养、管理素养和综合素养。

1. 园林专业素养

园林专业素养主要涉及园林、古建筑全系列工种。如果单就园林工种来说，主要分为木工、瓦工、砖细工、假山工、雕花工、油漆工、花木工、彩画工等跟园林密不可分的技术工种。如果单就古建筑工种来说，主要分为砖细制作与施工、木材选择与使用、白蚁防治、传统油漆配制方法和施工、古建筑彩画技术等跟古典建筑修筑相关的技术工种。

2. 园林管理素养

园林管理素养主要涉及宣传贯彻执行有关绿化的法律政策，组织实施城镇园林保护、建设和绿化设计工作，承担全民义务植树和国土绿化的宣传组织、督促检查和评比表彰等工作，组织行业学术技术交流、新技术开发引进工作等。

3. 园林综合素养

园林综合素养当然牵涉天文地理、阴阳五行、古典文学、文武张弛、精雕细琢等增添园林内蕴的知识，还因为同林业、农业有着千丝万缕的关系，所以在物候、生态、城乡等方面亦需要有丰富的知识，这样才能运筹帷幄，把握住园林自出天然的特点。

对园林工作者来说，园林是一项学无止境的事业。例如，在德国开姆尼茨市中心，能看到一个有120年历史的占地几千亩的生态植物园，这个植物园有着非常特别的构建理念。作为生态的自然保护区，这里种植着各种类型的植物，包括暖棚植物和传统植物。当然最多的区域，是保留着原始森林的茂密景观。

　　走进植物园，在主干道的右边，是一个有旱地、有水域的生态环境区域。在园林设计观念上是想将其设计成德国中北部高原地带的生态环境。在这块区域里，有不用泥土和水泥，而用自然石头堆砌的区域，建成小山的模样，种植着各种草本植物和可以做调料的植物，如我们平常吃的披萨、土豆汤里用的香草。还有些是种植在沙子里的香草，在自然环境下散发着特别浓郁刺鼻的熏香气味。人工挖成的自然池塘，种植着高低层次分明的各种绿色植物，既为这个石头裸露的世界增添生气，同时也成为青蛙等各种水生动物和昆虫的家园。在这块沙石做成的景观地带，还种植着一些过去人们常放在窗台前的有强烈香气的植物。因为生长速度过快，人们烦于修剪，所以现在都被当作药物使用，当然这些香草是不能食用的。另外还布置了像沙漠一般的完全仿自然的人造景观。由于这里杂草比较多，所以经常需要人工打理，以便能长期保持设计时的漂亮模样。

　　在植物园里还开辟有苗圃，一部分培育花草，另一部分种植蔬菜，同时这里也是培训学生农艺知识的基地。种植的蔬菜有大蒜、胡萝卜、玉米、向日葵等。还有桑葚树、梨树、苹果树等可以食用和入药的果树。当然这里的规模仅限于满足学校园艺知识的实践需要而已，所以只是一块小型的苗圃。

　　在植物园里，暖棚是游客可以观赏的重要景观，在这里，可以看到德国少见的竹子，澳大利亚引进的既能做药又是棒棒糖原料的月桂树。其中一个暖棚主要种植地中海地区的植物，有形式各异的仙人掌，有可以药用的芦荟，有可以抗辐射的俗名"继母"的仙人球，还有当地的许多地被植物，用来保护各式地中海地区常见的小昆虫。里面还种植着可以做泡菜或直接食用的蔬菜和香草，可以做披萨饼的调料，还有调味的蒜头，可以放在衣柜里的薰衣草。这些蔬菜和香草，通常带些柠檬味或者薄荷味，西方人在色拉或凉拌菜里经常会用到，有的还可以做装饰。

　　另外一个较大的暖棚主要种植热带植物，需要较高的温度和较大的湿度。在这里有可以做菜用的树木，有香蕉树、樱桃树、木瓜树、菠萝，以及花生、中国水稻、含羞草等可以在这样的人造气候里生长的植物。在这里，还有许多白天生活在叶片底下的昆虫，像罕见的有20厘米长的竹节虫，有15～16厘米大小的泰国蝴蝶，形成一个热带生物群落。由于这样的暖棚需要大量的光照和热量，所以即使是冬天，温度也控制在16 ℃以上。要维持这样的温度，暖棚的太阳能是不能满足的，所以要提供另外的暖气，以维持必需的温度。但是光照问题始终无法令人满意，所以冬天许多植物的叶子会大量脱落。

　　在植物园里，另外还保留着大片的原始森林，种植着许多高大的乔木，以及开姆尼茨市常见的地被植物。为了给年轻游客助兴，在蜿蜒曲折的林中岩石道上设立了大小不一的木排和大理石材料的乐器、吊桥等助游设施，以及滑梯、攀坡、秋千等娱乐设施，使得古老的森林里经常会出现愉快的笑声，祛除了由于森林过于茂密而形成的阴沉感。

在一个生态环境里，还需要有动物，因为动物可以增加植物园对孩子的吸引力。开姆尼茨的植物园也一样，这里喂养着羊、猪、鹅、鸭、蛇、马等常见动物，并且在通往观赏动物的道路上设置了有各种动物脚蹄形状的指路牌，让小孩可以在猜测中若有所思，提升对动物的兴趣。

如果从植物园角度去评价的话，开姆尼茨植物园在自然景观的营造上，具有世界上罕见的造园理念，即专门开辟出一块地来仿造最自然化的景观。虽然这样仿照德国北部地区的景观感觉上不怎么精致和漂亮，但因为自然，所以具有强烈的生态性。现在这里也成为德国中小学生了解自然及植物的重要实践场所，体现了植物园不单纯是观赏性的，还是了解和学习自然的理想之地。

这样的植物园在现代园林样式里也是十分新颖的，所体现的园林工作者的素养充满时代面貌和世界精神，所沿展的园林观念说明了园林工作者的职业素养是在不断提高、精益求精的。

(二) 园林工作者的美学素养

前面反复强调了园林诗情画意的美，强调了审美中的人情因素，强调同中有异的意境构思，强调园林大小和动观静观的关系，强调园林植物和山石安排的清丑顽拙，强调园林陶冶性情的功用。显然这些内容的完美实现有赖于园林工作者的审美态度，有赖于园林工作者的美学修养，有赖于其对园林真善美的理解。

拿造池艺术来说，这是园林的理水手法，但如果缺乏美学修养，栽培水生动植物必定品位不足。首先，园林工作者必须注意生物生长群落的和谐问题。如必须考虑水上水下的动植物，它们在当地环境里能否得到保护，因为水中生物可以是最小的细菌类，还可以是胚胎、水藻类十分细小的生物、昆虫或小动物。必须了解植物有根在水里、叶在水面上的，也有些植物并不需要根，有些植物是游离状态的。水里生存的动物很少浮在水面上，像有脚的类鱼动物，是水中环境的保护者。生长在池边的动物有青蛙、蜻蜓等。蜻蜓有蓝色、红色的，在水面上飞，十分漂亮。还有些软体昆虫会附着在植物或水面上。

其次，园林工作者必须注意生物生长的环境条件问题。植物在水域中的生长是需要营养的，如果只放些植物，那么就会出现营养过剩的绿藻，无锡太湖的蓝藻事件就是营养过多引起绿藻的疯长，因为一般腐烂的叶会为自身带来营养，而种植植物可以使绿藻失去栖身之地，同时可以控制水中营养。对于水池而言，温度越高氧气越低，温度越低氧气越高；水深水温低，水浅水温高。如果要生长生物，水必须深一些，氧气多有利于生物生长。做小水池时要考虑风从哪里来，光从哪里来，这对喜光植物的生长十分重要，设计时要充分考虑。比如在阳面种树可以使生物不太受伤害，中午树还可以遮挡些阳光。

再次，园林工作者必须注意生物生长的合理搭配问题。根据水生植物土壤的深浅，水中植物有不同的组合。水边种树必须考虑距离，湖面比较大的地方，必须将树种在有足够土壤的地方，树跟湖的距离十分重要。树长在湖旁边还能起到保护湖的作用，但距离不能太远。湖至少要有6小时的光照时间，所以湖边不能全部围起来，树只能种在一边。树离湖太近，枯枝败叶全会落在湖里。考虑到遮阳，湖边种植高高矮矮的植物，还要配合建筑，和谐是最重要的。紧贴湖的沼泽地带，土壤比较湿润，是种植水生植物的最佳区域。此区域水的深度一般在10厘米左右。水深10~30厘米的地方是布置水草的最佳地带，是种植植物种类最多的地方，这里的植物是挺水植物，直接长出水面。一般湖都有坡度，这样可以种植不同的植物。80~100厘米深的水域可以养鱼，还特别适合种睡莲，因为睡莲通常需要80~100厘米深的水域。睡莲有许多种类，一般水深30~40厘米才易存活，最好是1米深的水。睡莲的花有黄的、白的、红的，花朵的直径从3厘米到十几厘米不等。大莲花需要水深一些。如果不养鱼，冬天要将莲花捞上来。

最后，园林工作者必须注意生物生长特性的差异问题。水生植物有许多种类，有的沉水，有的浮水，有的挺水，但阳光充足的话会开花，总之，植物在水中的生长情况是不一样的。莲花可以在湖底生根，也可以在水中盆栽，花长出水面，茎里有许多孔，水和空气可以在里面流动。可以做成不同坡度的池边，那样坡度缓的地方可以种水生植物，坡度陡的地方一般用石头砌起来，种上旱地植物，并注意在水中生长的植物刚种植时要考虑到泥土流失的问题，可以使用网兜，帮助土和植物的根长紧。种植什么水生植物，造池时要充分考虑清楚。浅水池可种挺水植物，种植时如果想直接种植，可以将池底做成水缸式的，上面再加上石块。

由造池可以发现园林工作者有两个主要的美学修养，一是恢复自然，同大自然融为一体，实现"天人合一"的目的；二是为了漂亮，起到观赏性作用，实现"宛自天开"的目的。要在美学上具备这样两个目的并非易事。"天人合一"是讲对园林的热爱同宇宙万物相谐的理想追求，需要对自然界充满敬畏的深刻体验，需要排除现代文明急功近利的影响，将职业生涯变成对园林的陶醉时光，就像陈从周那样，称自己与园林是"何以解忧，唯有园林"的美好关系。"宛自天开"是讲每一次园林实践都可以毫无困难地体现园林古老的繁殖力量，以作者和游客的双重心理感受造物主的神奇奥秘，感受每朵花每片叶的生命灿烂，感受井然有序的园林现象。

站在美学高度，园林又是园林工作者学无止境的行业。例如，2007年在德国布嘎举办的三年一次的欧洲园艺展中，布置在歌拉城市公园展点里的室内外花卉景观展览可谓精彩绝伦。一走进公园，立刻就会被一块块的大型花艺布置吸引住。在这里，可以看见夏天盛开的各种德国人喜欢的小型花朵，像羽衣甘蓝、薰衣草、藿香蓟，甚至还用玉米树来衬托景致的高低层次。当然更多是标签上标注拉丁语的各种叶子迷人、花姿绰约、颜色各异的花卉植物，而且因为层层叠叠，这些植物在强烈的阳光照射下，分外缠绕如痴如醉的风烟云气，给人面面生动、浪浪具形的感觉。

在近300平方米的室内展厅里，布置了许多园艺小品。如中间区域的庭院设计中，园艺家们将众多造型各异的倒吊金钟摆放在一起，并借助枝叶茂盛、花朵繁茂的整片布局，给人的视觉造成极大的震撼。在凝眸观望之际，你完全可以认为那悄然流走的光阴暗含着起伏俯仰的自然妙趣。那些按一年四季布置的餐桌园艺，红色的鹅掌、白色的百合、黄色的月季、橙色的菊花、紫色的薰衣草，还有富贵竹、天竺葵、仙人掌、玉米叶等相配，营造出十分高雅、清新的格调，展现了德国精湛的园艺设计思想，如影随形地将人们的馨香情感拟化出来，使人流连忘返，纷纷伫立拍照，好像要将眼前所看到的一切完完全全地收藏起来。形象生动的园艺造型亦将设计师的形神追求连通起来，将设计师对真山真水的探讨心得在这里提炼出来，让人们享受到了大自然含笑的一面。

在进入室内展厅的入口通道上，园艺师们也设计了一道道秀色可餐的小盆景。如矮小的虎皮叶被放在口径有40厘米的陶盆里，中间夹种着玉树、粉紫色的牵牛花，并在虎皮叶的左右两端放上两个很大的柑橘，一副小家碧玉的样子。又如一个黑色的约30厘米×40厘米的陶瓷花盆里放着三四种热带肉质厚叶的植物，中间点缀着四季海棠的红色小花，星星点点，煞是好看。有趣的是在这个盆景前，园艺设计师还在一个主盆内放上了两片芦荟叶子，上面用刀刮去青绿的表皮，写着"DICKE（肥厚）"等字母，感觉好像是艺术家在用他的灵魂呼唤着观众缠绵的柔情。像这些并不有意要人注意，但又无法错过的艺术小品，让人时时刻刻感受到园艺设计师的内心世界，他们对自然的创意设计同样也感染着游人的情绪，赋予游人对生命宁静的期盼。

只有当园林工作者具备这样的热爱生命又崇尚生命的美学修养时，才能真正读懂园艺设计建设的自然花语，体验职业生涯里所历经的痛苦和欢乐，获得"春有锦绣谷，夏有石门涧，秋有虎溪日，冬有炉峰雪"的美景，而中国古人"悠然见南山"的妙境刹那间近在咫尺了。

第二节　园林美学的继承与发展

一、园林美学继承与发展的必要性

(一) 历史延续与发展的需要

中国传统园林和中国现代园林是一脉相承的，是有机联系的，两者不可割裂，更不能分离。纵观世界园林的发展，它们都经历了从传统园林向现代园林演化的过程。世界是一个整体，园林也一样，我们不可能抛弃我们的文化与传统，走向世界的极端，而应该循序渐进，获得更充分的知识与实践储备，为风景园林的发展积蓄力量。

(二) 传承中国文化的需要

当年陈植先生创办造园学会，提出"以图国粹之复兴，及学术之介绍"的宗旨，中国传统园林及其美学思想是中华文化的瑰宝，我们不仅要对这一"文化遗产"给予保护，还应该继承传统园林的设计理念。继承中国传统园林也是对文化遗产传统保护的重要举措。中国文化自古便受到儒家思想的影响，儒家崇尚自然、追求人与自然的和谐的思想自然也影响到了古代造园理念，这一文化思想对于现代社会具有现实意义，只有继承中国传统园林的思想精华才能传承中国历史文化。

(三) 解决现实问题的需要

中国乃至世界正面临着各种社会问题和环境问题，风景园林能否担负起拯救世界环境的重任，这不仅是关系到传统园林的存亡问题，而且是关系到社会或者地球存亡的问题。风景园林美学作为从大范围上协调人与自然、关怀人类环境、修复大地的一门科学，必须挺身而出担当起这一重任。我们应该从传统园林中摄取营养，寻找解决现实问题的途径，促进社会的和谐发展。

中国园林美学必须紧随历史的车轮前行，在发展过程中，不能盲目而为，必须在历史的基础上进步，继承是为了更好的发展，继承是对历史的肯定和尊重。我们必须了解历史，尊重历史，认真解读中国传统园林美学的历史发展脉络，在继承中获得动力与灵感，为发展创造条件。

继承的最终目的是发展，发展必须追求创新，唯物辩证法告诉我们，事物在不断发展变化，中国园林美学也经历了一个螺旋上升的过程，从苑囿到庭院，从皇家宫廷园林到私家园林，从传统园林到现代园林，中国传统园林必然要经历一次次的蜕变才能发展。只有发展中国传统园林才能焕发新生，才能满足时代的需要，解决时代的问题，与历史对话，与世界接轨。在发展中展现自己的个性特色，保持民族传统，才能屹立于民族之林。

二、园林美学继承与发展的途径

(一) 继承的内容与方法

首先要继承中国传统园林的精神内核和思想精髓，其内容为"虽由人作，宛自天开"，这一理念在认识和处理人与客观世界的关系上，具有中国古典哲学的含义。从本质上讲，风景园林规划设计就是为人类创造一种更舒适、更高级的宜居环境。而创造这种环境的最高境界，是人与自然高度有机的和谐统一，是人对自然资源的理性开发利用，是人类与自然环境相互依存和和谐发展。"虽由人作，宛自天开"这一传统的造园理念，充分体现了人与自然关系的最高境界。第一，这一核心价值理念，继承了中国文化中"天人合一"的宇宙观和哲学思想，并将其运用到造园实践之中。第二，这一核心价值理念，不仅在外在形式上主张人的行为与自然环境的一致性、协调性，更要求在本质上实现人与自然环境的和谐性、统一性。第三，园林核心价值理念是衡量造园实践的成败、水准高低、艺术性良莠的根本标准。第四，这一核心价值理念，体现了中国古人与自然界和谐相处，保护环境和持续利用资源的先进价值取向，也符合当今全人类共同的价值取向。

对于传统园林继承的方法主要分为以下几方面：首先，充分认识这一理念的核心价值和重要意义，将它作为处理人与环境关系的一项指导思想。不仅在风景园林建设中始终贯彻这一核心价值理念，而且在其他任何建设领域都应遵循这一理念，对场地最少干预，保护生存环境。其次，在经济建设和社会建设过程中，摒弃盲目追求经济效益的错误做法，各种环境问题已经严重影响人类的生存，必须针对水资源环境的缺乏和污染、大地环境的污染、气候变暖及大气污染等问题举起风景园林的旗帜，风景园林师应承担起这一修复地球环境的历史重任。最后，使这一理念成为国际相关领域合作的价值原则，在全球一体化过程中，中国与国际合作的领域在不断扩大，"虽由人作，宛自天开"的核心价值观必须成为国际相关领域合作的共同价值理念基础，扩大中国的影响力，为解决地球环境问题贡献力量。

(二) 发展的方向和途径

随着改革开放的不断深化和国民经济的迅猛发展，以人为本、和谐发展的理念已经深入人心。我们必须以科学发展观、以可持续发展作为指导思想，建设我们周围的环境。在理论探索上需要新的飞跃，在建设技术和内涵上要与时代同步，在人才培养的理念和实践中需要新的超越。

我们只有朝着这个方向前行，才能立足于社会，立足于世界。

首先要与现代科学技术同步。现代生物技术的深入发展和广泛应用，使我们对园林植物的研究已经进入分子水平，新品种培育层出不穷。公众对回归自然的追求，使我们重新认识园林建设中植物造景的重要地位，更注重师法自然，更追求丰富的生物承载量和生物多样性。

其次，要关注民生和公众需求。我国古代的皇家园林和私家园林主要是为统治者或者商人士大夫建造的，服务对象是少数人，今天我们从事的园林是为改善民众生活环境，陶冶大众情操，是以人为本，关注民生的工程。园林建设服务于大众，为社会所关注。园林空间游憩的人数及空间布局和过去大相径庭。

最后，要注意理论提升和技术推广。当前，我们要改进工程项目注重经济效益而忽视理论创新的现象，面对园林设计的新理念、施工的新方法、植物配置的新技术，要善于创新，此外还要积极推进技术的推广和应用，积极完善普惠大众的手段和渠道。

(三) 用发展的眼光审视园林美学

进入 21 世纪以来，随着人类社会在经济、文化、艺术等领域的进一步发展和进步，园林美学也在不断地发展和进步。近年来，园林艺术和园林美学的发展呈现如下几个特点：

第一，中国古典园林继续走向世界。中国古典园林具有自己独特的形式、内涵和艺术风格，是世界艺术百花丛中的一簇芬芳之花，在世界园林中独树一帜。自 20 世纪 70 年代末，中国的园林建造师们已在海外建造了许多中国古典园林，扩大了中国传统文化的影响。

第二，中国古典园林在国内的发展。在国内，古典园林是一切造景设计的基础。近些年来，在它的基础上已经形成了多个学科交叉的新型学科，如园林设计、环境设计、规划设计、风景园林设计等，这些学科虽然名称不一样，但其所共同追求的"普遍和谐"的传统观念都是一样的，审美标准也是一致的。

第三，生态园林美学被广泛接受。生态园林的审美情趣，与以往的园林迥然不同。它坚持在以讴歌自然、推崇自然美为特征的美学思想体系下谋求发展，以期达到具有生态性质的审美、游览、环保效果。对"生态设计"的关注已经成为当代风景园林师进行项目规划设计的重要指导原则。

第四，重视文化内涵。中国古典园林美学在园林设计上对文化的重视继续受到当代园林设计师的高度重视。园林的主题立意，即园林所要塑造的精神文化内涵，是园林的灵魂，其定位的正确与否关系到园林的存在和发展，也决定着园林本身的水平和地位。"走向文化的设计"是我国风景园林行业迅速发展的重要标志，代表风景园林行业新时代的到来。

第五，园林美学与科学技术和艺术的关系更加密切。科学技术的发展改善了传统园林行业的设计手段和研究方法。一方面，计算机的普及和网络时代的来临，将园林设计师从手工绘图的繁重作业中解放出来，代之以计算机辅助绘图，大大提高了工作效率，增加了绘图的准确性。互联网的普及，使异地设计师的合作成为可能。另一方面，科学技术的发展影响着园林主题文化的变革和风景园林行业地位的变化。

现代园林设计对设计师的要求越来越高，既要掌握传统园林设计的艺术形式，还要掌握现代艺术形式和艺术理论。

展望未来，伴随着社会进步、科学技术进步、园林建造水平的提高、新材料的不断出现、园林艺术的发展，以及社会成员对园林需求的日益增长和欣赏水平的不断提高，园林美学一定会有更顽强的生命力，具有更重要的地位，并为人类美化环境、提升生活质量作出更大的贡献。

参考文献

[1] 汪辉，谷康，严军.园林规划设计(第3版)[M].南京：东南大学出版社，2022.04.

[2] 刘晶.现代园林规划设计研究[M].长春：吉林出版集团股份有限公司，2022.06.

[3] 徐平，隋艺，王静.现代城市规划中园林景观设计的运用研究[M].长春：吉林科学技术出版社，2022.04.

[4] 王植芳，张思，袁伊旻.园林规划设计[M].武汉：华中科技大学出版社，2022.06.

[5] 孙凤雪，李金娜，李军.园林规划设计及其创新理念研究[M].哈尔滨：东北林业大学出版社，2022.06.

[6] 郭玲，李艳妮.园林规划设计[M].北京：中国农业大学出版社，2021.08.

[7] 丁慧君，刘巍立，董丽丽.园林规划设计[M].长春：吉林科学技术出版社，2021.03.

[8] 汪华峰，袁建锋，邵发强.园林景观规划与设计[M].长春：吉林科学技术出版社，2021.08.

[9] 董晓华，周际.园林规划设计(第3版)[M].北京：高等教育出版社，2021.01.

[10] 陈晓刚.风景园林规划设计原理[M].北京：中国建材工业出版社，2020.12.

[11] 陆娟，赖茜.景观设计与园林规划[M].延吉：延边大学出版社，2020.04.

[12] 谢云，胡华.园林植物景观规划设计[M].武汉：华中科技大学出版社，2020.08.

[13] 郑永莉，高飞主编.园林规划设计[M].北京：化学工业出版社，2020.05.

[14] 宋会访.园林规划设计[M].北京：化学工业出版社，2020.01.

[15] 郭莲莲.园林规划与设计运用[M].长春：吉林美术出版社，2019.01.

[16] 孔德静，张钧，胥明.城市建设与园林规划设计研究[M].长春：吉林科学技术出版社，2019.05.

[17] 彭丽.现代园林景观的规划与设计研究[M].长春：吉林科学技术出版社，

2019.08.

[18] 何凤，黄大勇.风景园林设计与工程规划 [M].延吉：延边大学出版社，2019.07.

[19] 胡松梅.园林规划设计 [M].西安：世界图书出版西安有限公司，2018.06.

[20] 周红灿.园林规划设计 [M].武汉：华中科技大学出版社，2018.07.

[21] 蒋宏，张利静，汤振兴.园林规划设计 [M].延吉：延边大学出版社，2018.05.

[22] 施宁菊.园林规划设计 [M].延吉：延边大学出版社，2018.07.

[23] 裴元生.园林规划设计与应用研究 [M].长春：吉林美术出版社，2018.02.

[24] 蒋继华，阮紫媞.林泉乐居中国园林美学研究 [M].北京：中国纺织出版社，2022.06.

[25] 伍晓华，袁媛，柳金英.中国园林美学研究 [M].北京：中国广播影视出版社，2019.12.

[26] 闫媛媛.中国古典园林美学与现代园林设计 [M].咸阳：西北农林科技大学出版社，2019.09.

[27] 李晓毅.园林美学 [M].长春：吉林大学出版社，2018.08.